ZWEI WELTEN, **EIN LEBEN**

HERMANN SIMON

ZWEI WELTEN, EIN LEBEN

Vom Eifelkind zum Global Player

Campus Verlag
Frankfurt/New York

MIX
Papier aus verantwor-
tungsvollen Quellen
FSC® C089473

ISBN 978-3-593-50916-7 Print
ISBN 978-3-593-43940-2 E-Book (PDF)
ISBN 978-3-593-43960-0 E-Book (EPUB)

Umschlaggestaltung: Campus Verlag, Frankfurt am Main
Umschlagmotiv: Hermann Simon in Hasborn/Eifel, 2018 © Reiner Diart
Satz: DeinSatz Marburg UG
Gesetzt aus der Scala und der Scala Sans
Druck und Bindung: Beltz Grafische Betriebe GmbH, Bad Langensalza
Printed in Germany

www.campus.de

INHALT

VORWORT

Die gefühlte Mitte des Lebens soll einer amerikanischen Publikation zufolge bei 18 Jahren liegen. Das heißt, grob gerechnet kommen dem Menschen die ersten zwei Jahrzehnte subjektiv genauso lange vor wie der Rest seines Lebens. Für mich persönlich kann ich diese Hypothese tendenziell bestätigen. Bis kurz vor meinem 20. Geburtstag lebte ich in einem kleinen Dorf in der Eifel. Das war meine erste Welt, in der die Zeit sehr langsam verging. In den folgenden 50 Jahren änderte sich mein Leben radikal. Es spielte sich in der großen, weiten Welt ab, die ich später »Globalia« nannte. In dieser meiner zweiten Welt verflog die Zeit immer schneller, sodass ich den Eindruck habe, in meiner ersten und in meiner zweiten Welt etwa gleich lange gelebt zu haben.

»Zwei Welten, ein Leben« soll diese Spannung zum Ausdruck bringen. Meine Entwicklung vom Eifelkind zum Global Player war mir nicht in die Wiege gelegt. Es lag ihr auch kein Plan zugrunde. Vielmehr entstand sie Schritt für Schritt. Glück und Zufälle spielten eine große Rolle. Immer wieder gab es Weggabelungen, an denen sich mir eine Chance bot. Meistens habe ich zugegriffen, wobei die Ermunterung meiner Frau Cäcilia oft eine entscheidende Rolle spielte. »Natürlich machst du das«, lautete ihr Urteil, und dann geschah es so. Auch meine Kinder Jeannine und Patrick spielten mit, wenn wir sie durch die Welt schleppten oder der Vater ständig auf Achse war. Ich danke allen dreien für ihren unschätzbaren Beitrag zu dem, was ich werden durfte.

In den frühen Jahrzehnten meiner beruflichen Karriere orientierte ich mich primär an der westlichen Welt, vor allem an Amerika sowie an europäischen Business-Schools. Aber schon in den achtziger Jahren zeitigte ein Aufenthalt in Japan prägende Wirkungen. Später wurden asiatische Länder, insbesondere China, Korea und Japan, für mich zunehmend interessant und wichtig. Asien entwickelte sich zu einer späten Liebe.

Trotz meiner Rolle als Global Player bin ich meiner Eifelheimat eng verbunden geblieben. Ich glaube sagen zu können, dass ich meine Wurzeln nicht verloren und meine Bodenständigkeit behalten habe. Wann immer ich der globalen Industriegesellschaft entfliehen will, kehre ich zurück in mein Heimatdorf, lebe in unserem alten Bauernhaus und werde wieder zum Eifelkind. Die Polarität von Eifelkind und Global Player schien auch zu meinem 70. Geburtstag im Februar 2017 durch. Meine Familie bereitete mir zwei Überraschungen, die mich emotional sehr berührten. Die erste war für das Eifelkind, nämlich ein Auftritt von drei Gesangvereinen aus meiner Heimat mit 70 Sängern. Die zweite sprach den Global Player an. Es waren 25 Videobotschaften von Weggefährten aus zwölf Ländern. Global Player und Eifelkind sind für mich nicht unvereinbar, sondern die zwei Seiten meines Lebens.

Hermann Simon, im Sommer 2018

1. WURZELN

Aus Raum und Zeit

Wer hat sich nicht schon die Frage gestellt:»Woher komme ich?« Die Antwort auf diese Frage hat eine räumliche und eine zeitliche Dimension. Ich komme aus einem bestimmten Raum und einer bestimmten Zeit. Das Bauernhaus, in dem ich das Licht der Welt erblickte, liegt fern der großen Zentren im früheren »Sibirien Preußens«, weit draußen in der Eifel. Diese herbe Landschaft hat mich geprägt und markante Spuren in mir hinterlassen. Bis heute erkennen Kundige diese Herkunft an meiner Sprache. Oft frage ich Menschen, denen ich zum ersten Mal begegne, woher sie stammen und wo sie aufgewachsen sind. In einem Interview antwortete der ehemalige Finanzminister Theo Waigel auf die Frage »Wie gelang es Helmut Kohl, Staatsgäste für sich einzunehmen?« wie folgt:»Das war eine Kunst. Er fragte: Wo kommst du her, was haben deine Eltern gemacht, wie ist dein Leben verlaufen?«.[1] Die Frage der räumlichen Wurzeln eines Menschen interessiert mich, weil ich selbst räumlich verwurzelt bin. Wenn ich mich für einige Stunden oder Tage aus der globalen Industriegesellschaft ausklinken will, kehre ich an den Ort meiner Kindheit zurück.

Komme ich auch aus der Zeit? Mein Eintritt in die Welt ereignete sich an einem Montag, dem 10. Februar 1947, um 2 Uhr. Den Status eines Sonntagskindes verpasste ich um zwei Stunden. Wie jedes Lebewesen bin ich Glied einer unendlichen Kette von Vorfahren. Jeden von uns gibt es nur, weil diese Kette niemals abgerissen ist. Dieser Gedanke ist natürlich nicht neu. Schon Seneca sagte: »Beruft man sich auf die Vergangenheit, so gibt es niemanden, der nicht aus einer Zeit stammte, vor der es überhaupt nichts gibt. Vom ersten Ursprung der Welt bis in unsere Zeit erstreckt sich unsere Ahnenreihe.« Der Historiker Michael Wolffson widmet das Buch zur Geschichte seiner Familie den »Ahnen – sie prägen uns mehr, als wir ahnen«.[2] Sebastian Kleinschmidt schreibt in der *FAZ*, inspiriert von einem Gedicht von Ulrich Schacht: »Woher wir kommen, das ist mehr als eine historische oder genealogische Frage. Sie hat etwas Philosophisches. Und da man nicht weiß, was man letztlich darauf antworten soll, spürt man das Irritierende daran. Etwas Rätselhaftes, zutiefst Unbestimmtes ist in das Fundament unserer Existenz gegossen.«[3] Unsere Gene transportieren die geronnenen Entwicklungen und Erfahrungen der endlos zurückreichenden Ahnenreihe. Wir kommen aus der Tiefe der Zeit. Erziehung und Umfeld schaffen auf dieser Grundlage Prägungen, die uns lebenslang begleiten.

Menschen in anderen Kulturen glauben an umfassendere Verbindungen in die Vergangenheit. Auf einer Indienreise las ich in einem Buch über Reinkarnation, dass die Seelen von Verstorbenen aus dem Wartezustand zwischen zwei Leben bevorzugt in die nächstgeborenen Kinder der eigenen Familie zurückkehren. Die Seelen zögen es vor, in der Familie zu bleiben. Die Reinkarnationslehre erklärt Ängste im jetzigen Leben aus Erfahrungen früherer Leben. Wer Angst vor Wasser hat, sei in einem früheren Leben ertrunken. Ich habe Angst vor Wasser, vor allem vor tiefem Wasser. Ich kann nicht gut schwimmen. Doch ist die Zahl derer, die ertrunken sind, nicht viel geringer als die Zahl derer, die Angst vor tiefem Wasser haben?[4] Die Theorie von der Rückkehr der Seelen in die eigene Familie brachte mich auf einen seltsamen Gedanken. Der Letzte aus unserer Familie, der vor meiner Geburt die Welt verlassen hatte, war in der Tat ertrunken. Und zwar im Schwarzen Meer. Nachdem er Jahre lebensbedrohlicher Gefahren in Russland überstanden hatte, schien er endlich gerettet. Er war in Sewastopol an Bord eines Schiffes gegangen, das die deutschen Soldaten in

Sicherheit bringen sollte. Doch dann wurde das Schiff von russischen Granaten getroffen und sank. Das geschah im Mai 1944. Erst acht Jahre später erfuhren wir von diesem tragischen Ende.

Im Jahre 1952 erreichte uns die Nachricht vom Suchdienst des Roten Kreuzes, dass ein Kamerad meinen Onkel Jakob Simon beim Besteigen des Schiffes, das anschließend versenkt wurde, gesehen hatte. Jakob Simon wurde für tot erklärt, und es wurde seiner in einer Trauerfeier in der Eifel gedacht. Er war der letzte Familienangehörige, der vor meiner Geburt starb.

Doch es kam noch mehr heraus. Später erinnerte sich Cäcilia, meine Frau, mit der ich in Indien meine Gedanken zu Reinkarnation und Angst vor dem Wasser geteilt hatte, an ein fast 150 Jahre zurückliegendes Ereignis:»Dein Onkel Jakob ist nicht der einzige aus eurer Familie, der ertrank. Hast du vergessen, was deinem Urgroßvater in Paris widerfahren ist?« Mein Urgroßvater Andreas Nilles stammte aus Lothringen, das bis 1871 zu Frankreich gehörte. Er bekam eine Stelle als Briefträger in Paris und zog mit seiner Frau dorthin. Kurz nach der Geburt des ersten Sohnes Johannes am 18. November 1875 wurde er überfallen und in die Seine geworfen, wo er ertrank. Seine Witwe zog zu ihrer Familie nach Lothringen zurück, das seit dem Krieg von 1870/71 wieder zu Deutschland gehörte.

Zwei Familienangehörige, die ertranken, und ich, der Nachfahre, der Angst vor tiefem Wasser hat. Ist das Zufall? Ich weiß es nicht. Ich kann nicht sagen, dass ich an Reinkarnation glaube. Aber ich kenne viele Asiaten, die davon überzeugt sind. Und welche Gründe soll es geben, diese Lehre für weniger plausibel zu halten als den christlichen Glauben an ein Leben nach dem Tod?

Später las ich ein weiteres Buch über das Leben danach und die Reinkarnation, *The Tibetan Book of the Dead*, bearbeitet von Robert Thurman.[5] Es fiel mir bei einem Besuch der Bibliothek meines langjährigen Freundes Professor Pil Hwa Yoo in Seoul, der Hauptstadt Südkoreas, ins Auge. Pil Yoo ist Betriebswirt mit einem MBA der Northwestern University und einem Doktorgrad der Harvard Business School. Doch seine wahre Liebe gilt der Philosophie. Er spricht sechs Sprachen und hat alle bedeutenden Philosophen im Original gelesen. Robert Thurman bin ich nur einmal begegnet, aber diese Begegnung hat Eindruck hinterlassen.

Es geschah in der Alpine University, dem Weiterbildungszentrum von McKinsey in Kitzbühel. Ich kam um etwa 20 Uhr dort an, hatte noch nichts gegessen und ging ins Restaurant. Dort saß einsam ein Gast, der wie ich spät eingetroffen war. Da ich ihn flüchtig kannte, fragte ich, ob ich mich zu ihm setzen dürfe. Er hieß mich willkommen, wir aßen gemeinsam und kamen ins Gespräch. Nach etwa einer Stunde, es dürfte kurz nach 21 Uhr gewesen sein, betrat ein weiterer Besucher das Gastzimmer und gesellte sich zu uns. Da er Amerikaner war, wechselten wir ins Englische. Meine beiden Tischgenossen entdeckten schnell Gemeinsamkeiten, und es entspann sich eine Diskussion, die bis nach Mitternacht währte. Ich war dabei mehr Zaungast als aktiver Diskutant. Nur ab und zu stellte ich eine Frage. Die beiden waren Reinhold Messner und Robert Thurman. Nach einem Unfall, bei dem er ein Auge verlor, ging Robert Thurman Anfang der sechziger Jahre nach Tibet und wurde der erste buddhistische Mönch mit westlichen Wurzeln. Während dieser Zeit studierte er zusammen mit dem Dalai Lama, mit dem er bis heute eng befreundet ist. Nach Amerika zurückgekehrt gab er sein Mönchtum auf und wurde Professor für buddhistische Studien an der Columbia University in New York. Zusammen mit dem Schauspieler Richard Gere gründete er das Tibet House in New York. Die bekannte Schauspielerin Uma Thurman ist seine Tochter.

Mit Reinhold Messner, der eng mit Tibet und dem Himalaya verbunden ist, und Robert Thurman trafen zwei verwandte Seelen aufeinander. Und so lauschte ich ihrer Diskussion über Reinkarnation und buddhistische Lehre. Das von Thurman bearbeitete und herausgegebene *Tibetan Book of the Dead* vermittelt detaillierte Vorstellungen darüber, wie die Übergänge von früheren zu neuen Leben aussehen. Komme ich also aus der Tiefe der Zeit? Ich weiß es heute genauso wenig wie vor 20 Jahren. Doch seltsam sind manche Dinge schon. Warum habe ich Angst vor dem Wasser? Selbst hatte ich nie bewusste Angsterlebnisse, die mit Wasser zu tun haben. Und warum erschien mir mein Onkel Jakob, den ich nie gesehen habe, in ungewohnter Klarheit im Traum?

Durch Jahrhunderte

Unsere Vorstellung vom Raum ist konkreter als unsere Vorstellung von der Zeit.»Was ist die Zeit?«, rätselte schon Augustinus von Hippo und fand als Antwort nur:»Wenn mich niemand danach fragt, weiß ich es, aber soll ich sie einem Fragenden erklären, weiß ich es nicht.« Albert Einstein war pragmatischer und definierte einfach:»Zeit ist, was die Uhr anzeigt.« Heinrich Heine mahnte Mitte des 19. Jahrhunderts, dass die»Elemente von Raum und Zeit schwankend geworden sind. Durch die Eisenbahn wird der Raum getötet, und es bleibt uns nur noch die Zeit.« Henri Bergson zufolge begreifen wir nur den Raum, nicht jedoch die Zeit. Den Raum beschreiben wir als kurz, lang, weit, hoch oder ähnlich. Genauso die Zeit: Wir sprechen von der Kürze des Lebens, von langen Zeiträumen, von weit zurückliegenden Ereignissen oder sagen»es ist höchste Zeit«. In unserer Sprache werden Raum und Zeit mit den gleichen Adjektiven belegt. Der Mathematiker Kurt Gödel sagte:»The world is a space, not a time.«[6] Der amerikanische Philosoph Ralph Waldo Emerson versteht Raum und Zeit als eine Art Einheit, wenn er sagt:»Das Gefühl des Seins ist nicht unterschieden von Raum und Zeit und strömt offenbar aus derselben Quelle, aus der Leben und Dasein quillt.«[7] Am pointiertesten aber hat Karl Valentin den Zusammenhang von Raum und Zeit auf einen Nenner gebracht:»Ich weiß nicht mehr genau, war das gestern, oder war's im vierten Stock?« Jedenfalls verwundert es nicht, dass sich mir der Raum, aus dem ich stamme, wesentlich konkreter darstellt als die Zeit, der ich entwachsen bin.

Meinen Weg habe ich gleichermaßen in räumlicher wie zeitlicher Dimension hinter mich gebracht. In früheren Jahrhunderten hat ein Bauer in seinem Leben vielleicht 10 000 Kilometer zurückgelegt. Er ging aufs Feld, gelegentlich in die Stadt, um Besorgungen zu machen oder seine Erzeugnisse auf dem Markt feilzubieten. Einmal im Jahr unternahm er eine Pilgerfahrt zu einem weiter entfernten Wallfahrtsort. Die Distanzen, die er zurücklegte, waren kurz. Nur wenn er in den Krieg zog oder ungewöhnliche Pilgerfahrten unternahm, überwand er größere Entfernungen. In der Summe des Lebens kamen so wenige Tausend Kilometer zusammen. Selbst der Soldat Johann Peter Forens aus meiner Heimat, der mit Napoleon durch ganz Europa zog und in vielen Kriegen kämpfte, soll in seinem Leben »nur« 14 000 Kilometer zurückgelegt haben. Die 72. Division, die ursprünglich in Trier stationiert war, und im Zweiten Weltkrieg an allen Fronten kämpfte, überwand 4 000 Kilometer zu Fuß.[8]

Heute reisen wir je nach Verkehrsmittel 30 bis 150 Mal schneller als unsere Vorfahren. Zu Fuß schafft man rund 5 Kilometer pro Stunde, ein Auto fährt in dieser Zeitspanne 100 Kilometer, ein Hochgeschwindigkeitszug 300 Kilometer und ein modernes Düsenflugzeug überwindet in derselben Zeit 900 Kilometer. Die Entfernung zwischen Frankfurt am Main und dem Wallfahrtsort Santiago de Compostela beträgt 2 045 Kilometer. Wer als Pilger 30 Kilometer pro Tag schafft, braucht ohne Ruhetage für diese Strecke 68 Tage. Die Flugzeit beträgt zweieinhalb Stunden. Das ist 1/652 der 68 Tage des Fußpilgers. In wenigen Tagen legen wir Distanzen zurück, für die früher ein Leben benötigt wurde. Heute fliege ich zu einem Vortrag nach Beijing, bin in zwei Tagen wieder in Frankfurt und habe 15 578 Kilometer überwunden. Oder ich reise in etwa 20 Stunden nach Sydney, das sind in einer Richtung 16 501 Kilometer. Meine schnellste Reise um die Welt absolvierte ich in sieben Tagen (Frankfurt – New York – San Francisco – Seoul – Frankfurt), in der Summe 27 922 Kilometer. Die in meinem Leben zurückgelegten Distanzen summieren sich auf mehrere Millionen Kilometer. Das hätte in früheren Zeiten für viele Generationen, ja für Jahrhunderte ausgereicht. Mein Weg hat mich in Kilometern oder Meilen gemessen – metaphorisch gesprochen – durch viele Jahrhunderte geführt. Einen ähnlichen Gedanken bringt der polnische Schrift-

steller Andrzej Stasiuk, der als wichtigster polnischer Gegenwarts-
autor der jüngeren Generation gilt, zum Ausdruck:»Wer viel reist,
der lebt mehrere Leben.«[9]

Von der räumlichen zur zeitlichen Dimension meines Weges:
In dem kleinen Eifeldorf, in das ich hineingeboren wurde, war die
Welt nicht viel anders als im Mittelalter. Und wenn ich den Zustand
von damals mit heute vergleiche, dann hat sich in den Jahrzehnten, die ich erleben durfte, mehr geändert als früher in Jahrhunderten. Mein bisheriger Weg führte mich also nicht nur in Kilometern
durch Jahrhunderte. Auch das Ausmaß des Wandels hätte bei her-
kömmlichen Änderungsgeschwindigkeiten für viele Jahrhunderte
ausgereicht. Mein Gefühl ist, dass sich die Welt zwischen 1947 im
Eifeldorf und dem 21. Jahrhundert in Globalia weitaus stärker geändert hat als beispielsweise die Welt zwischen 1650 und 1850 und
vermutlich auch stärker als zwischen 1850 und 1950. Man kann
selbstverständlich nicht ausschließen, dass jede Generation, die
nach dem Ende des Mittelalters lebte, ihre eigene Ära als die Zeit
der größten Änderungen empfand.

In Kapitel 2 gehe ich näher auf diesen Wandel ein und versuche
eine objektivere Messung. Die Aussage, dass ich in Raum und Zeit
durch Jahrhunderte »gereist« bin, erscheint nicht vermessen. Dabei handelt es sich nicht um eine persönliche Errungenschaft meinerseits, vielmehr haben manche Angehörige meiner Generation
weit größere metaphorische Distanzen überwunden. Ein Beispiel
ist Mohed Altrad, der als Beduinenjunge in der syrischen Wüste
geboren wurde und sein genaues Geburtsdatum nicht kennt. Insofern weiß er nicht, wie alt er ist. In Frankreich wurde er zum Mil-
liardär und in die Ehrenlegion aufgenommen. Er sagt:»Ich wuchs
ähnlich auf wie Abraham, der ein Beduine war und nur die Wüste
kannte. Wenn mich die Leute fragen, wie alt ich bin, so antworte
ich ›3 000 Jahre‹.«[10] Er drückt damit aus, dass er in seinem Leben
eine Entwicklung durchlaufen hat, für die die Geschichte Jahrtau-
sende brauchte.

Westen, Warschau und Rückkehr

Die Frage nach der Herkunft führt zwangsläufig zu den Eltern. Meine Mutter Therese Nilles wurde 1911 im saarländischen Hemmersdorf nahe der Grenze zu Lothringen, das damals zum Deutschen Reich gehörte, geboren. Mein Vater Adolf Simon erblickte 1913 in dem kleinen Dorf Hasborn in der Eifel das Licht der Welt. Beide Eltern sind also Kinder des deutschen Westens. Wie lernten sie sich kennen? Ein Aufeinandertreffen unter normalen Umständen wäre angesichts der Entfernung der beiden Dörfer von 130 Kilometern sehr unwahrscheinlich gewesen. Geheiratet wurde fast nur innerhalb des Dorfes oder zwischen umliegenden Dörfern. Dass ein Ehepartner von weit her in ein Eifeldorf kam, war äußerst selten. Wie so oft erwies sich der Zweite Weltkrieg als der große Würfelspieler und Beeinflusser von Lebenswegen. Meine Mutter hatte beim Roten Kreuz eine Ausbildung als Hilfsschwester absolviert. Zu Beginn des Krieges wurde sie eingezogen. Ihre erste Station war das Hotel Schulz in Unkel am Rhein, ein schönes, klassizistisches Haus, direkt am Rhein gelegen. Dieses Hotel wurde 1939 in Vorbereitung auf den Frankreichfeldzug zum Lazarett umfunktioniert. Nach Zwischenstationen in Metz – die Sanitätsversorgung rückte mit dem Angriff auf Frankreich nach Westen vor – und Wiesbaden erfolgte 1941 ihre Versetzung nach Warschau, wo sie drei Jahre blieb. Dorthin verschlug es auch den Sanitätsgefreiten Adolf Simon. Sie arbeiteten im selben Lazarett am damaligen Rotkreuzplatz in Warschau. So lernten sich die Kinder des Westens, Therese Nilles und Adolf Simon, weit im Osten, mehr als 1 200 Kilometer von ihrer Heimat entfernt, kennen. Irgendwann muss es zwischen den beiden gefunkt haben. Ohne dieses Zusammentreffen gäbe es mich nicht.

Im Mai 1944 heirateten sie in Hemmersdorf/Saar. Einen Tag nach der Hochzeit reiste Adolf Simon in Richtung Atlantikküste ab. In St. Nazaire erwartete ihn sein nächster Einsatz. Nur wenige Wochen später, am 6. Juni 1944, landeten die Alliierten in der Normandie und der Rückzug von der Westfront begann. Therese, jetzt mit dem Familiennamen Simon, kehrte nicht mehr nach

Warschau zurück, sondern meldete sich bei der zuständigen Rotkreuz-Schwesternschaft in Darmstadt. Bereits im Juli 1944 stießen die sowjetischen Truppen bis kurz vor Warschau vor. Sie stoppten dann jedoch, da Stalin kein Interesse hatte, den polnischen Volksaufstand in Warschau zu unterstützen. Er überließ die brutale Niederschlagung des Aufstandes den Deutschen.[11] In Warschau habe ich nie die Stelle besucht, an der meine Eltern seinerzeit tätig waren. Das deutsch-polnische Verhältnis steht bis heute unter dem Schatten der Geschichte. Ich habe polnische Freunde und kenne viele Polen. Von meinem ältesten polnischen Freund, dessen Familie und er selbst schwer unter den Nazis gelitten haben, weiß ich, dass er Deutsch versteht und spricht. Doch wir haben in mehr als 30 Jahren nie ein Wort in Deutsch gewechselt. In jüngerer Zeit schicke ich ihm gelegentlich deutsche Zeitungsartikel, die er auch liest. Viele Menschen aus jener Zeit sind nicht über die ihnen zugefügten Leiden hinweggekommen.

Mit der bedingungslosen Kapitulation der Deutschen am 8. Mai 1945 endete der Zweite Weltkrieg. Mein Vater befand sich in französischer Gefangenschaft. Meine Mutter kehrte in ihr saarländisches Dorf zurück. Da der öffentliche Verkehr zusammengebrochen war, fuhr meine Mutter mit dem Fahrrad vom Saarland in die Eifel. Eine abenteuerliche Fahrt, denn überall herrschte Chaos. Städte, Straßen und Brücken lagen in Trümmern. Unterwegs wurde sie von französischen und amerikanischen Soldaten kontrolliert. Zum ersten Mal in ihrem Leben sah sie dunkelhäutige Menschen. Mutter erzählte, welcher Schrecken in sie fuhr, als ein amerikanischer Soldat dunkler Hautfarbe über ihr Haar strich. Doch sie kam sicher in der Eifel an. Zum ersten Mal erlebte meine Mutter das kleine Dorf und das Bauernhaus, in dem sie den Rest ihres Lebens verbringen sollte. Ob sie sich das so vorgestellt hatte, als sie sich in Warschau in den Eifler Bauernsohn Adolf Simon verliebte? Der Kontrast zwischen der agrarischen, rückständigen Eifel und dem vergleichsweise modernen, industriell geprägten Saarland war damals eklatant.

Die Familie meiner Mutter hatte ihre eigene, bewegte Geschichte hinter sich. Vor dem Angriff auf Frankreich und kurz vor Ausbruch des Zweiten Weltkriegs wurde das Gebiet ihres Heimatdorfes zur Roten Zone erklärt. »Rote Zone« bedeutete, dass alle Einwohner von Basel im Süden bis Aachen im Norden ihre Dörfer mit Mann und Maus verlassen mussten. Mit ihrem Vieh wurden sie nach Thüringen umgesiedelt. Die Familie, die eine kleine Landwirtschaft, ein Lebensmittelgeschäft und eine Stellmacherei betrieb, zog mit ihrem gesamten Haushalt und ihren Tieren nach Thüringen. Am 1. September 1939 begann der Zweite Weltkrieg mit dem Beschuss der Westerplatte bei Danzig durch deutsche Kriegsschiffe (»Ab 5.45 Uhr wird zurückgeschossen«).

Im Mai 1940 griff die deutsche Wehrmacht auch unsere westlichen Nachbarn, Frankreich, die Niederlande, Belgien und Luxemburg an. Nachdem die deutschen Truppen die Rote Zone im Westen durchquert und in nur 19 Tagen bis Paris vorgedrungen waren, durften die Saarländer in ihre Heimat zurückkehren. Der Tross zog von Thüringen heimwärts. Doch zu Hause warteten böse Überraschungen. Das Haus einer Schwägerin war verschwunden. Es stand an einer engen Kurve den deutschen Panzern im Wege und wurde von der Wehrmacht einfach platt gemacht. Die Familie stand vor dem Nichts.

Genau 50 Jahre später besuchte ich mit meiner Mutter und ihrer Schwester, meiner Patentante, das romantische Städtchen Unkel am Rhein, wo Mutter den Kriegsbeginn erlebt hatte. In Vorbereitung des Krieges war das bekannte Rheinhotel Schulz zusammen mit einem angrenzenden kirchlichen Erholungsheim in ein Lazarett umgewandelt worden. Wie bereits erwähnt, war meine Mutter im Jahr 1939 als Krankenschwester dorthin versetzt worden. Das Hotel betreten wir durch einen steinernen Torbogen, der innen liegende Hof strahlt Ruhe und Geborgenheit aus. Direkt am Rhein gelegen geht der Blick von der Terrasse ungehindert zum Drachenfels und zum Rolandsbogen, ein wunderschönes Panorama. Dies scheint genau die Perspektive zu sein, die viele Maler des 19. Jahrhunderts für ihre romantischen Bilder des Drachenfels' und der davor liegenden Insel Nonnewerth genutzt haben.

Der jungen Dame am Empfang erzählen wir von den Geschehnissen im September 1939. Sie ist interessiert und weiß für ihr Alter erstaunlich gut Bescheid. Noch besser kennt sich die Kellnerin, die uns den Kaffee serviert, aus. Schon älter und in Unkel aufgewachsen, erklärt sie uns, dass der Hotelbesitzer von damals noch lebe und 88 Jahre alt sei. Mutter erinnert sich an ihn.

Ein seltsames Schiff, das an diesem Tag den Rhein flussabwärts fährt, berührt uns. Auf dem zur Bühne umfunktionierten Deck spielt eine Kapelle Musik und Lieder aus der Zeit des Kriegsbeginns. Einzelne Soldaten in militärischen Uniformen verschiedener Epochen stehen auf dem Schiff, als hielten sie Wache. Kalt läuft es mir den Rücken herunter, die Erinnerung scheint sich zu materialisieren. Doch das Schiff ist Schauplatz einer Theateraufführung, die in Verdun, in Bitburg, auf dem Rhein und in Bonn spielt.

Bertolt Brecht hatte seine *Ballade vom toten Soldaten* ursprünglich mit Blick auf den Ersten Weltkrieg geschrieben, die modernen Veranstalter haben den Stoff um einen Weltkrieg nach hinten verschoben. In Brechts Ballade wird ein im Ersten Weltkrieg in Verdun gefallener und dort in kaiserlicher Uniform beerdigter Soldat ausgegraben, um wieder in einen Krieg, diesmal den Zweiten Weltkrieg, entsandt zu werden. Er fällt erneut und findet seine nächste Ruhestätte – jetzt in Wehrmachtsuniform – auf dem Soldatenfriedhof in Bitburg, der durch den umstrittenen Besuch des amerikanischen Präsidenten Ronald Reagan und von Bundeskanzler Helmut Kohl am 8. Mai 1985 zu weltweiter Bekanntheit gelangt war. Wieder lässt man dem Soldaten keine Ruhe, gräbt ihn aus, verpasst ihm nun eine Bundeswehruniform, um ihn in einen neuen Krieg zu schicken. Sein letztes Wegstück bis Bonn legt er auf besagtem Schiff zurück. In Bonn, am Alten Zoll, hoch über dem Rhein, findet der Soldat in der umstrittenen Ballade seine endgültige Ruhestätte.

Diese Darbietung hielt ich für einen beachtenswerten Kunstgriff, der Räume und Zeiten in einer denkwürdigen Weise in Beziehung setzte. Eine interessante Begleiterscheinung des Geschehens war, dass sich seinerzeit sowohl der Bonner Oberbürgermeister als auch der Bitburger Bürgermeister gegen das Theaterprojekt gesträubt hatten. Warum eigentlich? Beide Bürgermeister verloren auch prompt vor den Gerichten, vor die sie gezogen waren. Und so saß ich – genau 50 Jahre später, am 1. September 1989 – mit meiner Mutter und meiner Patentante auf der Terrasse des Hotels Schulz und konnte erleben, wie in dieser Theaterinszenierung Zeit und Raum zusammenflossen. Hätte etwas verschiedener sein können als die Welt am Rhein im September 1939 und im September 1989? Wieder stieg in mir der Gedanke auf, dass zwischen diesen Daten nicht 50 Jahre, sondern Jahrhunderte lagen.

Europa: Schicksal und Patria Nostra

Die Schicksale meiner Familie spiegeln die Irrungen und Wirrungen Europas im 19. und 20. Jahrhundert wider. Mein Urgroßvater arbeitete und starb in Paris. Mein Großvater wurde dort geboren. Die saarländische Familie lebte abwechselnd unter der Herrschaft Frankreichs, Deutschlands und zeitweise des Völkerbundes.[12] Meine Mutter wartete als Kind im Dom von Metz, bis ihre Mutter die Einkäufe erledigt hatte. Der Großvater väterlicherseits fing sich im Ersten Weltkrieg in Bessarabien eine Malaria ein.[13] In St. Gabriel bei Wien studierte mein Onkel Johannes Nilles Theologie und wurde 1935 zum Priester geweiht. Anschließend ging er für 53 Jahre als Missionar ins ferne Papua-Neuguinea. Meine Eltern verschlug es im Zweiten Weltkrieg nach Polen. In Warschau, wo sie im selben Lazarett arbeiteten, lernten sie sich kennen. Zwei Onkel kämpften in Russland, einer von ihnen überlebte den Krieg nicht. Mein Vater wurde 1944 nach St. Nazaire am Atlantik versetzt. Ein Bruder von Mutter und ein angeheirateter Onkel dienten unter Rommel in Nordafrika. Sie trafen später in der amerikanischen Gefangenschaft auf einer Farm im Bundesstaat Kentucky aufeinander. Sicherlich hat diese mit unserem Kontinent und den Nachbarländern so eng verwobene Familiengeschichte einen wesentlichen Anteil daran, dass ich ein überzeugter Europäer geworden bin. Ich teile nicht die etwas skeptische Einstellung des französischen Philosophen Bruno Latour, der sagt: »Europa, das ist, was ich nur zögerlich das europäische Vaterland nenne.«[14] Europa ist unser »Patria Nostra« – oder wir haben kein Vaterland.

Exemplarisch für schwere Zeiten stehen auch die zahlreichen Schicksalsschläge, die meine Vorfahren getroffen haben. Vier von acht Kindern meines Urgroßvaters väterlicherseits starben bei der Geburt oder in jungem Alter, ebenso ein Zwillingsbruder meines Vaters. Ein Onkel kam 1940 als Zwanzigjähriger bei einem Eisenbahnunglück ums Leben. Vier Jahre später ertrank sein Bruder – wie berichtet – im Schwarzen Meer. Mein Eifeler Großvater stürzte mit 75 Jahren von der Scheune und erlag seinen Verletzungen. Auch in der Familie meiner Mutter schlug das Schicksal vielfach zu. Nicht nur ertrank mein Urgroßvater in der Seine: drei Geschwister der Mutter überlebten ihre frühe Kindheit nicht. Derartige Katastrophen in Folge gab es in vielen Familien. Kindersterblichkeit, Kriege und Unfälle forderten einen hohen Tribut. Ist es Zufall oder Vorsehung, dass gerade die Ahnenkette, der ich selbst entstammte, nicht abriss?

Eifel

Nach Rückkehr meines Vaters aus der Gefangenschaft im September 1945 ging meine Mutter in die Eifel, für immer. Sie zog in ein Bauernhaus, in dem drei alte Menschen lebten – meine Großeltern Johann und Margarete Simon und eine unverheiratete Großtante. Alle drei waren damals um die siebzig. Meine Großeltern hatten sieben Kinder, von denen nach dem Krieg noch fünf lebten. Alle hatten das Haus verlassen und standen insofern für die Fortführung der kleinen Landwirtschaft nicht zur Verfügung. Obwohl in meiner Gegenwart nie darüber gesprochen wurde, müssen sich meine Großeltern große Sorgen über ihr Alter und die Betriebsnachfolge gemacht haben. So blieb meinem Vater, der vor dem Krieg als Milchkontrolleur im Hunsrück gearbeitet hatte, keine Wahl, als in sein Elternhaus zurückzukehren und Bauer zu werden. Obwohl er in den dreißiger Jahren zwei Semester die Landwirtschaftsschule in Wittlich besucht hatte, wurde er Zeit seines Lebens kein begeisterter Landwirt. Aber seine Generation hatte nach dem Krieg wenige Optionen. Herkunft, Familientradition und ökonomische Zwänge erlaubten es nicht, eigene Wege zu gehen. Die Pflicht, die Eltern nicht allein zu lassen und im Alter für sie zu sorgen, stand der Verwirklichung alternativer Lebenspläne im Wege.

Jedenfalls brachte mein Vater, immerhin schon 32 Jahre alt, aus dem Krieg eine Frau mit. Das dürfte für meine Großeltern ein Lichtblick gewesen sein. Für die Familie und das Dorf war die neue Frau allerdings sehr ungewöhnlich. Sie kam von weither, sprach einen anderen Dialekt und hatte mit ihren Jahren in Warschau und an anderen Plätzen eine gewisse Welterfahrung. Die Frauen aus der Nachbarschaft kannten nur ihr Dorf. Manche hatten auch einige Jahre als Mägde in anderen Dörfern oder in Bürgerhaushalten der Städtchen Wittlich und Manderscheid gedient. Doch Mutter bereute den Umzug in das kleine Eifeldorf Hasborn nie. Obwohl das nahe gelegen hätte, sprach sie mit den Leuten des Dorfes kein Hochdeutsch, sondern ihren saarländischen Dialekt, den die Eifeler gerade noch verstehen. Denn beide Dialekte gehören zur sogenannten moselfränkischen Sprachgruppe. Moselfränkisch war einst das offizielle Idiom des mächtigen Erzstiftes Trier, eines Staates, dessen Bischof zu den sieben Kurfürsten des deutschen Reiches gehörte. Die Kurfürsten wählten den Kaiser.

Moselfränkisch ist der einzige Dialekt, der bis heute in der Europäischen Union eine offizielle Staatssprache ist, nämlich in der luxemburgischen Variante. Eifler, Luxemburger und Saarländer (dort gibt es allerdings eine Sprachgrenze) können sich in ihren Dialekten verständigen. Welch seltsame Vorteile das zeitigen kann, verdeutlicht die folgende Geschichte. Der spätere Staatsminister im Auswärtigen Amt, Alois Mertes, stammte aus Gerolstein in der Eifel und beherrschte den Eifler Dialekt perfekt. Während der Hochzeit des Kalten Krieges diente er als Diplomat in Moskau. Jeder Diplomat wusste, dass der russische Geheimdienst KGB Gespräche mithörte. In seiner Kommunikation mit dem luxemburgischen

Botschafter benutzte Mertes deshalb den moselfränkischen Dialekt. Den KGB soll das zur Verzweiflung gebracht haben, da man keinen Agenten hatte, der dieses Idiom beherrschte. Es ist eben von Vorteil, viele Sprachen zu sprechen.

Das Band der Sprache

Ich wuchs quasi zweisprachig auf. Meine Mutter sprach mit mir in ihrem saarländischen Dialekt, dieser ist also im engeren Sinne meine »Muttersprache«. Mein Vater und das Dorf kommunizierten mit mir in Eifler Platt. Nur diesen Dialekt gebrauchte ich aktiv, auch in der Kommunikation mit meiner Mutter. Dabei war mir als Kind nicht bewusst, dass meine Mutter ein anderes Idiom benutzte als mein Vater. Diese Zweisprachigkeit war einfach normal, die Welt, in die ich hineinwuchs. Vermutlich ist es bei Kindern, deren Eltern in zwei wirklich verschiedenen Sprachen mit ihnen kommunizieren, ähnlich. Diese Kinder dürften die Zweisprachigkeit als das Normalste auf der Welt empfinden.

Das Eifler Platt beherrsche ich bis heute und gebrauche es stets, wenn ich in meiner Heimat bin. Es macht einen wichtigen Teil der Geborgenheit aus, die ich dort empfinde. Allerdings nimmt die Zahl derjenigen, die diese Sprache beherrschen, kontinuierlich ab. Denn nur wenige Kinder und Jugendliche erlernen heute noch das Platt von ihren Eltern. Diese ziehen es vor, mit ihnen Hochdeutsch zu sprechen, um sie besser auf die Welt draußen vorzubereiten. Zwar gibt es seit einigen Jahren eine gewisse Rückbesinnung. Aber ob diese über die Kreise hinausgeht, die Lesungen und Erzählabende in Platt veranstalten, bleibt zweifelhaft. Da ein Dialekt nur mündlich überliefert werden kann, sieht es um das Überleben der Sprache meiner Kindheit nicht rosig aus. Ich selbst werde sie jedoch nicht vergessen und bis zu meinem Lebensende gebrauchen. Sie ist ein Stück von mir.

Der Dialekt enthält zahlreiche Worte, die es im Hochdeutschen nicht gibt oder die dort verschwunden sind. Ein Beispiel ist das

Wort für Spreu, wie in »Spreu und Weizen«. Es heißt in Eifler Platt »Koff«, das englische Wort dafür ist »chaff«. Bei einem Abendessen diskutierten wir solche Eigenarten der Dialekte mit Professor Josef Isensee, dem bekannten Bonner Staatsrechtler und Staatsphilosophen. Er stammt von einem niedersächsischen Bauernhof. Von ihm erfuhr ich, dass Spreu auch in seinem niederdeutschen Dialekt »Koff« oder »Kaff« heißt. Ähnliches erlebte ich mit dem Wort »Kump«, das in der Eifel Trog bedeutet. Mein Geschäftspartner Dr. Georg Tacke, in Ostwestfalen aufgewachsen, bestätigte, dass es im dortigen Platt dasselbe Wort gibt. Solche Worte haben offensichtlich ihren Ursprung im Germanischen und strahlen von dort ins Englische und Niederdeutsche aus. Eine Erklärung, warum sie auch in der Eifel vorkommen, könnte darin liegen, dass Karl der Große während seiner Kriege gegen die Sachsen vermutlich eine größere Zahl derselben in die Eifel zwangsumgesiedelt hat.[15]

Auch grammatikalisch hat das Eifler Platt merkwürdige Besonderheiten. Im Hochdeutschen unterscheidet man beim Zahlwort »ein« die männliche, weibliche und sächliche Form: ein Mann, eine Frau, ein Pferd. Beim Zahlwort zwei gibt es in der hochdeutschen Sprache hingegen nur eine Form. Im Platt hingegen existieren drei Formen. Es heißt zwien Männa, zwu Frauen, zwei Pärda. Seltsam!

Der gemeinsam gesprochene Dialekt spielte für die Identität der Dorfgemeinschaft eine gewichtige Rolle. Wenn man Platt sprach, gehörte man dazu. Hingegen gab es zwischen Platt und Hochdeutsch Sprechenden eine Art unsichtbare »Mauer«. Damit will ich nicht ausdrücken, dass diese »Mauer« Animosität oder gar Feindseligkeit widerspiegelte. Zwischen Platt Sprechenden entsteht jedoch spontan eine größere Nähe. Distanz wird abgebaut. Das ist bis heute so. »Jede Provinz liebt ihren Dialekt, denn er ist doch eigentlich das Element, in welchem die Seele ihren Atem schöpft« – so formulierte Goethe es in seiner Autobiografie *Dichtung und Wahrheit*.

Gemeinsame Sprache erzeugt Gefühle des Vertrauens und Geborgenseins. Bei internationalen Managementseminaren und ähnlichen Veranstaltungen werden die Teilnehmer bunt gemischt, arbeiten in multinationalen Gruppen zusammen, diskutieren und präsentieren. Die Sprache ist dabei in aller Regel Englisch, für die meisten Teilnehmer eine Fremdsprache. Interessant ist die Beobachtung, die ich Hunderte von Malen während der Pausen machte. Schlagartig bilden sich Gruppen gleicher Sprache, beim Mittagessen sitzen die Franzosen, die Japaner, die Italiener zusammen. Der Zweck solcher Events, dass sich die Menschen über nationale und sprachliche Grenzen hinweg kennen lernen, wird durch diese Flucht in die eigene Sprachwelt ad absurdum geführt, zumindest behindert. An einem Abend in einem Brauhaus in der Kölner Altstadt, an dem einige Hundert unserer Mitarbeiter teilnahmen, ging ich von Tisch zu Tisch, um die Kollegen zu begrüßen. An einem großen runden Tisch saßen nur Pariser. Auf meinen Einwand, das sei doch nicht der Sinn unseres länderübergreifenden »World Meetings«, vielmehr sollten sie sich mit den Kollegen aus anderen Ländern und Büros mischen, erhielt ich die Antwort: »In Paris haben wir nie Zeit, uns mal in Ruhe zusammenzusetzen. Wir finden es ganz toll, dass wir hier an einem Tisch sitzen können.« Die Franzosen sind nie auf den Mund gefallen. Und obwohl unsere Pariser Mitarbeiter alle gut Englisch sprechen, fühlen sie sich in ihrer Muttersprache offensichtlich wohler. Entsprechend schätzen sie es, wenn man mit ihnen *en français* kommuniziert.

Persönlich habe ich häufig erfahren, wie mich meine Sprache verriet und Bande schuf, die sich über die Zeit erhielten. Das beginnt mit dem Erkennen der gemeinsamen Herkunft. Immer wieder begegneten mir Personen, die wie ich selbst aus der Eifel oder dem nahegelegenen Moseltal stammten. Nicht selten wurde ich bei Vorträgen, Diskussionen oder Beratungsprojekten an meiner Sprache erkannt, oder ich erkannte die Eifelherkunft in der Sprache des anderen. Dazu sagt Michael Naumann, Kulturstaatsminister unter Bundeskanzler Gerhard Schröder: »Dialekte können wie Ausweispapiere wirken, die manche Menschen auch wider Willen ein Leben lang bei sich tragen.«[16] Ich erinnere mich an einen Besuch bei der Firma Bosch Rexroth in Lohr im Spessart. Ich kam zur Mittagszeit an, der Vorstand lud mich zum Mittagessen ein, das Gespräch begann. Plötzlich sagte ein Vorstandsmitglied:»Herr Simon, Sie sprechen genauso wie unser Dr. Hieronimus.«»Wer ist Dr. Hieronimus?«, fragte ich und schob nach:»Und woher stammt er?« Dr. Albert Hieronimus, damals Vorstandsmitglied von Rexroth, dann Chef von Bosch in Indien und in seinem letzten Amt Vorstandsvorsitzender der Bosch Rexroth AG, des Weltmarktführers für Hydraulik, antwortete:»Aus einem kleinen Dorf in der Eifel, das Sie mit Sicherheit nicht kennen.« Doch ich wollte wissen, wie das Dorf hieß.»Immerath im Vulkaneifelkreis Daun«, lautete die Antwort. Da brauchte ich nur noch zu ergänzen, dass mein Urgroßvater aus Immerath stammte und den Namen Simon in mein Heimatdorf brachte. Über die Jahre gab es viele Begegnungen dieser Art mit»Kindern der Eifel«. Ist es Zufall, dass sich meine Pfade so häufig mit den Wegen anderer Eifeler kreuzten? Oder liegt es an der Sprache, dass wir uns erkannten?

Aus diesen Begegnungen entstand die Idee, die Erfolge, Karrieren und Erlebnisse dieser Persönlichkeiten zurückzutragen in die Heimat. Denn fast alle hatten ihre Heimatdörfer und -städte in jungen Jahren verlassen. Zu Hause wussten nur die wenigsten Menschen, was aus ihnen geworden war und welche ungewöhnlichen Laufbahnen sie zurückgelegt hatten. So startete ich im Jahr 2007 mit der regionalen *Eifelzeitung* unter dem Titel»Kinder der Eifel – erfolgreich in der Welt« eine Serie. Jede Woche erschien ein Portrait, und später veröffentlichten wir diese Serie unter gleichem Titel als Buch.[17] Serie und Buch fanden große Beachtung. Die Eifler waren stolz auf ihre Kinder, die draußen in der Welt ihren Weg gemacht haben.

Es gab eine weitere Situation, in der die Sprache eine zusammenführende, aber auch eine separierende Funktion hatte. Ab 1958 besuchte ich das Cusanus-Gymnasium in der nahe gelegenen Kreisstadt Wittlich. Viele Schüler kamen aus den Dörfern und viele von ihnen beherrschten nur ihren Dialekt. Hochdeutsch war für sie eine Art Fremdsprache. Hingegen sprachen die Schüler, die in der Stadt aufgewachsen waren, in der Regel Hochdeutsch, wenn auch mit starker regionaler Färbung. Sie waren Kinder von Beamten, Ärzten,

Rechtsanwälten oder Geschäftsleuten. Die Sprachteilung hielt sich praktisch über die ganze Schulzeit, und darüber hinaus. Die Dorfkinder sprachen untereinander weiterhin Platt, in der Kommunikation mit und zwischen Stadtkindern wurde in Hochdeutsch parliert. Und bis heute ist das im Wesentlichen so geblieben. Wenn ich jemanden treffe, mit dem ich früher per Platt verkehrte, falle ich automatisch in unser altes gemeinsames Idiom zurück. Es fällt mir schwer, mit einer solchen Person Hochdeutsch zu reden. Und dem oder der anderen scheint es genauso zu gehen. Beim Münchner Oktoberfest saßen wir in einer fröhlichen Runde im Käfer-Zelt. Von den rund 15 Personen war einer, Dr. Michael Thiel, der Sohn meines Volksschullehrers Jakob Thiel, ein »Stammesbruder« aus Kindheitstagen. Für uns beide war klar, dass wir Eifler Platt sprachen. Es wäre nicht anders gegangen.

2. DIE WELT, IN DER ICH AUFWUCHS

Gruß aus dem Mittelalter

Ein etwas älterer Zeitgenosse aus meiner Heimat schrieb, dass seine»Kindheit und Jugend einer Lebenswelt angehörten, die aus heutiger Sicht geradezu mittelalterlich anmutet, aber vor kaum einem halben Jahrhundert noch wirklich war. Gleichsam über Nacht erfolgte dann ein Umbruch, wie man sich ihn radikaler kaum vorstellen kann.«[1] Der Verfasser, der Professor der Pädagogik Johannes Nosbüsch (1929–2011), stammte aus dem Eifelkreis Bitburg. Diese Aussage beschreibt auch meine Kindheit treffend. Es ist keineswegs übertrieben, die Bauernwirtschaft in der Eifel unmittelbar nach dem Zweiten Weltkrieg als»mittelalterlich« zu bezeichnen. Seit dem 19. Jahrhundert hatte es Fortschritte gegeben, gleichwohl dominierten nach wie vor Handarbeit, Selbstversorgung und traditionelle Gewohnheiten. Wohl Hunderte von Autoren haben ihre Kindheit auf dem Bauernhof beschrieben. In solchen Biografien erkenne ich vielfach meine eigene Geschichte wieder. Und Wiederholungen ähnlicher Inhalte will ich meinen Leserinnen und Lesern ersparen. Ich beschränke mich deshalb auf wenige markante Gegebenheiten, an die ich mich selbst noch erinnere.

Von wenigen Ausnahmen wie Lehrer, Postbeamter und Polizist abgesehen, lebten alle Familien unseres Dorfes von der Landwirtschaft. Es handelte sich dabei um Kleinbetriebe mit einer durchschnittlichen Größe von acht Hektar. Der größte Landwirt bewirtschaftete elf Hektar. Nahezu alle Arbeiten wurden per Hand erledigt. Im Hinblick auf den Einsatz von Landmaschinen lag die Eifel gegenüber fortschrittlicheren Gebieten wie Westfalen gut zwei Jahrzehnte zurück. Wir selbst hatten zwei Geräte, die ansatzweise die Bezeichnung »Maschine« verdienten, eine Mähmaschine und eine Sämaschine. Beide Maschinen wurden von einem Pferd gezogen. Die Mähmaschine hatte mein Großvater am 10. Januar 1940 für 341,50 Reichsmark erworben. Sie wurde zum Mähen sowohl von Gras als auch von Getreide eingesetzt und brachte einen enormen Fortschritt gegenüber dem Mähen mit der Sense. Das Heumachen, das Aufheben und Binden der Garben, blieb jedoch nach wie vor Handarbeit. Die Sämaschine hatte gegenüber dem Aussäen von Hand den Vorteil, dass die Körner gleichmäßiger über das Feld verteilt wurden. Die Arbeitswelt der Eifelbauern um 1950 war ansonsten kaum verschieden von derjenigen, die man 100 oder 200 Jahre früher dort vorfand.

Auch die Rolle der katholischen Kirche wies mittelalterliche Züge auf. Die mächtigste Figur im Dorfleben war der katholische Pfarrer. Dies spiegelte sich schon in seiner Bezeichnung wider, denn er wurde einfach »der Herr« genannt, nicht »der Herr Pfarrer«, sondern nur »der Herr«.[2] Wenn wir ihm begegneten, knieten wir nieder und murmelten »Gelobt sei Jesus Christus«. Der »Herr« bestimmte, ob die Bauern in der Erntezeit an Sonntagen arbeiten durften. Dies war nur erlaubt, wenn er in der Sonntagsmesse »auftat«, und selbstverständlich hielten sich alle an diese Regel. Der Glaube an übernatürliche Mächte war weit verbreitet. So gab es im Dorf sogenannte »Hexer«, die man rief, um erkranktes Vieh zu heilen. Vor ihnen hatte man aber auch Angst, da sie einen Fluch aussprechen konnten. Tobte ein Gewitter, so entzündeten wir Kerzen und geweihte Zweige, um den Blitz vom Haus fernzuhalten.

Unsere Landwirtschaft war auf Selbstversorgung ausgerichtet. Außer Salz, Zucker und Gewürzen erzeugten wir nahezu alles selbst. Unser Brennholz holten wir aus dem Wald. Werkzeuge wie Rechen, Körbe, Stiele und so weiter fertigten die Bauern in Eigenarbeit. Und bis wenige Jahre vor meiner Zeit wurden sogar Wolle und Leinen selbst erzeugt. Wir besitzen noch zahlreiche Bett- und

Tischtücher mit dem Engramm »JS« für Johann Simon, die meine Großmutter auf unserem Webstuhl gefertigt hatte. Geld spielte in dieser Selbstversorgungswirtschaft keine große Rolle. Das wenige Geld, das wir brauchten, erlösten wir durch Verkäufe von Milch, Schweinen und Ferkeln. Geld war zwar immer knapp, aber wir fühlten uns dadurch nicht eingeschränkt oder gar arm. Wir hatten stets genug zu essen, gleichwohl war die Vielfalt der Speisen begrenzt. Eine Apfelsine oder eine Banane gab es nur zu Weihnachten. Selbst Süßigkeiten, Schokolade oder Limonade waren Seltenheiten, sodass wir danach gierten. Einmal kamen meine »verwöhnten« Kusinen aus dem Saarland in den Ferien, und es wurde eine ganze Kiste Limonade ins Haus geholt. Das war für mich eine Festwoche.

Das Leben war hart. Als Kinder mussten wir in der Landwirtschaft kräftig mithelfen. Meine Großmutter starb, als ich neun Jahre alt war. Ab diesem Zeitpunkt betrieben meine Eltern ihre Landwirtschaft allein und waren auf jede Hand angewiesen. Knechte oder Mägde konnten sich die kleinen Betriebe nicht leisten. Eine Arbeit, die ich regelrecht hasste, war das Vereinzeln von Rüben. Ursprünglich wurden die Rübensamen im Garten ausgesät und die kleinen Pflänzchen auf das Feld verpflanzt. Das war problematisch. Wenn in der Pflanzzeit Trockenheit herrschte, wuchsen die verpflanzten Setzlinge nicht an. Deshalb kam man auf die neue Methode, den Rübensamen direkt auf den Feldern auszubringen. Das führte jedoch zu vielen Trieben, die ausgerupft werden mussten. Diesen Vorgang nennt man Vereinzeln. Eine Rübe braucht etwa 30 Zentimeter Abstand, um voll auszuwachsen. Eine Erleichterung des Vereinzelns brachte der sogenannte Monogermsamen, bei dem nur ein Trieb aus einem Samenkorn entsprang. Dennoch musste vereinzelt werden, da die Samenkörner nicht so präzise platziert werden konnten. Die Arbeit des Vereinzelns zog sich über viele Tage hin, in denen man sich gebückt, hockend oder kniend entlang der Reihen vorarbeitete und unendliche Geduld aufbringen musste. Das Vereinzeln war die unbeliebteste Arbeit im ganzen Jahreslauf. Dabei spielte auch eine Rolle, dass man seine Leistung kaum sah. Man hatte ja nur Pflänzchen ausgerissen.

Etwas geselliger und damit abwechslungsreicher war das Ernten von Kartoffeln. Wenn das Roden erledigt war, lag ein Feld voller Kartoffeln vor uns, die alle per Hand aufgelesen werden mussten. Dazu reichten die wenigen Hände der Familie nicht aus. Deshalb heuerten wir zusätzlich ein oder zwei Frauen an, die selbst keine Landwirtschaft hatten. Sie wurden für ihre Arbeit in Kartoffeln oder in Geld entlohnt. Meistens brachten die aushelfenden Frauen ihre Kinder mit, sodass eine fröhliche Kinderschar zusammenkam. Wenn dann noch das Wetter mitspielte, konnte es nichts Schöneres geben. Zwar musste man selbst als Kind arbeiten, aber zwischendurch blieb Zeit zum Spielen. Zu trinken gab es selbstgemachten Himbeersaft, und das Marmeladenbrot beim Kaffeetrinken auf dem Feld war ein Genuss. Im späteren Verlauf des Nachmittags wurden Kartoffelfeuer entzündet und die frischen Kartoffeln geröstet. Gewöhnlich verkohlten die Kartoffeln im Feuer, oder wir versengten uns die Finger. Dennoch war es ein Vergnügen.

Gegen Abend kam mein Vater mit Pferd und Wagen, um die gefüllten Säcke aufzuladen. Diese Säcke waren unterschiedlich gekennzeichnet, denn je nach Feld und Kartoffelsorte wurden bis zu drei Arten unterschieden: Ess-, Schweine- und Pflanzkartoffeln. Die schönen, großen Erdäpfel wurden für den menschlichen Verzehr aussortiert. Kleine, hutzelige oder beschädigte wanderten in den Korb der Schweinekartoffeln. Und wenn die Sorte zum erneuten Pflanzen im kommenden Frühjahr verwendet werden sollte, dann kamen mittlere, wohlgeformte Knollen in einen gesonderten Korb. Diese drei Sorten wurden auch unterschiedlich gelagert. An guten Tagen kamen mehr als dreißig Säcke zusammen, sodass das Pferd es kaum schaffte, den schweren Wagen vom Feld zu ziehen. Gelegentlich musste das Pferd eines Nachbarn dazugespannt werden. Wenn der Wagen auf einem befestigten Weg fuhr, ging es leichter. Da es meistens schon dunkel war, wenn wir das Feld verließen und auf einer öffentlichen Straße in Richtung Dorf fuhren, musste der Wagen mit einer Petroleumlaterne beleuchtet werden.

Diese Laternen bildeten ein ständiges Ärgernis. Entweder war das Petroleum aufgebraucht, der Docht verrottet, oder die Laterne funktionierte einfach nicht. Deshalb wurde die Heimfahrt im abendlichen Dunkel nicht selten zum Abenteuer. Es gab zwar nur wenige Autos und eigentlich nie Unfälle, aber die Befürchtung, dass der Polizist im Dunkeln auftauchen und das Fehlen der Laterne mit einer gebührenpflichtigen Verwarnung ahnden könnte, war stets vorhanden. Zu Hause angekommen, musste nicht nur das Vieh versorgt, sondern auch der Wagen entladen werden. Das geschah mit Hilfe einer Schütte, auf die die Kartoffeln gekippt wurden. Von dort rutschten sie durch kleine Luken direkt in den Keller. In guten Jahren stapelten sie sich bis an die Kellerdecke. Pflanzkartoffeln wurden in besonderen Abteilen im Keller oder in Mieten im Garten gelagert. Die Schweinekartoffeln kamen größtenteils auf einen Haufen hinter dem Haus.

Der Tages- und Jahreslauf der Landwirtschaft bestimmte mein Leben als Kind und Jugendlicher. Das änderte sich auch mit dem Wechsel aufs Gymnasium, zu dem ich mit dem Zug in die nahe Kreisstadt fuhr, nicht wesentlich. Wenn ich nachmittags gegen zwei Uhr zurückkam, schwang ich mich in der Erntezeit aufs Fahrrad und fuhr aufs Feld. Abends half ich beim Füttern des Viehs und erledigte anschließend meine Hausaufgaben. Unter normalen Umständen empfand ich dies nicht als ungewöhnlich oder hart. Ich hatte in der Schule keine Probleme, war gleichwohl kein besonders guter Schüler. Hart war für mich allerdings das Schuljahr 1959. Meine Mutter musste während der Erntezeit für mehrere Wochen ins Krankenhaus und danach für einen Monat in eine Kur. Mein Vater stand mit mir als Zwölfjährigem in dieser arbeitsintensiven Phase allein da. Meine jüngere Schwester hatten wir zu einer Tante nach St. Augustin entsandt. Ich arbeitete neben der Schule wie ein Erwachsener. Um die Arbeit besser zu bewältigen, schaffte mein Vater eine Melkmaschine an. So konnte ich morgens und abends die Kühe melken. Die Vakuumtechnik der Maschine faszinierte mich. Mein Vater stellte manchmal auf den Feldern bis nach Mitternacht Garben auf. Gelegentlich saßen wir ermattet beim

Abendessen, und Vater spendierte uns zwei Flaschen Bier, für sich ein Helles und für mich ein Malzbier. Wir prosteten uns zu, und ich fühlte mich als Mann. Meine Schulnoten fielen in dieser harten Phase signifikant ab. Das wurmte mich. Im nächsten Schuljahr, als meine Mutter wieder gesundet war, legte ich zu und erhielt das beste Zeugnis meiner gesamten Schulzeit.

Die Angst, dass ein Elternteil ausfallen könne und damit die Fortführung des Betriebes äußerst schwierig würde, ließ mich nie mehr los. Ein kleiner Bauernbetrieb mit nur zwei Erwachsenen ist eine ökonomisch heikle Angelegenheit. Bei Gesundheitsproblemen gibt es keine Reserven. Obwohl ich keinerlei Anlass habe, über meine Lage zu klagen, verlässt mich das Gefühl wirtschaftlicher Unsicherheit nie. Ich glaube, dass dieses subkutane Gefühl hier seine Wurzeln hat. Eine weitere Quelle von Unsicherheit war die Abhängigkeit der Landwirtschaft von äußeren Faktoren wie Wetter oder Schädlingsbefall. Ich verhehle meine Abneigung gegen Geschäfte, die solch unbeeinflussbaren Wirkungsfaktoren ausgesetzt sind, nicht. Dabei lässt sich natürlich nicht leugnen, dass derartige Einflüsse unabdingbar zur Wirtschaft gehören. So erlebten wir bei Simon-Kucher in der Krise von 2009 einen Umsatzeinbruch von rund 10 Prozent. Auch in dieser Situation merkte ich, dass die Kindheits- und Jugenderfahrungen ein anhaltendes Gefühl wirtschaftlicher Unsicherheit in mir hinterlassen haben.

Als Kinder erfuhren wir einen seltsamen Widerspruch zwischen Zwang und Freiheit. Die Teile unseres Lebens, die geregelt waren und unter der Aufsicht von Erwachsenen standen, unterlagen strengem Zwang. Das galt für alles, was mit Kirche und Gebet zu tun hatte, aber genauso für die Schule oder das pünktliche Erscheinen zum Essen. Auch das Verhalten gegenüber Respektspersonen wie Pfarrer oder Lehrer war streng geregelt. Hingegen waren wir uns zu anderen Zeiten selbst überlassen und hatten völlige Freiheit. Den Eltern fehlte einfach die Zeit, uns ständig zu beaufsichtigen oder für unser »Entertainment« zu sorgen. Wir spielten fast immer draußen, strolchten durchs Dorf oder den angrenzenden Eichenhain. Wir konnten tun und lassen, was wir wollten. Kein

Erwachsener passte auf oder intervenierte. Ich war der Älteste einer Gruppe von sechs Jungen aus der unmittelbaren Nachbarschaft. So fiel mir eine natürliche Führungsrolle zu. Diese Anführer- und Anstifterrolle wurde die erste und vermutlich beste Führungsschule meines Lebens. Als Anführer muss man sich etwas einfallen lassen, man muss motivieren, anstiften, einteilen, die Gruppe bei der Stange halten. Es handelt sich um Führungsaufgaben, die von denen, die ich Jahrzehnte später zu meistern hatte, nicht grundverschieden waren. War es Glück oder Zufall, dass ich in und mit einer solchen Jungengruppe aufwuchs? Und wäre aus mir derselbe geworden, wenn es in unserer Nachbarschaft nur Mädchen oder überhaupt keine Kinder gegeben hätte (so wie es heute dort der Fall ist)?

Wir waren als Kinder dem vollen Leben ausgesetzt, wohingegen moderne Kinder nur einen winzigen Ausschnitt der Welt erleben. Wenn jemand aus der Nachbarschaft starb, besuchten wir selbstverständlich die aufgebahrte Leiche. Genauso wurden wir zu einem neu geborenen Baby gelassen. Wir beobachteten, wie die Kühe ihre Kälber zur Welt brachten oder ein Wurf von Ferkeln den Leib der Sau verließ. Wir sahen zu, wie Schweine vom Schlachter geschossen und ihnen anschließend der Hals aufgeschlitzt wurde, aus dem das Blut spritzte. Man schickte uns auch nicht weg, wenn ein Huhn oder ein Hahn mit der Axt geköpft wurde, um anschließend in den Suppentopf zu wandern. Wir sahen tote Tiere aller Art, bevor sie von der Tierkörperverwertungsanstalt abgeholt wurden. Was bedeutet dieses dem vollen Leben Ausgesetztsein im Vergleich zum wohlbehüteten, geschützten Aufwachsen heutiger Kinder? Diese Frage lasse ich im Raum stehen, denn ich habe keine Antwort.

Eine weitere Facette unseres Lebens, deren Bedeutung ich erst später schätzen lernte, bildete die Dorfgemeinschaft. Diese hatte zwei Fundamente. Zum einen eine relative soziale Gleichheit. Es gab keine Familie, die wirklich reich war, am unteren Ende der Wohlfahrtsskala aber auch keine wirklich Armen. An Festen und Gemeinschaftsaktivitäten beteiligte sich das ganze Dorf. Auch die Landwirtschaft trug zum Gemeinschaftsgefühl bei. Die gleichen Früchte wurden auf den gleichen Feldern angebaut. So fanden sich alle Bauern mit ihren Familien zur Kartoffel- oder Getreideernte auf den entsprechenden Fluren. Für uns Kinder war das ein Paradies, denn wir konnten in großen Gruppen auf den Feldern spielen. Doch auch die Erwachsenen nahmen sich Zeit zu einem Plausch mit den Feldnachbarn. Abends zogen die vollbeladenen Wagen in einer Kolonne ins Dorf zurück. Jeder kannte jeden. Die Kehrseite war die ausgeprägte soziale Kontrolle. Nichts blieb unentdeckt oder lange geheim. Wer die Grenzen sozialer Normen überschritt, musste mit Ächtung rechnen. Als Kind nahm ich solche Beschränkungen nicht wahr, aber als Jugendlicher empfand ich sie als zunehmend beengend.

Die so beschriebene »mittelalterliche« Welt überdauerte mein erstes Lebensjahrzehnt ohne große Veränderungen. In dieser Zeit besaß niemand in unserem Dorf ein Auto, ein Badezimmer oder einen Fernseher. Im Grunde hatte sich seit Jahrhunderten wenig geändert. Im Jahr 1726 wurde von Thurn und Taxis die Postkutschenlinie Trier-Koblenz eingerichtet, die in unserem Dorf einen Haltepunkt hatte. Das bedeutete erstmalig einen Anschluss an die »große« Welt. Rund 150 Jahre später, im Jahr 1879, kam die Eisenbahn in unsere Gegend. Ab 1912 gab es eine öffentliche Wasserversorgung und ab 1918 Elektrizität. So blieb es im Wesentlichen bis 1947, als ich auf die Welt kam, und bis in die Mitte der fünfziger Jahre änderte sich wenig. Doch dann brach der Wandel mit umso größerer Kraft los. Das erste Auto und der erste Traktor erschienen. Wie die Abbildung zeigt, kamen Jahr für Jahr bahnbrechende Innovationen hinzu. Die Jahreszahlen in der Abbildung gelten für unsere Familie. Sie waren von Familie zu Familie etwas verschieden, wir dürften ungefähr im Durchschnitt gelegen haben.

So gab es in der Zeit von 1955 bis 1975 mehr technische Innovationen als in den 200 Jahren zuvor. Und in diesen beiden Jahrzehnten nach 1955 löste sich die Welt meiner Kindheit völlig auf. Heute gibt es im Dorf keinen einzigen Landwirt mehr. Auch die Handwerker, die Geschäfte, die Bräuche, die Rolle der Kirche sind dem radikalen Wandel anheimgefallen. Am stärksten vermisse ich die Dorfgemeinschaft meiner Kindheit. Viel würde ich dafür geben, noch einmal ins »Mittelalter« zurückkehren und bei der Ernte einen Tag mit der ganzen Dorfgemeinschaft verbringen zu dürfen.

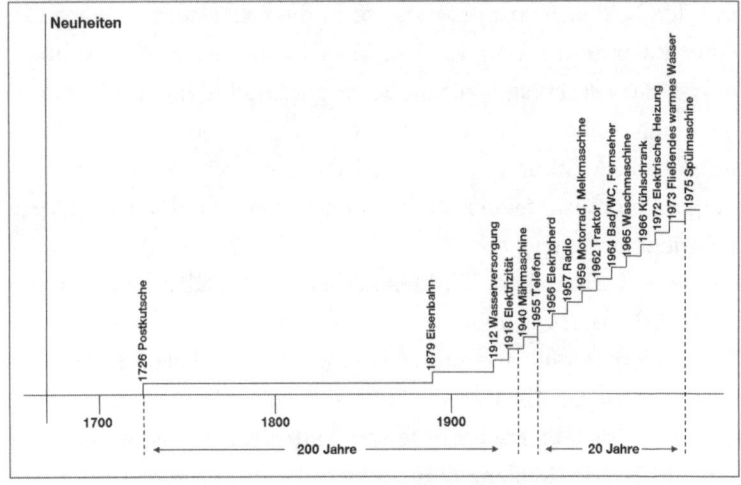

Aus der »Heimat Erde«

Eine fundamentale Änderung, die kaum jemandem bewusst ist, betrifft unseren Körper und die Moleküle, aus denen er zusammengesetzt ist. Auf die Frage »Woraus bin ich gemacht?« gibt es für die Zeit meiner Kindheit eine eindeutige Antwort: »Aus der Erde meines Heimatdorfes.« In der Zeit bis zur Geburt und in der Stillzeit erhält man seine Moleküle auf natürliche Weise von der Mutter. Danach werden die Zellen des Körpers aus den Stoffen aufgebaut, die man durch die Nahrung zu sich nimmt. Und unsere Nahrung stammte nahezu ausschließlich aus der Erde meiner Heimat. Von wenigen Ausnahmen wie Zucker, Salz und Gewürzen abgesehen, war alles, was wir aßen, selbst erzeugt. Das galt für das Gemüse aus unserem Garten genauso wie für das Getreide, aus dem wir unser Brot buken. Und auch das Fleisch, die Milch, die Eier, die wir konsumierten, stammten von unseren eigenen Tieren, die sich ihrerseits von den Erträgen unserer Felder und Wiesen ernährten. Wir waren damals also tatsächlich aus der Erde unserer Heimat gemacht. Das Wasser und die Luft gehörten dazu.

Und woraus sind wir heute gemacht? Wir wissen es nicht. Zumindest lässt sich diese Frage nicht präzise beantworten. »Aus der Erde der ganzen Welt«, dürfte der Wahrheit ziemlich nahe kommen. Einmal versuchte ich in einem Obstladen die Herkunftsländer der Waren zu zählen. Äpfel aus Chile, Kiwis aus Neuseeland, Orangen aus Spanien, Trauben aus Südafrika, Mangos aus Ägypten, Feigen aus Marokko, Pilze aus Polen, Tomaten aus Holland ... Und so ging es endlos weiter. Woher kommt die Margarine, die wir essen? Vermutlich wird sie aus Palmöl, das in Malaysia oder Indonesien gewonnen wird, hergestellt. Und wo haben die Kühe geweidet oder wo sind die Fische geschwommen, deren Fleisch wir verzehren? Wir wissen es meist nicht.

Die Selbstversorgung erforderte zahlreiche Fähigkeiten, die heute verloren gegangen sind. Wir mussten nicht nur die vielfältigen Pflanzen und Tiere züchten, sondern auch entsprechende Fähigkeiten zur Verarbeitung und Konservierung beherrschen. Wir wussten, wie sich Fleisch durch Räuchern, Einlegen in Salzlake oder Einkochen haltbar machen lässt. Die Verarbeitung von Früchten und Gemüsen erforderte spezielle Kochkünste. Obst wurde getrocknet, Kohl zu Sauerkraut verarbeitet, Pflaumen wurden sauer eingelegt, Möhren in Sand gelagert. Tausend kleine Tricks und Fertigkeiten waren notwendig, um ohne Einkauf über den langen Winter zu kommen. Trotz all dieser Mühen blieb die Küche recht eintönig. Heute steht uns eine ungleich größere Auswahl von Nahrungsmitteln zur Verfügung.

Die Tatsache, dass unsere Moleküle heute aus aller Herren Länder, nicht mehr nur aus einem Dorf oder einer kleinen Region stammen, ist vielleicht einer der markantesten, aber kaum bedachten Unterschiede zwischen der Welt meiner Kindheit und unserer Welt von heute. Welche Relevanz dieser Unterschied besitzt, vermag ich nicht zu sagen. Hat es Konsequenzen, dass wir uns nicht mehr nur aus der Erde unserer Heimat, sondern auch aus der Erde der ganzen Welt ernähren? Es wird ja empfohlen, den Honig aus der Region, in der man wohnt, zu verzehren. Beeinflusst die globale Herkunft der Nahrungsmittel unser Immunsystem? Ich weiß es nicht. Aber sich allein des Unterschieds in der molekularen Zusammensetzung unseres Körpers bewusst zu werden, lohnt der Gedanken Mühe. Und diese Veränderung beschreibt ihrerseits meinen Weg durch die Zeit. Mein Körper reflektiert in seiner materiellen Struktur den Weg von dem Eifelkind, das nur sein Dorf kannte und aus dessen Erde gemacht war, zu dem Global Player, der überall zu Hause ist und dessen Moleküle aus aller Herren Länder stammen.

Acht Jahrgänge, eine Klasse

Die Vorstellung, wie ein Lehrer acht Jahrgänge in einer Klasse unterrichten kann, fällt mir heute schwer. Aber so war es in unserer einklassigen Volksschule, die ich ab April 1953 besuchte. Vielleicht liegt es an dem in der einklassigen Schule herrschenden Geräusch- und Wirrwarrpegel, dass ich kaum konkrete Erinnerungen an meine fünf Jahre in der Volksschule habe. Jedenfalls nahm ich die Schule nicht besonders ernst, tat mich aber mit dem Lernen auch nicht allzu schwer. Die Inhalte, die der Lehrer den Älteren vermittelte, interessierten mich meist mehr als der für uns Jungklässler intendierte Lernstoff. Es kam hinzu, dass der Dorflehrer nach einiger Zeit schwer erkrankte und wenige Jahre später verstarb. Lehrer aus den Nachbardörfern sprangen als Vertreter ein. Etwas regelmäßiger wurde der Unterricht erst, als eine junge Lehrerin an unsere Schule versetzt wurde. Meine Motivation zu lernen stieg, aber gleichzeitig machte es mir großen Spaß, diese Lehrerin zu ärgern. Eine spezielle Strafe war damals das Nachsitzen. Ich durfte diese besondere Zuwendung wöchentlich genießen. Während mein Jahrgang samstags ab 11 Uhr frei hatte, musste ich regelmäßig mit den älteren Schülern bis 13 Uhr bleiben. Da dies jeden Samstag gleich war, fiel es meinen Eltern nicht auf. Sie glaubten einfach, dass ich bis 13 Uhr Schule hatte. Und niemals habe ich irgendetwas von Schulstreichen oder Nachsitzen zu Hause erzählt. Denn das hätte mit einiger Wahrscheinlichkeit eine weitere Strafe gezeitigt. Mein Bestreben war immer, zwischen Elternhaus und Schule eine »Chinesische Mauer« zu erhalten.

Die Strafen hatten es ohnehin in sich. Der Stock gehörte in der Schule zur Grundausrüstung des Lehrers. Bei milderen Vergehen gab es Schläge auf die ausgestreckten Hände. Bei schwereren Missetaten auf den Hintern. Schlimmer als unser Lehrer war in dieser Hinsicht unser Pastor, der katholische Pfarrer Robert Stein. An sich ein sehr kompetenter und beliebter Priester, wurde er bei größeren Missetaten jähzornig und ließ uns das spüren. So erinnere ich mich an gehörige Trachten Prügel. Ein Anlass war beispielsweise eine Störung der Kreuzwegandacht, die ältere Mädchen mit uns in der Fastenzeit abhielten, durch mich und einige gleichaltrige Freunde. Einmal hatten wir geraucht, und das kam dem Pastor zu Ohren. Eine große Faszination übten auf uns Militärfahrzeuge und insbesondere Panzer aus. Es gab damals in unserem Dorf ständig Manöver französischer oder amerikanischer Einheiten. Während einer Schulpause fuhr eine Panzerkolonne vorbei und bezog im nahegelegenen Eichenhain Gefechtsposition. Da gab es für uns kein Halten mehr. Wir vergaßen Schule und Unterricht. Die Panzer waren weitaus interessanter. Nach der Pause stand Pastor Stein vor einer Klasse ohne Jungen, nur die Mädchen waren präsent. Als wir schließlich in die Schule zurückkamen, kochte Stein vor Wut und der Haselnussstock trat in Aktion. Leichter wurde das Leben mit der neuen Lehrerin. Ich kann mich nicht erinnern, dass sie den Stock benutzte. Auch Mädchen blieben von körperlichen Strafen in der Regel verschont.

Entscheidung am Morgen

In der einklassigen Volksschule hatte ich eher mittelmäßige Noten eingefahren, sodass ich mich nicht als Kandidat für das Gymnasium aufdrängte. Zudem war ich als Rabauke bekannt, was der

Bereitschaft der Lehrer, mich für die höhere Schule zu empfehlen, ebenfalls nicht förderlich war. Bei der Auswahl der wenigen Schüler, die zum Gymnasium gehen sollten, spielte der Pastor die Schlüsselrolle. Die Hoffnung, dass aus ihnen später einmal Priester würden, stand dabei unausgesprochen im Raum. Und so empfahl Pastor Robert Stein den Nachbarjungen Heinz Thomas für das Gymnasium, mich jedoch nicht. Heinz Thomas war eine Klasse unter mir, zeichnete sich durch ansprechendes Benehmen und gute Noten aus. Wir waren Seite an Seite aufgewachsen und spielten täglich zusammen. Ich kannte ihn also sehr gut. Dass er zum Gymnasium gehen sollte, ich aber nicht, löste in mir einen Gedankenprozess aus. Vermutlich zum ersten Mal dachte ich darüber nach, was Bildung war, was aus mir werden sollte. Ich dürfte mich auch etwas gekränkt gefühlt haben. Und so brachte ich das Thema bei meinen Eltern zur Sprache. Von ihrer Seite gab es aber keinen Druck. Letztlich sollte ich selbst entscheiden. Ich erinnere mich genau, wie mein Vater am letzten Tag der Anmeldefrist frühmorgens an mein Bett trat und fragte: »Soll ich dich heute auf der höheren Schule anmelden oder nicht?« Ohne zu zögern, antwortete ich: »Ja«.

Diese vielleicht wichtigste Entscheidung in meinem Leben fiel am frühen Morgen des 15. Januar 1958. Doch die Anmeldung war nur der erste Schritt. Als Nächstes musste eine Aufnahmeprüfung, die für Dorfkinder als nicht einfach galt, bestanden werden. Da alle Beteiligten wussten, dass wir aufgrund der Schulsituation nicht optimal auf diese Prüfung vorbereitet waren, bot sich der neue Lehrer Jakob Thiel an, Heinz und mir Nachhilfestunden zu geben, um uns für den Test fit zu machen. Da Heinz früher angemeldet worden war, hatte er bereits einige Wochen Testvorbereitung hinter sich. Ich stieß dann nach dem 15. Januar dazu. Bis zur Prüfung blieben nur wenige Wochen. Die Nachhilfe fand im Wohnzimmer des Lehrers statt. Mein erster Besuch beeindruckte mich. Lehrer Thiel hatte einen ganzen Schrank voller Bücher. So etwas hatte ich noch nie gesehen. Bei uns zu Hause gab es nur wenige Bücher. Ich konnte allerdings Bücher aus der Pfarrbibliothek ausleihen, was ich auch kräftig tat.

In den ersten Nachhilfestunden stellte sich heraus, dass ich hinter Heinz Thomas herhinkte. Dass, obwohl ich ein Schuljahr mehr auf dem Buckel hatte. Entweder war er einfach besser als ich oder die Wochen der Nachhilfe hatten schon Wirkung gezeigt. Jedenfalls zeigte sich Lehrer Thiel mit meiner Leistung und meinen Fortschritten nicht zufrieden. Unter diesen Umständen konnte er aufbrausend sein. Und als ich eine Divisionsaufgabe nicht lösen konnte, riss sein Geduldsfaden. Er brachte seine Unzufriedenheit mit meiner Leistung lautstark zum Ausdruck. Das führte meinerseits zu einer Reaktion, die leider typisch ist. So wie ich bei einem Zahnarztbesuch den Mund nicht aufmachte und jahrelang nicht mehr zum Zahnarzt ging, nachdem dieser mich angebrüllt hatte, so hörte ich nach dem Vorfall auf, die Nachhilfestunden von Lehrer Thiel zu besuchen.

Aus heutiger Sicht habe ich nicht das Gefühl, in meinen fünf Volksschuljahren viel gelernt zu haben. Aufgrund der Krankheit des Hauptlehrers, ständig wechselnder Vertretungen, des gleichzeitigen Unterrichts für acht Jahrgänge muss der Unterricht ineffektiv gewesen sein. Etwas besser wurde es im letzten Jahr, nachdem Jakob Thiel als neuer Lehrer nach Hasborn versetzt und eine zweite Klasse eingerichtet wurde. Thiel war ein engagierter und energischer Lehrer, unter dem ich leider nur noch wenige Monate lernen durfte.

Gymnasium

Der Tag der Aufnahmeprüfung ins Gymnasium kam. Mutter brachte mich mit dem Zug nach Wittlich und fuhr dann wieder nach Hause. Ich fand mich inmitten von mehr als hundert Prüflingen, von denen ich nur den Nachbarsjungen Heinz kannte – für ein Dorfkind, das gewohnt war, alle Personen in seiner Umgebung zu kennen, eine ungewohnte Situation.

Nach dem Abbruch des Nachhilfeunterrichts hatte es meinerseits keine weiteren Vorbereitungen gegeben. Dennoch oder gerade deswegen ging ich ohne große Nervosität in die Prüfung. Jahrzehnte später klagte mein Sohn, dass auf ihm ein ungeheurer Erwartungsdruck laste, wenn es um das Thema Bildung gehe, während ich von solchem Druck verschont geblieben sei. Er hatte recht. Auf mir lastete bei dieser entscheidenden Prüfung keinerlei Erwartungsdruck. Wahrscheinlich waren meine Eltern gespalten. Ich war der einzige Sohn und hatte nur eine jüngere Schwester. Ich kam als natürlicher Hoferbe infrage. Und zu jener Zeit lebten die Bauern in unserm Dorf noch in der Illusion, ihre Landwirtschaft habe eine Zukunft. Wenn ich als einziger Sohn zum Gymnasium ginge, so die zwangsläufige Überlegung, bliebe als Konsequenz nur das Ende unserer Landwirtschaft. Obwohl meine Mutter zwei Brüder hatte, die studierten, drängte sie mich nicht zur höheren Schule. Auch für sie existierte wohl der Konflikt zwischen akademischem Werdegang und Hoferbe.

Am Morgen fanden die schriftlichen Prüfungen, die aus Diktat, Aufsatz und Mathematikaufgaben bestanden, statt. Im Diktat kam das Wort »Treber« vor, von dem ich weder wusste, was es bedeutete, noch wie man es schrieb. Ich sagte dem Lehrer, dass ich dieses Wort nicht kenne, und er schrieb es freundlicherweise an die Tafel. Als Treber bezeichnet man die ausgepresste Traubenmasse. Den Kindern von der Mosel, die alljährlich Weinlese und Traubenpressen hautnah erlebten, war das Wort geläufig. Aber für uns Eifelkinder war es ein fremdes Wort. Nach Erledigung der schriftlichen Aufgaben wurden wir in die Mittagspause entlassen. Um 14 Uhr sollten wir zurück sein. Bis dahin wäre entschieden, wer zugelassen werde beziehungsweise in die mündliche Nachprüfung müsse. Wenn die Bauern in die Stadt gingen, nahmen sie ihre Butterbrote mit und aßen mittags in einer Metzgerei eine Suppe dazu. So taten es auch Heinz Thomas und ich. Zum ersten Mal waren wir allein in der Kreisstadt, hatten etwas Geld dabei und durften in einer Metzgerei mit angeschlossener Gaststätte essen. Das war für uns Abenteuer genug, um die Prüfung schnell zu vergessen. Um 14 Uhr meldeten wir uns im Gymnasium zurück. Zu meiner Überraschung hatte ich die Prüfung bestanden. Anders als viele andere Prüflinge musste ich nicht in die mündliche Ergänzungsprüfung. Ohne große Anstrengung und Aufregung war die erste Hürde für einen Bildungsweg genommen, der mich formal die nächsten 22 Jahre beschäftigen sollte und letztlich bis heute begleitet. Damit war faktisch auch entschieden, dass ich der Erste in der Reihe meiner Vorfahren väterlicherseits sein sollte, der nicht Bauer wurde, sondern einen völlig anderen Weg einschlug. Mütterlicherseits kann man allerdings sagen, dass ich in die Fussstapfen meiner akademisch gebildeten Onkel Johannes und Franz Nilles trat, deren letzterer in Volkswirtschaftslehre promoviert hatte und Wirtschaftsprüfer wurde.

Den Abschied von der Dorfschule erlebte ich als schmerzlich. Ich fühlte mich herausgerissen aus der mir von Geburt an vertrauten Umgebung, in der ich nicht nur jeden Schüler und jede Schülerin, sondern auch alle Erwachsenen kannte. Wie alles, was außerhalb unseres Dorfes lag, erfuhr ich die neue Umgebung als groß und unüberschaubar. Ein Gymnasium mit damals rund 600 Schülern, mit 38 Schülern aus dem ganzen Kreisgebiet allein in unserer Klasse, rund 30 Lehrern – alles sehr klein aus heutiger Sicht, aber gigantisch in den Augen eines Dorfjungen, der nur eine einklassige Volksschule kannte. Obwohl die Kreisstadt nur neun Kilometer entfernt lag und unser Dorf eine Bahnverbindung nach dort hatte, fühlte ich mich lange fremd in der neuen Umgebung und hatte gelegentlich regelrechtes Heimweh. Im Englischunterricht lernten wir das schottische Lied »My heart's in the highland, my heart is not here.« Es wurde eine Art Ohrwurm, denn es beschrieb meine Stimmungslage akkurat, insbesondere während der nachmittäglichen Heimfahrten vom tief gelegenen Wittlicher Tal auf die Eifelhöhen. Der rote Schienenbus brummte die Steilstrecke hoch, und ich war glücklich, wenn ich zu Hause ankam. Dort wartete Mutter mit dem Essen auf mich, oder wenn sie während der Pflanz- und der Erntezeiten aufs Feld musste, hielt sie das Essen warm. Dies geschah mit Hilfe eines sogenannten Turmkochtopfes, einer raffinierten Konstruktion. Im untersten Topf siedete Wasser, der Dampf stieg zwischen doppelten Wänden in den ersten, zweiten und dritten Topf darüber. Das Essen blieb frisch und warm. Viele Mittagessen habe ich so genossen, wenn meine Eltern, die nach dem Tod meiner Großmutter keine weitere Hilfe hatten, auf dem Feld arbeiteten. Nach dem Mittagessen machte ich mich auf den Weg, um ihnen zu helfen. Die Hausaufgaben kamen meistens erst nach der Feldarbeit an die Reihe.

Einige wenige Male ging ich für einige Stunden in die Volksschule zurück. Dies war möglich, da wir gelegentlich wegen Lehrermangels freie Tage oder zumindest freie Stunden hatten. Lehrer Thiel, mit dem ich trotz des abrupten Abbruchs der Nachhilfe eine weiterhin gute Beziehung pflegte, hieß mich stets willkommen. Wir wurden Freunde und später unternahmen wir manche Wanderung gemeinsam. Mit seinem Sohn Dr. Michael Thiel, der als Investor in München arbeitet, bin ich bis heute befreundet. Die kurzen Aufenthalte in meiner alten Schule gaben mir gleichwohl das Gefühl, nicht mehr voll dazuzugehören. Zu jener Zeit besuchten sehr wenige Schüler aus den Dörfern die »höhere Schule«, wie das Gymnasium im Volksmund genannt wurde. Sie erhielten schnell einen besonderen Status, und nicht wenige dieser Schüler bildeten sich darauf etwas ein. Manche sprachen nur noch Hochdeutsch, insbesondere solche, die Internate besuchten, also nur während der Ferien in ihre Dörfer zurückkehrten. Als Fahrschüler war es einfacher, Mitglied der Dorfgemeinschaft zu bleiben und sich in Vereinen zu engagieren. Aber einen Sonderstatus hatte man als »höherer Schüler« dennoch.

Aus der Volksschule waren wir körperliche Strafen gewohnt. Doch selbst am Gymnasium setzten sich die gewalttätigen Aktionen von Lehrern fort. Dabei standen Ohrfeigen im Vordergrund, Schläge mit dem Stock gab es kaum. Einzelne Lehrer entwickelten ihre ganz persönlichen Taktiken. Ein Lehrer kniff mit einer Hand eine Wange, hielt sie fest und dann setzte es auf die andere Wange eine kräftige Ohrfeige. Ein anderer praktizierte ein ähnliches Verfahren, indem er die Schüler in den Hals kniff und dann die Ohrfeige verabreichte. Zu Hause ging es vielen von uns nicht besser. Je nach Schwere des Vergehens gab es Ohrfeigen oder Prügel. Die Gewohnheiten waren dabei von Familie zu Familie verschieden. Besonders gefürchtet waren im Sommer Peitschenhiebe um die nackten Beine, die es jedoch bei uns nicht gab, die aber in manchen Nachbarhäusern gang und gäbe waren.

Aus heutiger Perspektive erscheinen die körperlichen Strafen durch Lehrer, Priester und Eltern als katastrophales Fehlverhalten. Nicht wenige Fehlentwicklungen von Angehörigen meiner Generation dürften auf diese Praktiken zurückzuführen sein. Selbst erlebten wir diese Vorfälle allerdings anders. Natürlich waren die Prügel körperlich unangenehm. Aber der Empfänger fühlte sich oft als eine Art Held und wurde von den anderen so gesehen. Mit erhaltenen Prügelstrafen konnte man bei den anderen Jungs punkten. Auch die Tatsache, dass ich samstags immer nachsitzen musste, trug mir bei meinen Schulkameraden Respekt ein. Die Wirkungen der Strafen auf das Verhalten waren allenfalls kurzfristig. Die wichtigere Lehre für uns war, sich beim nächsten Mal (zum Beispiel beim Rauchen) nicht erwischen zu lassen. Auch die Drohungen an diejenigen, die uns verpetzt hatten (meistens Mädchen), wurden verschärft.

Am Gymnasium starteten wir in einer reinen Jungenklasse. Der Aussiebeprozess zeigte schnell Wirkung. Nur fünf der 38 Anfänger schafften ohne Sitzenbleiben den Durchmarsch zum Abitur. Drei der fünf stammten aus Dörfern, nur zwei aus der Stadt. In der Parallelklasse, in der Mädchen und protestantische Schüler konzentriert waren, gelang der Durchmarsch einem deutlich höheren Prozentsatz. Die Kultur war in beiden Klassen völlig verschieden, wir hatten eine Macho-Kultur, die Parallelklasse war ausgeglichener und ohne das protzige Gehabe, das uns charakterisierte. Nach der mittleren Reife wurden wir zu einer Klasse zusammengelegt. Aus heutiger Sicht sehe ich das als glückliche Fügung. Man kann nicht sagen, dass unser Macho-Gehabe bis zum Abitur völlig ausgemerzt war, aber zumindest wurde es abgemildert, zumal wir mit fünf »Mann« aus der ehemaligen Jungenklasse bei insgesamt 22 Abiturienten eine deutliche Minderheit bildeten.

Welche Lehrer haben mich beeindruckt und prägende Spuren hinterlassen? Und worin bestehen diese Prägungen? Um mit der letzten Frage zu beginnen: Ich weiß die Antwort nicht. Ich kann sagen, welche Lehrer mich beeindruckt haben. Ich kann aber nicht sagen, was sie konkret in mir hinterlassen haben. Welche meiner heutigen Einstellungen oder Verhaltensweisen sind wirklich auf diesen oder jenen Lehrer rückführbar? Adalbert Puhl unterrichtete uns in Deutsch, Geschichte und Geografie. Ich glaube, dass er die Talente unter seinen Schülern schnell und mit großer Treffsicherheit erkannte. Ich hatte das Gefühl, dass er mir viel zutraute. Das erlebte ich als motivierend. Puhl war eine Persönlichkeit, prädestiniert für eine politische Karriere. Wie es hieß, sei diese an seiner Unbeugsamkeit gescheitert. Hierzu gab es in unserem Städtchen ein Vorbild, Matthias Josef Mehs, den langjährigen Stadtbürgermeister. Er wurde von den Nazis kaltgestellt. Mehs hat ein umfangreiches Tagebuch der Jahre 1929 bis 1946 hinterlassen.[3] Mit der Gründung der Bundesrepublik zog er als CDU-Abgeordneter in den Bundestag ein. Mehs stimmte jedoch Anfang der fünfziger Jahre gegen die Wiederbewaffnung und fiel damit bei Adenauer in Ungnade. Das bedeutete das Ende seiner bundespolitischen Karriere, er beschränkte sich fortan auf sein Amt als Stadtbürgermeister und widmete sich heimatgeschichtlichen Forschungen. Auf ihn geht das beliebteste Volksfest der Region, die sogenannte Wittlicher »Säubrennerkirmes«, zurück. Am Sonntag nach dem Namenstag des Stadtpatrons St. Rochus, dem 16. August, werden alljährlich mehr als hundert Schweine geröstet, und es kommen mehr als 100 000 Besucher. Das Fest geht zurück auf eine alte Sage. Der Wächter des Stadttores fand abends den Riegel nicht und steckte stattdessen eine Rübe hinter das Tor. Nachts kam eine Sau, fraß die Rübe, und so konnte der Feind in die Stadt eindringen. Zur Strafe verbrannten die Wittlicher alle Schweine, deshalb heißen sie bis heute »Säubrenner«.

Puhl war vom gleichen Schlage wie Mehs, unbeugsam und mit klaren politischen Standpunkten, die er aus seinem katholischen Weltbild ableitete. Er las den *Rheinischen Merkur*, den es heute nicht mehr gibt, der aber seinerzeit als Wochenzeitung in katholischen Kreisen großen Einfluss hatte. Studienrat Puhl versorgte uns mit fesselnder Lektüre. So beschaffte er von der Bundeszentrale für politische Bildung für jeden Schüler die Lenin-Biografie von David Shug. Es war die erste Biografie, die ich las, und vielleicht geht mein Interesse an Biografien auf dieses frühe Leseerlebnis zurück. Ob es an seinen dezidierten Standpunkten oder seiner ausgeprägten Sturheit lag, jedenfalls wechselte Puhl nach einigen Jahren an das zweite Gymnasium in unserem Städtchen. Ich sah ihn danach gelegentlich bei seinen Spaziergängen im Grünewald, einem großen Wald, der zwischen Wittlich und meinem Heimatdorf Hasborn liegt. Wenn ich mit dem Auto die gewundene Grünewaldstraße entlangfuhr und ihn sah, hielt ich an, und immer war es ein emotionales Erlebnis. Er erkundigte sich nach meinen Fortschritten. Dann sprach er emphatisch auf mich ein, jemand mit meinen Talenten müsse in die Politik gehen. Versuchte er damit seine eigenen, nicht erfüllten Träume durch einen seiner Schüler wahr werden zu lassen? Ich stand zwar einige Male an Wegscheiden, die in die Politik hätten führen können oder ihr nahe kamen, aber letztlich blieb ich, wie ich in Kapitel 5 berichte, nur Zaungast. Heute bin ich der Politik eher entfremdet. Vielleicht hätte mich dort das gleiche Schicksal wie Mehs und Puhl ereilt, denn an Sturheit, so behaupten jedenfalls meine Mitarbeiterinnen und Mitarbeiter, fehlt es auch mir nicht. Puhl wurde 97 Jahre alt und die Begegnungen mit ihm haben in mir Spuren hinterlassen. Er kommunizierte nicht primär durch das, was er sagte, sondern durch das, was er war. Für mich ist das entscheidende Merkmal von Persönlichkeit die Unabhängigkeit vom Applaus der Masse. Puhl war unabhängig vom Applaus der Masse.

Ein zweites Schwergewicht unter unseren Lehrern war Heinrich Deborré. Nachdem wir zunächst für zwei Jahre einen altersmilden, gutmütigen Religionslehrer hatten, übernahm Deborré als junger, vor Energie strotzender Priester dieses Amt. Die Amerikaner hätten ihn »a man with a mission« genannt, einen Eiferer mit Polarisierungspotenzial. Er war der erste unserer Lehrer, der moderne Methoden wie hektografierte Arbeitsblätter einsetzte. Sein Unterricht war hervorragend, modern, heiße Themen aufgreifend, fesselnd. In seinem katholischen Religionsunterricht beschränkten wir uns keineswegs auf den Katechismus. Wir lasen den Koran, wir befassten uns mit historischem und dialektischem Materialismus und asiatischen Religionen. Deborré veranstaltete jedes Jahr in den Sommerferien in eigener Verantwortung Fahrten, die zu den unvergesslichsten Erlebnissen meiner Jugend gehören und die ich im nächsten Abschnitt beschreibe.

Ich übertreibe wohl nicht, wenn ich Deborré als fanatisch bezeichne. Er wollte die Welt missionieren. Er motivierte uns immer wieder für Aktionen. Zu jener Zeit reiste der Prediger Pater Leppich durch Deutschland und zog große Massen an. Deborré fand die Aktionen von Pater Leppich nachahmenswert. So beteiligten wir uns an einer Werbekampagne für die katholische Monatszeitung *Mann in der Zeit*. Heinz Thomas und ich schafften es, in den zwei Hauptorten unserer Pfarrei mit zusammen etwa 600 Einwohnern 40 Abonnenten für den *Mann in der Zeit* anzuwerben. Als Werbeprämie erhielten wir eine Aktentasche aus Leder und waren sehr stolz. Ich glaube nicht, dass viele dieser Abonnements lange hielten, denn diese Zeitung war für die einfachen Leute aus den Eifeldörfern zu anspruchsvoll. Oder wir versuchten, Autofahrer zu überzeugen, einen SOS-Aufkleber auf ihr Rückfenster zu kleben. Mit einem solchen Aufkleber brachte man zum Ausdruck, dass bei einem Unfall mit Lebensgefahr ein katholischer Priester gerufen werden sollte. Auch befestigten wir an Campingpätzen Plakate, welche die Touristen aufforderten, sonntags die Messe zu besuchen.

Heinrich Deborré starb am 30. Juli 2014, kurz vor Vollendung seines 90. Lebensjahres. Am 6. August 2014 beerdigten wir ihn in Trier. Nur wenige Bekannte aus alten Zeiten nahmen teil. Trotz allem, was er für uns als Jugendliche getan hatte, war er in Vergessenheit geraten. Auch die Kirchenoberen des Bistums Trier glänzten durch Abwesenheit. Für sie war Deborré stets ein widerspenstiger Rebell gewesen. Solche Begegnungen mit der Vergangenheit münden manchmal in Enttäuschung, da man allenfalls noch einen schwachen Schatten der Jugend wiederfindet.

Was hat man von einzelnen Lehrern gelernt? Was ist haften geblieben? Natürlich wurden Inhalte vermittelt. Mehr oder minder gut erlernten wir Englisch und Französisch, auch etwas Latein.

Wenig Konkretes bleibt hingegen aus dem Deutschunterricht hängen. Viele Details aus den Naturwissenschaften oder auch aus dem Geschichtsunterricht sind dem Vergessen anheimgefallen. Und dennoch habe ich das Gefühl, dass dieses Wissen nicht verloren ist, sondern mir eine Basis gibt, Dinge zu verstehen und auf einem bestimmten Niveau mitreden zu können. Stark haften geblieben sind einzelne Aussagen und Lehren, die wenig mit dem Fachlichen zu tun hatten. Auf einige davon gehe ich in Kapitel 13 »Schule des Lebens« näher ein.

Bei nicht wenigen unserer Lehrer warf die für sie prägende Zeit des Nationalsozialismus ihre langen Schatten in unsere Schulzeit. Von den Verwicklungen Einzelner erfuhren wir kaum etwas, allenfalls gerüchteweise. Das gilt auch für das Schicksal der Wittlicher Juden, die etwa 5 Prozent der Einwohner ausmachten. Nur Frankfurt am Main soll einen höheren Anteil jüdischer Bürger gehabt haben. Die 1910 in Wittlich erbaute Synagoge hatte die »Kristallnacht« überstanden, lag aber hinter einem mit Stacheldraht gekrönten Bretterzaun, von Holunderbüschen überwuchert in einer Art Dornröschenschlaf. Man ging an ihr vorbei und schaute weg. Die Synagoge wurde später renoviert und dient heute als Kulturzentrum. In der Schule fand das Schicksal der Wittlicher Juden keinerlei Erwähnung. Und wir fragten nicht, was aus ihnen geworden sei. Niemand hatte das Thema explizit zum Tabu erklärt. Das ist gerade das Merkmal eines Tabus, man spricht nicht darüber, ohne dass es ein ausdrückliches »Sprechverbot« gibt. Erst in den achziger Jahren starteten junge Leute eine Initiative und luden ehemalige jüdische Mitbürgerinnen und Mitbürger nach Wittlich ein. Die Begegnung mit ihnen gehört zu meinen »Sternstunden« und wird in Kapitel 12 behandelt.

Von unseren Lehrern hörten wir die Parole, dass wir »zäh wie Leder, hart wie Kruppstahl und schnell wie Windhunde« werden sollten. In einem meiner Religionshefte finde ich den Satz: »Willst du aus deinem Leben etwas Großes machen, stähle deinen Körper.« In einem Rückblick auf diese Lehrergeneration heißt es: »Unser Sportlehrer war ein typischer Schleifer.«[4] Diese Aussage beschreibt auch unsere Erfahrungen. Aussagen wie »Mit so etwas wie euch sollen wir den nächsten Krieg gewinnen«,[5] gehörten zum Schulalltag. Auch bei der Bundeswehr, vor allem in der Grundausbildung, erlebte ich ähnliche Töne. Die Unteroffiziere hatten zum Teil noch in der Wehrmacht gedient und praktizierten Methoden, die an Schinderei grenzten. Bei den Offizieren, die jünger waren, zeigte sich hingegen ein modernerer Geist, geprägt von der demokratisch legitimierten »Inneren Führung«.

Am Gymnasium war ich ein »aktiver« Schüler, allerdings ging das in einigen Fächern in Richtung destruktive Kritik. Vor allem unser Deutschlehrer hatte darunter zu leiden. Bei vielen klassischen Lektüren, etwa Lessings *Nathan der Weise* oder Goethes *Iphigenie auf Tauris*, hinterfragte ich ständig die Relevanz für uns und unsere Zeit. Auch in anderen Fächern, allen voran Musik, bildete ich im Unterricht einen Störfaktor. Durch diese übermäßig kritische, teilweise ablehnende Einstellung zu schöngeistigen Fächern habe ich mich selbst einer besseren Bildung in diesen Feldern beraubt. Ich hätte meine neun Jahre im Gymnasium effektiver nutzen können. Hauptsächlich lag das an mir, allerdings erwiesen sich einige Lehrer auch nicht als große Motivatoren. Und heute wissen wir aus der Gehirnforschung, dass Motivation für Lernerfolg unverzichtbar ist.

Unsere Oberprima, die letzte Klasse, dauerte nur sechs Monate, da der Beginn des Schuljahres ab 1966 vom Frühling auf den Herbst umgestellt wurde. Mit dem Abitur war ich dreizehneinhalb Jahre zur Schule gegangen. In meinen fünf Volksschuljahren glaube ich, nicht viel gelernt zu haben. Möglicherweise ist diese Einschätzung jedoch falsch, denn ich kann nicht ausschließen, in der einklassigen Schule vieles aufgeschnappt zu haben, was für die älteren Schüler bestimmt war. Da ich nicht gleich mit dem Studium begann, sondern zur Bundeswehr ging, konnte ich zunächst nur schlecht beurteilen, wie gut oder schlecht unsere Ausbildung am Gymnasium war. Ich fragte eine Klassenkameradin, die ihr Studium an der Universität Bonn begonnen hatte, wie sie uns einschätze. Sie meinte, die anderen kochten auch nur mit Wasser und wir seien durchaus konkurrenzfähig. Das zeigte sich auch in unserer Kompanie, in der viele Abiturienten dienten. Ich wurde zum Kompaniesprecher gewählt.

In seiner Abschiedsrede gab uns der Direktor des Gymnasiums, Oberstudiendirektor Lothar Quast, Empfehlungen, die man als visionär bezeichnen kann. Ich zitiere aus dem Bericht der *Trierischen Landeszeitung*: »Die Zukunft werde beweisen, dass der Wettbewerb der Völker auf allen Gebieten immer härtere Formen annehme. Wir müssten unsere ganze Kraft aufwenden, um in diesem Wettbewerb nicht überrollt zu werden. Die Schlüsselrolle falle dem Bildungswesen zu, denn nur dort liege die Chance der Völker.«[6] Vermutlich haben diese Aussagen heute noch größeres Gewicht als im Oktober 1966.

Grenzen sprengen

Ein Charakteristikum des dörflichen Lebens war die Immobilität. Es war notorisch schwierig, das Dorf oder die engere Umgebung zu verlassen. Unsere Eltern hatten keine Autos und auch keine Zeit, um zu verreisen. Somit waren wir als Kinder und Jugendliche ebenfalls an den Ort gefesselt. Eine Fahrt in die Kreisstadt bildete schon ein Erlebnis. Schulausflüge nach Trier oder Köln zählten zu den Höhepunkten des Jahres. Ich wurde beneidet, da meine Mutter aus dem Saarland stammte und wir ein- oder zweimal im Jahr unsere dortigen Verwandten besuchten. Das war stets spannend, weil wir durch die Zollkontrolle mussten, denn das Saarland gehörte bis 1959 zu Frankreich. Unseren Verwandten im Saargebiet ging es wesentlich besser als uns. Zudem hatte meine Patentante ein Lebensmittelgeschäft. So packte meine Mutter jedesmal Kaffee oder ähnliche Produkte, die im Saarland verfügbar oder sehr viel billiger waren, ein. Beim Zoll war das immer ein Risiko, aber wir wurden nie erwischt.

Mit zunehmendem Alter wurde mir die Beengtheit bewusster. Wie oft saßen wir zusammen und träumten von der großen weiten Welt. Wir hörten Radio Luxemburg. Schnulzen wie »Junge komm bald wieder« von Freddy Quinn oder »In Montana, in den Bergen« von Ronny beflügelten unser Fernweh. Einige ältere Jugendliche hatten es geschafft, wegzukommen. Einer fuhr als Koch zur See, andere wurden von der Bundeswehr in entfernte Standorte einberufen. Unter den Männern gab es viele Wochenpendler, die in Köln, Leverkusen oder im Ruhrgebiet arbeiteten. Kamen sie nach Hause, so umwehte sie der »Duft der großen weiten Welt«, so der in den sechziger Jahren populäre Slogan der Zigarettenmarke Peter Stuyvesant.

Doch dann tat sich für uns ein Tor zur weiten Welt auf. Unser Religionslehrer Heinrich Deborré (1927–2014) lud uns zu einer Reise nach Italien ein. Italien! Seit Goethes Zeiten Traumziel der Deutschen! Bereits ein Jahr vor der Reise begannen wir mit Planung und Vorbereitung. Um die Reise zu finanzieren, banden und verkauften wir Adventskränze und suchten Sponsoren. Wir lernten Italienisch und informierten uns über die Reiseziele. Für uns war das mehr als eine Reise, ein Abenteuer, eine Sprengung unserer Grenzen. Mit 100 Schülerinnen und Schülern in zwei Bussen fuhren wir zu Beginn der Sommerferien 1963 los. Die Reise dauerte 24 Tage. Sie war ein Märchen: Venedig, Florenz, Pisa, Assisi, Rom sowie mehrere Tage im Zeltlager am Gardasee. Wir übernachteten in Klöstern und Pilgerheimen. Die Reise kostete nur 280 D-Mark (circa 140 Euro), also etwas mehr als 10 D-Mark (circa 5 Euro) pro Tag. Das war gleichwohl viel Geld für meine Eltern. Ein schlechtes Gewissen hatte ich jedoch nicht primär wegen der Kosten, sondern weil ich meine Eltern während der Erntezeit allein ließ. Als Sechzehnjähriger war ich eine vollwertige Arbeitskraft, und normalerweise half ich täglich mehrere Stunden in der Landwirtschaft. In den Sommerferien konnten meine Eltern mich kaum entbehren, und ich weiß nicht, wie sie die Arbeit allein bewältigten. Aber sie ließen keinen Zweifel daran, dass ich bei dieser großen Reise mitfahren sollte. Dafür bin ich ihnen bis heute dankbar. Dass Heinrich Deborré während seiner Ferien die Initiative und die Verantwortung auf sich nahm, 100 Jugendliche durch Italien zu führen, kann man nicht überschätzen. Die Reise war eine rein private Veranstaltung, kein Programm der Schule. Gott sei Dank passierte nichts Schlimmes. Ich weiß nicht, wie die Haftung ausgesehen hätte. Ich beobachtete während der langen Busfahrten, dass Deborré angespannt war und den Rosenkranz zwischen seinen Fingern bewegte. Als Religionslehrer schleppte er uns natürlich in Kirchen und Wallfahrtsorte wie Assisi. Wir mussten häufig die Messe besuchen. Andererseits gab er uns Jugendlichen in den Städten große Freiheiten. Wir konnten uns in Venedig, Florenz und sogar in Rom frei bewegen. An einem Abend saßen wir auf den Stufen des Florentiner Doms und sangen bis Mitternacht deutsche Volkslieder. Unser Lieblingsschlager war »Von den blauen Bergen kommen wir«. In Rom besuchten wir das Grab unseres Landmannes Nikolaus von Kues (1401–1467), besser bekannt als Cusanus. Er stammte aus Bernkastel-Kues und war einer der großen Universalgelehrten des späten Mittelalters. Seine Ideen beschäftigen bis heute die Wissenschaft. Er fand sein Grab in der Kirche San Pietro in Vincoli, aber sein Herz wurde nach Bernkastel-Kues an die Mosel gebracht.

Diese Italienreise bleibt aus zwei Gründen eines meiner schönsten und emotionalsten Erlebnisse. Zum einen konnte ich erstmalig die engen Grenzen des Eifeldorfes sprengen, zum anderen eröffnete sich mir in Italien eine in ihrer Schönheit unübertroffene Welt. Venedig und Florenz zählen für mich zu den schönsten Städten der Welt. Bei einem Jugendlichen, der bisher nur sein Eifeldorf und dessen Umgebung kannte, fielen die Eindrücke quasi auf einen unbelichteten Film.

Heinrich Deborré war rastlos und getrieben. Zwei Jahre später organisierte er eine noch größere Reise nach Spanien, Marokko und Portugal. Diesmal waren wir mit einem Bus und knapp 50 Schülern 35 Tage unterwegs, nahezu die ganzen Sommerferien. Wieder stellte Deborré dieses Angebot zu einem unglaublichen Preis von 420 D-Mark (circa 240 Euro) bereit. Die Gewissensbisse, meine Eltern allein zu lassen, waren noch stärker als zwei Jahre zuvor, aber auch diese Reise habe ich nie bereut. Sie bildete eine unglaubliche Bereicherung und Horizonterweiterung. Das Kloster Montserrat, Barcelona, der Palmenhain von Elche, Granada mit der Alhambra und Cordoba tauchen vor meinem geistigen Auge auf. Die »Virgen de Africa« brachte uns von Algeciras/Gibraltar nach Afrika in die spanische Enklave Ceuta. Auf diese Überfahrt, die zu meinen »Sternstunden« zählt, gehe ich in Kapitel 12 näher ein. Im portugiesischen Wallfahrtsort Fatima, benannt nach der Lieblingstochter von Mohammed, beeindruckte uns die tiefe Frömmigkeit der Pilger. Die Erscheinungen, auf denen der Mythos dieses Ortes beruht, waren für Deborré und für uns Wirklichkeit. Heute fällt es mir schwer, die emotionalen Erlebnisse von damals nachzuvollziehen.

Rund 30 Jahre später, Mitte der neunziger Jahre, sind wir die Touren in Italien, Spanien und Marokko mit unseren Kindern nachgefahren. Auch diese Reisen waren für unsere Kinder große Erlebnisse, aber wir und sie hatten in der Zwischenzeit so viel von der Welt gesehen, dass das Staunen meiner frühen Jahre sich nicht wiederholte. Aus Rom schickte ich Deborré eine Karte als Erinnerung an die unvergessliche Reise im Jahre 1963. Er rief mich an, ich hatte wohl 20 Jahre nicht mehr mit ihm gesprochen. Er war ganz der Alte geblieben. Er erzählte mit Begeisterung, dass er in Thüringen missioniere. Die während der DDR-Zeit zu Atheisten gewordenen Menschen wolle er in den Schoß der Kirche zurückholen. Allerdings scheint dieses Unterfangen nicht von großem Erfolg begleitet gewesen zu sein. Selbst als ich ihn in seinen Achtzigern anlässlich einer Kindtaufe in Kloster Himmerod wiedersah, blitzte bei seiner Ansprache trotz körperlicher Gebrechlichkeit der alte Eifer durch. Die Predigt, die er in Himmerod hielt, hätte auch aus den sechziger Jahren unserer Schulzeit stammen können.

Nun mag die Beschreibung dieser frühen, großen Reisen klingen, als sei ich meines Eifeldorfes überdrüssig geworden. Das ist jedoch keineswegs der Fall. Als Jugendlicher wurde ich vom Fernweh befallen. Aber wenn ich dann in der Ferne war, holte mich das Heimweh ein und rief mich zurück nach Hause. Diese seltsame, scheinbar widersprüchliche Verbindung hat mich als Global Player stets begleitet. Fernweh und Heimweh sind für mich kein Widerspruch, sondern zwei Seiten meiner Person. Aufbruch und Heimkehr gehören zu den schönsten Momente jeder Reise.

3. JAHRE DES DONNERS

Der geplatzte Traum

»Über den Wolken muss die Freiheit wohl grenzenlos sein. Alle Ängste, alle Sorgen, sagt man, blieben darunter verborgen«, dieser Songtext von Reinhard Mey trifft meine Stimmung als Jugendlicher. Nach dem Krieg ist vor dem Krieg. Gott sei Dank erfüllte sich diese historische Gesetzmäßigkeit nicht für Deutschland. Als Angehöriger des Jahrganges 1947 gehöre ich zu der glücklichen Generation, die – erst- und einmalig in der deutschen Geschichte – während ihres bisherigen Lebens in Frieden leben durfte. Jedenfalls haben wir in Deutschland nach 1945 keinen »heißen« Krieg erlebt. Der »kalte Krieg« zeichnete sich allerdings schon kurz nach meiner Geburt ab. Sein Beginn kann auf den 12. März 1947 datiert werden, als der amerikanische Präsident Truman die nach ihm bekannte Doktrin verkündete, der zufolge die USA bereit waren, allen vom Kommunismus bedrohten Ländern Militär- und Wirtschaftshilfe zu leisten.[1] Die Berlin-Blockade 1948, der Koreakrieg Anfang der fünfziger Jahre, die Erhebung in der DDR am 17. Juni 1953, die Niederschlagung des Ungarnaufstandes 1956, die Kubakrise im Oktober 1962 sowie der Einmarsch der Sowjetunion in die Tschechoslowakei 1968 bildeten brisante Höhepunkte der Konfrontation zwischen Ost und West. Diese Entwicklung schlug sich in meiner Eifelheimat besonders spürbar nieder, sie wurde zur »Festung Eifel« ausgebaut. Da ein Angriff nur aus dem Osten kommen konnte, verlegte man wichtige Militärstützpunkte an die Westgrenze der

Bundesrepublik. Die Luftwaffenbasen Bitburg, Spangdahlem und Büchel wurden eingerichtet. Während meiner Kindheit und Jugend dröhnte der Eifelhimmel von röhrenden Kampfjets. Ich erinnere mich an die ersten Düsenflugzeuge, amerikanische Lockheed T33, die hauptsächlich zum Training eingesetzt wurden und über uns hinwegdonnerten. Später folgten modernere Jets wie die amerikanischen F-86 »Sabre«, die F-4 »Phantom« oder die deutschen F-104G »Starfighter«. Auf die Bevölkerung wurde bei den Flugmanövern wenig Rücksicht genommen. Unzählige Male durchbrachen die Kampfjets über uns die Schallmauer und erschreckten Menschen und Tiere mit ihrem ohrenbetäubenden Knall. Es waren Jahre des Donners.

Mich allerdings faszinierten diese supermodernen Flugzeuge. Eine erste direkte Begegnung mit dieser Welt hatte ich bei einem Flugtag in Spangdahlem Mitte der fünfziger Jahre. Jemand nahm uns in seinem Auto mit zu der Flugschau. Der Andrang war groß und bei dieser Gelegenheit erlebte ich erstmals eine Autoschlange. Die Autos reihten sich auf einer Länge von mehr als einem Kilometer auf, ein völlig ungewohntes Bild, denn zu dieser Zeit gab es in meinem Dorf kein einziges Auto. Wie oft schaute ich sehnsüchtig in den Himmel, den Jets auf ihren Bahnen folgend, und malte mir aus, selbst im Cockpit zu sitzen. Ich wurde zu einem Fan der Fliegerei. Ich kannte alle Flugzeuge, selbst die des Zweiten Weltkrieges. Hilfreich war hierbei ein Buch, das im Weltkrieg zur Identifikation deutscher und feindlicher Flugzeuge an die Bevölkerung verteilt worden war. Davon hatte ich ein Exemplar ergattert. Mein Zimmer füllte sich mit Plakaten und Modellen aller möglichen Flugzeugtypen. Unter diesen war der Starfighter, ein besonders elegant geschnittener Kampfjet, mein Favorit. Die erste Zeitschrift, die ich in meinem Leben abonnierte, hieß »Flugrevue«. Auch die Amerikaner in unserer Gegend zogen mich an. Bei gelegentlichen Besuchen in Spangdahlem konnte ich einen Blick in ihre Welt werfen. Begierig griff ich nach jeder Information, die mir in die Hände kam. Bis heute kann ich die folgenden, pathetischen Zeilen aus einer amerikanischen Luftwaffenbroschüre aus dem Gedächtnis abrufen: »In space so vast / It ends where no one knows / Our giant birds seem gnats / As distance grows / We measure flight / In miles and speed and men / And quality of craft / But mostly men.«[2]

Aus dieser Faszination mit der Fliegerei erwuchs mein Jugendtraum, Starfighter-Pilot zu werden. Ich war damit in unserer Gegend nicht allein. Offenbar übten die vielen Jets am Eifelhimmel auf andere Jugendliche eine ähnliche Anziehungskraft aus. Mehrere Schüler meines Gymnasiums und ungewöhnlich viele junge Männer aus meiner engeren Heimat wurden später Kampf- oder Transportflieger.[3] Einer von ihnen, Erhard Gödert aus Wittlich, hält einen ungewöhnlichen, höchst inoffiziellen Rekord.[4] Er dürfte der einzige deutsche Pilot sein, der »mit Überschall unter Meeresspiegelniveau« geflogen ist. Wie kommt ein solcher Rekord zustande? Gödert wurde 1961 zum Testpiloten für die deutsche Version des Starfighters, des Modells F-104G, ausgebildet. Ein Testflug führte ihn über das »Tal des Todes« (Death Valley), dessen tiefster Punkt 85,95 Meter unter dem Meeresspiegel liegt. In circa 30 Meter Höhe, also 50 Meter unter dem Meeresspiegel, donnerte Gödert über das Tal und durchbrach die Schallmauer. Wie er mir sagte, sah er hinter sich nur noch eine gigantische Staubwolke. Schnell machte er sich im sprichwörtlichen Sinne »aus dem Staub« und konnte froh sein, dass dieser abenteuerliche Ritt niemandem auffiel. Ein Absolvent unseres Gymnasiums, Andris Freutel, schaffte es sogar zum General der Luftwaffe. Ein weiterer, der Pilot wurde, war Jürgen Bücker. Er wuchs in der Nähe der Airbase Spangdahlem auf und trug schon als Junge amerikanische Militärklamotten, weshalb wir ihn »Joe« nannten. Später baute er, als »globaler Milchmann«, Molkereien in 42 Ländern auf. Er war – neben dem in Kapitel 11 portraitierten »Herman the German«, alias Dr. Gerhard Neumann – einer der wenigen echten Abenteurer, die ich in meinem Leben kennen lernte.[5]

Zudem hatte die Fliegerei in meiner Heimat eine gewisse Tradition, denn bereits in der Wehrmacht gab es Piloten aus der Eifel. Willi Servatius, Jahrgang 1922 und Vater meines Klassenkameraden Dr. Hans-Joachim Servatius, stammte aus Landscheid und flog für die Deutsche Wehrmacht Einsätze über England. Bernd Ehlen aus Mückeln, Jahrgang 1924, absolvierte die Pilotenausbildung, kam aber nicht zu Kampfeinsätzen, da am Ende des Krieges keine Flugzeuge mehr vorhanden waren. Nach dem Krieg wurde er Berufssoldat bei der Bundesluftwaffe und nahm mich oft in seinem Auto vom Fliegerhorst Büchel mit nach Hause. Der berühmteste der Eifler Piloten war Erbo von Kageneck (Jahrgang 1918) aus Wittlich. Während des Zweiten Weltkriegs hatte er 67 Feindabschüsse, und 1941, im Alter von 23 Jahren, wurde er mit dem Ritterkreuz ausgezeichnet. Doch wenige Monate später ereilte ihn selbst das Schicksal. Erbo erlitt in Nordafrika einen Bauchschuss und wurde in der persönlichen Maschine von Rommel über Athen nach Neapel geflogen, wo er am 12. Januar 1942 verstarb. Kurz zuvor war bereits sein Bruder Franz-Joseph (1915–1941) gefallen. Ein weiterer Bruder, Clemens-Heinrich von Kageneck (1913–2005), war Panzersoldat und wurde ebenfalls mit dem Ritterkreuz dekoriert. Der Vater, Karl von Kageneck, diente als Flügeladjutant des letzten deutschen Kaisers und war kaiserlicher Generalmajor.

Mein eigener Pilotentraum hätte sich ideal mit meiner Heimatverbundenheit kombinieren lassen, denn das Jagdbombergeschwader 33 in Büchel wurde in den sechziger Jahren mit Starfightern ausgerüstet. Ich fuhr zu einem Eignungstest nach München, scheiterte jedoch bereits in der ersten Runde an Farbsehschwäche. Eine Welt brach für mich zusammen. Aus heutiger Sicht betrachte ich dieses Scheitern allerdings als Glücksfall. Wer weiß, ob ich noch am Leben wäre, wenn sich mein Pilotentraum erfüllt hätte. Dennoch ging ich zur Luftwaffe.

Luftwaffe

Wie oft hatten wir in unserer Dorfkneipe von der großen weiten Welt geträumt. In uns brodelte das Fernweh. Das Dorf und die Eifel waren uns eng geworden. Wir träumten von fernen Ländern und großen Reisen. Konrad Pfeil, ein gelernter Metzger, fuhr als

Schiffskoch zur See, erzählte von seinen Abenteuern und beflügelte unsere Fantasie. Mit dem Abschluss des Abiturs bot sich endlich die Chance, der Enge zu entkommen. Am 2. Januar 1967 brachte mich ein Truppentransportzug zusammen mit 600 weiteren Rekruten aus dem Rheinland nach Ulm an der Donau. Meine Dienstzeit bei der Luftwaffe begann. Es stand für uns damals außer Frage, dass wir »dienen« würden. Die sich in den großen Städten abzeichnende Welle der Kriegsdienstverweigerung hatte unsere ländliche Gegend noch nicht erreicht. Ein Klassenkamerad war tief betrübt, dass er bei der Musterung als für den Wehrdienst untauglich beurteilt wurde. Ein anderer Mitschüler, der zunächst als nicht tauglich gemustert worden war, klagte sogar auf Zulassung zur Bundeswehr und hatte damit Erfolg. Wie sind diese Einstellungen, die sich bei Jugendlichen in den folgenden Jahren radikal ändern sollten, zu erklären? Sicherlich spielten die ständigen Spannungen des »Kalten Krieges« eine Rolle. Wir alle glaubten an die Bedrohung durch die Sowjetunion und den Warschauer Pakt. Die Angst, die »Russen könnten kommen«, war für mich persönlich real und allzeit präsent. Auch bei unseren Lehrern gab es keine pazifistischen Einstellungen, obwohl nahezu alle die Schrecken der Nazizeit und des Zweiten Weltkrieges erlebt hatten.

Meine Grundausbildung absolvierte ich in der 16. Kompanie des Luftwaffenausbildungsregimentes 4. Wie jeder junge Mensch, der sein Elternhaus zum ersten Mal verlässt und sich in einer fremden Umgebung zurechtfinden muss, erwartete ich mit Spannung, was auf mich zukommen würde. Unsere Kompanie bestand zum Großteil aus Abiturienten, die aus der ganzen Bundesrepublik zusammengezogen worden waren. Wie würde ich mich in diesem Umfeld bewähren? Könnte ich mich, als unerfahrener, naiver Dorfjunge, gegen die gewiefteren Rekruten aus den großen Städten behaupten? Wie würde mir die körperliche Belastung der Grundausbildung zusetzen?

Doch bereits nach wenigen Tagen ließ die Spannung nach. Ich stellte fest, dass ich die Herausforderungen relativ leicht bewältigte. Als Bauernjunge, der harte Arbeit gewohnt und sportlich fit war, machten mir die Märsche und Übungen wenig aus. Ich nahm während der dreimonatigen Grundausbildung sogar neun Kilo zu, vermutlich lag das an der Dampfkost. Ich war anspruchslos und mit dem Essen zufrieden. Anders als zu Hause war die Stube geheizt, und es fehlte mir an nichts. Nach sechs Wochen hatten sich die Rekruten kennen gelernt, und es sollte ein Kompaniesprecher gewählt werden. Die Tatsache, dass ich gewählt wurde, schadete meinem Selbstbewusstsein sicher nicht. Ich wusste jetzt, dass ich in dieser neuen Umgebung meinen Mann stehen konnte.

Probleme hatte ich allerdings mit einigen Ausbildern. Deren Ton gefiel mir nicht. Zudem war (und ist) Gehorsam nicht meine Stärke, insbesondere, wenn ich Befehle als unsinnig ansah oder sie mir einfach nicht passten. Die ranghöheren Offiziere und die älteren Unteroffiziere hatten noch in der Wehrmacht gedient. Der pensionierte General Christian Trull sagte dazu: »Als ich 1966 in die Bundeswehr eintrat, waren vom Bataillonskommandeur bis hoch zu den Generalen alle Vorgesetzten, mit denen ich zu tun hatte, ehemalige Wehrmachtsoffiziere. Auch die älteren Unteroffiziere hatten in der Wehrmacht gedient.«[6] Diese Erfahrungen beeinflussten ihre Art zu führen. Ich kann nicht sagen, dass ich nennenswerte Verstöße gegen die Prinzipien der »Inneren Führung« erlebt hätte, aber Ton und Umgang während der Grundausbildung schienen doch aus der Zeit gefallen. Nach der Grundausbildung blieb ich als Ausbilder in Ulm und nahm im Sommer 1967 am Fahnenjunkerlehrgang in Fürstenfeldbruck teil. Hier war der Ton gegenüber uns, als Reserveoffiziersanwärtern, ein anderer. Die Ausbilder dort verstanden, dass sie uns auf Führungsaufgaben vorbereiten sollten. Noch stärker galt das für die Offiziersschule in München-Neubiberg, die ich ein Jahr später besuchte. Man behandelte uns wie Studenten, der Lehrbetrieb war dem universitären Unterricht nicht unähnlich. Später entstand in Neubiberg tatsächlich eine der beiden Universitäten der Bundeswehr.

Auf der Offiziersschule beeindruckte mich ein alter Oberst, ein Weltkriegsveteran, der nur ein Auge hatte. Er hielt die Vorlesung zur Strategie. Seine Definition von Strategie habe ich nie vergessen.

Sie lautete: »Strategie ist die Kunst und die Wissenschaft, alle Kräfte einer Nation so zu entwickeln und einzusetzen, dass ein Gegner abgeschreckt oder im Konfliktfalle möglichst geschwächt wird.« In nur leicht modifizierter Form habe ich diese Definition auf Unternehmen übertragen: »Strategie ist die Kunst und die Wissenschaft, alle Kräfte eines Unternehmens so zu entwickeln und einzusetzen, dass ein möglichst profitables, langfristiges Überleben gesichert wird.«[7] Ich bevorzuge diese kurze, prägnante Form gegenüber der sicherlich bekanntesten Definition, die von dem Harvard-Professor Alfred Chandler stammt: »Strategie ist die Bestimmung der grundlegenden, langfristigen Ziele und Pläne eines Unternehmens sowie die Vereinbarung von Handlungslinien und Ressourcen zur Erreichung dieser Ziele.«[8] Für mich zog sich so ein direkter Faden von der Offiziersausbildung zu meiner späteren Tätigkeit als Wissenschaftler und Berater – mehr als 20 Jahre, bevor ich Chandler in Harvard selbst kennen lernte.

Fahnenjunker- und Offizierslehrgang hatte ich jeweils als Klassenbester abgeschlossen. In der Folge kam es zwischen dem Leiter der Offiziersschule, einem Oberst, und mir, zu einer Auseinandersetzung, die man als glatte Befehlsverweigerung oder alternativ als Meuterei klassifizieren kann. Der Oberst bestellte mich ein und erklärte: »Simon, Sie bleiben hier an der Offiziersschule. Ich brauche Sie als Ausbilder.« Das ging mir völlig gegen den Strich. Wie allgemein üblich war ich davon ausgegangen, nur für den Lehrgang an die Schule entsandt worden zu sein und anschließend zum Jagdbombergeschwader 33, dem ich seit Jahresbeginn angehörte, zurückzukehren. Meine Sicherung brannte durch. Ich weiß nicht mehr, warum ich bei diesem Treffen einen Stahlhelm trug. Jedenfalls riss ich den Helm vom Kopf, knallte ihn auf den Boden und brüllte: »Ich bleibe auf keinen Fall hier, sondern gehe zu meinem Geschwader zurück.« Ein solches Verhalten ist für einen Soldaten völlig inakzeptabel. Heute frage ich mich, ob ich nicht besser an der Offiziersschule geblieben wäre. Der Vorfall zeigte, dass eine militärische Karriere vermutlich an derartigen Weigerungen, Befehle entgegenzunehmen und Unterordnung zu akzeptieren, gescheitert wäre. Mit meiner Frau Cäcilia diskutierte ich einmal, warum wir uns beide – unter Aufgabe lebenslänglicher Beamtenpositionen – selbstständig gemacht hatten. Wir kamen zu dem Schluss, dass wir keinen Chef über uns haben wollten. Später entschuldigte ich mich bei dem Oberst für den Eklat, der im Übrigen keine Folgen hatte. Ich kehrte zum Jagdbombergeschwader 33 zurück.

Tödliche Kerze

Während meiner Bundeswehrzeit ereignete sich ein tragischer Unfall mit einer Nebelkerze, in dessen Folge ich eine traurige Pflicht erfüllen musste. Der Rekrut Norbert Theisen aus Zell an der Mosel absolvierte seine Grundausbildung beim Luftwaffenausbildungsregiment 4 in Roth bei Nürnberg, zu dem auch ich gehört hatte. Beim Manöver, das die Grundausbildung abschloss, mussten sich die Rekruten Unterstände bauen, die mit Brettern und Zweigen abgedeckt wurden. Eine von einem Leutnant, der einen feindlichen Angriff simulierte, geworfene Nebelkerze vom Typ DM 1 landete dabei in der Stellung des Rekruten Theisen, der schlief. Es dauerte einige Minuten, bis sich Theisen mit Hilfe von Kameraden aus der Stellung befreien konnte. Doch diese Minuten waren zu lang. Elf Tage später starb Norbert Theisen an den Folgen der eingeatmeten Gase. Er wurde in seinem Heimatstädtchen Zell beerdigt. Da das Jagdbombergeschwader 33 die nächstgelegene Luftwaffeneinheit war, wurde eine Gruppe von uns zu Norbert Theisens Begräbnis nach Zell entsandt. Zusammen mit fünf Kameraden hatte ich die traurige Pflicht, den Sarg zu tragen. Diesmal erschien ein Bericht zu diesem tragischen Unfall im *Stern* – das dort publizierte Foto ist im Bildteil abgedruckt.[9] Obwohl wir mit dem Unfall als solchem nichts zu tun hatten, hatte man auf dem Friedhof das Gefühl, dass sich die Stimmung der Angehörigen und der Zeller Bürger verständlicherweise gegen uns richtete. Wir waren die Repräsentanten der Bundeswehr, in deren Dienst ihr Verwandter und Mitbürger zu Tode gekommen war. Der Vorfall gewann später eine zusätzliche persönliche Dimension. Beim auf die Bundeswehrzeit folgenden Studium in Bonn war einer meiner Kommilitonen, mit dem ich bis heute befreundet bin, Richard Engel. Er stammt aus dem Moseldorf Kaimt. Seine Frau Ursula wuchs in Zell auf. Jahrzehnte später erwähnte ich mehr zufällig, dass wir 1968 einen Rekruten in ihrer Heimatstadt zu Grabe getragen hätten. Norbert Theisen war ihr Vetter.

Die Banalität der Bombe

Im Rahmen der sogenannten »Nuklearen Teilhabe« hatte das Jagdbombergeschwader 33 die delikate Mission, im Ernstfall vordefinierte Ziele jenseits des Eisernen Vorhanges mit nuklearen Waffen zu belegen.[10] Jeder Pilot bekam zwei vordefinierte Ziele zugewiesen. Den Weg dorthin kannte er im Detail. Für manche dieser Ziele hätte die Reichweite des Starfighters nicht ausgereicht, um zur Heimatbasis zurückzukehren. Der Pilot wäre nach Erledigung des Auftrages möglichst weit zurückgeflogen und dann ausgestiegen. Überlebenstraining gehörte deshalb zur Standardausbildung der Starfighter-Piloten. Es war damals kaum bekannt, dass deutsche Kampfjets, die von deutschen Piloten geflogen wurden, mit amerikanischen Atombomben bestückt waren. Diese Sonderwaffen wurden von einer Einheit der US-Luftwaffe verwaltet, die in einer Baracke direkt neben uns auf dem Fliegerhorst stationiert war. Eine ausführliche Beschreibung dieser Mission gibt der ehemalige Starfighter-Pilot Hannsdieter Loy in dem Buch *Jahre des Donners*, dem ich den Titel dieses Kapitels entlehnt habe.[11]

Wegen dieser besonderen Situation gab es in Büchel zwei Sicherungsstaffeln, die Unteroffizierslehr- und Sicherungsstaffel (ULS) und die Sicherungsstaffel S, die für die Bewachung der Sonderwaffen, dafür steht das S, zuständig war.[12] Ich gehörte zur ULS. Unsere Aufgabe bestand in der Unteroffiziersausbildung sowie in der generellen Sicherung des Fliegerhorstes. Im Rahmen von Nato-Alarmen mussten wir zudem den Transport der Sonderwaffen von deren Lager außerhalb des Fliegerhorstes zu den Stellplätzen der Flugzeuge sichern. Dieser Transport ging seinerzeit über eine öffentliche Bundesstraße. Später wurde eine spezielle Zufahrtsstraße mit Überbrückung der Bundesstraße gebaut. Die Mannschaften der beiden Sicherungsstaffeln waren eine bunte Mischung der Gesellschaft, anders als die Einheiten, die ich in Ulm, Fürstenfeldbruck und Neubiberg kennen gelernt hatte. Manche Soldaten hatten schon im Gefängnis gesessen, andere erschienen angetrunken zum Dienst. Entsprechend waren Ton und Umgang. Solche Soldaten zu führen, empfand ich als große Herausforderung. Ich war damals 21.

Während dieser Zeit hatte ich auch meine Begegnung mit der Großbürokratie der Bundeswehr. Meine Beförderung zum Fahnenjunker kam einfach nicht. Alle Kameraden meines Jahrganges hatten ihre Beförderung längst erhalten. Nur meine ließ auf sich warten, obwohl ich in Fürstenfeldbruck als Bester abgeschnitten hatte. Nun gibt es bei der Bundeswehr eine klare Beschwerdeordnung. Man kann sich gegen alles Mögliche beschweren, nur nicht gegen eine ausbleibende Beförderung. Es gibt keinen Anspruch auf Beförderung zu einem bestimmten Zeitpunkt. Was konnte ich also tun? Ich beschwerte mich wegen Ungleichbehandlung. Das ist ein zulässiger Beschwerdegrund. Meine erste Beschwerde, die ich am 7. März 1968 auf dem Dienstweg einreichte, lief über das Jagdbombergeschwader 33 an das Personalstammamt der Bundeswehr in Köln. Von dort wurde sie »nach Vervollständigung der Unterlagen zuständigkeitshalber« an den Bundesminister der Verteidigung weitergeleitet. Der lehnte die Beschwerde zunächst mit der Begründung ab, ich sei ja inzwischen befördert worden. Doch ich erhob Einspruch, denn ich hatte mich wegen »Ungleichbehandlung«, nicht wegen »verzögerter Beförderung« beschwert. Der Verteidigungsminister delegierte die Sache an das Bundeswehrverwaltungsamt in Bonn. Das erklärte sich für nicht zuständig. Zuständig sollte die Wehrbereichsverwaltung IV in Wiesbaden sein. Nach etwa einem Dutzend weiterer Schreiben hin und her erkannte diese Behörde meine Beschwerde am 4. Dezember 1968 an.[13] Dieser kafkaeske Prozess war für mich sehr lehrreich. Zum einen lernte ich den Umgang mit einer Großbürokratie, in der alles nach streng geregelten Aktenzeichen und Prozeduren abläuft. Zum Zweiten wurde ich darin bestärkt, nicht auf meine direkten Vorgesetzten zu hören, die alle sicher waren, dass diese Beschwerde zu nichts führen würde. Doch am Ende des Tages gewann ich. Ich wurde nachträglich befördert, und mein Sold wurde nachgezahlt. Die Maschinerie der Bürokratie kann sehr effizient sein, wenn man sie richtig einsetzt. Jahrzehnte später geriet ich an einen verbrecherischen Zahnarzt, der schließlich im Gefängnis landete. Ich konnte meine Erfahrungen aus der Bundeswehrzeit anwenden, indem ich bei zahlreichen Behörden und auf verschiedenen Ebenen Beschwerden gegen den Zahnarzt einlegte. Das brachte ihn letztlich zu Fall.

Während meiner Dienstzeit in Büchel kam es zu einer der großen Krisen der Nachkriegszeit. Im August 1968 marschierten die Sowjettruppen in die Tschechoslowakei ein. Dieses Vorgehen löste bei uns zahlreiche Alarme aus. Bei einem dieser Einsätze, einem sogenannten »Quick-Train-Alarm«, war ich Offizier vom Dienst. Um 23.30 Uhr heulten die Sirenen auf. NATO-Alarm! Das bedeutete, dass zusätzlich zu den sechs Starfightern in der Schnellalarmzone, unter denen ohnehin Atombomben hingen und in denen die Piloten im Cockpit saßen, das gesamte Geschwader mit Sonderwaffen bestückt werden musste.[14] Für die Sicherungsaufgabe wurden die Soldaten mit scharfer Munition ausgerüstet und an vorbezeichneten Posten stationiert. Unter normalen Umständen ist das eine Standardübung. In jener Nacht war die halbe Kompanie besoffen. Und ich musste sehen, wie ich Ordnung in den wilden Haufen bekam. Ich ließ auf dem Hof antreten. Ein ohnehin als Rabauke bekannter, angetrunkener Soldat, der Gefreite G., bedrohte mich mit den Worten: »Simon, wenn du mich nicht in Ruhe lässt, bist du der Erste, den ich abknalle.« Einer meiner besten Kumpel war der Unteroffizier W., ein respektabler Boxer aus Frankfurt am Main, mehrfach Teilnehmer an hessischen Meisterschaften, als Mittelgewichtler mit ordentlichem Punch in beiden Fäusten ausgestattet. Bis heute ist er eine Legende in der Frankfurter Boxszene. Auf die Lösung des peinlichen Konflikts mit dem angetrunkenen Gefreiten gehe ich nicht im Detail ein. Ich beauftragte den Unteroffizier W.,

die Disziplin wieder herzustellen. Ich weiß nur noch, dass der Gefreite G. plötzlich außer Gefecht und nicht mehr imstande war,
mich abzuknallen. Ab dieser Sekunde herrschte eiserne Disziplin
in der Staffel. Zwei Kameraden packten den Angetrunkenen, hoben
ihn auf den LKW, und ab ging es auf die Einsatzpositionen. Die Soldaten wurden entlang der zu sichernden Strecke im Abstand von
15 Metern aufgestellt. Ich postierte jeweils einen Nüchternen neben
einem Angetrunkenen. Der Nüchterne nahm das Magazin des anderen mit der Munition an sich. Und wenn sich die NATO-Inspek-
toren näherten, steckte er das Magazin schnell in das G3-Gewehr.

Am anderen Morgen erhielt ich eine förmliche Anerkennung
und einen Tag Sonderurlaub, weil die Staffel ihre Einsatzpositionen schnell und präzise besetzt hatte. Wäre bekannt geworden, was
wirklich vorgefallen war, so wären Unteroffizier W. und ich in den
Bau gegangen. Nun, ich will diesen Vorfall nicht als Beispiel für
gute Führung rechtfertigen. Aber es gibt brisante Situationen, da
funktioniert feinfühlige Führung nicht. Mit den Typen in den Sicherungsstaffeln war nicht zu spaßen. Einmal entleerte einer von
ihnen während eines nächtlichen Wacheinsatzes das Magazin seiner Maschinenpistole. Gott sei Dank kam niemand zu schaden. Jedenfalls gewann ich in der Zeit beim Jagdbombergeschwader 33
Führungserfahrung, die mir im späteren Leben sehr half.

Was dachten wir uns, als wir die Atombomben sahen? Ehrlich
gesagt, wir dachten uns nichts. Unsere Aufgabe, ihre Sinnhaftig-
keit, die Ethik dessen, was wir taten, waren nie ein Thema unter
uns jungen Männern. Aus der Rückschau von heute erschrecke
ich selbst über diese Gedankenlosigkeit. Auf Unimogs fuhren die
Bomben an uns vorbei wie harmlose Bierfässer auf einem LKW.
Unwillkürlich drängt sich der Gedanke an das Konzept der »Banalität des Bösen« der Philosophin Hannah Ahrendt auf.

Wie sehe ich das aus heutiger Sicht? Nach dem Fall des Eisernen
Vorhangs und dem Auseinanderbrechen der Sowjetunion wurden
im Verteidigungsministerium in Prag Angriffspläne des Warschauer Paktes gefunden. Ähnliche Unterlagen tauchten 2006 in einem
Geheimarchiv in Warschau auf. Diesen zufolge hieß es 1969: »Der

Konflikt sollte fast von Anfang an massive Nuklearschläge umfassen, und gerade der Warschauer Pakt sollte diese Schläge als erster führen.«[15] Diese Strategie des nuklearen Erstschlages beruhte auf der Überlegung, dass die Truppen des Warschauer Paktes sich als konventionell überlegen ansahen und mit einem raschen Vorstoß nach Westen rechneten. In diesem Szenario, so die Gedanken der Sowjets, bliebe dem Westen nichts anderes übrig, als nuklear zurückzuschlagen. Wenn aber ein nuklearer Krieg ohnehin unvermeidbar war, dann war es am besten, als Erster zuzuschlagen. Als ich das vor einigen Jahren las, sah ich die Rolle unseres Jagdbombergeschwaders in einem anderen Licht. Vielleicht hat die Abschreckung, für die unser Geschwader eine Schlüsselrolle spielte, dazu beigetragen, dass aus dem seinerzeitigen kalten kein heißer oder gar ein nuklearer Krieg wurde. Es kommt für mich bis heute einem Wunder gleich, dass sich die hochgerüstete Konfrontation auf beiden Seiten des Eisernen Vorhanges letztlich auflöste, ohne dass ein Schuss oder gar eine Atombombe fielen.[16]

Absturz

Auf dem Fliegerhorst lagen die primitiven Baracken, in denen die Sicherungsstaffeln untergebracht waren, nur rund 200 Meter seitlich der Start- und Landebahn. Die übrigen Einheiten des Geschwaders waren in der sieben Kilometer entfernten Kaserne Brauheck untergebracht. So wären sie bei einem Angriff auf den Fliegerhorst verschont geblieben. Wenn die Starfighter morgens oder auch nachts in den Eifelhimmel schossen, bebten unsere Baracken. Der Donner der General-Electric-J79-Triebwerke klang für uns wie das Fauchen eines ungebändigten, aber vertrauten Drachens. Bis heute bin ich stolz, dass einer unserer Bücheler Starfighter im Deutschen Museum in München an diese Ära erinnert.[17] Doch der Starfighter wurde auch »Witwenmacher« genannt. Andere sarkastische Bezeichnungen waren Erdnagel, fliegender Sarg oder Sargfighter.[18]

Eines Morgens stand die Kompanie zum Apell bereit. Plötzlich wendeten sich alle Köpfe in Richtung Runway. Das Geräusch des startenden Kampfjets war ungewohnt anders, ein Husten, ein Stottern des Triebwerks, nicht der röhrende gleichmäßige Donner. Wir sahen, wie sich die Maschine vom Boden löste. Dann riss die Flamme aus dem Strahlrohr ab. Die Maschine gewann noch etwas an Höhe, erreichte ihren Scheitelpunkt, um dann in einer parabelförmigen Bahn gegen Boden zu sinken. Als Nächstes sahen wir in etwa 1,5 Kilometer Entfernung einen gigantischen Rauchpilz aufsteigen, wie man ihn von Atombombenexplosionen kennt. Filme über solche Explosionen hatten wir in der Schule und beim Militär zu Hauf gesehen. Wir rückten aus, um die Absturzstelle zu sichern. Der Nachbrenner, den das Flugzeug zum Start benötigte, hatte ausgesetzt. Der Pilot konnte sich mit dem Schleudersitz rausschießen und überlebte ohne ernsthafte Schäden. Seine ersten Worte, als er aufgelesen wurde, waren: »Bestellt ein Fass Bier.«

Dieser Absturz war nicht der einzige des Geschwaders und fürwahr nicht der einzige der Luftwaffe.[19] Von den 916 Starfightern der Deutschen Luftwaffe stürzten 269 ab, das sind 29,4 Prozent. Bei diesen Crashs kamen 116 Piloten ums Leben.[20] Bei den Piloten war der Starfighter trotz der vielen Abstürze aufgrund seiner Steig- und Flugleistungen beliebt. Wenn ich heute ehemalige Piloten wie Erhard Gödert, Wilhelm Göbel oder Andris Freutel treffe, so schwärmen sie von der F-104G.

Meine Zeit in Büchel neigte sich dem Ende zu. Zum Abschied von der Luftwaffe unternahmen Wolfgang Wawrzyniak, genannt »Watschi«, und ich eine Reise nach Paris. Watschi hatte immer davon geträumt, einmal im Zug von Frankfurt nach Paris-Est zu fahren und nicht in Cochem/Büchel aussteigen zu müssen. Dieser Traum wurde nun wahr. Damals gab es noch »Les Halles«, den Bauch von Paris, mitten im Zentrum der großen Stadt. Balzac hat einen Roman darüber geschrieben. Dort schlugen wir uns die Nächte um die Ohren. Wir blieben drei Tage, übernachteten nur einmal in einem Hotel, sahen aber auch die Mona Lisa im Louvre, stiegen auf zum Montmartre und eroberten Paris zu Fuß. Nur zu

Fuß lernt man diese Stadt wirklich kennen. Bei »Les Halles« wählten wir eine Stammkneipe aus, die uns vor allem wegen der Gäste interessierte. Vom Zuhälter bis zum Kopfschlächter war alles vertreten. Die Spannung knisterte förmlich in der Luft. Ein falsches Wort, eine unvorsichtige Bewegung, und es konnte Ärger geben. Wir setzten uns an einen Tisch mit finsteren Typen. Diese forderten uns zum Armdrücken auf. Entziehen konnten wir uns nicht, auf Deutsche waren sie nicht gut zu sprechen. Gott sei Dank hatte ich den toptrainierten Watschi dabei. Er hat den Franzosen plattgemacht. Das hat für Klarheit gesorgt. Fortan herrschte Friede am Tisch, und wir spendierten uns gegenseitig einen Rouge Ordinaire. Mein Freund Watschi aus Frankfurt meint bis heute, das sei der Beginn der Deutsch-Französischen Freundschaft gewesen. »Roi des Halles« (König der Hallen) hieß die Kneipe.

Zum Jahresende 1968 ging meine Zeit als Soldat zu Ende.[21] Am Tag meiner offiziellen Entlassung aus der Bundeswehr plagte mich noch einmal die Neugierde. Wegen des besonderen Auftrages des Geschwaders hatten wir eine vergleichsweise hohe Sicherheitsstufe. Ich bat darum, Einblick in meine Personalakte nehmen zu dürfen. Dieser wurde mir gewährt. In der Akte fand ich eine Sicherheitsüberprüfung für einen anderen Hermann Simon. Der Militärische Abwehrdienst (MAD) ist eben auch nur eine Behörde. Ohne etwas zu sagen, klappte ich die Sicherheitsakte zu und legte sie wieder an ihren Platz. Dort liegt sie vermutlich noch heute.

Über den Wolken – später

Obwohl mein Pilotentraum nicht wahr wurde, habe ich in meinem späteren Leben sehr viel Zeit über den Wolken verbracht. Ich habe keine Vorstellung, wie oft ich geflogen bin. Und die Distanz von mehreren Millionen Kilometern, die ich in Kapitel 1 genannt habe, ist nur eine grobe Schätzung. Es ist für mich bis heute ein erhebendes Gefühl, wenn sich ein Riesenvogel wie der Airbus A380 mit einem Startgewicht von 560 Tonnen in die Lüfte erhebt. Das ist so, als würden 14 zusammengebundene Vierzigtonner-LKWs abheben. Welch ungeheure Kraft muss da wirken? Ich bin Lufthansa-Fan. Das gilt vor allem für den Rückflug nach Deutschland und hat einen einfachen Grund. Sobald ich die Lufthansa-Maschine betrete, fühle ich mich schon wie zu Hause. Ich verkürze quasi die Abwesenheit. Und als kleine Marotte, stelle ich meine Uhr auf deutsche Zeit.

Sehr viele Flüge durfte ich auch mit Privatflugzeugen absolvieren. Seltsamerweise heißt dieser Teil des Luftverkehrs »General Aviation«, obwohl er ja gerade nicht dem allgemeinen Publikum zugänglich ist. Nun ist es keineswegs so, dass ich selbst über einen Privatjet verfüge. Aber wenn die Zeit knapp oder der Zielort entlegen ist, lautet meine Antwort auf eine Einladung zu einem Vortrag nicht selten: »Ich kann das nur machen, wenn Sie mir ein Flugzeug schicken.« Viele Firmen, gerade auch Mittelständler, insbesondere solche an abgelegenen Standorten, betreiben selbst Flieger oder mieten solche an. Zudem ist es erstaunlich, wie viele Flugplätze es in Deutschland gibt. Das Land ist übersät davon. In kürzester Zeit gelangt man von nirgendwo nach irgendwo. So hatte ich morgens einen Vortrag in Kitzbühel und nachmittags eine Verpflichtung in Freiburg. Kein Problem: Der Flieger brachte mich in 40 Minuten in den Breisgau. Auch Künzelsau liegt etwas abseits. Doch mit einem Jet aus der Würth-Luftflotte ist man von Bonn aus in weniger als einer Stunde dort.

Der Termin einer Managementtagung bei der BASF kollidierte mit einem Vortrag in Paris. Der seinerzeitige Vorstandsvorsitzende Dr. Jürgen Hambrecht schickte mir eine Maschine, sodass ich pünktlich in Ludwigshafen antreten konnte. Der Hidden Champion BHS Corrugated, Weltmarktführer für Wellpappenanlagen, sitzt in Weiherhammer im Bayrischen Wald. Wie kommt man dahin? Ganz einfach, mit dem Privatflieger, ich brauchte für die Runde inklusive Vortrag und Abendessen gerade mal sechs Stunden. Mit Zug oder Auto wäre ich wohl dreimal so lange unterwegs gewesen und hätte übernachten müssen. Ein Termin in der Nähe von Stuttgart zog sich hin. Um 14 Uhr sagte ich: »Ich muss jetzt zum Zug, denn ich habe um 18 Uhr einen Termin in Bonn.« »Keine Eile«, meinte der Unternehmer, »wir bringen Sie mit meinem Flieger zurück.« In der Luft fragte ich den Piloten: »Müssen wir eigentlich zum Flughafen Köln/Bonn, oder geht es auch auf dem kleinen Flugplatz Hangelar am Rande Bonns? Es wird nämlich knapp mit meinem Termin«. »Kein Problem«, lautete die Antwort des Piloten. Er setzte mich in Hangelar ab. Ich schaffte meinen Termin, obwohl ich das Büro in der Nähe von Stuttgart erst um 16 Uhr verlassen hatte.

Noch wichtiger sind Privatflieger in Entwicklungsländern mit schlechter Infrastruktur. Wie kam ich von Johannesburg zu den Viktoriafällen in Simbabwe? Das geht nur mit Flieger. Ähnlich war es in Papua-Neuguinea oder auf den Fidschi Inseln. Und in der jüngeren Vergangenheit neige ich dazu, den Straßenverkehr in manchen Ländern zu meiden und wenn möglich, ein Flugzeug zu mieten oder von meinen Auftraggebern zu erbitten. Sowohl Zeit- als auch Sicherheitsaspekte legen das nahe. Aber leider geht das aus Kostengründen oder sonstigen Restriktionen nicht immer. Privatflieger sind unglaubliche Effizienzbringer und Zeitsparer. Ihre Beurteilung unter Umweltaspekten steht auf einem anderen Blatt.

Doch zurück in die Eifel und zu meinem geplatzten Jugendtraum. Bis heute ziehen die amerikanischen Jets aus Spangdahlem und die deutschen aus Büchel ihre Bahnen am Eifelhimmel. Wenn ich ihnen dann nachschaue und sehe, wie sie mit dem Horizont verschmelzen, hänge ich meinem geplatzten Pilotentraum nach und die Schlusszeilen von Reinhard Meys »Über den Wolken muss die Freiheit wohl grenzenlos sein« klingen mir in den Ohren: »Meine Augen haben schon / Jenen winz'gen Punkt verloren. / Nur von fern' klingt monoton / Das Summen der Motoren.«

4. VOM ERNST DES LEBENS

Studienjahre sind keine Herrenjahre

Hätte ich unmittelbar nach dem Abitur mit dem Studium begonnen, so wäre meine Wahl auf Maschinenbau als Studienfach und die Rheinisch-Westfälische Technische Hochschule in Aachen als Studienort gefallen. Ich wäre dabei dem Vorbild meines einige Jahre älteren Vetters und Nachbarjungen Gerhard Simon gefolgt, der mir mit Enthusiasmus von seinen Studienerfahrungen in Aachen und seinen Praktika berichtet hatte. Doch die Zeit bei der Bundeswehr und die dort erfahrene Politisierung veränderten mich. War ich nach dem Abitur zunächst des Lernens überdrüssig und dachte, mir einen umfangreichen Wissensstand angeeignet zu haben, veränderte sich diese Einstellung während der geistig weniger anspruchsvollen Jahre in der Bundeswehr fundamental. Ich wartete ungeduldig auf den Beginn des Studiums und war begierig, Neues zu lernen. Der Sättigungseffekt, den ich zweieinhalb Jahre vorher verspürt hatte, war verflogen.

In der Folge entwickelte ich ein stärkeres Interesse an wirtschaftlichen, politischen und sozialen Fragestellungen. Durch die Lektüre ausgewählter Bücher gewann ich einen ersten Überblick über diese Wissenschaftsfelder. Das Soziologen- und Politologen-Deutsch schreckte mich allerdings ab. Letztlich entschied ich mich für das Studium der Volkswirtschaftslehre und wählte als Studienort Bonn. Aus meiner subjektiven und nach wie vor naiven Sicht sprachen mehrere Gründe für die Rheinische Friedrich-

Wilhelms-Universität. Zum einen gab es dort einige sehr bekannte Professoren. Für mich war Bonn zudem nicht die kleine Stadt am Rhein, sondern die Bundeshauptstadt. Die Nähe zur Eifelheimat erschien mir ebenfalls vorteilhaft. Außerdem zog ich es vor, an einer kleineren Universität zu studieren. Dennoch immatrikulierte ich mich zusätzlich an der Universität zu Köln, an der schon damals 6 000 Wirtschaftswissenschaftler studierten, hörte dort Vorlesungen und erwarb mehrere Scheine.

Mit dem Beginn des Studiums hatte ich den Schalter umgelegt. Diese Metamorphose bleibt für mich bis heute erstaunlich. Aus dem Hermann Simon, der sorg- und teilweise gedankenlos durchs Leben wanderte, der stets zu Streichen aufgelegt war und Gleichaltrige zu solchen anstiftete, wurde ein ernsthaft Studierender. Die Weggefährten früherer Jahre erkannten mich nicht wieder, und diejenigen, die mich erst ab diesem Zeitpunkt kennen lernten, staunen ungläubig, wenn sie die früheren Geschichten hören. In der Volksschule hatte ich fünf Jahre verplempert. Auch das Gymnasium nahm ich nicht sehr ernst. So schwänzte ich beispielsweise nach dem schriftlichen Abitur zusammen mit meinem ähnlich gesonnenen Klassenkameraden Richard Lütticken zahlreiche Stunden und vernachlässigte die Vorbereitung auf die mündlichen Abschlussprüfungen. Diese fielen entsprechend mittelmäßig aus, vermutlich auch, weil die Lehrer meine Schwänzereien missbilligten. Mit dem Studium änderte sich das alles. Ich versäumte keine Vorlesung, ließ keine Probeklausur aus, erledigte Hausaufgaben und Seminararbeiten penibel. Ich verplemperte keine Zeit, sondern zog alle Studienphasen schnellstmöglich durch. So erwarb ich das Vordiplom in drei Semestern und das Diplom in der offiziellen Regelstudienzeit von acht Semestern. Die durchschnittliche Semesterzahl lag damals bei 11,2.

Natürlich war das Geld während des Studiums knapp. Von zu Hause wollte und konnte ich keine Zuschüsse erwarten. Bei der Bundeswehr hatte ich mir allerdings ein gutes Polster von 7 500 DM (circa 3 750 Euro) angespart. Nur in den ersten Semesterferien nahm ich einen Job an, der es allerdings in sich hatte. Ich arbeitete vierzehn Stunden am Tag beim Bau der Autobahn A48/A1 in der Eifel, und das an sechs Tagen in der Woche. Bei einem Stundenlohn von 5,11 DM (circa 2,55 Euro) und einer Dauer des Jobs von sechs Wochen kam so ein erklecklicher Betrag von rund 2500 DM (circa 1250 Euro) zusammen. Ich erhielt zudem 320 D-Mark (circa 160 Euro) aus dem sogenannten Honnefer Modell, dem Vorläufer des BAföG. Ab dem zweiten Semester ergatterte ich einen Job als Tutor im Fach Statistik, der mir weitere 125 D-Mark (circa 62 Euro) pro Monat einbrachte. Ein Semester später lud mich zudem ein Professor der Wirtschaftstheorie ein, bei ihm als Tutor zu unterrichten. Diese Einladung konnte ich schlecht ablehnen, obwohl eine Doppeltutorenschaft eigentlich nicht vorgesehen war. Sporadisch gab es weitere Einkunftsquellen. So sprach mich eines Tages der Vertreter eines Verlages an, ob ich Interesse hätte, Kataloge zu verteilen. Ständig sah man in der Mensa oder an anderen Brennpunkten Studenten, die irgendetwas verteilten. Ich sagte dem Vertreter zu. Einige Tage später klingelte es. Vor der Tür stand ein Fahrer und sagte: »Sind Sie Herr Simon? Ich soll hier vier Paletten abliefern.« Ich schaute ihn ungläubig an, blickte ein zweites Mal hin. Dann erkannte ich ihn – es war Bernhard Hieronimus, der 20 Jahre ältere Sohn unseres Nachbarn. Er arbeitete bei einer Kölner Spedition. Er deponierte die vier Paletten mit 20 000 Katalogen im Gang des Hauses, in dem ich zu jener Zeit wohnte. Pro verteiltem Katalog sollte ich 10 Pfennig (circa 5 Cent) erhalten. Allerdings hatte ich absolut keine Lust und auch keine Zeit, mich an den Eingang der Mensa zu stellen und Kataloge auszugeben – was aber kein echtes Problem war: Ich fand Studenten, die das gerne für mich taten und zahlte ihnen fünf Pfennig pro Katalog. Der Verlag kontrollierte die Effektivität der Verteilung anhand des Rücklaufes einer Karte, die den Katalogen beigefügt war. Ich zahlte den Studenten eine Sonderprämie für ausgefüllte Karten. Da wir die höchste Rücklaufquote erzielten, sprang für mich selbst ebenfalls eine Sonderprämie heraus. So waren alle zufrieden.

Eine weitere Nebenbeschäftigung kam auf ähnlich zufällige Weise zustande. Ich fuhr per Anhalter von Bonn in die Eifel. Ein freundlicher Kölner hielt an und hieß mich einsteigen. Er war auf dem

Weg zum Nürburgring, der etwa auf der Hälfte der Strecke nach Hause liegt. Der freundliche Autofahrer besuchte dort im Dorint Hotel eine Schulung zum Vertrieb von Investmentfonds. Diese Anlageform war sehr neu und durch einen gewissen Bernie Cornfeld in kurzer Zeit populär geworden. Der Amerikaner Cornfeld betrieb in Genf eine Firma namens Investors Overseas Services (IOS), die solche Fonds vertrieb und sogar im allgemeinen Publikum bekannt wurde. An diesem neuen Geschäftsfeld wollten deutsche Banken verständlicherweise partizipieren. Eine der ersten Banken, die selbst Investmentfonds auflegte und vertrieb, war Herstatt in Köln. Mein freundlicher Fahrer hatte bei Herstatt als Vertriebler angeheuert. Er lud mich ein, an der Vertriebsschulung auf dem Nürburgring teilzunehmen. Diese Chance ließ ich mir nicht entgehen. Vertrieb interessierte mich ohnehin. Das Vordiplom hatte ich zwischenzeitlich erworben, und so fühlte ich mich wissensmäßig gerüstet.

In dem Lehrgang ging es weniger um die finanzwirtschaftlichen Aspekte der Investmentfonds als vielmehr um Verkaufspsychologie, ein für mich neues Gebiet, das ich sehr interessant fand. Ich wurde mit Broschüren und Formularen ausgestattet. Um Anleger zu gewinnen, hielt ich einige Vorträge. Das Verkaufen erwies sich jedoch als mühsam. Zum einen fehlte mir der Zugang zu vermögenden Kunden, die ausreichende Liquidität besaßen und bereit waren, in diese neue Anlageform zu investieren. Zum anderen kamen Bernie Cornfeld und seine Firma IOS, die als Flaggschiff der neuen Branche galt, in Verruf. Schließlich rutschte das Bankhaus Herstatt, dessen Fonds ich vertrieben hatte, 1974 in die Insolvenz. Da sie als Sondervermögen geführt wurden, waren die Fonds allerdings nicht Bestandteil der Insolvenzmasse. Dennoch war der Ruf dieser Anlageform beschädigt, und es dauerte viele Jahre, bis sich Investmentfonds in Deutschland durchsetzen konnten. Ich stellte die Vertriebsaktivität ein, kann aber sagen, dass ich in diesem Rahmen viel gelernt habe.

Ich konnte mir zwar als Student keine großen Sprünge erlauben, litt aber auch aufgrund meiner verschiedenen Einnahmequellen nicht an finanziellen Engpässen. Ich glaube, dass die Freiheit von finanziellen Sorgen eine wichtige Voraussetzung ist, um einem Studium einigermaßen konzentriert nachgehen zu können. Meine studentenpolitischen Aktivitäten, die ich neben Studium und Jobs betrieb, beschreibe ich in Kapitel 5 dieses Buches. Auch sie ergänzten die Lehrinhalte des Studiums um wichtige Aspekte, insbesondere in Richtung Auftritt vor großen Gruppen, Rhetorik und Führung.

Das Studium in Bonn war ausgesprochen quantitativ und theoretisch ausgerichtet. Die notwendige Mathematik stellte mich am Anfang vor beträchtliche Herausforderungen. Die Vorkenntnisse, die ich vom Gymnasium mitbrachte, entsprachen allenfalls den Minimalanforderungen. Ob dies an meiner mangelnden Motivation während der Schulzeit oder am geringen pädagogischen Geschick des Mathematiklehrers lag, kann ich nicht eindeutig beurteilen. Ich vermute, dass beide Faktoren eine Rolle spielten. Im Laufe des Studiums holte ich auf und wählte später sogar quantitative Studienschwerpunkte, etwa das sehr mathematiklastige Wahlfach Operations Research. Dieses Fach vertrat Professor Bernhard Korte, ein sehr guter Mathematiker, der in den Folgejahren zu einem der wichtigsten Berater von IBM aufstieg. Mein Lieblingsprofessor war der Wirtschaftstheoretiker Wilhelm Krelle (1916–2004).[1] Er war als Physiker ausgebildet worden, und insofern lag es für ihn nahe, die Wirtschaft als ein weiteres Anwendungsfeld physikalischer Prinzipien und Modelle zu betrachten. Ich muss gestehen, dass mir diese Modelle zusagten. Es gab klare Annahmen, aus denen mit Hilfe der Mathematik optimale Lösungen abgeleitet wurden. Diese Lösungen waren nicht minder klar und eindeutig als die hineingesteckten Annahmen. So resultierten optimale Wachstumspfade, beste Werte für die betrachteten Parameter und Optimierungen volkswirtschaftlicher Zielgrößen. Das amibitionierteste Projekt von Krelle war ein gesamtwirtschaftliches Prognosemodell, das mit Hilfe von mehr als 70 Gleichungen die gesamte Volkswirtschaft abbilden sollte. Dahinter stand die Vorstellung, die Wirkungen einer Veränderung jeder Steuergröße wie etwa der Zinsen, der Steuern oder der Subventionen auf eine Vielzahl von volkswirtschaftlichen Indikatoren voraussagen zu können. Doch jedes Mal, wenn die Prognosen solcher Modelle am dringendsten benötigt wurden, erwiesen sie sich als unbrauchbar. Das galt für die erste Ölkrise 1973 genauso wie für die zweite Ölkrise im Jahre 1978. Ob solche umfassenden Modelle heute noch von Regierungen und Zentralbanken eingesetzt werden, entzieht sich meiner Kenntnis. Eine Einsicht wurde mir mit jeder Krise deutlicher: Das physikalische Weltbild passt nicht auf die Wirtschaft. In der Physik gibt es naturgesetzliche Konstanten. Wenn eine Gesetzmäßigkeit verstanden und gemessen ist, gilt sie unter denselben Rahmenbedingungen bei jeder Wiederholung. In der Wirtschaft gibt es solche Konstanten nicht, und es lassen sich in der realen Welt auch niemals identische Bedingungen wiederherstellen. Nicht selten treten sogar Paradoxa auf.

Der pädagogisch geschickteste unter meinen Hochschullehrern war der österreichische Professor Franz Ferschl. Ihn begeisterte die Statistik. Dieser Funke sprang auf mich über. Seine Skripten waren vorbildlich, er erklärte komplexe statistische Sachverhalte in verständlicher Weise. Von seiner Lehre profitierte ich während meines ganzen Studiums und auch später als Forscher. Denn Statistik ist allgegenwärtig. Ein Satz des berühmten Statistikers John Tukey, den er uns vermittelte, lautete: »Look at your data.« Diesen Satz beherzige ich bis heute. Wo immer möglich, ließ ich mir die Daten ausdrucken und idealerweise visualisieren, bevor ich sie mit Hilfe statistischer Verfahren analysierte. Zwar stößt die Visualisierung bei vieldimensionalen Konstrukten an Grenzen. Doch auch im Zeitalter von Big Data sollte man die Tukey-Empfehlung, wann immer möglich, beherzigen.

In Bonn gab es nur den Abschluss Diplomvolkswirt, nicht Diplomkaufmann. Die Betriebswirtschaft wurde während meines Studiums lediglich durch zwei Professoren vertreten, Horst Albach und Hans-Jacob Krümmel. Professor Krümmel war Bankexperte, während Professor Albach die allgemeine Betriebswirtschaftslehre vertrat und in diesem Rahmen sämtliche Funktionen wie Produktion, Marketing und Organisation abdeckte. Albach, der später mein Doktor- und Habilitationsvater wurde, führte Fallstudien als neuartige Lehrmethode ein. Diese Case-Studies bildeten ein Kontrastprogramm zur Theorielastigkeit der Volkswirte. Die Praxisnähe, die sich in dieser Methode widerspiegelte, sagte mir sehr zu. Ebenfalls sehr praxisnah waren die Vorlesungen des Honorarprofessors Günter Klein, der im Hauptberuf, zusammen mit seinem an der Universität zu Köln lehrenden Bruder Werner Klein, die Wirtschaftsprüfungsgesellschaft Warth & Klein in Düsseldorf leitete (heute Warth & Klein Grant Thornton). Ich absolvierte Kleins gesamtes Programm, mein Motiv lag im Verständnis der betriebswirtschaftlichen Zusammenhänge, nicht in der Absicht, einmal Wirtschaftsprüfer zu werden, obwohl mein Onkel, Dr. Franz Nilles, diesen Berufsweg eingeschlagen hatte.

Meine soziale Situation während des Studiums in Bonn gestaltete sich durchgängig erfreulich. Gleich zu Beginn hatte ich einen Platz in dem neu eröffneten Studentenheim Cusanus-Haus ergattert. Dort fand ich mich in einer sehr internationalen Gruppe wieder. Da alle Bewohner zum selben Zeitpunkt einzogen, war jeder an Bekanntschaften interessiert. Auf unserem Flur gab es Studenten aus Afghanistan, Libyen, Burundi, Kongo, Kambodscha und Nordamerika. Außer französischen und amerikanischen Soldaten, die in der Eifel stationiert waren, hatte ich vor meinem Studium nur wenige Ausländer kennen gelernt. Nun lebten wir zusammen auf einer Etage, nutzten dieselbe Küche und begegneten uns im Alltag. Ich freundete mich mit Dr. Sami Noor aus Kabul an und lud ihn zu Weihnachten in unser einfaches Bauernhaus in der Eifel ein. So entstand eine Freundschaft, die bis heute anhält. Sami Noor lud mich wiederholt nach Afghanistan ein. Immer wieder wollten wir die Reise machen, schoben sie aber Jahr für Jahr aus Zeitgründen auf. Dann war es zu spät, denn die Russen besetzten Ende 1979 das Land, und seither sind mir Reisen dorthin einfach zu riskant.

Am Buß- und Bettag 1971, damals ein vorlesungsfreier Tag, hatte mein Zimmernachbar, der amerikanische Student Johnson, Besuch von einer jungen Dame. Johnson hatte der Studentin bei einer englischen Übersetzung geholfen und sie zum Essen ins Studentenheim eingeladen. Ich kam in die Küche. Dort saß Johnson, der wirklich nicht gut aussah, mit der Studentin. Ich war baff und fragte Johnson: »Wie kommst du an dieses schöne Mädchen?« Ich weiß nicht mehr, was Johnson antwortete. Ich war für mein ungeschicktes Verhalten gegenüber Frauen bekannt. Jedenfalls zeigte sich die Studentin von meinen Sprüchen nicht beeindruckt. Einige Monate später sah ich sie zufällig bei einer Karnevalsveranstaltung wieder, und wir kamen ins Gespräch. Später am Abend fuhr ich sie mit meinem VW-Käfer in ihr Studentenheim »Am Wichelshof«, in das mittlerweile auch mein Freund Sami Noor eingezogen war. Ihn konnte ich jederzeit, ohne aufzufallen, besuchen. In Wirklichkeit war das Ziel meiner Besuche, der jungen Dame über den Weg zu laufen, was auch des Öfteren gelang. So ging es eine Zeit lang hin und her. Doch ohne die moderierende Intervention von Sami Noor wäre Cäcilia Sossong nicht meine Frau geworden. Wir heirateten im Oktober 1973 in ihrem Hunsrückdorf.

Auf meine Bonner Studienzeit schaue ich mit positiven Gefühlen zurück. Das Studium verlief problemlos, ich genoss die studentische Freiheit und hatte keine finanziellen Sorgen. Inhaltlich lernte ich nicht allzu viel, was ich später hätte direkt anwenden können. Aber ich durchlief eine anspruchsvolle Denkschule. Die Fähigkeit zu denken und zu analysieren, war in meinen späteren Forscher- und Beratertätigkeiten wichtiger als Faktenwissen. Und ich fand während des Studiums meine Frau. Was kann man mehr wollen?

Assistentenzeit

Meine Diplomnote fiel besser aus als erwartet. In der Folge boten mir die Professoren Albach, Korte und Krelle jeweils eine Assistentenstelle an. Diese Situation ersparte mir einerseits weitere Gedanken zu meinem beruflichen Fortkommen, stellte mich andererseits jedoch vor die Qual der Wahl. Bei Albach hatte ich meine Diplomarbeit geschrieben, bei Korte die Wahlfachprüfung abgelegt und bei Krelle als Tutor gearbeitet. Zwei von ihnen musste ich einen Korb geben, was mir einige schlaflose Nächste bereitete. Würde ich im Korte-Team mithalten können, das überwiegend aus Mathematikern bestand und aus dem mehrere Mathematikprofessoren hervorgingen? Einer von ihnen war Achim Bachem, mit dem ich auch zusammen veröffentlichte.[2] Er erhielt eine Mathematikprofessur an der Universität zu Köln, in seiner zweiten Karriere wurde er Direktor des Forschungszentrums Jülich, das zur Helmholtz-Gemeinschaft gehört und 5800 Forscher beschäftigt. Gegen solche Kaliber hätte ich keine Chance gehabt. Schwieriger war die Wahl zwischen Krelle und Albach. Im Studium war Krelle mein Lieblingsprofessor, seine quantitative Herangehensweise sagte mir zu. Dennoch entschied ich mich schließlich für die Assistentenstelle bei Professor Albach. Ich spürte, dass mir Betriebswirtschaft und Management näher lagen als die Volkswirtschaftslehre. Wenn ich in die Zukunft blickte, sah ich mich am ehesten als Manager, bevorzugt in einem Großunternehmen. Albach schien mir aufgrund seiner Praxisnähe die besten Entwicklungsmöglichkeiten in diese Richtung zu bieten. Obwohl ich Diplom-Volkswirt war, setzte ich auf die betriebswirtschaftliche Schiene. Damit erfolgte eine weitere wichtige Weichenstellung. Im Rückblick betrachtet, war es die richtige Entscheidung.

Was bedeutete Assistenz an einem Lehrstuhl? Zunächst einmal ein gesichertes Einkommen für drei Jahre. Mit meiner vollen Stelle verdiente ich etwa so viel wie ein Studienrat. Das empfand ich als fürstlich. Natürlich wurde eine Gegenleistung eingefordert. Ich musste dem Professor zuarbeiten, ihn in der Lehre unterstützen beziehungsweise vertreten, Klausuren korrigieren und Verwaltungsaufgaben übernehmen. Und ich sollte eine Doktorarbeit schreiben. Oft hört man, dass Assistenten von ihren Professoren ausgenutzt werden und fünf oder mehr Jahre brauchen, um endlich ihre Dissertation abzuschließen. Bei Professor Albach traf eher das Gegenteil zu. Er ließ seinen Assistenten maximale Freiheit, überlastete uns insgesamt nicht mit Arbeit. Die Aufgaben, die er an uns delegierte, durften wir mit großer Selbstständigkeit ausführen. So konnte ich meine Dissertation weitestgehend zu Hause schreiben, wo eine höhere Konzentration als in der Universität möglich war. Da mein Chef wegen seiner zahlreichen Aktivitäten oft unterwegs war, durften wir Assistenten ihn häufig in der Lehre vertreten. Es gibt kaum eine nützlichere Übung, als selbst zu lehren. Dem Philosophen Joseph Joubert zufolge heißt Lehren zweimal Lernen. Peter Drucker pflegte zu sagen, er lehre bis ins hohe Alter, weil er dabei selbst am meisten lerne. Professor Albach ließ mich weitgehend eigenständig die Pfingsttagung 1975 des Verbandes der Hochschullehrer für Betriebswirtschaft organisieren. Ich ging diese Aufgabe völlig naiv und unerfahren an. Ich hatte Glück, das alles halbwegs glatt lief. Keiner der 350 Professoren, die an der Tagung teilnahmen, beschwerte sich. So war auch mein Chef zufrieden und lud mich sogar als Mitherausgeber des Tagungsbandes ein. Dieser Band mit dem Titel »Investitionstheorie und Investitionspolitik privater und öffentlicher Unternehmen«[3] war das erste Buch, auf dem mein Name erschien, noch vor meiner Dissertation.

Zu den interessantesten Facetten meiner Assistentenjahre gehörte die Mitarbeit an Wettbewerbsgutachten, die Professor Albach erstellte. Bei diesen Gutachten, die in der Regel von großen Unternehmen in Auftrag gegeben wurden, ging es um Fragen wie Marktmacht, Preispolitik oder wettbewerbskonformes Verhalten. Einfluss auf meine Forschungsinteressen und den beruflichen Werdegang hatte insbesondere ein Projekt für die englische Firma Wellcome. Dieses Pharmaunternehmen glänzte durch mehrere bahnbrechende Innovationen. In den achtziger Jahren gewannen vier Wellcome-Forscher Nobelpreise. Das wichtigste Produkt war in den siebziger Jahren das Gichtmittel Zyloric (Substanzname: Allopurinol). Nach Ablauf des Patentes für Allopurinol kamen Generikaanbieter auf den Markt, also Firmen, die selbst keine patentgeschützten Produkte entwickeln, sondern substanzgleiche Produkte nach Ablauf des Patentes zu deutlich niedrigeren Preisen anbieten. Die EU-Kommission hielt Wellcome vor, seine marktbeherrschende Stellung zu missbrauchen. Wellcome ist auch bekannt durch Zovirax (Aciclovir), eine Durchbruchsinnovation zur Bekämpfung von Herpes. Nach wie vor ist Aciclovir eins der ganz wenigen Präparate, die gegen Viren wirken. Im Zuge der Konzentrationsbewegungen in der Pharmaindustrie wurde Wellcome von Glaxo übernommen und ging letztendlich im heutigen GlaxoSmithKline-Konzern auf.

Warum hatte gerade dieses Gutachten für mich so hohe Bedeutung? Ich arbeitete hier zum ersten Mal mit ökonometrischen Methoden und empirischen Daten. Auf diese Weise erwarb ich eine innovative Erfahrungsgrundlage, die sowohl auf meine nachfolgende Forschung als auch auf den Start unseres Beratungsunternehmens Einfluss nahm. Das Gutachten fand in der Pharmabranche Beachtung und erleichterte den Zugang zu Pharmaunternehmen. Die Tatsache, dass Life-Science bis heute die größte Division bei Simon-Kucher ist, hat hier ihre Wurzeln.

Forschung

In meiner eigenen Forschung backte ich kleine Brötchen. Professor Albach hatte einen Lehrstuhl für Allgemeine Betriebswirtschaftslehre. Er sah sich in der Tradition seines Schwiegervaters Erich Gutenberg, des Nestors der Betriebswirtschaftslehre in Deutschland. Gutenberg selbst hatte drei Lehrbücher geschrieben, zur Produktion,[4] zum Absatz[5] und zur Finanzierung.[6] Diese Bücher wurden zu Standardwerken und erschienen alle in mehreren Auflagen. Gutenberg war ein Grand Seigneur der alten Schule, ein sehr angenehmer, unprätentiöser Mensch. Ich habe bei ihm keine Vorlesungen mehr gehört, da er 1967 emeritiert wurde, bin ihm jedoch häufiger begegnet. Eine Gewohnheit verdanke ich ihm. Professor Gutenberg bedankte sich für jedes Arbeitspapier oder jeden Sonderdruck, den man ihm schickte, egal wie unbedeutend der Beitrag war. So übersandte ich ihm meine erste Rezension aus der *Zeitschrift für Betriebswirtschaft* und erinnere mich, wie stolz ich war, einige Dankzeilen von diesem großen Mann der deutschen BWL zu erhalten. Soweit möglich, habe ich diese Gewohnheit übernommen. Im E-Mail-Zeitalter kann ich allerdings nicht garantieren, dass mir nicht doch gelegentlich etwas durch die Lappen geht.

Die Ausrichtung als Lehrstuhl für Allgemeine Betriebswirtschaftslehre bedeutete, dass die Albach-Assistenten auf verschiedenen Gebieten arbeiteten. Der eine befasste sich mit Bilanzen, der andere mit Personal, der nächste mit Organisation und so weiter. Ich selbst hatte für das Marketing optiert und Preispolitik für Innovationen als Dissertationsthema gewählt. Einen Marketinglehrstuhl gab es damals an der Universität Bonn nicht. Erst einige Jahre später wurde Professor Hermann Sabel, der zuvor an der Universität Regensburg lehrte, nach Bonn berufen und richtete einen Lehrstuhl für Marketing ein. Die Vielfalt der bearbeiteten Themen, die sich im Albachschen Oberseminar widerspiegelte, brachte mit sich, dass man über alles etwas wusste, aber auf dem eigenen Spezialgebiet keine Gesprächspartner fand, mit denen man in die Tiefe gehen konnte. Das galt auch für die Bibliothek, die nur dünn mit Marketingliteratur und -zeitschriften bestückt war. Teilweise musste ich die Literatur aus der Bibliothek der Landwirtschaftlichen Fakultät, an der es einen Marketinglehrstuhl gab, beschaffen. Um die fachlichen Beengungen zu überwinden, streckte ich die Fühler aus und besuchte andere Universitäten sowie Tagungen. Als augenöffnend erlebte ich die Kontakte zum European Institute for Advanced Studies in Management (EIASM) in Brüssel. Ich versuchte, das Beste aus der Situation zu machen, aber es ist nicht verwunderlich, dass aus solchen Forschungsumständen keine bahnbrechenden Arbeiten hervorgingen. Meine Dissertation schloss ich in drei Jahren ab. Sie erschien unter dem Titel *Preisstrategien für neue Produkte* 1976 beim Westdeutschen Verlag in Opladen.[7]

Venia Legendi

Mit dem Abschluss der Doktorarbeit stand ich wieder an einem Scheideweg. Für mich war klar, dass ich in die Wirtschaft gehen würde. Ich startete eine Bewerbungskampagne, die wenig zielorientiert und professionell war. Ich bewarb mich querbeet bei Unternehmen unterschiedlicher Branchen, bei Versicherungen, Konsumgüterherstellern, Chemie-, Bergwerks- und Wehrtechnikunternehmen, um nur einige zu nennen. Gebauchpinselt fühlte ich mich, als ich von einem Headhunter nach München eingeladen wurde. Es war mein erster von einem Unternehmen bezahlter Flug. Ich war nahe daran, ein Angebot als Vorstandsassistent bei der Kölner Colonia Versicherung (heute Axa) anzunehmen. Mit einem Jahresgehalt von 52 000 D-Mark (circa 26 000 Euro) erschien mir dieses Angebot finanziell sehr attraktiv. Doch dann klingelte das Telefon. Professor Albach meldete sich und sagte: »Ich biete Ihnen eine Habilitationsstelle an.« Meine erste Reaktion war: »Hmm.« Nie hatte ich ernsthaft an eine wissenschaftliche Karriere gedacht. Mein Selbstbild war weit entfernt von dem Forscher, der sein Leben am Schreibtisch und hinter Büchern verbringt. Nachdem ich gerade meine Dissertation abgeschlossen hatte, stand mir nicht der Sinn nach einer weiteren Arbeit dieser Art, die zudem als Habilitationsschrift höheren Ansprüchen gerecht werden sollte. Ich bat um Bedenkzeit. Doch diese fiel kurz aus. Als ich meine immerwährende Ratgeberin Cäcilia befragte, kam die schnelle Antwort: »Natürlich nimmst du dieses Angebot an.« Die Ratgeberin traute mir mehr zu als ich selbst. Eine neue Weiche war gestellt.

In meiner Habilitationsschrift erweiterte ich das Thema der Dissertation in zweifacher Hinsicht. Dort hatte ich mich mit einem Produkt und einem Marketinginstrument, nämlich dem Preis, befasst. Zentraler Gegenstand war die Optimierung der Preisstrategie über den Produktlebenszyklus. Die Erweiterung in der Habilitationsschrift betraf zum einen das Marketinginstrumentarium, indem ich zusätzlich zum Preis Werbung und Vertrieb einbezog. Zum anderen dehnte ich die Untersuchung auf ganze Produktlinien aus. Es wurden also mehrere Produkte simultan betrachtet. Eine überarbeitete Version meiner Habilitationsschrift erschien schließlich 1985 unter dem Titel *Goodwill und Marketingstrategie*[8] beim Gabler Verlag. Als »Goodwill« bezeichne ich das Vertrauenskapital, das ein Unternehmen über die Zeit aufbaut. Dieses Vertrauenskapital wird durch Werbung geschaffen, aber auch von einem Produkt auf weitere Produkte des Unternehmens transferiert. Gute Erfahrungen führen zu einer erhöhten Kauf- und Preisbereitschaft für Produkte desselben Unternehmens. Zwangsläufig gilt auch das Umgekehrte, da bei schlechten Erfahrungen ein Badwill-Transfer stattfindet.

Eine Neuerung bestand darin, dass ich meine Modellansätze empirisch überprüfte. Dazu stellten mir die Firmen Henkel und Hoechst – Hoechst war damals das größte pharmazeutische Unternehmen der Welt – Daten zur Verfügung. Wie schon oben erwähnt, bildeten solche empirischen Daten für die meisten Marketingforscher den großen Engpass. Heute, im Zeitalter von Big Data, ist das eher umgekehrt. Es gibt Daten in Überfülle, und die Herausforderung besteht eher in einer Analyse, die zu praxisrelevanten Einsichten und Ergebnissen führt. Damals konnte ich mich glücklich schätzen, Zugang zu empirischen Daten zu erhalten. Die Tatsache, dass ich statistisch signifikante Zusammenhänge zwischen den Marken der betrachteten Produktlinien aufdecken konnte, darf man als Glücksfall bezeichnen. Jedenfalls wurde die Arbeit von der Fakultät angenommen, und ich erhielt die »Venia legendi«, die Lehrberechtigung für das Fach Betriebswirtschaftslehre, die Voraussetzung für eine Professur ist.

Für mein Habilitationsvorhaben hatte mir die Deutsche Forschungsgemeinschaft (DFG) ein mehrjähriges Stipendium gewährt. Diese großzügige finanzielle Unterstützung gab mir die Freiheit, mich voll auf meine Forschung zu konzentrieren und ein Jahr als Postdoctoral Fellow an der Sloan School des Massachusetts Institute of Technology zu verbringen. Auf diese Zeit komme ich in Kapitel 6 dieses Buches noch einmal zurück.

Wie beurteile ich die Zeit als Assistent und Habilitand von Professor Albach im Rückblick? Mein Horizont weitete sich während dieser Jahre in ungeahntem Maße. Die Zusammenarbeit unter und mit Professor Albach erwies sich als extrem lehrreich. Das gilt mindestens genauso stark für Aspekte wie Verhalten, Effizienz, Auftritt und Vortragsstil wie für die wissenschaftlichen Inhalte. Bereits als jungen, unerfahrenen Assistenten setzte mich Albach in seinen Managementseminaren ein. Ich konnte seinen Unterrichts- und Vortragsstil immer wieder beobachten. Sein hoher wissenschaftlicher Anspruch und seine umfassende Bildung wurden mir zum Vorbild, ohne dass ich sein Niveau jemals erreichen konnte. Nicht zuletzt lernte ich von ihm, was Effizienz im Universitäts- und Wissenschaftsbetrieb bedeutet. Ein Beispiel ist das Diktieren. Auch diese Zeilen diktiere ich. Ich habe den Eindruck, dass nur wenige Menschen diese Methode benutzen, obwohl sie um ein mehrfaches schneller ist als das Schreiben per Hand oder am Computer. Diktieren verlangt allerdings hohe Konzentration und Disziplin. Ohne die Erfahrungen bei Professor Albach wäre ich kaum ein derart intensiver Anwender des Diktiergerätes geworden. Früher mussten wir Bänder bei Albach zu Hause abholen und zum Schreiben ins Institut bringen. Heute geht das sehr viel einfacher. Man kann den diktierten Text von jedem Computer an sein Büro schicken, um ihn dort transkribieren zu lassen.

Meine persönliche Beziehung zu Professor Albach ist nicht leicht zu beschreiben. Ich hatte und habe großen Respekt vor ihm, aber ich sagte ihm stets auch meine Meinung. Es gab immer eine gewisse Spannung zwischen uns beiden. Das entging auch den Leuten, die uns beide kennen, nicht. Ein Kollege interpretierte unser Verhältnis wie folgt: »Ihr seid euch einfach zu ähnlich.« Nicht selten kam im Anschluss an einen Vortrag ein Zuhörer auf mich zu und sagte: »Ich glaubte während Ihres Vortrages, Professor Albach stünde da vorne.« Solche Kommentare sind mir peinlich, denn ich lege Wert auf Originalität und verabscheue Imitation. Aber wenn man mit einer Vorbildsperson über Jahre zusammenarbeitet, ist es wohl unvermeidbar, dass man bestimmte Verhaltensweisen, Gesten und Ausdrücke übernimmt. Diese eher unbewussten Übernahmen bilden einen wichtigen Aspekt des Lernens, ähnlich wie bei Kindern, die ihre Eltern nachahmen. Dankbar bin ich Professor Albach auch für die Angebote, die er seinen Mitarbeitern und deren Angehörigen auf gesellschaftlichem Gebiet machte. Als Kind vom Dorf war mir dabei vieles nicht geläufig. So wurde am Lehrstuhl jährlich ein Ball veranstaltet, zu dem auch Ehemalige eingeladen wurden. Berühmt waren zudem die Wanderungen mit Professor Albach, bei denen man sich auf Tagesstrecken jenseits der 40 Kilometer einstellen musste.

Ich habe Professor Albach sehr viel zu verdanken. Ohne die Freiheit, die er mir für meine wissenschaftlichen Projekte gab, wäre ich nicht das geworden, was ich heute bin.

5. ZAUNGAST DER POLITIK

Politik im Blut

Mein Vater war 15 Jahre lang Bürgermeister unseres kleinen Dorfes und saß auch für die CDU im Kreistag unseres Landkreises. Ich wuchs also von Kindesbeinen an in einem Umfeld auf, in dem die Politik allzeit präsent war. Allerdings handelte es sich hierbei um kommunalpolitische, praktische Fragen, nicht um große Politik. Ideologie spielte keine Rolle, der Gemeinderat wurde durch die sogenannte Mehrheitswahl gewählt, die ich bis heute als sehr demokratisch ansehe. Sie setzt allerdings voraus, dass jeder jeden kennt. Die Wähler schrieben sieben Namen auf den Stimmzettel. Die Bürger mit den meisten Stimmen zogen in den Gemeinderat ein. Dieser wiederum wählte aus seiner Mitte den Ortsbürgermeister.

In die Amtszeit meines Vaters fielen zwei wichtige Errungenschaften. Die erste war der Bau eines neuen Gemeindehauses mit Tiefkühl-, Wasch- und Badeanlage. Dieses Projekt bedeutete nicht nur einen Fortschritt, nachdem der Zweite Weltkrieg gerade einmal zehn Jahre vorbei war, sondern hatte auch bahnbrechenden Charakter. Die genannten Anlagen brachten für die Bauernfamilien früher unvorstellbare Erleichterungen und erlaubten neue Lebensgewohnheiten wie die Konservierung von Fleisch durch Tiefgefrieren. Ein zweites Projekt war der Bau einer neuen Kirche, bei der mein Vater zusammen mit dem Pfarrer die zentrale Rolle spielte.

Mein Vater führte die Gemeinde ohne großes Aufhebens. Zusammen mit seinem Jahrgangskollegen und Freund Peter Koller, der später sein Nachfolger als Bürgermeister wurde, bildete er ein Team, das die Geschicke des Dorfes lenkte. Mein Vater vermied im Gemeinderat und ihm Dorf generell Polarisierungen. Obwohl es durchaus Anlässe gegeben hätte, sprach er nie negativ über Mitbürger oder Gemeinderäte. Diesen Punkt halte ich für wichtig. In meinen eigenen, späteren Konstellationen achtete ich stets auf Teamgeist. Vermutlich habe ich von meinem Vater mehr in Sachen Führung gelernt, als ich mir eingestehe.

Aus dieser Konstellation entstand bei mir ein Grundinteresse an Politik. Als junger Mensch hatte ich durchaus Politik im Blut. Unser Geschichts- und Staatskundelehrer, Adalbert Puhl, trug zur Verstärkung dieses aufkeimenden Interesses bei. Er war ein Mensch mit starken Überzeugungen und wusste diese mit Entschiedenheit vorzutragen. Er hatte das Talent zum Politiker und unternahm auch erste Gehversuche in die Politik. Letztlich scheiterte er jedoch daran, dass er seine Meinung zu offen und knallhart vortrug. Mich motivierte seine Art der Argumentation, da sie meiner eigenen ähnelte.

Als Teenager besuchte ich Wahlveranstaltungen, mischte mich auch in die Diskussionen ein, trat aber keiner Partei bei. Wie kommt man nun von der kleinen Politik des Eifeldorfes zu den größeren Themen, die mich mehr interessierten? Ein interessanter Gesprächspartner war Dieter Schneider, der Sohn des früh verstorbenen Dorflehrers. Er war der einzige Jugendliche im Dorf, der Hochdeutsch sprach. Da er am Gymnasium, vermutlich wegen Nonkonformismus, nicht gut zurechtkam, schickten ihn seine Eltern in ein Internat in die Schweiz. Dort erwarb er seine Reifeprüfung (Matura). An verschiedenen deutschen Universitäten sowie in Paris und Amsterdam studierte er Geschichte und Politikwissenschaft. Er war studentenpolitisch gut vernetzt und kannte viele der linken Studentenführer, unter anderem Rudi Dutschke und Fritz Teufel. Dieter Schneider war Sympathisant, vermutlich sogar Mitglied des SDS (Sozialistischer Deutscher Studentenbund), der aktivsten und radikalsten Gruppe. Er nahm mich 1966 mit zu einer SDS-Tagung in Frankfurt am Main. Dort traf ich auf ein buntes

Gemisch von Marxisten, Leninisten und Revolutionären. Aus meiner geordneten ländlichen Welt kommend, war ich geschockt von den Thesen und Forderungen, die bei diesem Treffen vorgetragen wurden. Besonders in Erinnerung geblieben ist mir ein Iraner, der in gebrochenem Deutsch, aber mit rheinischem Akzent den Sturz des Schahs forderte. Diese Welt war für mich neu und aufregend, aber ich spürte auch, dass es nicht meine Welt war. Ich biss nicht an. Dieter Schneider war enttäuscht. Später zog es ihn nach München, wo er promovierte und bis zu seinem frühen Tode am Institut für Zeitgeschichte arbeitete. Ich besuchte ihn noch einmal in den siebziger Jahren, aber unsere Wege fanden später nicht mehr zusammen.

Aus mir wurde kein linker Revolutionär. Aber genauso suspekt wie die extremen Linken waren mir die Rechtsradikalen. Schon bald ergab sich eine Gelegenheit, diese Einstellung durch Taten zu untermauern.

Sturm auf die Donauhalle

Nur wenige Jahre nach ihrer Gründung im Jahre 1964 war die Neonazipartei NPD sehr stark geworden. Bei den Landtagswahlen in Baden-Württemberg am 28. April 1968 erhielt die NPD 9,78 Prozent der Stimmen. Das ist eine ähnliche Größenordnung, wie sie die AfD heute erreicht. Die NPD war klar rechtsradikal. Viele damalige Mitglieder waren alte Nazis, die noch in ihren besten Jahren standen. Den Vorsitz der NPD hatte ein gewisser Adolf von Thadden inne. Im Rahmen des Wahlkampfes in Baden-Württemberg veranstaltete die NPD am 15. November 1967 in der Donauhalle in Ulm eine Großkundgebung. Diese Halle fasst mehr als 2 000 Menschen. Ich war damals, nach Abschluss von Grundausbildung und Fahnenjunkerlehrgang, Ausbilder in der 16. Kompanie des Luftwaffenausbildungsregimentes 4, dessen 4. Bataillon seinen Sitz in der Ulmer Boelcke-Kaserne hatte. Die vielen Abiturienten in unserer Kompanie stammten aus ganz Deutschland und zeigten hohes politisches Interesse. Das »Revolutionsjahr« 1968 warf seine Schatten voraus. Dabei richtete sich die Stimmung in unserer Einheit klar gegen die Neonazis. Zu der angekündigten NPD-Kundgebung entwickelte sich eine intensive Diskussion. Als ein Kamerad einwarf »Warum stürmen wir nicht einfach die Donauhalle?«, schallte ihm ein einhelliges und vielfaches »Warum eigentlich nicht« entgegen. Zwischen achzig und hundert Angehörige unserer Einheit machten mit. Selbstverständlich begaben wir uns nicht in Uniform, sondern in Zivilkleidung zur Donauhalle. Da es zu der Jahreszeit schon kalt war, trugen die meisten Soldaten Wintermäntel oder Parkas, was sich im Hinblick auf zu erwartende Keilereien als vorteilhaft erwies. In kleineren Gruppen näherten wir uns den verschiedenen Eingängen der Donauhalle. Die Türen wurden von NPD-Ordnern bewacht. Diese fragten nach unseren Eintrittskarten, aber statt der Eintrittskarte erhielt jeder Ordner einen kräftigen Schubs, der eine oder andere auch ein paar Newtonmeter mehr. Gegen uns gut trainierte Soldaten konnten die Ordner wenig ausrichten. Im Nu waren die Eingänge freigeräumt, und wir stürmten in die Halle. Im Inneren brach ein großer Tumult los. Zu unserem Staunen stellten wir fest, dass es noch zahlreiche weitere ungebetene Gäste gab. Ulm war damals nach Koblenz die zweitgrößte Garnisonsstadt der Bundeswehr. Ähnlich wie wir, hatten sich Soldaten des Heeres, die in anderen Kasernen stationiert waren, die Störung der Kundgebung vorgenommen. Und auch die eher linksgerichteten Studenten der Ulmer Hochschule für Gestaltung, die in der Nähe unserer Kaserne lag, zeigten eine starke Präsenz.

Von Thadden und seine führenden NPD-Genossen standen auf der Bühne und versuchten, gegen den Lärm anzuschreien. Es kostete uns nur wenige Minuten, zur Bühne, die von zahlreichen NPD-Ordnern abgeriegelt wurde, vorzudringen. Wir Störer waren einfach in der Überzahl und auf solche Nahkämpfe bestens vorbereitet. Wir stürmten die Bühne, und von Thadden ergriff die Flucht. Die Kundgebung wurde schließlich abgebrochen und die Halle von der Polizei geräumt.

Das Ganze hatte allerdings ein tragisches Ende. Ein Reporter der *Donau-Zeitung* kam in Folge des Tumults in der Donauhalle zu Tode. Er erstickte an dem Gas von Rauchbomben, die beim Sturm der Halle gezündet worden waren. Am anderen Morgen kam der Unteroffizier vom Dienst in unser Zimmer und hielt mir die in Ulm erscheinende Zeitung vors Gesicht. Dort zeigte ein großes Bild, wie ich einen NPD-Ordner festhielt. Unter dem Bild stand: »Bei dem letzten Auftrag konzentrierte sich unser Kollege auf die Auseinandersetzungen zwischen Demonstranten und Saalordnern. Sein Bild – eines der letzten in seiner Kamera – zeigt einen der Saalordner der NPD, der mit erhobenen Händen auf den Fotografen zugeht.«[1] Eine Woche später erschien auch im *Spiegel* ein Bericht zu dem Sturm auf die NPD-Kundgebung, ebenfalls mit dem – im Bildteil dieses Buches zu sehenden – Fotos, auf dem ich den Saalordner festhalte.[2]

Die im Saal geworfenen Nebelkerzen stammten laut *Spiegel*, der sich auf die Kriminalpolizei berief, nicht von Soldaten, sondern waren »mit an Sicherheit grenzender Wahrscheinlichkeit Eigenbauprojekte jugendlicher Versammlungsstörer«.[3] Die Bombenbastler seien vermutlich »in der avantgardistisch-nonkonformistischen Ulmer Hochschule für Gestaltung zu suchen«, hieß es im Bericht des *Spiegel*. Ich kann jedenfalls versichern, dass niemand aus unserer Kompanie Nebelkerzen mitgenommen hatte. Wir lebten einige Tage in banger Erwartung, ob die Polizei bei uns auftauchen würde. Wegen der Pressefotos hätte die Polizei mich vermutlich als Ersten vernommen. Obwohl wir nichts mit den Rauchbomben zu tun hatten, hätte man uns sicherlich wegen Hausfriedensbruch belangen können. Doch es geschah nichts. Unser Kompaniechef, Hauptmann Mack, blieb passiv. Er fragte nicht einmal, was in der Donauhalle passiert sei. Ich vermute, dass er alles wusste, denn er hatte mit einem Unteroffizier, mit dem wir den Sturm ausgekungelt hatten, ein vertrauensvolles Verhältnis. Wir waren einerseits stolz, dass wir die NPD-Versammlung gesprengt und von Thadden von der Bühne gejagt hatten. Aber der Todesfall, für den wir nichts konnten, machte uns doch sehr betroffen und nachdenklich.

Gegen die Notstandsgesetze

Während unserer Dienstzeit 1967/68 wurden meine Bundeswehr-
kameraden und ich zunehmend politisch. Immer häufiger und zunehmend kritisch diskutierten wir die Zustände. Das Jahr 1968 warf
seine Schatten auch auf uns junge Soldaten. Wir sahen in den Not-
standsgesetzen einen Angriff des Staates auf Freiheit und Grund-
rechte. Dieser Gesetzeskomplex änderte das Grundgesetz und fügte
eine Notstandsverfassung ein, die die Handlungsfähigkeit des Staates in Krisensituationen (Naturkatastrophen, Aufstände, Kriege) sichern sollte. Gegen einen solchen Angriff auf Freiheit und Grund-
rechte wollten wir etwas tun. Am 11. Mai 1968 machten wir uns
auf den Weg nach Bonn zur großen Demonstration gegen die Notstandsgesetze. Diese Demonstration brachte eine weitere, neuartige Erfahrung. Mehr als 60 000 Demonstranten, die meisten von
ihnen Studenten, zogen im Sternmarsch auf die Bonner Hofgar-
tenwiese, auf der eine riesige Tribüne aufgebaut war. Heinrich Böll,
der vier Jahre später den Literaturnobelpreis erhalten sollte, bezog
scharf Stellung gegen die geplanten Freiheitsbeschränkungen. Unter den Rednern war auch der Dichter Erich Fried, von seinen Geg-
nern wegen Unterstützung der Außerparlamentarischen Opposition (APO) als »Stören-Fried« tituliert. Die schärfste Rede hielt Karl
Dietrich Wolff, der Vorsitzende des Sozialistischen Deutschen Stu-
dentenbundes (SDS), der zu dieser Zeit einflussreichsten Studen-
tenorganisation. Wolff wurde später Verleger klassischer Autoren
wie Kleist, Hölderin, Kafka und Keller. Er erhielt 2009 das Bundes-
verdienstkreuz für »bedeutendes verlegerisches und literarisches
Wirken« sowie 2015 einen Ehrendoktor der Philosophisch-Histori-
schen Fakultät der Universität Basel. Einen solchen Wandel vom
radikalen SDS-Vorsitzenden hinüber zu einer beachtlichen kulturellen Tätigkeit schlugen nicht wenige linke Studentenführer ein.
Manchen von ihnen begegnete ich später beim *Manager Magazin*,
bei Procter & Gamble und sogar bei McKinsey wieder.

Stolz, etwas für die Demokratie getan zu haben, kehrten wir in
den militärischen Alltag auf dem Fliegerhorst Büchel zurück. Wir

prahlten gegenüber den Kameraden, die nicht in Bonn dabei waren, mit unserem politischen Engagement und Nonkonformismus, taten daneben aber brav unseren Dienst im Jagdbombergeschwader. Die Demonstration bewirkte im Übrigen wenig. Die Notstandsgesetze wurden am 30. Mai 1968 von der ersten Großen Koalition verabschiedet. In den Folgejahren erlebte Bonn viele große Demonstrationen (gegen den Vietnamkrieg, gegen die Aufrüstung und so weiter), an denen ich mich jedoch nicht mehr beteiligte.

Bundestagswahl 1969

Ein Jahr später war Bundestagswahl. Es herrschte Aufbruchstimmung. Entsprechend intensiv ging es im Wahlkampf zu. Willy Brandt war der neue Hoffnungsträger der SPD. Unser Pfarrer organisierte in meinem Heimatdorf eine Podiumsdiskussion mit den Bundestagskandidaten von CDU, SPD und FDP für den Wahlkreis 153 und bat mich, die Moderation zu übernehmen. Ich war 22, hatte gerade mit dem Studium begonnen, litt aber nicht an mangelndem Selbstbewusstsein und nahm diese herausfordernde Aufgabe an. Im Vorlauf der Veranstaltung war ich nervös und angespannt. Als ich dann jedoch vor mehreren Hundert Menschen auf das Podium trat, verschwand meine Nervosität schlagartig. Ähnliches habe ich häufig erlebt. Sobald ich in den Ring steige, gelingt es mir, mich voll auf die Aufgabe zu konzentrieren und das Lampenfieber abzuschütteln.

Doch hier hatte ich es mit gestandenen Politikern zu tun. Hans Richarts (1910–1979) stammte von einem Bauernhof in Schwarzenborn, das zu unserer Verbandsgemeinde gehörte. Für ihn, als CDU-Kandidaten, war der Eifel-Wahlkreis eine sichere Bank, er erhielt stets mehr als 60 Prozent der Erststimmen. Er saß bereits seit 1953 im Bundestag und zudem seit 1958 im Europaparlament. Dass sich ein solcher Politprofi von einem 22-Jährigen die Leviten lesen lässt, war nicht zu erwarten. Vielleicht ging er schonend mit mir um, da er meinen Vater gut kannte. Für die FDP kandidierte Ferry von Berghes (1910–1981), eine ebenfalls gewichtige Person.

Er besaß im Nachbardorf Eisenschmitt ein Schloss.[4] Als früherer Staatssekretär in Mainz sowie als Vorstandsvorsitzender der Mineralölfirma DEA AG (Deutsche Erdöl AG, später Deutsche Texaco AG, dann REW-DEA und schließlich Shell) in Hamburg war er gleichermaßen in der Politik wie in der Privatwirtschaft erfahren. An den Namen des SPD-Politikers kann ich mich nicht erinnern, er hatte ohnehin in diesem Wahlkreis keine Chance. Ich weiß nicht, wie ich die Moderationsaufgabe zwischen derart ausgekochten Profis bewältigte. Jedenfalls gab es keine Beschwerden seitens der Zuhörer oder des organisierenden Pfarrers. Solche Erfahrungen, selbst wenn sie im Rahmen eines kleinen Dorfes stattfinden, tragen enorm zur Stärkung des Selbstbewusstseins bei. Ich traute mir zu, im politischen Ring meinen Mann zu stehen. Ich fühlte mich bestätigt und ermutigt, politisch aktiver zu werden. Das tat ich dann tatsächlich an der Universität Bonn.

Ein Landsmann, der im Wahlkampf mit vollem Einsatz für Willy Brandt unterwegs war, ist Friedhelm Drautzburg, genannt »Friedel«. Er stammt aus unserer Kreisstadt Wittlich und studierte in Bonn. Schon früh engagierte er sich bei der SPD, und 1969 begleitete er Günter Grass auf dessen großer Wahlkampfreise durch ganz Deutschland. Grass setzte sich in seinen Reden massiv für Willy Brandt ein und hatte sicherlich einen gehörigen Anteil am Wahlsieg der SPD. Drautzburg gelang es, Grass für einen Auftritt in Wittlich zu gewinnen. Nach der Wiedervereinigung wurde Drautzburg durch die Gründung des Berliner Szenelokals »Ständige Vertretung« deutschlandweit bekannt. Die gemeinsame Herkunft aus der Eifel bildet ein starkes Band zwischen Drautzburg und mir, stärker als jede Politik.

Politischer Student

Meine politisch aktivste Zeit waren die Studentenjahre in Bonn. Als ich dort im Frühjahr 1969 mit dem Studium begann, griff das politische Erwachen der Studenten, von Paris und Berlin ausgehend, allmählich auf die kleineren Städte und Universitäten über. Warum geschah das gerade in jenen Jahren? Zu dieser Frage sind ganze Bibliotheken geschrieben worden. Für uns, und auch für mich persönlich, spielte ohne Zweifel eine zentrale Rolle, dass die Nazizeit von der Generation unserer Eltern und Lehrer mehr oder weniger totgeschwiegen worden war. Viele derjenigen, die uns erzogen hatten, die in Verwaltung, Wirtschaft und Politik Verantwortung trugen, waren in der einen oder anderen Form verstrickt und zogen es vor, zu schweigen. Es war nicht so, dass diese Generation Hitler und die Naziverbrechen verteidigt oder gerechtfertigt hätte. Aber dezidierte Verurteilungen dieser Zeit erlebten wir nur selten. Noch 1978, als das deutsche Fernsehen die Serie *Holocaust* ausstrahlte, die Nazi- und Kriegsverbrechen in großer Breite darstellte, erlebte ich schroffe Gegenreaktionen. Ich war damals in Amerika und auf einem kurzen Heimaturlaub. Beim sonntäglichen Frühschoppen gesellte ich mich zu den Altersgenossen meines Vaters, der wenige Jahre zuvor verstorben war. Alle Anwesenden hatten im Zweiten Weltkrieg gedient und verwahrten sich scharf gegen die »Verunglimpfung« der Wehrmacht durch die Serie. Sie hätten nur ihre Pflicht getan, die im Fernsehen gezeigten Vorfälle seien Ausnahmen gewesen. Mit dieser Tabuisierung waren wir aufgewachsen.

Ende der sechziger Jahre schienen sich die Studenten nun mit einem großen Rundumschlag von dieser verklemmten und in ihren Augen heuchlerischen Welt befreien zu wollen. Es begann eine turbulente Zeit. Die sogenannte Außerparlamentarische Opposition (APO) gewann an Einfluss. An den Universitäten gehörten Vorlesungsstörungen, Institutsbesetzungen, Beschädigungen von öffentlichem Eigentum und Demonstrationen zum Alltag. Es bildete sich eine Vielzahl von studentischen Gruppen, die meisten davon waren links, nicht wenige sogar linksradikal. Die Urmutter SDS (Sozialistischer Deutscher Studentenbund) war die einflussreichste, daneben gab es SHB (Sozialistischer Hochschulbund), Marxisten-Leninisten, Rote Zellen, die Mao zuneigten, Spartakisten und weitere Splittergruppen. Auf der konservativen Seite bildete der Ring Christlich-Demokratischer Studenten (RCDS) die stärkste Fraktion. Dazwischen platzierten sich Liberale und Unabhängige. Dieses Umfeld bot einen fruchtbaren Nährboden für Charismatiker und brillante Rhetoriker. Unter diesen stach an der Universität Bonn Hannes Heer hervor. Er organisierte drei Jahrzehnte später mit Unterstützung von Jan Reemtsma die stark beachtete Wehrmachtsausstellung.[5]

Selbst schloss ich mich keiner organisierten Gruppe an, sondern blieb unabhängig. Auf der Fachschaftsebene taten wir uns mit Gleichgesinnten zusammen. Einer von ihnen war Wolf-Dieter Zumpfort, der später Landesvorsitzender der FDP in Schleswig-Holstein und Mitglied des Bundestages wurde. Mit unserer Gruppe gewannen wir mehrfach die Fachschaftswahlen. Jahre später, schon Professor in Bielefeld, schrieb ich über diese Lebensphase: »Die Würze lag ohnehin mehr in der Politik. Zwei Jahre als Mitglied des Fachschaftsvorstandes (davon ein Jahr als Vorsitzender) in universitätspolitisch turbulenter Zeit ließen das Studium als zweitwichtigste Nebensache erscheinen.«[6] In dieser Rolle konnte ich eine Fülle wertvoller Erfahrungen sammeln. Ständig hielt ich Reden, oft vor mehreren Hundert Studenten, führte Streitgespräche, warb um Unterstützung oder bekämpfte linke Chaoten. Es ging dabei hoch her. So wurde ich in einem Flugblatt der linksradikalen Basisgruppe Volkswirtschaft als »Oberkollaborateur und Studentenverräter« beschimpft.[7] Eine andere Gruppe sprach vom »theorielosen Pragmatismus Simonscher Provenienz.«[8] Wir produzierten Zeitungen und Flugblätter, organisierten Veranstaltungen und Wahlkämpfe. Es galt, Mitstreiter zu finden, zu motivieren und bei der Stange zu halten. Als Fachschaftssprecher saß ich im Fakultätsrat, erhielt Zugang zu Professoren und erlangte in der Studentenschaft einen gewissen Bekanntheitsgrad. Das reichte teilweise über die Universität Bonn hinaus. So wurde ich als Studentenvertreter in einen Ausschuss der neu gegründeten Universität Bielefeld entsandt, der sich mit dem Aufbau einer wirtschaftswissenschaftlichen Fakultät befasste. Als Assistent blieb ich in Ausschüssen in Bonn und Bielefeld weiterhin aktiv. Ich beschränkte mich allerdings auf die Fachbereichsebene und stieg nicht in die universitätsweite Politik, also den Allgemeinen Studentenausschuss (ASTA), ein. Die dort tätigen Studentenpolitiker waren stärker in politische Organisationen eingebunden, investierten mehr Zeit, hatten umfangreiche politische Erfahrung und waren rhetorisch besser geschult. Ich denke, dass ich meine diesbezüglichen Grenzen realistisch einschätzte und gut beraten war, mich auf die Fachebene zu beschränken.

Es erfüllt mich bis heute mit einem gewissen Stolz, dass unsere Generation politisch weitaus aktiver war als die Studentinnen und Studenten, denen ich später als Professor gegenüberstand. Wir nahmen die Gegebenheiten nicht so hin, wie sie uns von Ministerien, Professoren oder der Verwaltung vorgesetzt wurden. Wir versuchten, Wandel zu bewirken und kämpften für diesen. Nun will und kann ich nicht behaupten, dass Änderungen immer Verbesserungen mit sich bringen. Leider wurden unter dem weit verbreiteten Motto »Unter den Talaren der Muff von 1 000 Jahren« auch alte Traditionen zerstört, nach denen wir uns heute sehnen. Nachdem wir unsere Diplomprüfung abgelegt hatten, drückte man uns im Prüfungsamt einen schmucklosen Zettel in die Hand. Das war die »Abschlussfeier« unseres Diplomstudienganges. Denke ich an Graduierungszeremonien zurück, die ich später an ausländischen Universitäten (zum Beispiel in Harvard) erlebte, so steigt Bedauern über verlorene Traditionen in mir auf. Vergleiche ich zwei Ehrenpromotionen, die an einer deutschen und einer polnischen Universität stattfanden, hätten die beiden Zeremonielle nicht verschiedener sein können. Ich glaube, dass die polnische Feier mit Professoren in Talaren und dem gemeinsamen Absingen des Liedes »Gaudeamus igitur«, die Menschen stärker berührte als die schmuck- und symbollose Veranstaltung in Deutschland. Den Höhepunkt an Tradition bildete allerdings eine Ehrung durch die 1795 gegründete Académie des Sciences Morales et Politiques des Institut de France. Dort erhielt ich 2013 den »Prix Zerilli-Marimo. Ce prix annuel, doté par la baronne Zerilli-Marimo, destiné à une oeuvre qui met en valeur le role de l'économie libérale dans le progrès des sociétés et l'avenir de l'homme«.[9] Wir betraten das Institut de France durch ein Spalier von in historische Uniformen gekleideten Absolventen der Militärakademie Saint-Cyr, die 1802 von Napoleon gegründet wurde. Ebenso erschienen die 40 Mitglieder der Akademie in den alten Uniformen, darunter der Präsident der Académie, Betrand Collomb, der mir die Urkunde überreichte. Die gesamte Zeremonie lief nach einem strengen Muster ab, das sich seit 200 Jahren nicht verändert hatte. Die deutschen Universitäten bemühen sich seit einigen Jahren, alte Traditionen wiederzubeleben. Man kann meine Studienzeit in gewisser Weise mit der »Kulturrevolution« unter Mao Tse-tung vergleichen. In beiden Fällen wurden Traditionen unwiederbringlich zerstört.

Was haben die studentischen Revolten und der Aktionismus jener Jahre bewirkt? Insgesamt nicht viel, insbesondere wenn man die Wirkungen in Relation zu dem enormen Zeit- und Energieeinsatz der Studentenschaft sieht. Wir haben sehr viel Mühe in die politischen Aktivitäten investiert. Das ging zwangsläufig zulasten von Lehrveranstaltungen und Studium. Dennoch bereue ich diesen Einsatz nicht. Die Erfahrungen, die ich gewonnen habe, gingen weit über das hinaus, was man in Vorlesungen oder aus Büchern lernen kann. Ich sehe die Studentenpolitik – nach der Jungenbande im Eifeldorf, dem väterlichen Vorbild und der Bundeswehr – als eine weitere Schule der Führung.

Heimspiel

Während meiner Zeit als Professor an der Universität Mainz, also in den Jahren 1989 bis 1995, kam ich erneut mit der Politik in Berührung. Als gebürtiger Rheinland-Pfälzer kannte ich viele der landespolitischen Akteure. Carl-Ludwig Wagner (1930–2012), bis dato Oberbürgermeister von Trier, hatte kurz zuvor das Amt des Ministerpräsidenten von Bernhard Vogel übernommen. Vogel war nach einer putschartigen Abstimmung, die vom Umweltminister Hans-Otto Wilhelm betrieben wurde, mit den Worten »Gott schütze Rheinland-Pfalz« zurückgetreten. Hanns-Eberhard Schleyer, der Sohn des von der RAF ermordeten Arbeitgeberpräsidenten und Daimler-Vorstandes Hanns-Martin Schleyer, leitete die Staatskanzlei. Mit ihm besprach ich die Pläne zur Einführung eines betriebswirtschaftlichen Studienganges an der Universität Mainz. Dr. Alfred Beth, aus meinem Heimatkreis stammend, war rheinland-pfälzischer Umweltminister. Der Koblenzer Dr. Heinz Peter Volkert (1933–2013), dessen Tanzkurs ich 1963 besucht hatte, übte das Amt des Landtagspräsidenten aus. Heinrich Holkenbrink (1920–1998) besaß auf Landesebene nach wie vor Einfluss, obwohl er sein Ministeramt kurz zuvor aus Gesundheitsgründen abgegeben hatte. Er war Lehrer an unserem Gymnasium in Wittlich gewesen. Er kannte meinen Vater aus der Zusammenarbeit in der CDU des damaligen Kreises Wittlich und besuchte uns gelegentlich. Ich arbeitete in einer Landeskommission mit, die sich unter der Leitung des ehemaligen EU-Kommissars Karl-Heinz Narjes (1924–2015) mit den Auswirkungen und Chancen des Maastricht-Vertrages für Rheinland-Pfalz befasste. Narjes sah ich in späteren Jahren oft bei Spaziergängen am Rhein in Bonn, wo er seinen Ruhestand verbrachte.

Ohne Parteimitglied zu sein, war ich auch an der Formulierung des Wirtschaftsprogramms der CDU beteiligt. Hans-Otto Wilhelm, der den Sturz von Bernhard Vogel initiiert hatte, verlor 1991 die Landtagswahl gegen Rudolf Scharping und wurde abgewählt. Sein Nachfolger als CDU-Landesvorsitzender wurde Dr. Werner Langen, ein Moselaner, den ich aus gemeinsamen Bonner Studienzeiten gut kannte. Als Langen ins Europäische Parlament wechselte, übernahm Johannes Gerster sein Amt. Als CDU-Spitzenkandidat für die Landtagswahl 1996 bot Gerster mir den Posten des Wirtschaftsministers in seinem Schattenkabinett an. Da ich mich jedoch zu dieser Zeit bereits entschieden hatte, die Universität Mainz zu verlassen und als CEO bei Simon-Kucher & Partners einzutreten, war dieses Angebot für mich letztlich gegenstandslos. Ohnehin hätte es zu nichts geführt, denn Gerster verlor die Wahl gegen Kurt Beck. Beck hatte Rudolf Scharping, der 1994 als Kanzlerkandidat der SPD antrat, als Ministerpräsident abgelöst und wurde im Amt bestätigt. Johannes Gerster verließ ein Jahr später die Landespolitik und ging für die Konrad-Adenauer-Stiftung nach Jerusalem.

Ich bemühte mich immer, halbwegs originelle Vorschläge in die Diskussion einzubringen. Die erwähnte Europa-Kommission hatte den Auftrag, Rheinland-Pfalz auf ein wirklich vereinigtes Europa, damals eine ernst zu nehmende Vision, vorzubereiten. Ich schlug vor, den sperrigen und auch eher ungeliebten Landesnamen Rheinland-Pfalz durch das wohl klingende lateinische »Rhenania-Palatina« zu ersetzen. Meine Begründung: Für Europa braucht man einen international tauglichen Landesnamen. Der Vorschlag wurde in der Kommission zwar ernsthaft diskutiert, ging aber nicht durch. Zwei weitere Anregungen hatten mit dem Abzug der amerikanischen Streitkräfte, die seit dem Zweiten Weltkrieg in Rheinland-Pfalz sehr präsent waren, zu tun. Für den Flughafen Hahn (heute euphemistisch »Frankfurt-Hahn« genannt) schlug ich das Konzept eines Fracht-Drehkreuzes vor, das ich einige Jahre vorher bei Federal Express in Memphis, Tennessee kennen gelernt hatte. Mit diesem Ansatz hätte der Flugplatz eine langfristige Chance gehabt, doch die Landesregierung verstand das Konzept nicht und verfolgte es nicht ernsthaft. Später richteten DHL und UPS ihre Fracht-Hubs in Leipzig beziehungsweise Köln-Bonn ein und schufen dort Tausende von Arbeitsplätzen. Hahn ging leer aus und sieht einer unsicheren Zukunft entgegen.

Im Zuge der Reduktion der amerikanischen Streitkräfte wurde ein Teil des Truppenübungsplatzes Baumholder frei. Ich machte den leicht verrrückten Vorschlag, eine Herde amerikanischer Büffel anzusiedeln. Ich nannte zwei Gründe. Zum einen sei dies eine schöne Erinnerung an die Amerikaner, zum anderen entstünde so in diesem wirtschaftsschwachen Gebiet eine neue Touristenattraktion. Kurz vorher hatte ich den Yellowstone Nationalpark besucht und war von den dortigen Büffelherden begeistert. Einige Jahre zuvor war ich dem Goldman-Sachs-Manager Bob Hormats begegnet. Er war zwischenzeitlich ins US-Außenministerium gewechselt. Ich sprach ihn wegen der Büffel an. Er fand die Idee gut. Wenige

Monate später erhielt ich seine Antwort. Es sei möglich, einige Büffel abzugeben und diese mit einem Jumbojet nach Deutschland zu fliegen. Doch für den Horizont des Landwirtschaftsministeriums in Mainz war diese Idee zu exotisch und wurde mit der Begründung, es handle sich um artfremde Tiere, abgeschmettert. Bis heute bedaure ich, dass es in Baumholder keine Büffelherde gibt. Mit Sicherheit wäre das eine gigantische Touristenattraktion geworden. Diese und viele weitere Vorschläge belegen im Grunde nur eines: Ich bin für die Politik ungeeignet.

Kampf gegen Windräder

Auch in die Politik meines Heimatdorfes mischte ich mich von Zeit zu Zeit ein. Anfang der zweitausender Jahre entstand der Plan, drei große Windanlagen auf der Gemarkung zu installieren. Dieser Plan führte zu einer Spaltung des Dorfes, die sich sogar durch den Gemeinderat zog. Ich stellte mich auf die Seite der Gegner des Projektes. Es kam schließlich, nicht zuletzt auf mein Betreiben, zu einer Volksabstimmung. Im Vorlauf zu der Abstimmung ließ ich in allen Haushalten die aktuelle Ausgabe des *Spiegel* verteilen, deren Titelgeschichte sich mit Windenergie befasste und Stellung gegen die Verspargelung der Landschaft bezog. Von den 427 Stimmberechtigten nahmen 379, das sind sehr hohe 88,76 Prozent, an der Abstimmung teil. Es gab nur fünf Enthaltungen. 176 Stimmen waren für die Windanlage, das entspricht 47,06 Prozent, 198 stimmten dagegen, das entspricht einer knappen Mehrheit von 52,94 Prozent. In der entscheidenden Gemeinderatssitzung, die einige Wochen später stattfand, gab es eine erregte Debatte. Letztlich entschied sich der Gemeinderat mit acht zu fünf Stimmen gegen die Anlage. Statt der Windräder wurde 2008 auf der vorgesehenen Fläche ein 40 Hektar großer Solarpark installiert, der das Landschaftsbild weniger stört als die Windtürme. Zehn Jahre später hatte sich die Stimmung jedoch gedreht. Die Planung auf Ebene der Verbandsgemeinde und des Kreises sieht jetzt die Installation wesentlich größerer Windräder auf derselben Fläche vor. Diese sind Teil eines ausgedehnten Windparks. Die Riesenräder werden wohl kommen. Es ergibt keinen Sinn, länger dagegen zu agieren. Wann die gigantischen Windmühlen gebaut werden, ist unklar. Aber sie werden kommen. Letztlich werde ich also wie Don Quichote de la Mancha vergeblich gegen die Windmühlen gekämpft haben.

Stiftungen

Ich konnte in Kuratorien von vier Stiftungen Erfahrungen sammeln. Normalerweise sind Stiftungen so organisiert, dass die operativen Tätigkeiten von einem Vorstand ausgeführt werden. Dieser Vorstand wird von einem Kuratorium überwacht, das über die Vergabe der Stiftungsmittel entscheidet. Bei den vier Fällen handelte es sich um die Stiftung einer großen deutschen Bank, die persönliche Stiftung eines Industriellen aus dem Konsumgüterbereich, eine ähnlich geartete Stiftung einer Ruhrindustriellen-Familie sowie die öffentliche Stiftung unserer Kreisstadt Wittlich. Meine Erfahrungen und meine Ansichten zu Stiftungen sind gemischt. Manchmal glaubt der Gründer, sich qua Stiftung verewigen zu können. Dabei wird leicht vergessen, dass Stiftungen zwangsläufig von Menschen geleitet werden, die sich zudem in den Gremien kooptieren. Mein Eindruck ist, dass die Aktivitäten der Stiftungen stark von persönlichen Interessen beeinflusst werden. Damit meine ich ausdrücklich keine persönliche Bereicherung oder Vorteilsbeschaffung, sondern innerhalb des jeweils definierten Stiftungszweckes die Lenkung von Mitteln nach persönlichen Präferenzen. Nicht selten ist es so, dass eine Stiftung nach sinnvollen Projekten regelrecht suchen muss. Als Professor habe ich beispielsweise erlebt, dass Stiftungen Projekte an mich herantrugen, deren Inhalte mir teilweise skurril erschienen und insofern auf kein Interesse meinerseits trafen. Alle Gremien und Organisationen werden letztlich von Menschen geprägt. In Aufsichtsräten sowie Stiftungskuratorien menschelt es nicht weniger als anderswo.

In meiner Heimatstadt Wittlich wurde 1991 die »Stiftung Stadt Wittlich« gegründet. Die Stadt hatte ihr Niederspannungsnetz an die RWE AG (Rheinische Elektrizitätswerke AG) verkauft. Der Erlös von 17 Millionen D-Mark (knapp 9 Millionen Euro) wurde nicht in den Haushalt eingestellt, sondern in eine öffentliche Stiftung eingebracht, die Projekte in den Bereichen Kultur, Wissenschaft, Soziales und Sport fördern sollte. Von Beginn an arbeitete ich im Kuratorium dieser Stiftung mit. Dessen Vorsitzender war bis 2009 Dr. Hans Friderichs, seines Zeichens ehemaliger Bundeswirtschaftsminister und Vorstandsvorsitzender der Dresdner Bank AG. Friderichs stammt aus Wittlich und in unserer Heimatverbundenheit ähneln wir uns. Ab 2009 übernahm ich den Vorsitz des Stiftungskuratoriums, dem Stadtratsmitglieder gemäß Parteienproporz sowie externe Personen angehören. In den mehr als 25 Jahren in diesem Kuratorium erlebte ich nicht nur drei Bürgermeister, sondern auch Politik auf kommunaler Ebene. Allerdings spielte Ideologie von ganz wenigen Ausnahmen abgesehen keine Rolle. Bürgermeister Joachim Rodenkirch, der seit 2009 als Vorstandsvorsitzender der Stiftung fungiert, versteht es, die Stadtpolitik sachorientiert und weitgehend ideologiefrei zu gestalten. Bei der Wiederwahl nach seinen ersten acht Jahren wurde er 2017 mit 91,7 Prozent als Bürgermeister im Amt bestätigt. Mit der Stiftung konnten wir eine Fülle interessanter Projekte verwirklichen und Begegnungen mit herausragenden Persönlichkeiten der Zeitgeschichte organisieren. Noch vor der Gründung der Stiftung und wenige Monate vor seinem Tode besuchte uns der Künstler Georg Meistermann (1911–1990) zusammen mit dem ehemaligen Bundespräsidenten Walter Scheel (1919–2016). Nachdem er von den Nazis schikaniert worden war, erhielt Meistermann nach dem Zweiten Weltkrieg einen seiner ersten Aufträge aus Wittlich und blieb seither dem Städtchen verbunden. Er vermachte der Stiftung mehrere bedeutende Werke und die Entwurfzeichnungen für zahlreiche Kirchenfenster. Den nach ihm benannten Georg-Meistermann-Preis für Beiträge zu Demokratie und Gesellschaft haben wir an den Bundespräsidenten Johannes Rau, an Charlotte Knobloch, die Vorsitzende des Zentralrates der Juden in Deutschland, an Karl Kardinal Lehmann, an Außenminister Hans-Dietrich Genscher, an die Literaturnobelpreisträgerin Herta Müller und an Jean-Claude Juncker, den Präsidenten der Europäischen Kommission, verliehen. Die Preisverleihungen sind Höhepunkte im Leben des 19 000-Einwohner-Städtchens Wittlich. In der großen Eventum-Halle kommen regelmäßig 1400 Zuschauer zu diesen Verleihungen. Ein weiterer Höhepunkt im Leben der Stiftung war die Aufstellung eines Originalstückes der Berliner Mauer, das Friedel Drautzburg, Gründer und Wirt des Berliner Szenelokals »Ständige Vertretung«, seiner Heimatstadt Wittlich schenkte. Dieses Mahnmal wurde von dem Berliner Aktions- und Umweltkünstler Ben Wagin künstlerisch gestaltet und am 2. Oktober 2010 enthüllt. Politik und sogar die Kommunalpolitik können auch schöne Seiten haben.

Kleine Wahlhilfe

Zurück nach Bonn. In der ehemaligen Bundeshauptstadt kandidierte im Jahre 2015 Ashok Alexander Sridharan für das Amt des Oberbürgermeisters. Sridharan ist Sohn eines indischstämmigen Diplomaten und einer Deutschen. Er wuchs in Bonn auf und besuchte dort das von Jesuiten geleitete Aloisiuskolleg. Seine beiden Amtsvorgänger, die SPD-Mitglieder Bärbel Dieckmann und Jürgen Nimptsch, hatten die Stadt insgesamt 21 Jahre lang regiert und Problemfälle hinterlassen. Der bekannteste heißt World Conference Center Bonn. Unter Bärbel Dieckmann war die Stadt einem koreanischen Betrüger auf den Leim gegangen und musste letztlich eine Belastung von mehr als 300 Millionen Euro schultern. Im Jahre 2015 schien die Zeit für einen Wechsel gekommen. Aufgrund seiner langen kommunalpolitischen Erfahrung als Kämmerer von Königswinter hielt ich Sridharan für den geeignetsten Kandidaten. Einige Monate vor der Wahl und auf den Tag genau 48 Jahre nach der Notstandsdemonstration veröffentlichte ich im Bonner *General-Anzeiger* einen doppelseitigen Artikel, in dem ich die eingetretene Entwicklung schonungslos kritisierte und zehn Punkte für eine Reorientierung vorschlug.[10] Zwei Wochen vor der Wahl schaltete die CDU eine Anzeige, in der ich mich, als kleine Wahlhilfe, für Sridharan als Oberbürgermeister aussprach. Jedenfalls wurde es am Wahlabend äußerst spannend. Ashok Sridharan erreichte im ersten Wahlgang mit 50,1 Prozent die absolute Mehrheit. Man weiß natürlich nicht, ob die kleine Wahlhilfe zum Zünglein an der Waage beitrug.

Rückblickend auf meine zahlreichen, aber eher kleinen politischen Abenteuer und die sporadischen Berührungen mit Politikern muss ich sagen, dass ich immer nur Zaungast der Politik geblieben bin. Abgesehen von den wenigen Ausnahmen unbedeutender Positionen als Fachschaftssprecher oder Stiftungskurator habe ich nie politische Führungsverantwortung übernommen. Hätte ich es als Politiker zu etwas gebracht? Vermutlich nicht! Ich sehe dafür mehrere Gründe. Bei dem Gedanken, existenziell von Wählerstimmen abhängig zu sein (das sind Berufspolitiker nun mal), läuft es mir kalt über den Rücken. Politik ist die Kunst des Möglichen oder mit anderen Worten die Kunst des Kompromisses. Kompromisse sind nicht meine Stärke. Ein dritter Grund liegt darin, dass eine offene Sprache in der Politik der Karriere eher schadet. Das habe ich von meinem Geschichtslehrer Adalbert Puhl gelernt. Als Jugendlicher sinnierte ich gelegentlich über die Option, in die Politik zu gehen. Heute bin ich froh, diesen Weg nicht gegangen zu sein.

6. HINAUS IN DIE WELT

Goin' to Massachusetts – ans MIT

Massachusetts Institute of Technology (MIT), Stanford, Harvard – an diesen drei Universitäten verbrachte ich insgesamt zweieinhalb akademische Jahre. Diese Aufenthalte prägten mich in vielfacher Hinsicht, obwohl ich damals schon jenseits der 30 war. An was erinnert man sich? Und wie stark sind diese Erinnerungen? »Wenn wir eine Zeitreise durch unsere Erinnerungen machen, stellen wir fest, dass einige Ereignisse besonders hervorstechen. Überlegen wir, welche Merkmale diese Erinnerungen gemeinsam haben, so fällt uns auf, dass es die lebendigsten, die emotionalsten, wichtigsten, schönsten oder völlig unerwarteten Ereignisse unseres Lebens sind. Unsere Erinnerungen bilden Cluster, und zwar scheinen sie sich in bestimmten Phasen unseres Lebens zu verdichten. Dieses Phänomen nennt man Reminiszenzeffekt, oder auch Erinnerungshügel.«[1] In meinem Gedächtnis bilden die Jahre in Amerika solche Erinnerungshügel.

Zunächst springen kleinere, unbedeutende Erlebnisse ins Gedächtnis, wenn ich an die ersten Tage in Massachusetts denke. Bei meinem ersten Besuch stieg ich in einem Hotel auf der Boston-Seite des Charles River ab und ging über die Harvard-Brücke zum MIT. Auf der Brücke warf mir jemand aus einem fahrenden Auto ein rohes Ei an meine neue Lederjacke. Wie von dem Werfer vermutlich beabsichtigt, zerplatzte es. »Oh«, dachte ich, »das kann ja lustig werden in Amerika.« Doch dieses Erlebnis blieb über die Jahre die einzige Überraschung dieser Art, die ich in den USA erlebte. Eher unangenehm war die Erkenntnis, wie schlecht ich Englisch sprach. Obwohl ich an unserem neusprachlichen Gymnasium neun Jahre Englisch gelernt hatte und wir Shakespeare im Original lesen konnten, zeigte mir die amerikanische Alltagssprache meine Grenzen auf. Noch heute fragen mich amerikanische Gesprächspartner nach meinem ersten Satz:»Hermann, are you German?« Meine Frau Cäcilia wird hingegen häufig gefragt, ob sie Amerikanerin sei. So unterschiedlich sind die Sprachtalente.

Viele kleine Beobachtungen in Massachusetts waren für mich völlig neu. Ich will dies an zwei Beispielen illustrieren. So sah man die Leute überall und zu jeder Tages- und Nachtzeit, auf Straßen, Bürgersteigen und in Parks im Dauerlauf. Sie nannten das »Jogging«. Diese Gewohnheit war zu jener Zeit in Deutschland völlig unbekannt, ja nahezu undenkbar. In meinem Dorf hatten mich die Leute schon für verrückt erklärt, weil ich abends einige Kilometer auf der Straße lief, um für die Kreiswaldlaufmeisterschaften zu trainieren. Ich lief absichtlich in der Dunkelheit, damit mich nicht so viele sahen. Das Wort »Jogging« war damals in Deutschland völlig unbekannt. Ich las es zum ersten Mal ein Jahr später im *Spiegel*.

Eine zweite Beobachtung: Viele Studenten und junge Leute trugen einen Rucksack. Auch das konnte man sich in Deutschland kaum vorstellen. Rucksäcke benutzte man nur zum Wandern und beim Militär. Niemand, geschweige denn ein Student, hätte in der Stadt einen Rucksack getragen. Wir waren im Gegenteil stolz, mit Diplomatenkoffern, die einige Jahre vorher in Mode gekommen waren, herumzustolzieren. Im Jahr 2017 ersetzte ich selbst meine Aktentasche durch einen Rucksack. Das erwies sich als kluge Entscheidung, denn das Reisen mit Rucksack ist wesentlich bequemer als mit Aktentasche, die man in der Hand halten muss oder an einem Riemen über einer Schulter trägt. Manchen Leuten zeigen sich allerdings selbst heute noch erstaunt, wenn ich mit einem Rucksack erscheine.

Diese zwei kleinen Beobachtungen illustrieren, dass Trends häufig in den USA entstehen und dann mit einigen Jahren Verzögerung zu uns herüberschwappen. Ich glaube, das hat sich bis heute nicht geändert. Das Internet dürfte diesen amerikanischen Einfluss sogar eher verstärken.

Doch zurück zum Massachusetts Institute of Technology. Der Kontakt zur Sloan School des MIT kam über Professor Alvin J. Silk zustande, den ich Mitte der 1970er Jahre am European Institute for Advanced Studies in Management (EIASM) in Brüssel kennenlernte. Das EIASM wurde für mich zu einem frühen und wichtigen Brückenkopf in die Welt der internationalen Marketingwissenschaftler. Dieses Wissensfeld befand sich damals in Deutschland noch in einem sehr frühen Stadium. Erst 1969 hatte Professor Heribert Meffert an der Universität Münster den ersten Marketinglehrstuhl in Deutschland etabliert. An meiner Universität in Bonn wurde die erste Marketingprofessur 1976 eingerichtet und Professor Hermann Sabel auf diesen Lehrstuhl berufen. Marketingliteratur gab es wenig, Marketingzeitschriften waren eine Rarität, die Beschaffung von Quellen für Dissertation und Habilitation erwies sich als sehr aufwändig.

Von dieser äußerst bescheidenen Startposition kommend traf ich am MIT auf eine völlig andere Situation. Dort lehrten und forschten sieben Marketingprofessoren, unter ihnen drei Professoren auf Lebenszeit (Tenured Professors), die in der akademischen Szene einen herausragenden Ruf besaßen. Neben dem schon erwähnten Alvin J. Silk waren das John D. C. Little und Glen Urban. Gary Lilien, ebenfalls schon recht bekannt, war Associate Professor. Zum Team gehörten ferner drei Assistant Professors. Diese sieben Marketingkoryphäen hatten ihre Büros nahe beieinander in einer Art »Bürowohngemeinschaft«. Ich bekam einen Schreibtisch im Büro einer Assistant Professorin, war somit nahe am Geschehen und traf von Anfang an auf eine offene Diskussionskultur. Um die Bedeutung eines solchen »Marketing Clusters« einordnen zu können, muss man sich vor Augen halten, dass erst 1999 mit dem »Marketing Center Münster« an der dortigen Universität etwas Ähnliches entstand. Ein ähnlich starkes Marketingteam hat die Universität zu Köln aufzuweisen. Auch die Marketingabteilung der Universität Mannheim hat mit fünf aktiven Marketingprofessoren eine beachtliche Größe. Aber das sind immer noch weniger als seinerzeit am MIT.

Innerhalb der MIT-Gruppe war Professor Alvin Silk methodisch der kompetenteste. In seinem Doktorandenseminar schlugen wir uns wochenlang mit komplexen Skalierungstechniken und statistisch anspruchsvollen Marktforschungsdesigns herum. Zu dieser Zeit waren Trade-off- oder Conjoint-Analysen selbst den meisten Marketingwissenschaftlern unbekannt, aber Silk beschäftigte sich und uns schon sehr intensiv mit diesen Methoden. Von diesen Grundlagen profitierten wir später auch bei Simon-Kucher. Glen Urban interessierte sich vor allem für neue Produkte und deren Marketing. Dieses Gebiet traf auch mein Interesse, da ich meine Dissertation zu Preisstrategien für neue Produkte geschrieben hatte.

Das Spezialgebiet des Bekanntesten unter den dreien, Professor John D. C. Little, waren Decision-Support-Systeme. Little hatte auch einen außergewöhnlichen Ruf in Operations-Research-Kreisen. Nach ihm ist das Gesetz »Little's Law« benannt.[2] Little und Urban hatten eine Beratungsfirma namens Management Decision Systems gegründet, die Managern mit Hilfe quantitativer Methoden Entscheidungsunterstützung lieferte. Eine wichtige Rolle spielten dabei Scanner-Daten, die ab Ende der siebziger Jahre verfügbar wurden. Dadurch ließ sich zum ersten Mal ohne großen Aufwand ermitteln, was tatsächlich von einzelnen Produkten beziehungsweise von individuellen Kunden gekauft wurde. Little veröffentlichte dazu einen bahnbrechenden Artikel im *Journal of Marketing*, den ich ins Deutsche übersetzte und in der *Zeitschrift für Betriebswirtschaft* platzierte.[3] Später wurde die Firma an Information Resources in Chicago verkauft. Information Resources kann man als Pionier des Scanner-Zeitalters bezeichnen. Wenige Jahre danach betrat diese Firma in Zusammenarbeit mit der Gesellschaft für Konsumforschung (GfK) Nürnberg auch den deutschen Markt. Ihr

Hauptprodukt hieß Behavior Scan und erfreute sich in der Konsumgüterindustrie großer Beliebtheit. Aus der Begegnung mit der Scanner-Forschung von Professor Little entstand das Thema der Doktorarbeit von Eckhard Kucher, meinem ersten Doktoranden an der Universität Bielefeld.

Wie gelang es mir überhaupt, Zugang zu einer Topinstitution wie der Sloan School des MIT zu finden? Eine wichtige Rolle spielte dabei die persönliche Bekanntschaft mit Professor Silk. Mit ihm hatte ich zumindest einen Ansprechpartner, an den ich meine Anliegen adressieren konnte. Entscheidender aber war ein Artikel, den ich 1978 in *Management Science* veröffentlichte. Die Bedeutung, die die heutige A+-Zeitschrift damals selbst im Marketing hatte, kann man kaum überschätzen. Erst Mitte der achtziger Jahre übernahm die neugegründete Zeitschrift *Marketing Science* diese Rolle. Wichtig war dabei, dass ich den damals schon berühmten Marketingguru Philip Kotler mit meinem Artikel »anschoss«. Kotler hatte 1965 einen vielbeachteten Artikel zum Marketing-Mix im Produktlebenszyklus veröffentlicht, ein elegantes mathematisches Modell. In meinem Beitrag »An Analytical Investigation of Kotler's Competitive Simulation Model« wies ich nach, dass dieses Modell im Zeitablauf zu unsinnigen Konsequenzen führt.[4] Es ließ beispielsweise zu, die Preise im Produktlebenszyklus beliebig zu erhöhen, ohne dass der Absatz großen Schaden nahm. Die Aufdeckung dieser Implikationen war mathematisch etwas kompliziert, sodass sie bisher niemand bemerkt hatte. Die Tatsache, dass ein völlig unbekannter wissenschaftlicher Nobody aus Deutschland den berühmten Philip Kotler in der renommiertesten Managementzeitschrift kritisierte, blieb in den relevanten Kreisen nicht unbemerkt und verschaffte mir auf einen Schlag genügend Bekanntheit, um Türen zu öffnen, die ansonsten kaum zugänglich waren. Philip Kotler seinerseits nahm mir die »Attacke« nicht übel, im Gegenteil. Ich besuchte ihn im Januar 1979 an der Northwestern University in Evanston bei Chicago.

Bei diesem ersten Treffen stellte ich Kotler meine Forschungsergebnisse zur Preiselastizität im Produktlebenszyklus vor. Selbstbewusst betonte ich, mein Ziel sei, praxisrelevante Preisforschung zu betreiben. Kotler erwiderte, dass die meisten Marketingwissenschaftler Praxisrelevanz anstrebten, diese aber selten erreichten. Gerade beim Preis dominiere in der Wissenschaft die Mikroökonomie, deren Praxisrelevanz sich in Grenzen halte – womit er Recht hatte.

Auf derselben Reise lernte ich an der University of Chicago die Assistant Professors Robert J. Dolan und Thomas T. Nagle kennen. Dolan wechselte später an die Harvard Business School, wo ich ihm zehn Jahre später, in meinem akademischen Jahr 1988/89 als Gastprofessor, wiederbegegnete. Wir begannen eine intensive Zusammenarbeit und publizierten gemeinsam. Thomas Nagle verließ einige Jahre danach die Universität und gründete die Strategic Pricing Group, die sich vor allem dem Preistraining widmete.

Von Chicago fuhr ich nach West Lafayette in Indiana. Dort besuchte ich an der Purdue University Professor Frank Bass, neben John D. C. Little seinerzeit der wohl bekannteste quantitativ orientierte Marketingwissenschaftler. Sein Name ist vor allem mit dem sogenannten Bass-Modell[5] verbunden, das den Diffusionsverlauf eines Produktes aus der Interaktion von Innovatoren und Imitatoren erklärt. Es ist ein einfaches mathematisches Modell, das einen Absatzverlauf gemäß dem Lebenszykluskonzept erzeugt. Hunderte von Forschern beschäftigten sich mit diesem Ansatz, variierten das Modell und testeten es an empirischen Daten. Auch mein zweiter Doktorand, Karl-Heinz Sebastian, nutzte später das Modell, um die Diffusion von Festnetztelefonen in Deutschland zu erklären. Er führte dabei die Werbung als eine weitere Variable ein, die auch einen signifikanten Erklärungsbeitrag lieferte. Zusammen publizierten wir in *Management Science* einen Artikel zu diesem Thema.[6]

Damit hatte ich im Mittleren Westen die auf meinem Gebiet führenden Universitäten abgeklappert und die wichtigsten Marketingwissenschaftler persönlich kennen gelernt. Eine ähnliche Reise unternahm ich etwas später an der Ostküste und besuchte in New York die Columbia und die New York University sowie in Philadelphia die Wharton School. Zu den Marketingprofessuren an der Harvard Business School, die auf der anderen Seite des Charles River liegt, baute ich ebenfalls intensive Kontakte auf.

Was die persönliche Seite angeht, so war das akademische Jahr in Massachusetts eher hart. Vor dem Umzug nach Amerika war ich angespannt. Immerhin war es mein erster Auslandsaufenthalt, und das an einer Topuniversität. Ich war unsicher, wie ich mit dem Leben dort und dem wissenschaftlichen Umfeld zurechtkäme. Zunächst war meine Absicht, ohne Cäcilia und unsere dreijährige Tochter Jeannine nach Amerika zu gehen. Doch Cäcilia erhob Einspruch und sagte: »Wir gehen mit.« Das war eine sehr richtige Entscheidung. Die Wohnungssuche in Cambridge erwies sich als schwierig. Letztlich konnte ich nur eine sehr mickrige Wohnung zu einem stark überhöhten Preis mieten. Angesichts der Scharen von Wissenschaftlern und Studenten, die nach Boston und Cambridge wollten, war es eben ein Vermietermarkt. Auch das tägliche Leben hatte seine Tücken. Deutschland hinkte Nordamerika zu dieser Zeit stark hinterher. So gab es bei uns praktisch keine Kreditkarten. Ohne Kreditkarte konnte man aber in Amerika beispielsweise kein Auto mieten. Das internationale Telefonieren war extrem teuer und umständlich. Andererseits ist das Leben in den USA in vielen Aspekten einfacher als in Deutschland und easy-going. Ich hatte mir vorgenommen, meine Habilitationsschrift zum dynamischen Produktlinienmarketing während des Gastaufenthaltes in USA abzuschließen. Das war sehr ambitiös, zumal ich umfangreiche empirische Analysen vornehmen wollte, deren Zeitbedarf sich ex ante immer schlecht abschätzen lässt. Da half nur harte Arbeit. In einer Phase von zwei Monaten war ich nur an einem einzigen Tag nicht im Büro, nämlich an meinem 32. Geburtstag. Die Familie kehrte im Frühjahr 1979 einige Monate vor mir nach Deutschland zurück, sodass ich mich voll auf meine Arbeit konzentrieren konnte. Dennoch nahmen wir uns über Weihnachten und den Jahreswechsel Zeit für einen kurzen Urlaub in Florida und einen Besuch bei Verwandten von Cäcilia in Houston, Texas. In Florida mieteten wir einen roten Firebird und fuhren über den harten Sandstrand von Daytona Beach. Ob man das heute noch darf? Für die dreijährige

Jeannine war der Besuch von Disney World in Orlando der Höhepunkt. Selbst einfachste Motels kamen uns komfortabel vor. Wir vergnügten uns an All-you-can-eat-Buffets, die damals in Deutschland völlig unbekannt waren. Jeannine sah schon von Weitem die Bögen von McDonald's. Eine Einkehr dort war unvermeidlich. In Deutschland war der erste McDonald's erst kurz zuvor in der Hohe Straße in Köln eröffnet worden. In Houston hatten wir Pech und Glück zugleich. Unser Mietwagen blieb stehen, aber bis zu unserem Ziel waren es nur wenige Meter. Wir besuchten Bill und Elfriede Eck, die beide aus dem Saarland stammten. Elfriede war eine Kusine meiner Schwiegermutter. Bill Eck war 1929 nach USA ausgewandert, hatte zunächst in Detroit in der Autoindustrie gearbeitet und betrieb nun in Houston ein kleines Hotel. Er war ein begeisterter Angler, und bei einem unserer Ausflüge fing ich zum ersten und einzigen Mal in meinem Leben einen Fisch. Auf langen Fahrten erfuhren wir die ungeheure Ausdehnung von Texas. Immerhin ist dieser Staat, der auch als »Lone Star« bezeichnet wird, mit 695 000 Quadratkilometern doppelt so groß wie die Bundesrepublik Deutschland.

Der Aufenthalt an der Sloan School bot die Chance, auch berühmte Wissenschaftler des Economics Department, das im selben Gebäude sitzt, kennen zu lernen. Dazu gehörten Paul Samuelson, der 1970 den zweiten Nobelpreis für Wirtschaft erhalten hatte, und Professor Robert Solow, der für seine Beiträge zu Wachstum und Innovation berühmt wurde und ebenfalls den Nobelpreis erhielt. Mehrmals wöchentlich gab es die Chance, sich Vorträge von Koryphäen anzuhören. Auch an der Universität Bonn wurde in dieser Hinsicht einiges geboten, zumal Bonn damals Bundeshauptstadt war und insofern Politiker und hohe Ministerialbeamte regelmäßig zu Gast waren. Aber mit den Programmen am MIT und in Harvard konnte Bonn natürlich nicht mithalten.

Als ich Cambridge zum Ende des akademischen Jahres 1979 wieder verließ, war mir eins klar: Ich würde zurückkommen. Die Form und die räumliche Nähe, in der die Rückkehr schließlich stattfand, hätte ich mir zu jener Zeit allerdings nicht vorstellen können. 17 Jahre später eröffneten wir am Kendall Square, nur wenige Meter von der Sloan School entfernt, das amerikanische Büro von Simon-Kucher & Partners. Der erste Aufenthalt am MIT hatte Wurzeln geschlagen, die mit vielen Jahren Verzögerung Früchte trugen.

Fontainebleau

Die Business School INSEAD in Fontainebleau wurde 1957 gegründet und ist damit die älteste Hochschule dieser Art in Europa. Das Akronym INSEAD steht für Institut Européen d'Administration des Affaires. Wie es sich für Frankreich gehört, verwendete man einen französischen Namen, ähnlich wie bei OTAN für NATO oder ONU für UNO. Gründer des INSEAD waren der französischstämmige amerikanische General Georges Frederic Doriot und Olivier Giscard d'Estaing, ein Bruder des späteren französischen Präsidenten Valéry Giscard d'Estaing. Doriot wurde 1899 in Paris geboren, emigrierte später nach Amerika, brachte es während des Zweiten Weltkrieges zum Brigadegeneral und wird als »Father of Venture Capitalism« bezeichnet. Das Startkapital für das INSEAD wurde von der Industrie- und Handelskammer in Paris zur Verfügung gestellt. Vorbild war Harvard; man kann das INSEAD als einen Ableger der Harvard Business School bezeichnen, ähnlich wie das IESE in Barcelona.

Durch meine Publikationen und Vorträge in den USA sowie bei europäischen Konferenzen waren die Kollegen am INSEAD auf mich aufmerksam geworden. So erhielt ich 1980 die Einladung, dort auf Teilzeitbasis zu unterrichten. Diese Chance zur Erweiterung meines Erfahrungsspektrums ließ ich mir nicht entgehen. Die meisten meiner Einsätze fanden in Managementseminaren (Executive Programs) statt. Mein Spezialgebiet »Preismanagement« unterrichtete ich auch im MBA-Programm. Oft flog ich morgens nach Orly, von wo es nicht weit nach Fontainebleau ist, und reiste abends zurück. Während der Semesterferien blieb ich für ein oder zwei Wochen, um durchgängig in Executive-Programmen zu lehren. Ich lernte die Führung des Instituts und die Marketinggruppe näher kennen. Dean war damals Heinz Thanheiser, ein Wiener, der in Harvard promoviert hatte. Er war Experte für strategische Unternehmensführung, ein Thema, das mich über den engeren Marketingbereich hinaus zunehmend interessierte. Oft unterrichtete ich zusammen mit Professor Reinhard Angelmar, der ebenfalls aus Österreich stammte und an der Northwestern University promoviert hatte. Jean-Claude Larréché entwickelte zu jener Zeit das berühmte Marketingplanspiel Markstrat, das ich auch in Bielefeld und in Mainz häufig einsetzte. Pädagogisch war dieses Werkzeug sehr wertvoll, da einerseits die Wirkungen von Marketingentscheidungen an einem realitätsnahen Markt dargestellt wurden und andererseits der Wettbewerb simuliert wurde. Den zweiten Aspekt halte ich dabei für den wichtigeren, denn die Studenten lernten, dass es keine absolut richtige Entscheidung gibt, sondern dass alles immer auch vom Wettbewerb abhängt.

Das INSEAD eröffnete mir ein internationales Netzwerk, wie man es ansonsten kaum findet. Selbst nach Deutschland ergaben sich über die deutsche INSEAD-Gesellschaft viele sehr interessante Kontakte. Und nach Asien streckte das INSEAD erste Fühler aus. Unter der Leitung von Henri-Claude de Bettignies wurde 1980 das Euro-Asia-Center gegründet, dessen Generaldirektor er in den folgenden acht Jahren war. In diesem Kontext konnte ich, zusammen mit Professor Hellmut Schütte, Managementseminare in Asien durchführen. Von Jakarta aus fuhren wir bei einer Gelegenheit auf eine kleine Insel, die dem damaligen Chef von Hoechst Indonesien gehörte. Es gab dort kein fließendes Wasser, und der Stromgenerator lief nur einige Stunden. Auf der Rückfahrt wurde ich seekrank. Das war mein erstes Abenteuer in Asien, dem noch viele folgen sollten. Hellmut Schütte wurde später Dean der China Europe International Business School (CEIBS) in Shanghai. Dort sah ich ihn 2010 nach mehreren Jahrzehnten wieder. Ein anderes Seminar in Kuala Lumpur nutzte ich zu einem Ausflug mit der Familie. Wir fuhren in einem nostalgischen Zug von Kuala Lumpur nach Singapur und verbrachten eine herrliche Woche auf einer Insel.

Im Unterschied zur amerikanischen »Mutter« Harvard, startete man in Fontainebleau mit einem ausgeprägt internationalen Anspruch. So wurde von den MBA-Studenten verlangt, dass sie Englisch, Französisch und Deutsch sprachen. Dieser Anspruch ließ sich jedoch auf Dauer, vor allem mit der verstärkten Aufnahme asiatischer Studenten, nicht aufrechterhalten. Dennoch ist das INSEAD wohl bis heute eine der globalsten Business-Schools, mit mehr als 250 Professoren und Standorten in Singapur sowie Abu Dhabi. Stärker noch als der Aufenthalt am MIT öffnete mir die Zusammenarbeit mit dem INSEAD den Zugang in die internationale Geschäftswelt. So begegnete ich vielen Topmanagern aus europäischen Ländern und aus Asien.

Schätzen lernte ich während meiner Aufenthalte den riesigen Wald von Fontainebleau, der sich über 25000 Hektar ausdehnt. Fontainebleau selbst ist eine Kleinstadt mit nur 16000 Einwohnern, aber einer sehr großen Fläche. Der Wald ist berühmt. Dort hat zum Beispiel Guiseppe Verdi seine Oper *Don Carlos* angesiedelt. Ich joggte endlos durch diese Wälder. Gelegentlich traf ich auf bizarre Steine, die Tieren wie Elefanten, Kröten oder Krokodilen gleichen. Es soll in diesem Wald 3000 Arten von Pilzen geben. Man muss allerdings aufpassen, dass man sich nicht verirrt.

Mit meiner Berufung zum wissenschaftlichen Direktor des Universitätsseminars der Wirtschaft in Schloss Gracht im April 1985 beendete ich die Zusammenarbeit mit dem INSEAD, denn beide Institutionen waren Konkurrenten im Markt der Executive Education. Ich konnte schlecht einerseits das USW leiten und andererseits weiter am INSEAD unterrichten.

Nur zweimal kam ich nach Fontainebleau zurück und erlebte sehr unterschiedliche Eindrücke. Am 23. Juli 1993 war ich erschreckt, wie stark viele der Kollegen, die ich seit mehr als acht Jahren nicht gesehen hatte, gealtert waren. Korpulenter, gebeugter, ergraut, für mich ein Schock, denn ich hatte die meisten als junge, agile Professoren kennen gelernt. Es ist ein großer Unterschied, ob man einen Einzelnen oder eine ganze Gruppe nach langer Zeit wiedersieht. Aber in Wirklichkeit sah ich den Spiegel meiner selbst, denn auch bei mir war die Zeit nicht stehen geblieben. Ganz anders erlebte ich das Wiedersehen zwei Dekaden später, im Jahre 2013. Wir waren alle gereifter, gelassener, weniger gehetzt, souveräner geworden. Wir brauchten uns nicht mehr zu beweisen. Die Aggressivität von einst war gewichen. Diese zweite war die schönere Begegnung mit der Vergangenheit.

Japanische Episode

Zu den angenehmsten Seiten des Lebens als Universitätsprofessor gehört das sogenannte Forschungsfreisemester, das man alle drei bis vier Jahre erhält. In einem solchen Semester ist man von Vorlesungsverpflichtungen freigestellt und kann sich voll der Forschung widmen. Ich habe diese Zeiten stets für Auslandsaufenthalte genutzt. So erhielt ich von der Keio-Universität im Frühjahr 1983 eine Einladung nach Tokio, die zeitlich perfekt in meine Planung passte. Es ging um einen Aufenthalt als Gastprofessor im folgenden Wintersemester.

Die Vorbereitungen verliefen extrem hektisch, denn in der Woche vor der Abreise nach Japan zogen wir in unser neugebautes Haus im Siebengebirge ein. Den Umzug musste Cäcilia im Wesentlichen allein managen. Ich selbst kam erst am Freitagabend von einem Vortrag in Travemünde zurück, musste noch packen, und die Abreise – immerhin für ein halbes Jahr – stand am Samstagmorgen an. Von Japan sollte es nach einem kurzen Zwischenaufenthalt in Papua-Neuguinea nahtlos nach Stanford gehen, wo sich ein Gastaufenthalt von drei Monaten bis April 1984 anschloss.

So weit, so gut. Eine halbjährige Reise mit zwei Kindern im Alter von acht und drei Jahren erfordert einiges an logistischem Aufwand. Insgesamt machten wir uns mit sieben Koffern auf den Weg. Seit kurzem durfte über die Sowjetunion nach Japan geflogen werden. Der zeitraubende Umweg über Anchorage in Alaska war damit nicht mehr notwendig, allerdings gab es noch eine Zwischenlandung auf dem Moskauer Flughafen Scheremetjewo. Im Flugzeug trafen wir den Unternehmer Torsten Griess-Nega, den ich vom INSEAD gut kannte. Er war auf dem Weg zu seiner Dentalfabrik auf den Philippinen. Unseren Kindern machte er in Scheremetjewo eine große Freude, indem er ihnen zwei Püppchen kaufte. Der lange Flug wurde für Cäcilia zur Tortur. Wir saßen in der ersten Reihe direkt hinter den Rauchern. Die vor uns sitzenden Japaner rauchten nahezu ohne Unterlass, und Cäcilia bekam einen Hustenanfall nach dem anderen. In Tokio holte uns Professor Kazuyoshi Hotta mit seiner Familie am Flughafen ab. Er betreute mich während meines Aufenthaltes seitens der Keio-Universität. Es war eine spontan sehr freundliche und herzliche Begegnung, aus der eine Freundschaft wurde, die über Jahrzehnte erhalten blieb.

Schnell wurden wir mit japanischen Verhältnissen konfrontiert. Die Wohnung, die uns die Universität zur Verfügung stellte, lag direkt am zentralen Mita-Campus mitten in Tokyo. Ich brauchte nur wenige hundert Meter zu meinem Büro zu gehen. Die Wohnung war mit einer Fläche von 34 Quadratmetern typisch japanisch. Um hineinzugelangen, musste ich mich in der Tür kräftig bücken. Das Bad hatte eine Fläche von etwa zwei Quadratmetern, aber es war funktionsfähig. Das »Schlafzimmer« bestand aus zwei Schränken. Wir schliefen auf Futons. Aber genau das hatte ich nach dem Jahr am Massachusetts Institute of Technology gesucht – neue, nichtwestliche Erfahrungen.

Am nächsten Morgen, einem Montag, kam die unangenehme Überraschung. Cäcilias Husten hatte sich verschlechtert, und sie klagte über Schmerzen im Lungenbereich. Professor Hotta brachte uns zu der kleinen Sanitätsstation auf dem Mita-Campus. Der Arzt dort verfügte sofort eine Überweisung in die Keio-Universitätsklinik. Eilig packten wir das Notwendigste zusammen und fuhren mit einem Taxi quer durch Tokio zum Krankenhaus. Die Fahrt dauerte über eine Stunde. Ärzte und Schwestern waren außerordentlich freundlich und zuvorkommend, aber die sprachliche Verständigung erwies sich als problematisch. Cäcilia musste bleiben.

Ich fuhr mit den Kindern auf der Yamanote-Linie nach Mita zurück. Diese »grüne Linie« bildet einen großen Ring in Tokio. Die

Züge verkehren im Minutentakt, und von den Bahnhöfen gehen Stichlinien in die Vororte der großen Stadt. Die Yamanote sollten wir in den nächsten zwei Wochen besser kennen lernen, als uns lieb war. Täglich fuhr ich am Nachmittag mit den Kindern zu Cäcilia in die Klinik. Die Namen der Stationen wie Ebisu, Gotanda, Shinagawa oder Tamachi klingen mir bis heute in den Ohren. Wenn ich nach Tokio komme und etwas Zeit habe, fahre ich die Strecke wieder ab und lasse die Erinnerungen jener Zeit in mir aufsteigen.

Völlig unerwartet und ungeplant stand ich also mit unseren Kindern (Jeannine acht Jahre, Patrick drei Jahre alt) mitten in Tokio. Was tun? Jeannine sollte die deutsche Schule in Omori[7] besuchen. Sie musste dazu zunächst durch ein altes Stadtviertel zum Bahnhof Tamachi gehen. Dort nahm sie einen Zug der Yamanote-Linie bis zur nächsten Station Shinagawa. In diesem sehr großen Bahnhof musste sie in eine andere Linie umsteigen, die sie nach zwei Stopps nach Omori brachte. Von dort zur deutschen Schule war es nur ein kurzer Weg. Zweimal begleitete ich sie auf dem Schulweg, danach musste sie es allein schaffen. Das klappte auch in den ersten Tagen, doch einmal gab es einen großen Schreck. Um 9 Uhr tauchte sie wieder in unserer Wohnung auf. Sie hatte in Omori einen falschen Ausgang gewählt und fand den Weg zur Schule nicht. Gott sei Dank gelang es ihr, wieder nach Hause zu kommen. Am nächsten Tag begleitete ich sie noch einmal, danach verlief der komplizierte Schulweg der Achtjährigen reibungslos. Aber was sollte ich mit dem dreijährigen Patrick machen? Die Universität war mir in dieser Hinsicht sehr behilflich. Sie fand eine Japanerin, die Deutsch studierte, als Babysitterin. Mina Otani stand sofort zur Verfügung und war in dieser schwierigen Situation eine unschätzbare Hilfe. So konnte ich wenigstens einen Teil meiner Forschungspläne umsetzen.

Ich hatte mir für das Forschungssemester vorgenommen, die Markteintrittsprobleme deutscher Unternehmen in Japan zu untersuchen. Da ich kein Japanisch spreche und ebensowenig Japanisch lesen kann, war ich als wesentliche Erkenntnisquelle auf Gespräche mit Managern, Unternehmern und Wissenschaftlern angewiesen. Nach zwei Wochen in der Klinik kam Cäcilia zurück. Das war ein großer Freudentag, gleichermaßen für die Kinder wie für mich. Und ich hatte den Rücken wieder für meine Arbeit frei.

Ich besuchte alle wichtigen deutschen Firmen im Großraum Tokio. In der Regel gelang es mir, einen Termin bei den Chefs zu bekommen. Meine Forschungen beschränkte ich aber nicht auf deutsche Firmen, sondern ich sprach auch mit Managern amerikanischer und anderer europäischer Unternehmen, deren Markteintrittsprobleme und -strategien erwiesen sich, was nicht überraschte, als ähnlich. Gleichzeitig nutzte ich die Gelegenheit, Kontakte zu japanischen Wissenschaftlern und Universitäten zu knüpfen. Besonders lehrreich und atmosphärisch angenehm waren die Kontakte zur Sophia-Universität, die von den Jesuiten betrieben wird. Damals galt dort Professor Robert Ballon, ein Belgier, als der Experte für Internationalisierung. An der Hitotsubashi University lernte ich Professor Hirotaka Takeuchi kennen. Er war nach 13 Jahren in den USA nach Japan zurückgekehrt und hatte an der renommierten Universität eine Professur angenommen. Die Rückkehr in die japanische Kultur fiel ihm nicht leicht, aber er machte in den folgenden Jahrzehnten in Japan eine große Karriere. Er baute die Business-School der Hitotsubashi-Universität auf. Diese Business-School liegt, anders als das Stammhaus, mitten in Tokio. Während der ganzen Zeit arbeitete er eng mit Professor Michael Porter von der Harvard Business School zusammen. Letztlich kehrte er nach der Pensionierung in Tokio nach Harvard zurück. Mein Eindruck war immer, dass seine Seele in den 13 Jahren seines ersten Aufenthaltes in Amerika hängen geblieben war. Er hatte ein Haus auf Cape Cod, wo er stets seinen Urlaub verbrachte. Auch Professor Takaho Ueda von der Gakushuin-Universität lernte ich kennen. Dort studieren traditionell die Kinder des japanischen Kaiserhauses. Mit Professor Ueda entstand eine langjährige Freundschaft. Bis heute veranstalten wir gelegentlich zusammen Konferenzen, und er besuchte mich auch mehrfach in Deutschland.

An der Keio-Universität hielt ich eine Vorlesungsreihe zum Thema Marketingstrategie. In diesem Kontext arbeitete ich eng mit

Professor Shoji Murata zusammen, der durch seine Übersetzung des Marketinglehrbuches von Philip Kotler in Japan berühmt geworden war. Mit Übersetzungen bekannter amerikanischer Autoren konnte man in Japan schnell großen Ruhm erwerben. Das erinnert an klassische Zeiten des 19. Jahrhunderts. Damals übersetzten in Deutschland Schriftsteller, Philosophen und Wissenschaftler, die selbst eine hohe Reputation besaßen, große Werke fremdsprachiger Autoren. Heute könnte man sich mit einer solchen Aufgabe kaum Meriten verdienen. Doch Professor Murata war noch für eine andere Kompetenz bekannt. In Japan, wie in Asien generell, wird ein Großteil der Ehen arrangiert. Dabei spielt oft ein sogenannter »Go-between« eine Schlüsselrolle. Das ist ein Vermittler, der viele junge Leute kennt. Er bringt dann einen jungen Mann und eine junge Frau, die seiner Meinung nach zueinander passen, zusammen. Professor Murata stand in dem Ruf, als derartiger Go-between sehr erfolgreich zu sein. Jahre später war ich mehrfach zu Gast bei einem japanischen Medizintechnikunternehmer. Der Unternehmer hatte nur eine Tochter, die damals 27 Jahre alt und noch nicht liiert war. Er machte sich große Sorgen um die Nachfolge. Schließlich wandte er sich mit dem Anliegen, einen Mann für seine Tochter zu finden, der die Führung des Unternehmens übernehmen konnte, an Professor Murata. Tatsächlich erfuhr ich einige Jahre später, dass die Vermittlung Muratas zum Erfolg geführt hatte und der inzwischen zum Schwiegersohn mutierte Mann im Unternehmen arbeitete. Professor Murata soll über 200 Ehen arrangiert haben. Er starb 2015.

Die Einladung in das Privathaus des Unternehmers kann man als kleine Sensation bezeichnen. So etwas kommt in Japan normalerweise nicht vor. Vielleicht war es eine Reaktion darauf, dass wir ihn in unser Haus am Rhein eingeladen hatten. Jedenfalls war es für mich und Cäcilia ein unvergessliches Erlebnis. Das Haus lag mitten in Tokio neben einem kleinen Park. Bei unserem ersten Besuch waren wir etwas zu früh und flanierten in der milden abendlichen Oktoberluft von Tokio in diesem Park. Mitten im Trubel der riesigen Stadt strahlte diese Parkanlage eine Ruhe aus, die uns in eine meditative Stimmung versetzte. Das Haus hatte einen japanischen Garten wie aus dem Märchen. Nach dem Abendessen saßen wir dort. In unserem Gespräch gab es immer wieder Pausen, nicht aus Verlegenheit, sondern weil wir einfach in diesen wunderbaren Garten schauten.

Ich hatte die Gelegenheit, an renommierten Universitäten wie Tokio, Waseda, Hitotsubashi, Gakushuin und Chuo Vorträge zu halten. Ich unternahm auch einen Abstecher in die Kansai-Region. Dort besaßen wir über den Lehrstuhl von Professor Albach gute Beziehungen, insbesondere zur Kobe-Universität. So sah ich viele Professoren wieder, die uns in Bonn besucht oder an Tagungen in Deutschland teilgenommen hatten. Ein Erlebnis war zudem die Fahrt mit dem Shinkansen, denn das war lange vor der ersten Fahrt eines deutschen ICEs. Diese fand nämlich erst 1991 statt, mit maximal 250 Kilometer in der Stunde zwischen Stuttgart und Mannheim. Hingegen fuhr der japanische Shinkansen bereits seit 1964, als er zur Olympiade in Tokio eingerichtet wurde. In Tokio übernachtete ich auch zum ersten Mal in einem japanischen Hotel. Es war allerdings nur halb japanisch und kein traditionelles Ryokan. Ein solches, das auf uns schon sehr ungewohnt und fremdartig wirkt, erlebte ich erst Jahre später.

Welche Lehren und Einsichten konnte ich aus der Japan-Episode ziehen? Ich hatte im Rahmen der Vorbereitung zahlreiche Bücher über Japan gelesen. Doch die Realität erwies sich als ganz anders. Man kann ein Land und eine Kultur nicht durch Lesen erfassen, geschweige denn verstehen. Die wichtigste Einsicht, die mir mein Japanaufenthalt vermittelte, bestand darin, dass man eine Gesellschaft nach völlig anderen als den uns vertrauten Prinzipien organisieren kann, und sie funktioniert dennoch, und zwar ziemlich reibungslos. Diese Lehre lässt sich nicht in Amerika oder einem anderen Land westlicher Prägung gewinnen, denn die dort herrschenden Systeme und Prinzipien sind unseren deutschen doch recht ähnlich. Es gab viele weitere Einsichten, zum Beispiel, dass man aus Gesprächen mit oder Vorträgen von Japanern selten konkrete Aussagen erhält. Gleichermaßen im Mündlichen wie im Schriftlichen zeichnen sich die Äußerungen durch einen hohen Grad von Unverbindlichkeit aus. Man legt sich nicht fest. Dies gilt insbesondere, wenn die eigene Meinung im Widerspruch zu der des Gegenübers steht. Der Japaner sagt nicht »nein«. Es passierte mir in den Folgejahren gelegentlich, dass ich auf eine Anfrage oder Bitte keine Antwort erhielt. Nicht zu antworten, ist die japanische Methode des Neinsagens. Ich habe das selbst in vielen Fällen übernommen. Es funktioniert. Wenn natürlich jemand nachhakt, kommt man um das Nein nicht herum. Bei den Beratern unseres Büros Tokio empfinde ich die Nichtfestlegung und das Verbleiben im Unverbindlichen allerdings als Nachteil. Jedoch muss ich zugeben, dass das meine westliche Sicht ist. Ob japanische Zuhörer dies ähnlich beurteilen, weiß ich nicht. Ich selbst neige zu sehr dezidierten Aussagen. Vielleicht ist das in japanischen Ohren genau das Falsche.

Beeindruckt hat mich in Japan, wie perfekt die Systeme funktionieren. Das lässt sich am plakativsten an den Eisenbahnen illustrieren. Die Züge, egal ob im Fernverkehr des Shinkansen oder im Nahverkehr der Yamanote-Linie, fahren minutengenau ab. Sie halten auch zentimetergenau an den entsprechenden Markierungen der Bahnsteige. Abläufe wie Aussteigen und Einsteigen, das Anstehen in einer Schlange, die Benutzung der Treppen in den riesigen Bahnhöfen sind präzise geregelt, und, noch wichtiger, diese Regeln werden tatsächlich von allen beachtet. In China, etwa in der Metro von Shanghai, erlebt man ziemlich genau das Gegenteil dieses Verhaltens.

Die starren japanischen Regeln bilden zwangsläufig einen Widerspruch zur Veränderungs- und Innovationsfähigkeit der Gesellschaft. Ich werde oft gefragt, was sich seit meinem ersten Aufenthalt in Japan geändert hat. Meine stereotype Antwort lautet: »Nichts«. Natürlich stimmt das in dieser extremen Form nicht, aber mein genereller Eindruck tendiert in diese Richtung. Die Yamanote-Line sieht genauso aus wie vor 35 Jahren. Wenn ich durch die schmalen Gassen des Mita-Viertels mit seiner unendlichen Zahl ineinander verschachtelter Gebäude, Restaurants, kleiner Shops und Pachinko-Spielhallen gehe, fühle ich mich zurückversetzt in den

Winter 1983. Selbst die Preise der Yamanote-Linie sind dieselben wie seinerzeit. Manchmal habe ich heute in Tokio den Eindruck, die Welt sei stehen geblieben.

In unserer Freizeit und nachdem Cäcilia wieder fit war, erkundeten wir Tokio und seine Umgebung. Wir fuhren zu der riesigen Buddha-Statue in Kamakura, wir besuchten den Ferienort Nikko, wo Affen auf den Felsen, von denen ein malerischer Wasserfall herunterrauscht, herumturnen. Und natürlich verpassten wir auch die Ginza, die teuerste Einkaufsmeile der Welt, nicht, obwohl wir uns damals dort kaum etwas leisten konnten.

Die Monate in Tokio verflogen. Unser Reiseplan sah vor, dass wir mit einer Northwest-Airlines-Maschine, die aus Amerika kam, nach Manila auf den Philippinen flogen und von dort einen Flug von Air Niugini nach Port Moresby, der Hauptstadt Papua-Neuguineas, nahmen. Doch es kam anders. Die Ankunft des Northwest-Fluges verzögerte sich um viele Stunden. In der Folge hätten wir den Weiterflug nach Papua-Neuguinea in Manila verpasst. Dieser Flug fand aber nur einmal in der Woche statt. An den Rändern der Welt dünnen sich die Verbindungen bis heute stark aus. Wir wären also sieben Tage in Manila hängen geblieben. Northwest leitete uns nach Hongkong um, wo es drei Tage später einen Anschlussflug nach Papua-Neuguinea mit der in Hongkong ansässigen Fluglinie Cathay Pacific gab. Eine angenehme Nebenerscheinung war, dass Northwest die Hotelkosten in Hongkong für drei Tage übernahm. So bekamen wir als Sahnetupfer auf unsere große Reise einen Gratisaufenthalt in Hongkong.

Die drei Tage nutzten wir ausgiebig, diese interessante Stadt, die damals noch britische Kronkolonie war, kennen zu lernen. Die Kurzfristigkeit erlaubte es allerdings nicht, Kontakte zu akademischen Kollegen in Hongkong zu nutzen. Hongkong beeindruckte uns in vielfacher Weise. Die Landschaft mit den Hügeln, die Hochhäuser, nicht zuletzt aber auch der traditionelle Markt im Hafen. Damals trafen das alte und das moderne Hongkong noch sehr dicht aufeinander. Dann die konsequent kapitalistische Orientierung. Bei Stadtrundfahrten ging es nicht nur darum, die Schönheiten Hongkongs und die fantastischen Ausblicke von den Hügeln zu zeigen, sondern immer wieder wurde von den Fremdenführern auf dieses und jenes Anwesen eines Millionärs (von Milliardären war damals noch keine Rede) hingewiesen, der seine Karriere als Tellerwäscher begonnen hatte und zu großem Reichtum aufgestiegen war. Die Bewunderung für solche wirtschaftlichen Erfolge durchzog die gesamte Gesellschaft. Vielleicht ist das, trotz der Übernahme Hongkongs durch China im Jahre 1997, bis heute so geblieben. China hat die ehemalige britische Kronkolonie nicht voll integriert, sondern ihr eine gewisse Eigenständigkeit gelassen – ein sehr geschickter Schachzug der Chinesen.

Doch die Karawane musste weiterziehen. Gespannt erwartete ich den Flug mit Cathay Pacific. Diese Airline war mir wohlbekannt und hatte einen guten Ruf. Sie gehörte zur Swire-Group. Am INSEAD hatte ich den Eigentümer kennen gelernt. Mitten in der Nacht zogen wir mit unseren zwei Kindern und den sieben Koffern zum Flughafen und waren gespannt auf die ganz andere Welt, die uns in Papua-Neuguinea erwarten würde.

Ans Ende der Welt – Papua-Neuguinea

In der Morgendämmerung landete unser Jumbo in Fort Moresby, der Hauptstadt von Papua-Neuguinea, das sich erst wenige Jahre zuvor von Australien losgelöst hatte und ein selbstständiger Staat geworden war. Uns erwartete Bruder Hermann, der die Station der Steyler Missionare in Port Moresby betrieb. Wir kannten ihn bereits von einem Besuch in Deutschland, sodass wir uns gleich wie zu Hause fühlten. Wir blieben eine Nacht in Port Moresby und hatten erste Begegnungen mit Termiten. Am nächsten Morgen bestiegen wir ein kleines Flugzeug, das uns nach Mount Hagen ins Hochland brachte. Die übrigen Passagiere waren Eingeborene, die in Port Moresby arbeiteten und zu Weihnachten in ihre Heimat reisten. Wie in Entwicklungsländern üblich, waren sie überladen mit Gepäck und Geschenken. Einige hatten sogar Käfige mit Hühnern dabei.

In Mount Hagen erwartete uns mein Onkel Johannes Nilles mit einem Toyota-Geländefahrzeug und einem Fahrer. In der Familie nannten wir ihn »Schängel«. Im Saarland, von wo er stammte, hielt sich über Jahrzehnte die französische Form des Namens, nämlich Jean. Im moselfränkischen Dialekt hieß das dann »Schäng« oder »Schängel«. In ähnlicher Weise wurde Cäcilias Mädchenname, der von belgischen Vorfahren stammte, die als Bergleute in den Hunsrück kamen, eingedeutscht. So entstand aus dem ursprünglichen Namen Sosson im 18. Jahrhundert die deutschsprachige Variante Sossong. Unsere letzte Begegnung mit Schängel hatte während seines Deutschlandaufenthaltes 1976 stattgefunden, lag also sieben Jahre zurück. Er war zwar gealtert, aber für seine 78 Jahre noch sehr rüstig. Er sah anders aus als die katholischen Priester, die wir kannten, eher wie ein Frontier Man. Seine Haut war von den Jahrzehnten in den Subtropen gegerbt. Er trug einen breitkrämpigen Hut und geländegängige Kleidung. Der Toyota machte einen robusten Eindruck. Als Fahrer fungierte ein Theologieseminarist, der in Port Moresby studierte und im Hochland auf Weihnachtsurlaub weilte. Mit ihm sollten wir noch Spannendes erleben.

Unsere Kinder schilderten die Fahrt von Mount Hagen nach Mingende bei meinem 60. Geburtstag folgendermaßen: »Wir wurden mit einem Jeep abgeholt, der nach einigen Kilometern mitten im Nirgendwo mit lautem Knall einen platten Reifen verkündete. Umringt von nackten Eingeborenen mit Halsketten aus Hundezähnen wurde der Reifen gewechselt. Nach einigen Stunden erreichten wir völlig erschöpft und zerstochen von Flöhen und Anopheles-Fliegen die Missionsstation.« So schlimm war es nicht, aber wer weiß, wie die damals achtjährige Jeannine und der dreijährige Patrick dieses Abenteuer erlebten.

Mein Onkel war Mitglied des Missionsordens Societas Verbi Divini (SVD, Gesellschaft des Göttlichen Wortes), im Volksmund als »Steyler Missionare« bezeichnet. Dieser Name leitet sich ab vom holländischen Ort Steyl, in dem der Orden 1875 von Arnold Janssen gegründet wurde. Heute befindet sich die Ordenszentrale in St. Augustin vor den Toren Bonns. Johannes Nilles lebte zur Zeit unseres

Besuches seit fast 50 Jahren in diesem entlegenen Land. Endlich erreichten wir Mingende, die Missionsstation, auf der Schängel bis zu seiner Pensionierung als Pfarrer gewirkt hatte und jetzt im Halbruhestand lebte.

Wie muss man sich eine solche Station vorstellen? Das Zentrum bildet eine Kirche, die viele Hundert Menschen fasst. In Stil und Materialien war dieses Gotteshaus allerdings ein reiner Zweckbau. So bestand ein Teil der Wände aus Wellblech. Das tat dem Stolz der Missionare und der Eingeborenen, die größte Kirche weit und breit zu besitzen, keinen Abbruch. Zur Station gehörten ein großer Bauernhof mit einer Rinderherde, Geschäfte, eine Werkstatt, in der Reparaturen an Maschinen und Werkzeugen selbst ausgeführt werden konnten, ein Krankenhaus sowie eine Säuglingsstation, auf der eingeborene Frauen ihre Babys zur Welt brachten. Diese Station wurde von der Ordensschwester Miriam Morbach geleitet. Sie stammte aus unserer Heimat, aus Zeltingen an der Mosel. Der technisch-wirtschaftliche Leiter der Station war der Sauerländer Bruder Theo, uns von einem früheren Besuch in Deutschland bekannt. Die Station fungierte zudem als Sitz des für den Chimbu-Distrikt zuständigen Bischofs, der Kurz hieß und polnischer Herkunft war, ein stiller, freundlicher Mann. Seine Nachfolge trat später ein Holländer namens Henk Termassen an. In einem der entlegensten Winkel der Welt fanden wir eine europäische Enklave, in der wir nichts entbehren und uns weit weniger als in Japan umstellen mussten. Die Station betrieb ein Gästehaus, in dem wir komfortabel unterkamen. Bedingt durch das Klima und die Lage der Station in einem urtümlichen Umfeld konnten wir uns vor Ungezieferattacken allerdings nur unzulänglich schützen. Gelegentlich huschte eine Ratte durch die Gänge. Beißende, blutsaugende Insekten hinterließen ihre Spuren auf unserer Haut. Doch das war vernachlässigbar im Vergleich zu den tiefen Eindrücken, die die Zeit im Hochland von Papua-Neuguinea in uns hinterließ. Allein der erst dreijährige Patrick konnte die Erinnerung an diese wunderschönen Erlebnisse nicht bewahren. Er war zu jung. Dabei erlebte gerade er nach der Enge in Tokio glückliche Tage. Er befreundete sich mit einem eingeborenen Jungen gleichen Alters namens Henry. Die beiden konnten auf der weitläufigen Missionsstation nach Belieben herumtoben.

Das große Schweineschlachten

Es erwies sich als glücklicher Zufall, dass wir den Chimbu-District um die Weihnachtszeit besuchten. Denn um diese Zeit gab es ein großes Schweineschlachten. Dieses Fest fand traditionell nur alle sieben Jahre statt. Hunderte von Eingeborenen aus der ganzen Gegend kamen an einem Platz zusammen, viele mit Kriegsbemalung und bunten Kostümen. Sie gruben Erdlöcher und entzündeten darin Feuer, in deren Glut das Fleisch der Schweine gegart wurde. Die besten Fleischstücke wurden in Bananenblätter verpackt in die Asche gelegt. Ein verführerischer Duft lag über dem Festplatz. Überall herrschte große Aufregung. Die Menschen können den Genuss des Schweinefleisches kaum erwarten, denn im Alltag leiden sie an Proteinmangel. Sie leben im Wesentlichen von dem Gemüse und den Früchten, die in ihren Gärten wachsen und rund um das Jahr geerntet werden können. Lagerhaltung ist nicht notwendig und wird deshalb nicht praktiziert. Das subtropische Klima lässt die Konservierung von Fleisch nicht zu. Wenn ein Tier geschlachtet wird, muss das Fleisch in kürzester Zeit verzehrt werden. Zur Zeit unseres Besuches gehörten Kühlschränke oder Tiefkühltruhen nicht zur Ausstattung einer typischen Familie – so wie es 30 Jahre zuvor auch in der Eifel war. Viele der verstreut liegenden Siedlungen hatten nicht einmal Stromanschluss. Wildtiere sahen wir nie, die Bevölkerung hatte die Wälder leergejagt. Selbst Vögel waren selten, auch sie fielen der Suche nach Protein zum Opfer. Der Genuss von Fleisch blieb eine Ausnahmeerfahrung.

Nach einigen Stunden war das Fleisch gar. Männer verteilten große Portionen an die ungeduldig Wartenden. Diese langten mit gierigem Appetit zu und schienen nicht satt zu werden. Manche aßen so viel von dem für sie ungewohnten Fleisch, dass sie im Anschluss einen regelrechten Proteinschock erlebten. Ein Arzt musste gerufen werden, einige wurden sogar in das Krankenhaus der Missionsstation eingeliefert. Auch uns bot man das gegarte Fleisch an. Es war nicht einfach, diese freundlichen Angebote auszuschlagen. Aber es wäre extrem leichtsinnig gewesen, diese Speisen zu essen. Die Schweine waren natürlich nicht auf Trichinen oder Ähnliches untersucht worden. Einen Fleischbeschauer wie bei uns gab es nicht.

Der entlegenste Ort

Von Mingende aus unternahmen wir mit dem Geländewagen zahlreiche Ausflüge in die Chimbu-Provinz. Chimbu – auch Simbu geschrieben – ist eine der 21 Provinzen Papua-Neuguineas und hat eine Viertelmillion Einwohner, die sich über ein weites Gebiet verteilen. Die Hauptstadt heißt Kundiawa. Mit 8 000 Einwohnern ist sie eher ein »Hauptdorf«, aber mit eigener Flugpiste, auf der die kleinen Flugzeuge in abenteuerlich steilem Anflug landen. In Kundiawa gibt es Geschäfte, Bars, ein einfaches Hotel, eben alles, was die Bewohner der umliegenden Gegend brauchen. Die Provinz ist nach dem Chimbu-Fluss benannt, dessen tief eingeschnittenes Tal in Kundiawa endet. Von dort startete unsere Fahrt mit Schängel (unserem Onkel Johannes Nilles) und unserem Fahrer, dem Seminaristen, in Richtung Denglagu. Es gibt sicherlich viele Orte in der Welt, auf die das Attribut »besonders entlegen« zutrifft. Denglagu gehört ohne Zweifel dazu. Die Fahrt war abenteuerlich. In die steilen Hänge des Chimbu-Tales war ein unbefestigter Weg gekerbt. An einigen Stellen hatte es Erdrutsche gegeben, sodass die verbleibende Breite gerade noch für Einbahnverkehr ausreichte. Hinzu kam, dass wir unserem Fahrer nicht recht trauten. Obwohl er Seminarist in der Hauptstadt Port Moresby war, hatte er von einer Gewohnheit der Eingeborenen nicht abgelassen: Er kaute regelmäßig Betelnüsse, die im Rufe stehen, eine leicht betäubende Wirkung zu haben. Schängel störte das nicht, er kannte seit Jahrzehnten nichts anderes, aber ich hielt immer ein Auge auf den Chauffeur. Letztlich wurde es mir zu bunt, und ich nahm ihm die Betelnüsse weg. Auf dem Wege passierten wir ein Kreuz, das an einen der früheren Missionare namens Morschheuser erinnerte. Dieser Pater war 1934 von Eingeborenen umgebracht worden. Es ist nicht erstaunlich, dass diese frühen Missionare bei der indigenen Bevölkerung starke Reaktionen hervorriefen. Sie müssen den Eingeborenen wie feindliche Aliens von einem anderen Planeten vorgekommen sein. Während des Vordringens in unbekannte Gebiete trugen die Missionare oft Gewehre bei sich und vor der Ermordung Morschheusers hatte ein Pater zwei Schweine der Eingeborenen erschossen. Auch ein Steyler Bruder war 1935 durch Pfeile getötet worden.[8]

Nach einigen Stunden erreichten wir endlich unser Ziel, Denglagu Mission. Die Missionsstation, um die sich einige Dutzend Hütten scharen, liegt am Fuße des Mount Wilhelm, des mit 4509 Metern höchsten Berges Papua-Neuguineas. Gelegentlich verschlägt es Bergsteiger, die höchste Gipfel »sammeln«, in diese einsame Gegend. Wie Schängel Mitte der 1930er Jahre allein auf sich gestellt an diesem Ort eine Missionsstation aufbauen konnte, entzog sich meinem Vorstellungsvermögen. Wir besuchten Siedlungen und Hütten von Eingeborenen in der Nähe. Auch zu einer traditionellen Hochzeit wurden wir eingeladen. Die Menschen empfingen uns mit großer Herzlichkeit, und wir fühlten uns sicher. Denn über uns schwebte der Nimbus von Schängel, den der Stamm zu seinem Ehrenhäuptling ernannt hatte. Ohne ihn wäre es nicht möglich gewesen, den Eingeborenen so nahe zu kommen.

Die »Kinder« von Papua

Niemals habe ich Menschen von einer solchen Herzlichkeit und Offenheit getroffen wie in Papua-Neuguinea. Doch diese Emotionalität hat auch eine Kehrseite. Traditionell und bis in die heutige Zeit gibt es Stammeskämpfe, die manchmal sogar tödlich enden. Viele Jahre später, im Jahre 2010, brachte uns Verena Thomas in Sydney mit einer Gruppe von Studenten der Universität von Goroka zusammen, einer Stadt, die nicht weit vom Chimbu-Distrikt entfernt liegt. Beim Abendessen in einem Hafenrestaurant erzählten die Papuas von ihrer Heimat. Einer berichtete, dass er aus einem kleinen Dorf stamme. Die Plumpsklos lägen etwas entfernt von den Hütten, und es sei für ihn sehr gefährlich, allein zur Toilette zu gehen. Denn jederzeit könne ihm jemand von einem benachbarten, verfeindeten Stamm auflauern und ihn umbringen. Deshalb müsse ihn immer eine Person begleiten, die aufpasse und gegebenenfalls Alarm schlage.

Der Feindschaft zwischen den Stämmen steht ein entsprechend enger Zusammenhalt innerhalb der Stämme gegenüber. Das illustriert ein Erlebnis in der Hauptstadt Port Moresby. Mit einem einheimischen Fahrer machten wir eine Tour durch die Stadt. Der Fahrer stammte aus dem Hochland. Plötzlich stoppte er den Wagen und geriet außer sich vor Freude. Er rief »Wantok, Wantok«, rannte quer über die Straße und fiel einem anderen Eingeborenen um den Hals. Was war passiert? »Wantok« ist ein Wort aus dem Pidgin-Englisch, einer vereinfachten Form des Englischen, das in der Südsee gesprochen wird. »Wantok« bedeutet »One Talk«, also »eine Sprache«. Wiktionary definiert einen Wantok wie folgt: »A close comrade: a person with whom one has a strong social bond, usually based on shared language.« Die Sprache wird als das definierende Merkmal der Zusammengehörigkeit gesehen. Der zweite Eingeborene stammte aus dem Dorf des Fahrers und sprach somit dieselbe Sprache. Das ist in Papua-Neuguinea ungeheuer wichtig, denn dort gibt es mehr als siebenhundert verschiedene Dialekte. Als »Wantok« bezeichnet man jemanden aus dem eigenen Stamm oder Dorf. Bei den Papua ist die gemeinsame Sprache das identitätsstiftende Element schlechthin. »Wantok«, der »Einsprachige«, ist zum Begriff für Stammesbruder geworden – durchaus ähnlich, wie ich es aus der Eifel kenne. Dass unser Fahrer in der Hauptstadt einen »Wantok« aus dem Hochland traf, brachte ihn völlig aus der Fassung.

Die große Herzlichkeit zeigte sich besonders stark an Weihnachten. Dutzende von Eingeborenen kamen zur Missionsstation, um ihren Ehrenhäuptling Schängel zu beschenken. Er wurde überhäuft mit Früchten und Obst aus ihren Gärten. Sie berührten ihn und drückten ihn und wollten gar nicht loslassen. Er war für sie eine Art Heiliger.

Die Missionare

Der Besuch einer europäischen Familie mit zwei Kindern im Alter von acht und drei Jahren war nicht nur für die Einheimischen, sondern auch für die Missionare ein ungewohntes Ereignis. Wir wohnten im Gästehaus, unsere Mahlzeiten nahmen wir zusammen mit dem Bischof, den Priestern und Brüdern in einem speziellen Speisehaus ein. Dort wurde europäisch gekocht. Es gab stets ein Mittagessen mit drei Gängen. Einerseits bot unser Besuch für die Geistlichen eine willkommene Abwechslung, andererseits löste die Begegnung mit einer normalen Familie bei ihnen kognitive Dissonanzen aus. Die Priester und Brüder lebten schließlich zölibatär. Es ging ihnen nicht schlecht, sie hatten alles, was sie brauchten. Aber dass nun für einige Tage eine Familie mit einer jungen Mutter und zwei Kindern mit ihnen das Leben auf der Station und am Tisch teilten, schien den einen oder anderen doch etwas aus dem Gleichgewicht zu bringen. Onkel Schängel sprach mit uns offen über das Thema, dass das Zölibat, insbesondere die Kinderlosigkeit, für ihn ein großer Verzicht gewesen sei. Manchmal wurde in Familiendiskussionen gleichwohl die Frage aufgeworfen, mehr scherzhaft als ernst, ob es nicht in Papua-Neuguinea einige kleine Schängels gäbe. Wenn man an die einsamen Jahre in der entlegenen Station Denglagu-Mission denkt, wäre das nicht verwunderlich. Doch einen Beweis dafür gibt es bis heute nicht.

Ist es den Missionaren gelungen, die Eingeborenen dauerhaft für das Christentum und für – nach unserem Verständnis – zivilisiertes Verhalten zu gewinnen? Die Frage ist berechtigt. In den zweitausender Jahren entwickelte sich bei einigen Aktivisten unter den Eingeborenen im Land eine kritische bis feindliche Einstellung zur

Kirche. Sie hinterfragten, wie die Kirche und der Orden an ihre Ländereien gekommen seien. In den frühen Jahren der Missionierung hätten die Missionare den Stämmen das Land mit Muscheln, die damals als Tauschmittel fungierten, abgeluchst. Es gab Forderungen, nunmehr einen adäquaten Preis für das Land zu zahlen oder dieses zurückzugeben. Zu der Zeit produzierte Verena Thomas einen Film über das Leben ihres Großonkels Johannes Nilles. Dieser Film, der den Titel *Papa der Chimbu* trägt, sollte in Mingende uraufgeführt werden, und wir planten, mit der ganzen Familie dorthin zu reisen.[9] Doch der Bischof riet uns dringend von dem Besuch ab. Er könne nicht ausschließen, dass Radikale unseren Besuch für Erpressungsversuche nutzen würden. Selbst vor Entführung und Geiselnahme zur Lösegelderpressung gebe es keine Sicherheit. Es fiel uns schwer, doch letztlich entschieden wir uns, auf die Reise zu verzichten. So sind wir bis heute nicht nach Papua-Neuguinea zurückgekehrt. Das Land wird sogar immer unsicherer. Die Kriminalität ist eine der höchsten in der Welt. Im weltweiten Ranking der unsichersten Städte belegt Port Moresby Platz sieben. Was das bedeutet, sieht man an den Nachbarn in dieser Liste: Mogadishu, Grosny, Caracas und Bagdhad. Doch auch auf dem Land gibt es Rückfälle in vorkoloniale Zeiten, wie das erwähnte Beispiel des jungen Papua zeigt, der sich beim Gang auf die Toilette Begleitschutz sucht. Doch nicht alle lassen sich von diesen Zuständen abschrecken. So kam Dr. Verena Thomas immer wieder in das Land ihres Großonkels und lehrte mehrere Jahre an der Universität von Goroka.

Mein Onkel Schängel war und blieb unter den Missionaren und bei den Eingeborenen eine herausragende Persönlichkeit. Er lebte und wirkte 54 Jahre in der entlegenen Chimbu-Provinz. Während des Zweiten Weltkrieges wurde er in Australien interniert. Er nutzte diese Zeit, um an der Universität Sydney ein Diplom in Ethnologie zu erwerben. Er gehörte zu den Gründern des Staates Papua-Neuguinea und war einige Jahre Parlamentarier. Dabei stieß seine Doppelrolle als Missionar und Politiker durchaus auf Kritik. Mit dem Vatikan lag er zeitweise über Kreuz, da er sich für größere Liberalität in Ehefragen einsetzte. Die rigorosen Gesetze Roms waren für ihn mit der Realität der Eingeborenen schwer in Einklang zu bringen. Die Eingeborenen ernannten ihn nach vielen Jahren der Missionstätigkeit zu ihrem Ehrenhäuptling. Auch der Papst ehrte ihn mit dem Orden »Ecclesia et Pontifice«, und von Queen Elizabeth II. erhielt er im Juni 1984, ein halbes Jahr nach unserem Besuch, den »Order of the British Empire«. In dem folgenden Zitat zieht Schängel ein Fazit seines Lebens: »Ich war privilegiert, die Kultur und die Sitten des Chimbu-Volkes zu erforschen, bevor es einen Einfluss von außen gab. Ich habe den besten Teil meines Lebens dem Volk der Chimbu gegeben. Ich bin diesen Menschen, die mir den Namen ›Papa der Chimbu‹ gaben, sehr verbunden. Mein Leben war lang und, ich glaube, fruchtbar. Für meine religiöse, priesterliche und missionarische Berufung bin ich Gott und den Menschen in Papua-Neuguinea dankbar.«[10]

Im Alter von 84 Jahren kehrte er in das Missionshaus St. Wendel im Saarland zurück, wo er 1993 verstarb und begraben wurde. Die Eingeborenen hätten ihn lieber bei sich behalten. Elizabeth Gambugl, die Tochter des Häuptlings, mit dem er am engsten befreundet war, sagte nach seinem Tode: »Ihr habt ihn zu euch nach Hause genommen, und wir wissen nicht, ob ihr ein Schwein für ihn geschlachtet habt. Wir sind enttäuscht. Wir wissen nicht, ob ihr ihn ordentlich begraben und ein Fest gefeiert habt. Wir wissen es nicht. Wir haben nur geweint.«[11]

Zwei Jahreswechsel an einem Tag

Den Jahreswechsel 1983/84 erlebten wir gleich zweimal. Aus dem Hochland kommend, landeten wir am Silvestertag, dem 31. Dezember 1983, in Port Moresby. Am Abend feierten wir mit den Patres und Brüdern der dortigen Missionsstation den Jahreswechsel. Nach Mitternacht verabschiedeten wir uns mit den besten Wünschen für 1984, und wenige Stunden später bestiegen wir eine alte Boeing 707 der Air Niugini, die uns in zehn Stunden über den Pazifik und damit über die Datumsgrenze nach Hawaii brachte. Dort landeten wir um etwa 16 Uhr Ortszeit, gerade richtig, um mit der nächsten Silvesterfeier zu beginnen. Hawaii war einer der letzten Standorte, von wenigen kleineren Pazifikinseln abgesehen, die, 20 Stunden später als Papua-Neuguinea, das Jahr 1984 begrüßten.

Wir gönnten uns drei Tage im paradiesischen Hawaii, dann flogen wir weiter nach San Francisco, wo wir von Evelyn Cole abgeholt wurden. Sie hatte uns ihr Haus in Atherton bei Palo Alto für den Gastaufenthalt an der Stanford University vermietet. Evelyn stammte aus Vietnam und war mit dem Amerikaner Alex Cole verheiratet, der auf einem Entwicklungsprojekt in Lilongwe, der Hauptstadt des afrikanischen Staates Malawi, arbeitete. Sie besuchte ihn für einige Monate, sodass ihr schönes Anwesen, nicht weit von der Stanford University entfernt, frei war – für uns ein Glücksgriff.

If you're going to San Francisco

Wenn ich die schönsten Universitäten benennen sollte, so läge Stanford an erster Stelle. Sie rangiert noch vor ihrer nicht weit entfernten Schwester, der University of California, Berkeley. Die Stanford University wurde 1891 von dem amerikanischen Eisenbahn-Tycoon Leland Stanford junior gegründet. Von Beginn an wählte sie das deutschsprachige Motto »Die Luft der Freiheit weht.« Trotz heftiger Angriffe behielt sie dieses Motto selbst während der Nazizeit bei und führt es bis zum heutigen Tag. Die Gebäude im spanischen Kolonialstil erstrecken sich über ein ungeheuer weitläufiges Gelände am Fuß der Bergkette, die das Silicon Valley vom Pazifik trennt. 1984 waren weite Flächen frei. Das dicht besiedelte Silicon Valley der Internet-Ära gab es noch nicht. Der Platzhirsch war Hewlett Packard. Die Halbleiterfirma Intel befand sich in steilem Aufstieg, Apple stand ganz am Anfang. Ich erinnere mich an den berühmten Fernsehspot zur Einführung des Apple Macintosh, der zum ersten Mal während des Super-Bowl-Spiels[12] im Februar 1984 gezeigt wurde. Ein Artikel zu Steve Jobs erinnert noch drei Jahrzehnte später daran: »... der Regisseur Ridley Scott hat einen Spot beigesteuert, in dem eine junge Sportlerin einer gleichgeschalteten, von einer Orwellschen Big-Brother-Gestalt kontrollierten Masse einen Hammer entgegenschleuderte. Beim Durchschlagen der Projektionsfläche wurde der Bildschirm weiß – als hätte ein Geistesblitz jegliche Erinnerung an die dunkle, totalitäre Vorzeit ausgelöscht.«[13] Ohne dass der Name genannt wurde, wusste jeder, dass mit dem Big Brother IBM gemeint war. Und IBM verfügte zu jener Zeit über eine Marktmacht, die weit über die Macht heutiger Internetkonzerne hinausging. Steve Jobs wurde mit diesem Spot zu einer Kultfigur.

Akademisch traf ich in Stanford auf eine ähnlich starke Gruppe wie am MIT. Allerdings war diese Gruppe in ihren Forschungsinteressen heterogener. Die für mich wichtigsten Gesprächspartner waren die Professoren David B. Montgomery, Seenu Srinivasan und der erst 23-jährige Rajiv Lal, der nach Abschluss seiner Doktorarbeit an der Carnegie Mellon University nach Stanford gewechselt war und sein erstes Jahr als Assistant Professor bestritt. Montgomery lag auf einer Linie mit den Professoren am MIT, wo er auch zuvor unterrichtet hatte. Srinivasan war Methodenspezialist und lieferte entscheidende Beiträge zur Entwicklung des Conjoint Measurements, das in den folgenden Jahrzehnten zur wichtigsten quantitativen Marktforschungsmethode aufstieg und auch für die spätere Arbeit von Simon-Kucher eine tragende Rolle spielte. Dazu mehr in Kapitel 10. Rajiv Lal war einer der produktivsten quantitativen Modellbauer und publizierte sehr viele Beiträge in der neugegründeten Zeitschrift *Marketing Science*. Später wechselte er an die Harvard Business School und wandte sich von der quantitativ-theoretischen Forschung ab. Die einzeln betrachtet wichtigste Anregung erhielt ich jedoch von Professor Robert Wilson, der in *Marketing Science* einen bahnbrechenden Aufsatz zur nichtlinearen Preisbildung veröffentlicht hatte.[14] Die Logik und die Potenziale dieses Ansatzes erklärte er in einem Vortrag, der mich faszinierte. Spontan entstand daraus die Idee für ein Dissertationsthema, das ich an Georg Tacke vergab. Tacke ging selbst für ein Semester als Gastforscher nach Stanford und schloss seine Dissertation mit dem Titel *Nichtlineare Preisbildung* 1988 ab.[15] Diese Arbeit enthielt unter anderem die theoretische Grundlage für die Bahncard, die wir fünf Jahre später mit Hemjö Klein, dem seinerzeitigen Marketing- und Vertriebsvorstand der Deutschen Bahn AG, entwickelten. So kann man sagen, dass ein direkter Faden von einem Vortrag 1984 in Stanford zur Bahncard 1993 in Deutschland lief.

Doch Kalifornien ist zu schön, um seine Zeit nur im Büro und am Schreibtisch zu verbringen. Wenn ich morgens aus dem Haus trat, begrüßten mich der blaue Himmel und die strahlende Sonne. Diese Situation empfand ich eher als eine Einladung zu einem Ausflug denn als attraktive Perspektive für einen Bürotag. In Deutschland beschleicht einen das Gefühl, etwas zu verpassen, wenn man das schöne Wetter nicht nutzt. Diese meine Prägung verflog jedoch nach einigen Wochen, denn jeder Tag war gleich schön. Wenn ich das heutige schöne Wetter nicht nutzen konnte, um draußen zu sein, klappte es eben übermorgen oder am Wochenende, ohne dass man Regen befürchten musste. Wir erkundeten das nahgelegene San Francisco, die für mich schönste US-amerikanische Stadt noch vor Boston oder New York. Wir fuhren nach Ano Nuevo am Pazifischen Ozean und bestaunten die Seeelefanten, die dort zu Hunderten am Strand lagen. In Monterey versuchten wir, die Cannery Row von John Steinbeck nachzuempfinden. Dieses Buch mit dem gleichnamigen Titel und einige andere Romane von John Steinbeck hatte ich in der Schulzeit gelesen. Fasziniert waren wir auch von den Felsformationen im Yellowstone National Park.

Die Zeit in Kalifornien verbinde ich mit sehr angenehmen Erinnerungen. Wir hatten ein schönes Haus. Unsere achtjährige Tochter besuchte die amerikanische Schule ohne Probleme. Auch unser dreijähriger Sohn genoss diese Zeit. Ich selbst war entspannter als 1979. Damals stand ich kurz vor meinem Habilitationsverfahren, während ich jetzt als Professor in Bielefeld etabliert war.

Comin' back to Massachusetts – nach Harvard

Harvard ist anders, anders auch als das Massachusetts Institute of Technology oder die Stanford University. Gelegentlich sagte ich, dass der Unterschied zwischen einer typisch deutschen und einer typisch amerikanischen Universität geringer sei als der zwischen der amerikanischen Universität und Harvard. Jedenfalls schien mir das für die Harvard Business School (HBS), an der ich das akademische Jahr 1988/89 verbrachte, zu gelten. Ich erlebte die HBS eher wie ein Unternehmen mit einer sehr starken, eigenständigen Unternehmenskultur. Diese Eigenständigkeit hat viele Facetten. 1908 gegründet, ist die HBS eine der ältesten Business-Schools der Welt. Sie hat mit 900 Studentinnen und Studenten pro Jahr eins der größten zweijährigen MBA-Vollzeitprogramme. Unter den CEOs der Fortune Global 500, der 500 größten Unternehmen der Welt, weisen die Harvard-Absolventen mit Abstand den größten Anteil auf. In einer Studie des Jahres 2012 wurden 65 dieser großen Firmen von CEOs geführt, die in Harvard studiert hatten. Davon besaßen 40 einen MBA der Harvard Business School, das sind viermal so viele wie Stanford-Absolventen. Ohne Zweifel erfreut sich die HBS bis heute weltweit des größten Bekanntheitsgrades und der höchsten Reputation. Aber diese Schule polarisiert auch. Sie wird deshalb immer wieder zum Objekt kritischer Autoren. Dass sie zudem auf einem wunderschönen Campus am Ufer des Charles Rivers in Boston liegt, setzt dem Ganzen eine zusätzliche »Spitze« auf. In dieser Hinsicht wird sie allenfalls von der Stanford University ausgestochen. Das Wetter in Boston ist allerdings weit weniger einladend als dasjenige in Kalifornien. Im August ist es in Massachusettes unerträglich heiß und schwül. Und in Gedanken an die beiden Winter, die ich doch verbrachte, fange ich noch jetzt an zu bibbern. In einer besonders kalten Periode blieb das Thermometer drei Wochen unter 0 Grad Fahrenheit, was -17 Grad Celsius entspricht. Zusammen mit dem schneidenden Nordwind, der als »Montreal Express« bezeichnet wird, waren es gefühlt häufig unter -20 Grad Celsius. In solchen Wetterphasen dachte ich sehnsüchtig an das milde Bonn zurück.

Was ist anders in Harvard? An erster Stelle sehe ich die enorme Bedeutung, die der Lehre zugemessen wird. Diese Gewichtung ist eng verbunden mit der fast ausschließlichen Nutzung der Fallstudienmethode. Diese wurde in Harvard zu großer Blüte entwickelt, wird kontinuierlich mit hoher Priorität gepflegt und hat einen einzigartigen Status in der Welt der Business-Schools erobert. Die Fallstudienmethode ist die Seele der Harvard Business School. In dem Buch *The Golden Passport* von Duff McDonald heißt es zur Fallstudienmethode: »Sie ist das Fundament des pädagogischen Ansatzes der HBS. Sie ist Gegenstand ihrer finanziellen Ausrichtung, denn für die Fallstudienerstellung wurden mehr Forschungsmittel eingesetzt als für alle anderen Aktivitäten der HBS zusammengenommen. Die Kompetenz, Fallstudien zu schreiben und zu unterrichten, ist das wichtigste Maß zur Beurteilung der Professoren. Fallstudien sind auch das primäre Medium, mit dem diese Hochschule ihr Verständnis von der Wirtschaft verbreitet. Harvard schwört auf die Fallstudienmethode.«[16]

Rund 80 Prozent der weltweit an Business-Schools eingesetzten Fallstudien stammen aus Harvard oder werden zumindest über das Harvard Case Clearing House vertrieben. Ich konnte hautnah erleben, wie intensiv die Fallstudiendiskussionen durch die Professoren vorbereitet werden. Die insgesamt 900 MBA-Studenten sind in neun Sektionen à circa 100 Studierende aufgeteilt. In jeder Sektion wird parallel dieselbe Fallstudie behandelt. Die Zahl der Professoren, die das tun, liegt normalerweise etwas unter neun, da einige in zwei Sektionen lehren. Nach intensiver Einzelvorbereitung trifft sich die Gruppe unter Leitung des Programmdirektors pro Fallstudie zu mehrstündigen Diskussionen. In diesen Runden werden alle möglichen Fragen und denkbaren Aspekte durchgespielt. Dies bedeutet nicht, dass die Veranstaltungen in allen neun Sektionen nach Schema F ablaufen. Die Dozenten haben durchaus unterschiedliche Stile und Vorgehensweisen. Aber die intensive Diskussion soll sie auf alle Eventualitäten vorbereiten. Der Programmleiter und zwei oder drei weitere Dozenten sind stets alterprobte Kämpfer, und so werden die Erfahrungen auf die jüngeren Professoren übertragen.

Hinzu kam die individuelle Vorbereitungszeit. Dazu kann ich generell wenig sagen, aber Robert J. Dolan, genannt Bob, mit dem ich am engsten zusammenarbeitete, bereitete sich etwa zehn Stunden lang auf jede Fallstudiendiskussion vor. Dies, obwohl er die zu behandelnden Fallstudien zum Teil selbst verfasst und schon mehrfach unterrichtet hatte. Er wollte jede noch so kleine Detailinformation, jede Zahl, jede denkbare Variante der Diskussion präsent haben. Im Hinblick auf die Bewertung durch die Studierenden lohnte sich dieser enorme Einsatz. Bob Dolan war stets einer der am besten bewerteten Dozenten, was bei dem harten Wettbewerb zwischen solchen »Teaching-Profis« sehr viel heißt.

Dem tiefgründigen Vorbereitetsein der Professoren steht die »Preparedness« der Studenten gegenüber. Allerdings müssen sie drei Fallstudien pro Tag präsent haben. Das erfordert eine extreme geistige Konzentration und einen entsprechenden Zeiteinsatz, sodass die Arbeitstage meist bis tief in die Nacht reichen. In dem Moment, in dem der Professor den Hörsaal betritt, muss der Student topfit sein. Denn niemand weiß, wer mit dem Aufruf »Open the case« angesprochen wird. Trifft einen dieser Ruf, dann muss er oder sie etwa eine Viertelstunde referieren, den Fall analysieren und mit Lösungsansätzen aufwarten. Da die Leistung in diesen Diskussionen 50 Prozent zur Gesamtnote beiträgt, nimmt jeder Student die Sache sehr ernst. Nicht zuletzt will sich niemand in diesem äußerst wettbewerbsintensiven Umfeld blamieren. Die Reputation in der Sektion hängt nämlich entscheidend von der Performance in den Diskussionen ab.

Das Schreiben guter Fallstudien ist eine hohe Kunst. Zum einen müssen der Autor und die Institution Zugang zu Unternehmen haben, die bereit sind, Informationen offen zu legen und schließlich die verfasste Studie freizugeben. Das ist keineswegs selbstverständlich, denn nicht selten geht es um Fehlentscheidungen. Solche Fallstudien sind oft besonders lehrreich, schließlich lernt man aus Fehlern manchmal mehr als aus Erfolgen. Schwierig ist es zudem, Situationen so darzustellen, dass eine Entscheidung nicht evident ist. Interessant sind Fallstudien genau dann, wenn es zwei oder mehr als relevant erscheinende Entscheidungsalternativen gibt. Nur dann lassen sich Argumente gegeneinander abwägen, treten Befürworter und Gegner einer Position auf, und es entstehen spannende Diskussionen. Warum werden so viele Case-Studies gerade in Harvard verfasst? Zum einen ist das eine Frage der Unternehmenskultur, die Fallstudien einen hohen Wert zumisst. Sie spielen in Harvard eine ähnliche Rolle wie wissenschaftliche Veröffentlichungen in A+-Zeitschriften an anderen Universitäten. Auch finanziell sind Fallstudien für die HBS ein lukratives Geschäft. Nach Duff McDonald wurden im Jahre 2014 zwölf Millionen Case-Studies verkauft und brachten Erlöse von 30 Millionen Dollar ein.[17] Wenn eine solche Studie ein Hit wird und in Hunderten von Business-Schools weltweit zum Einsatz kommt, so erhält der Autor für jeden Studenten, der mit seiner Studie arbeitet, eine attraktive Tantieme. Viele Harvard-Professoren sind zudem beratend, manche auch unternehmerisch tätig. Im Hinblick auf die Zusammensetzung der Studentenschaft und auch der Professoren ist Harvard sehr international. Gleichzeitig ist die Schule im Inneren sehr amerikanisch geblieben. Ist das ein Widerspruch? Nicht unbedingt! Denn man muss eingestehen, dass die Ausstrahlung auf das Management vor allem von den USA ausging und weiterhin ausgeht. Im Vergleich zu den USA gibt es kein Land in der Welt, das global einen signifikanteren Einfluss auf die Managementwissenschaft und -lehre ausübt.

Und es gilt, was McDonald sagt: »Die Harvard Business School war immer die Nummer eins in der amerikanischen, höheren Managementausbildung. Doch nicht nur das, sie war stets auch die international führende Schule.«[18] Denn viele derjenigen Institutionen außerhalb Amerikas, die sich einen internationalen Ruf erworben haben, sind Ableger oder Abbilder von Harvard. Dazu zählen das INSEAD in Fontainebleau, die London Business School oder das IESE in Barcelona. In ähnlicher Weise gilt dieser Einfluss auch für asiatische Business-Schools, wie etwa die China Europe International Business School (CEIBS) in Shanghai, die ihrerseits stark von Professoren des IESE beeinflusst wurde. Insofern verwundert es nicht, dass die Harvardstudenten primär amerikanisches Management lernen wollen und weniger ihre eigenen Methoden nach Amerika bringen. In nur etwas geringerem Maße gilt dies auch für die Professoren. Jemand wie Hirotaka Takeuchi, der über viele Jahre eng mit Michael Porter zusammenarbeitete, hat sicherlich einige Ideen aus Japan nach Amerika transferiert, aber noch stärker amerikanische Ideen nach Japan gebracht. Deutschstämmige Professoren, von denen es in Amerika eine durchaus beachtliche Zahl gibt, haben sich nahezu generell an das amerikanische System angepasst. Ich könnte auf Anhieb niemanden nennen, der in größerem Stil und mit Erfolg Ideen aus Deutschland transferiert und in Amerika umgesetzt hätte. Am ehesten zeigen sich solche Züge noch bei Peter Drucker, der aber einer anderen Generation angehörte. Der weitaus größte Teil der Professoren, die nicht in den USA geboren sind, stammt aus Indien. So auch der derzeitige Dean der Harvard Business School, Nitin Nohria. Nahezu alle betreiben Managementwissenschaft und -lehre nach amerikanischem Muster. Zwei Ausnahmen sind C. K. Prahalad, der 2010 verstorbene Strategieforscher, der in seinem Buch *The Fortune at the Bottom of the Pyramid*[19] als Erster auf die ungeheuren Potenziale der Entwicklungsländer hinwies. Auch Professor Vijay Mahajan von der University of Texas in Austin befasst sich intensiv mit seinem Heimatland Indien und der Dritten Welt.[20] Nordamerika ist und bleibt das Eldorado der Managementwissenschaft. Das gilt für die führenden Universitäten, stärker noch für die Spitzenzeitschriften (A+ Journals), und es gilt auch für die international bekannten Gurus wie Michael Porter in der Strategie oder Philip Kotler im Marketing.

Interessanterweise ist der Einfluss Harvards in Deutschland und Japan geringer geblieben als in den meisten anderen Ländern. Der Managementhistoriker Robert Locke bemerkt dazu: »One searches in vain in Germany for the development of American-style business schools. Neither German firms nor German academia approached business studies in the same way as, and hence made different educational demands than their American counterparts. Germans tended to view the firm as an organic whole with a life of its own.

The American proprietary outlook harbored no such illusions. The firm was simply a money mill.«[21]

Während meines zweiten Aufenthalts in Massachussets, jetzt an der HBS, saß ich weniger am Schreibtisch, als ich es 1978/79 am MIT getan hatte. Diese Priorität verdankte ich einem Rat, den mir Professor Theodore (»Ted«) Levitt ganz am Anfang gab:»Do in Harvard what you only can do in Harvard.« Dieser Ratschlag entpuppte sich als sehr wertvoll. So verbrachte ich viel Zeit mit Gesprächen und Zuhören. Levitt ist nur einer von mehreren, die ich kennen lernte und mit denen ich nie über die üblen Erfahrungen sprach, die sie mit den Deutschen in jungen Jahren gemacht hatten. Aus heutiger Sicht weiß ich nicht, ob es richtig war, nicht aktiv nach diesen Erlebnissen zu fragen. Damals erschien es mir zu riskant, Wunden aufzureißen. So erinnere ich mich an eine Begegnung mit Professor Julian Simon von der University of Illinois in Urbana-Champaign. Wir gingen auf dem Campus spazieren, irgendwie schien er mir bedrückt. Dann schoss es aus ihm heraus: »Hermann, du bist der erste Deutsche, mit dem ich rede.« Auch Julian Simon war jüdischer Abstammung. Er war ein Multitalent, denn sowohl in der Bevölkerungswissenschaft als auch im Marketing hatte er sich hohe Reputation erarbeitet. Seine Position war antimalthusianisch, nämlich durch Optimismus bezüglich der langfristigen Entwicklung der Welt geprägt. Mit dem berühmten Biologen Paul R. Ehrlich, der die Zukunft eher pessimistisch sah, hatte er 1980 eine vielbeachtete Wette, die sogenannte Simon-Ehrlich-Wette, abgeschlossen. Ehrlich behauptete, dass die Preise für fünf Metalle in den nächsten zehn Jahren steigen würden. Simon hielt dagegen und gewann die Wette. In inflationsbereinigten Preisen hätte er wahrscheinlich sogar bis heute Recht behalten. Julian Simon starb 1998, wenige Tage vor seinem 66. Geburtstag.[22]

In der Harvard Business School war der jüngste Star damals Michael Porter. In den frühen achziger Jahren hatte er seine berühmten Bücher *Competitive Strategy*[23] und *Competitive Advantage*[24] veröffentlicht. In der Folgezeit lenkte er seine Aufmerksamkeit auf die Wettbewerbsfähigkeit von Nationen und publizierte dazu das voluminöse Buch *The Competitive Advantage of Nations*.[25] Schon in seinen Dreißigern hatte er mit seinen einfachen Konzepten Weltruhm erlangt. Dazu gehörten seine Five Forces, in denen Wettbewerb nicht nur horizontal, sondern auch vertikal entlang der Wertschöpfungskette gesehen wird, die U-Kurve, der zufolge man entweder sehr groß oder eher klein und fokussiert sein soll, und die Wettbewerbsvorteilsmatrix – solche Reduktionen auf das Wesentliche waren Porters Stärke. Das zeigte sich auch in seinen Vorlesungen. Stets stampfte er ein Problem auf zwei oder zumindest wenige Dimensionen ein und erfasste damit den Kern und das Wesentliche. Er wich auch von dem üblichen Harvardmuster ab, indem er nur etwa zwei Drittel der 75-minütigen Sitzungen auf die Fallstudie und den Rest auf eine systematische Vorlesung nach europäischem Muster verwandte. Ich fand diese Kombination lehrreicher als die reine Fallstudiendiskussion. Die wissenschaftliche Reputation von Michael Porter zeigt sich auch in dem extrem hohen Hirsch-Index von 153 und einem i10-Index von 527. Der Hirsch-Index gibt die Zahl der n-Publikationen eines Autors an, die mindestens n-mal zitiert wurden. Der i10-Index ist die Zahl der Publikationen, die mindestens zehnmal zitiert wurden. Unter den mir persönlich bekannten Wissenschaftlern erreicht nur Philip Kotler mit einem Hirsch-Index von 163 und einem i10-Index von 772 höhere Werte als Porter. Aber Porter ist fast auf den Tag genau 16 Jahre jünger als Kotler, und der Hirsch-Index kann mit zunehmendem Alter nur ansteigen, wenn weitere Zitationen hinzukommen.[26]

Während meiner Zeit an der HBS widmete sich Porter, teilweise in Zusammenarbeit mit Hirotaka Takeuchi und unterstützt von Christian Ketel, den Fragen der internationalen Wettbewerbsfähigkeit und untersuchte dabei auch intensiv Deutschland, insbesondere im Hinblick auf Cluster. Er war einer der wenigen Amerikaner, die Deutschland gut verstanden, gewissermaßen »durchschaut«, hatten. Nach einem Gespräch mit ihm am 8. März 1989 notierte ich mir folgende Punkte: Die Industrie eines Landes ist nur stark, wenn drei Bedingungen erfüllt sind:

- Die Nachfrage auf dem Heimatmarkt muss qualitativ und quantitativ hochrangig sein.
- Das Land muss eine starke industrielle Infrastruktur haben.
- Der interne Wettbewerb muss sehr intensiv sein.

Insbesondere Hirotaka Takeuchi übertrug diese Gedanken auf Japan. Ich erinnere mich, dass er sagte, wenn in Japan aufgrund intensiven Wettbewerbs weniger als sieben Unternehmen überlebten, würden diese die Welt erobern. Heute mag dies erstaunlich klingen, aber vor 1990 war das akzeptierte Wahrheit. Den Höhepunkt erreichte diese Japan-Euphorie mit dem Erscheinen des Buches *The Machine that Changed the World* von Womack, Jones und Roos.[27] Heute wissen wir, dass es ganz anders kam.

Deutschland wurde damals als Problemfall und als schwach angesehen. Ich erinnere mich an ein Gespräch mit Steven Wheelwright, dem Produktionsexperten der Harvard Business School. Er sprach ausführlich über die Schwächen der deutschen Industrie, die er in folgenden Punkten sah:

- zu langsam,
- zu wenig Software in den Fabriken,
- zu wenig Elektronik in den Endprodukten,
- eine zu ambitiöse Ausrichtung in der Software-Entwicklung auf »große Lösungen« (*grand schemes*, wie er sagte).

Nun, auch hier wissen wir, dass es anders kam.

Eine weitere beeindruckende Gestalt war die Professorin Rosabeth Moss Kanter, die sich mit Führungsfragen von Unternehmen befasste und dabei stark psychologische und soziologische Aspekte berücksichtigte. Sie hatte erheblichen Einfluss in der amerikanischen Industrie und in der Politik, beispielsweise als enge Beraterin des damaligen Präsidentschaftskandidaten Michael Dukakis. Ihre wissenschaftliche Reputation spiegelt sich in 23 Ehrendoktoraten wider.

Ich lernte weitere berühmte Professoren wie den Unternehmenshistoriker Alfred Chandler kennen, von dem das Motto »Structure follows strategy« stammt.[28] Sein Nachfolger Richard Tedlow, ein gleichermaßen gebildeter wie freundlicher Mensch und Richard-Wagner-Fan, sorgte für Furore, als er im Jahre 2011 nach 31 Jahren in Harvard an die Apple University wechselte. Geschätzt habe ich auch Walter Salmon, den Einzelhandelsexperten der Harvard Business School. Er verstand wirklich etwas von Einzelhandel, ein Sektor, zu dem ich selbst nie einen richtigen Zugang gefunden habe. Das erinnert mich an den 70. Geburtstag von Metro-Gründer Otto Beisheim, den wir im Kaufhof in Köln feierten. Beisheim führte uns durch das Haus und erklärte die Darbietungen. Neben mir ging Roland Berger. Ich fragte ihn, ob er etwas von Einzelhandel verstünde. »Ja, natürlich«, war seine Antwort. Ich kann das von mir nicht behaupten. Ein Original war auch Majorie Salmon, die Frau von Walter Salmon, eine Psychoanalytikerin. Sie kam in mein Büro, das äußerst spartanisch eingerichtet war. »No sex appeal«, war ihr knapper Kommentar. Das wollte Cäcilia nicht auf sich sitzen lassen. So kauften wir einige preiswerte Drucke, um die Wände zu schmücken.

Mein engster Kooperationpartner in Harvard war Robert J. Dolan. Ich hatte ihn 1979 als jungen Assistant Professor an der University of Chicago kennen gelernt. Er interessierte sich für das Thema Preismanagement, hatte unter dem Finanzwissenschaftler Michael Jensen an der University of Rochester promoviert und war nach Chicago berufen worden. Seit unserer ersten Begegnung blieben wir in engem Kontakt, und auch unsere Frauen freundeten sich an. Unsere Zusammenarbeit mündete in das Buch *Power Pricing*,[29] das wir 1996 veröffentlichten und das sich bis heute gut verkauft. Obwohl »uralt«, wurde es sogar bei Amazon.com im Jahre 2016 als »Bestseller« qualifiziert. Leider kam es nie zu einer zweiten Auflage. Das lag daran, dass Bob Dolan ab 2001 Dean der Ross School of Business der University of Michigan wurde und dieses Amt bis 2012 innehatte. Der zeitraubende Job als Dekan ließ ihm keinen Freiraum für die Arbeit an einer zweiten Auflage. Als er

2012 nach Harvard zurückkehrte und dort wieder voll in die Lehre einstieg, galt sein Interesse anderen Themen, und auch ich war eigene Wege gegangen, indem ich in Deutsch das Buch *Preisheiten*[30] veröffentlichte, aus dem das amerikanische *Confessions of the Pricing Man*[31] entstand. Über die Jahre trafen wir uns häufig mit den Familien, es entstand eine dauerhafte Freundschaft. Bob Dolan war stets ein kritischer Gesprächspartner, der die Probleme schnell und pointiert auf den Punkt brachte. Seine heimliche Liebe aber war die Lehre in Harvard, häufig sprach er von der »joy of teaching«. Daneben arbeitete er als Gutachter in Auseinandersetzungen zwischen Unternehmen. Besonders bekannt wurde der Patentstreit zwischen Polaroid und Kodak, in dem er für Polaroid gutachtete. Ironischerweise trat auf der Seite von Kodak ein anderer Harvard-Professor, Robert Buzzell (1993–2004), als Gutachter auf.[32] Polaroid hatte Kodak wegen Patentverletzungen verklagt. Letztendlich musste Kodak 909 Millionen Dollar an Polaroid zahlen. Eine Ironie des Schicksals ist, dass beide Firmen untergingen, weil sie den Sprung zur digitalen Fotografie nicht schafften. Auch bei einem Streitfall, in dem Minolta an Honeywell 135 Millionen Dollar zahlen musste, gutachtete Dolan auf der Siegerseite. Diese Siege wurden nicht zuletzt den Gutachten von Bob Dolan zugerechnet, was seine Reputation erheblich steigerte. Bis zum heutigen Tage gutachtet er in zahlreichen, komplexen Fällen.

Zu den Höhepunkten in Harvard zählten die Vorträge von Topmanagern, die vor allem in der Recruiting-Saison im Herbst stattfanden. Dort erlebte ich Figuren wie Jack Welch, Michael Dell oder, schon 1979, bei meinem ersten US-Aufenthalt, den CEO von IBM, Frank T. Cary, die CEOs von Procter & Gamble, Pepsico und vielen anderen Großunternehmen. Solche berühmten Topmanager traten persönlich in Harvard an, um möglichst viele Absolventen für ihr Unternehmen zu begeistern. In Deutschland ist ein derartiges Engagement schwer vorstellbar. Aber bei der Konzentration von High Potentials, wie sie in Harvard gegeben ist, steigen selbst die CEOs mit der knappsten Zeit in den Ring. Ich habe am Universitätsseminar der Wirtschaft (USW) in Schloss Gracht sehr viele deutsche

Topmanager erlebt, aber die Vorstellungen in Harvard waren von anderem Kaliber. Zum einen stellte man fest, dass amerikanische Manager in Sachen Kommunikation besser trainiert und geübt sind. Das hat sich zwischenzeitlich in Deutschland gebessert. Trotzdem bleiben die Amerikaner nahbarer, denn meistens gab es nach dem Vortrag einen Empfang im kleineren Kreis, und man konnte diese Topleute problemlos ansprechen. Sehr interessante Begegnungen erlebte ich zudem an der Kennedy School of Government, die sich auf der anderen Seite des Charles River befindet und einen MPA-Grad (für Master of Public Administration) verleiht. Dort sprachen Ministerpräsidenten aus allerlei Ländern oder sonstige Prominente, etwa der Sohn von Nikita Chruschtschow, Sergei, der einige Jahre später in die USA übersiedelte und 1999 amerikanischer Staatsbürger wurde. Dort lernte ich auch zum ersten Mal zwei Forscher aus der DDR kennen, die 1988/89 mit einer Ausnahmegenehmigung einige Monate an der Kennedy School verbringen durften. Wenn beide zusammen waren, verkündeten sie die offiziellen Botschaften der DDR. Gelegentlich trank ich aber mit einem der beiden ein Bier, und dann stellte sich die Welt völlig anders dar. Mir wurde in diesen Einzelgesprächen klar, dass es mit der DDR so nicht weitergehen würde. Als ich Mitte 1989 aus den USA nach Deutschland zurückkehrte und an der Universität Mainz startete, war eine meiner ersten Aktionen, eine Doktorarbeit mit dem Arbeitstitel »DDR-Strategie für westdeutsche Unternehmen« zu vergeben. Leider – muss man in diesem Fall sagen – wurde der Doktorand, der sich mit diesem Thema befasste, von den Ereignissen in der zweiten Jahreshälfte 1989 und im folgenden Jahr überrollt und gab sein Projekt auf.

Ich erwähnte die besondere Kultur von Harvard. Sie zeigte sich in vielen Facetten. Eine davon war der Faculty Club, in dem sich die Professoren zum Mittagessen trafen und der für Empfänge genutzt wurde. Leider gibt es diese schöne Institution heute nicht mehr. Zum Ende des Herbstsemesters fand ein großer Ball im Hotel Sonesta statt. Vergleichbares habe ich an anderen Universitäten nicht erlebt. Der Präsident der Harvard University, Derek Bok, hatte die ausländischen Gastwissenschaftler am 5. Oktober 1988 zu einem Empfang eingeladen.[33] Unter den Gästen war eine Zahl von Deutschen, darunter auch die Erwähnten aus der DDR. Zu dieser Zeit wussten wir nicht, wie unser Land heißt. Auf den Namensschildern fand ich insgesamt sechs verschiedene Bezeichnungen: Germany, West Germany, Germany (West), Federal Republic of Germany, DDR und East Germany. Ein gutes Jahr später war das Problem aus der Welt geschafft. Es gab nur noch ein Deutschland.

Ich hatte in Harvard den Status eines »Marvin Bower Fellows«. Marvin Bower war einer der Gründer des Beratungsunternehmens McKinsey, das der Harvard Business School vier Gastprofessuren gestiftet hatte, die nach Marvin Bower benannt wurden. Im Rahmen dieses Programmes lud Harvard vier Wissenschaftler aus verschiedenen Disziplinen und Ländern zu einem einjährigen Aufenhalt ein. Die drei anderen Gastkollegen kamen aus England, Frankreich und Israel und waren auf Feldern wie Logistik, Finanzen und Organisation ausgewiesen. Ich war unter den Vieren der Marketingexperte. Wir hatten Professorenstatus und waren vollberechtigte Mitglieder der Faculty. Ich kam auf diese Weise in das amerikanische Sozialversicherungssystem und erhielt eine Social Security Number. Die Rente, die ich aus diesem Fonds beziehe, ist höher als die Rente, die ich nach 16 Jahren Professur in Deutschland erhalte. Allerdings zahlte ich der nach Rückkehr nach Deutschland für viele Jahre weiter in das amerikanische System ein. Auf die Begegnung mit Marvin Bower, der mich nachhaltig beeindruckte, gehe ich in Kapitel 11 näher ein.

Amerika! Amerika! Dieses große Land habe ich wohl mehr als hundert Mal besucht und knapp drei Jahre dort gelebt. Doch immer wieder, wenn ich den Boden der Vereinigten Staaten betrete, beschleicht mich ein seltsames Gefühl, eine Mischung aus Bewunderung, Unsicherheit, Skepsis verbunden mit bewusster Wahrnehmung der amerikanischen Stärken und Schwächen. Einerseits die schiere Wirtschaftskraft, das Unternehmerische, die Innovationsfähigkeit, die Spitzenuniversitäten; andererseits der verlotterte Zustand vieler Häuser und ganzer Städte, die marode Infrastruktur, die sozialen Gegensätze und die Ungebildetheit des Durchschnitts-amerikaners. Bis heute kann ich mir auf diese Polarität keinen Reim machen. Das ist übrigens eine Parallele zu China, das ich erst viel später kennen lernte.

Südafrika

In schöner Erinnerung habe ich auch die Aufenthalte in Südafrika, wo ich in den neunziger Jahren an der Business-School der Universität Kapstadt regelmäßig Marketingkurse gab. Das tat ich während des dortigen Sommers und konnte so dem deutschen Winter für einige Wochen entfliehen. Ich wohnte im gemütlich-kleinen Vineyard-Hotel. Besonders in Erinnerung blieb mir die ausnehmende Freundlichkeit des Personals. Als ich nach einem Jahr zurückkam, begrüßte mich der Portier mit einem wohlwollenden »It's a comeback«. Und auch der Rezeptionist sagte etwas Ähnliches. Gegen solche Schmeicheleien ist man nicht immun, unabhängig davon, ob sie wirklich persönlich oder organisiert sind. Mein Lieblingsplatz war der wunderschöne, parkartige Garten. Dort saß ich nach getaner Arbeit in der Sonne, trank einen köstlichen Orangensaft und schaute auf den Tafelberg.

Wenn man es darauf anlegt, sieht man in Südafrika nur oder zumindest hauptsächlich die Sonnenseite. Diese ist durch Wohlstand, Sauberkeit, viel Grün und gut aussehende, sportliche Menschen gekennzeichnet. Doch wir erlebten auch andere Bilder. Zusammen mit Cäcilia besuchten wir in Durban einen indisch-stämmigen Freund, der uns in Viertel führte, die uns erschreckten. Gemischt waren auch meine Gefühle, als die Business-School aus dem südlichen Stadtteil Rondebosch in ein ehemaliges Gefängnis auf der Nordseite des Tafelberges umzog. Ich konnte mich nie von der seltsamen Aura dieses Gebäudes und den Gedanken, was sich in diesen Räumen wohl abgespielt hat, befreien. Ich maße mir kein Urteil über die Zukunft Südafrikas an.

Business-School-Netzwerke

In einer Aufsichtsratssitzung des Gerling-Konzerns sagte einmal jemand: »Jede Branche ist wie ein Dorf.« Dieser Spruch gilt auch für die globale Business-School-Szene. Über die Jahre habe ich viele Professoren aus den unterschiedlichsten Ländern kennen gelernt. Im europäischen Umfeld wirkte dabei das schon erwähnte European Institute for Advanced Studies in Management (EIASM) in Brüssel als Scharnier. Dort wurde auch die Gründung der European Academy for Advanced Research in Marketing (EAARM) initiiert. Der Name erschien mir allerdings etwas sperrig. Als ich 1984 ihr Präsident wurde, betrieb ich die Umbenennung in European Marketing Academy (EMAC). Seither heißt sie so. Die Gesellschaft hat heute mehr als tausend Mitglieder aus 57 Ländern.

Durch die Business-School-Netzwerke erhielt ich vermehrt Gelegenheit, bei internationalen wissenschaftlichen und geschäftlichen Konferenzen zu referieren. Eine der interessanten Facetten dabei war, dass man bekannte Referenten kennen lernte und ihren Vortragsstil erlebte. Bei solchen Anlässen begegnete ich Tom Peters und Robert Waterman, den Autoren des epochalen Bestsellers *In Search of Excellence*,[34] Michael Porter, den ich schon von Harvard kannte, Kenichi Ohmae, der durch sein Buch *Triad Power*[35] berühmt wurde, C. K. Prahalad und Gary Hamel, auf die das Konzept der »Core Competence« zurückgeht, Michael Hammer, bekannt durch sein Reengineering-Konzept, Clayton Christensen, den Erfinder des »Innovator's Dilemma«, und vielen weiteren Gurus. Im Jahr 1992 wurde ich Visiting Professor an der London Business School (LBS) und lehrte dort auf Teilzeitbasis bis 2002. In einem Vortrag über die Produktivität deutscher Unternehmen verwendete ich die plakative Aussage über die Deutschen: »When we work, we work«. Professor Patrick Barwise, Kollege an der LBS, kommentierte diese Aussage wie folgt: »Ihr Deutschen treibt unfairen Wettbewerb. Ihr arbeitet tatsächlich während der Arbeitszeit.«[36]

Ein Angebot der LBS für eine permanente Position schlug ich aus. Auch andere Angebote renommierter Business-Schools in

Europa und den USA (unter anderem als Dean) nahm ich nicht an. Ich wollte nicht auf Dauer im Ausland leben und arbeiten. Ein Grund bestand darin, dass ich nicht glaubte, in einem fremden Land die gleichen Beziehungsgeflechte wie in Deutschland aufbauen zu können.

Aus den Kontakten erwuchsen mehrere langfristige Kooperationen, die die Zeit überdauert haben. Im Jahr 1986 besuchte mich in Schloss Gracht Frau Dr. Danica Purg. Sie stammte aus Slowenien und hatte an der Sorbonne in Paris promoviert. Sie präsentierte einen Plan, der zu dieser Zeit fantastisch und völlig unrealistisch erschien. Sie wollte die erste Business-School im sowjetischen Einflussbereich gründen. Ich sage hier nicht »im früheren Einflussbereich«. Zwar hatten sich Jugoslawien und insbesondere der Teilstaat Slowenien dem Einfluss der Sowjets weitgehend entzogen. Tito, der die Teile des Westbalkans zu Jugoslawien zusammengepresst hatte, war 1980 gestorben. Es gab Anzeichen für einen Zerfall Jugoslawiens. Slowenien sollte 1991 der erste Staat werden, der sich loslöste und verselbstständigte. Im Jahr 1986 war die weitere Entwicklung jedoch völlig ungewiss. Die Absicht der jungen Frau, unter diesen Gegebenheiten eine Business-School auf die Beine zu stellen, erschien mir äußerst ambitiös und visionär. Gleichzeitig strahlte Frau Purg eine Entschlossenheit aus, die ich ernst nahm. Gerne teilte ich bei diesem ersten Gespräch und bei späteren Kontakten meine Erfahrungen aus dem Universitätsseminar der Wirtschaft und aus den verschiedenen Business-Schools, die ich erlebt hatte, mit ihr. Gegen alle Widerstände realisierte Frau Professor Purg ihr Vorhaben. Das International Executive Development Center (IEDC) wurde die erste Business-School in Zentral- und Osteuropa und zählt heute zu den führenden Schulen in dieser Region, die von der deutschen Ostgrenze bis an den Ural reicht. Professor Purg dehnte ihren Wirkungskreis weit über das kleine Slowenien hinweg aus. Sie gründete die Organisation CEEMAN (Central and East European Management Development Association) und ist heute eine sehr bekannte Figur in der globalen Business-School-Szene. Ich wurde in den International Advisory Board des IEDC berufen und konnte so

das wunderschöne Land Slowenien und die Perle Bled zu horizont-
erweiternden Anlässen häufig besuchen. Im Jahre 2009 verlieh
mir das IEDC einen Ehrendoktor.

Auf eine lange Zusammenarbeit blicke ich auch mit der Kozminski-Universität in Warschau zurück. Ihr Gründer, Professor
Andrzej Kozminski, lehrte an der Warsaw University. Er war stets
ein Freidenker, der sehr unter dem kommunistischen System litt.
Mit dem Niedergang des Warschauer Paktes nutzte er beherzt die
neuen Freiheitsspielräume. Im Jahre 1993 gründete er eine private Universität, die er nach seinem Vater, Leon Kozminski, benannte. Über Professor Jerzy Dietl, mit dem ich bereits seit den frühen
achziger Jahren befreundet war, lernten wir uns kennen. Der Enkel
von Professor Dietl, Dr. Marek Dietl, leitete einige Jahre das Warschauer Büro von Simon-Kucher & Partners und wurde 2017 CEO
der Warschauer Börse. So intensivierten sich die Beziehungen. Ich
wurde in den International Advisory Board der Kozminski-Universität berufen und konnte dort meine Erfahrungen einbringen. Für
mich selbst war die Zusammenarbeit in dem internationalen Gre-
mium wiederum sehr bereichernd. Mit Professor Kozminski entstand zudem eine persönliche Freundschaft. Im Jahre 2012 verlieh
mir die Kozminski-Universität einen Ehrendoktor.

Keine andere zentraleuropäische Stadt habe ich so oft besucht
wie Warschau. Ob dabei auch die Geschichte meiner Eltern eine
Rolle spielt? Ich habe allerdings nie versucht, deren Wirkungsstät-
ten aufzuspüren. Vielleicht sollte ich das bei einem meiner nächsten Besuche einmal tun. Vermutlich werde ich wenig finden, denn
Warschau wurde von den Deutschen nach dem Aufstand im August 1944 völlig zerstört. Stalins Truppen sahen vom anderen Ufer
der Weichsel untätig zu.

7. UNIVERSITÄT UND WASSERSCHLOSS

Seh'n wir uns nicht in dieser Welt ...

Berühmter als diese Stadt selbst ist der Spruch »Seh'n wir uns nicht in dieser Welt, so sehen wir uns in Bielefeld«. Bekannt wurde die Stadt auch durch die sogenannte, erstmals 1994 auftretende Bielefeldverschwörung, der zufolge es die Stadt Bielefeld überhaupt nicht gibt. Die Stadt polarisiert. Die Bielefelder selbst sind von ihr begeistert. Diejenigen, die im Intercity durchfahren, steigen normalerweise nicht aus. Wenn sie es dennoch tun, sind es nicht selten Professoren, denn Bielefeld hat eine große und gute Universität. Dem Times Higher Education Ranking zufolge gehört die Universität Bielefeld zu den 300 besten Universitäten der Welt.[1]

An ihrer Gründung war ich selbst beteiligt, allerdings in einer sehr bescheidenen Rolle. Da es zunächst wie bei jeder Neugründung weder Professoren noch Assistenten oder Studenten gab, bildete man einen Fakultätsrat aus Angehörigen anderer Universitäten. Als Fachschaftssprecher der Volkswirte an der Universität Bonn wurde ich in die Bielefelder Fakultätskommission entsandt.[2] Das ursprüngliche Konzept des nordrhein-westfälischen Wissenschaftsministeriums sah vor, in Bielefeld eine Forschungsuniversität zu gründen, an der die Professoren weniger als anderswo mit Lehre belastet werden sollten. Dazu wollte man Spitzenwissenschaftler berufen, die sich in der relativen Abgeschiedenheit und Ruhe Ostwestfalens voll auf ihre Forschungsvorhaben konzentrieren konnten. Der ebenfalls im Fakultätsrat vertretene Professor Wilhelm Krelle beschrieb das Vorhaben wie folgt: »Als die Universität Bielefeld konzipiert wurde, dachte man an eine relativ kleine und sehr forschungsintensive Universität, die auf allen Gebieten die an der Forschung interessierten Kollegen anziehen würde. Auf diese Weise sollte ... die alte Idee von Vereinigung von Forschung und Lehre auf hohem Niveau aufrechterhalten werden.«[3]

Dieses ehrgeizige Projekt startete vielversprechend. Einer der ersten Berufenen war Professor Reinhard Selten, der später den Nobelpreis in Wirtschaftswissenschaften erhielt und bis dato der einzige deutsche Nobelpreisträger auf diesem Gebiet ist. Etwas später stieß Professor Carl Christian von Weizsäcker hinzu, ein ebenfalls sehr renommierter Wirtschaftswissenschaftler. Für die Soziologische Fakultät konnten Koryphäen wie Niklas Luhmann und Franz-Xaver Kaufmann gewonnen werden. Doch diese anfänglichen Berufungserfolge hielten nicht an. Mehrere Versuche, weitere hochkarätige Wissenschaftler wie beispielsweise die Professoren Wilhelm Krelle oder Horst Albach von der Universität Bonn zum Wechsel nach Bielefeld zu bewegen, scheiterten. Letztlich dürfte es die zu geringe Attraktivität des Standortes gewesen sein, die der Verwirklichung der sehr ehrgeizigen Pläne im Wege stand.

Für mich war die Mitarbeit in der Aufbaukommission bereichernd und horizonterweiternd. Ich lernte die Herausforderungen einer Universität aus einer neuen Perspektive kennen. Ich konnte Netzwerke mit Angehörigen aus zahlreichen deutschen Hochschulen knüpfen, und der Geist des Aufbruchs, der in dieser Phase herrschte, steigerte mein Interesse an Wissenschaft und Forschung. Allerdings wäre mir zu jener Zeit nie der Gedanke gekommen, dass ich nicht allzu viele Jahre später selbst Professor an der Universität Bielefeld werden sollte. Doch ab dem Wintersemester 1979/80 lehrte ich tatsächlich dort, zunächst für einige Monate als Vertreter meiner selbst, bis ich nach Abschluss meiner Habilitation zum ordentlichen Professor ernannt wurde.

Nun fließt der Strom des Lebens nicht gleichmäßig. Es gibt Phasen, in denen sich Erfahrungen einprägen und markant im

Gedächtnis haften bleiben. Dann wieder erlebt man Perioden, in denen sich wenig Außergewöhnliches ereignet, die Zeit ohne Turbulenzen dahinzuströmen scheint und man in den Tiefen der Erinnerung kaum fündig wird. Meine Zeit in Bielefeld gehört, anders als die Aufenthalte in den USA, eher zur zweiten Kategorie. Ich lehrte, ich forschte, korrigierte Klausuren, nahm mündliche Prüfungen ab, vergab Diplomarbeiten, leitete Doktoranden an, erledigte also die Aufgaben eines Professors. Es gab kleine und größere Erfolge, wie die Platzierung von Artikeln in guten Zeitschriften, die Publikation der ersten Auflage von *Preismanagement*[4] und des Buches *Goodwill und Marketingstrategie*[5] oder den Abschluss der ersten Dissertationen von Dr. Eckhard Kucher und Dr. Karl-Heinz Sebastian. Weniger Spaß bereiteten die Verwaltungsaufgaben, endlose Sitzungen oder auch das Jahr als Dekan der Wirtschaftswissenschaftlichen Fakultät. Aber das gehört dazu. Ich sage immer, dass die Balance in Ordnung ist, wenn 70 Prozent der Arbeit Spaß machen und nur 30 Prozent als Last empfunden werden.

Unsere Fakultät war stringent quantitativ ausgerichtet. Diese Ausrichtung hatte Konsequenzen, die ich einerseits als positiv, andererseits als weniger erfreulich empfand. Die positivste Auswirkung war eine Selbstselektion der Studenten. Das galt bereits für den Studienbeginn, aber noch stärker für den Verlauf des Grundstudiums. Studenten, die sich nicht zutrauten, den mathematischen Anforderungen gerecht zu werden, vermieden Bielefeld von Anfang an. Ähnliches kannte ich von der Universität Bonn. Im Grundstudium selbst wurde kräftig ausgesiebt. Als Folge hatten wir im Hauptstudium kleine Jahrgangszahlen und überdurchschnittlich gute Studenten. Eine weniger erfreuliche Auswirkung war, dass die Studieninhalte sehr theorie- und modelllastig wurden. Produktion oder Finanzierung reduzierten sich – meines Erachtens zu stark – auf mathematische Planungsmethoden. Innerhalb der Fakultät hielt sich der Austausch zu Anwendungsproblemen, den ich in Amerika so schätzen gelernt hatte, bei dieser Ausrichtung zwangsläufig in Grenzen.

Doch insgesamt war die Qualität von Lehre und Forschung hoch. Auch international erreichten wir Anerkennung, obwohl die Universität noch sehr jung war. Ich selbst war der erste Marketingprofessor dort. Ich konnte alle meine Doktoranden für ein halbes Jahr an amerikanische Spitzenuniversitäten entsenden. Eckhard Kucher ging an die University of Chicago, nachdem er bereits ein Jahr an der University of Georgia, mit der wir ein Austauschprogramm betrieben, studiert hatte. Karl-Heinz Sebastian und Klaus Hilleke weilten als Gastforscher an der University of California, Los Angeles, und Georg Tacke forschte in Stanford.

Häufig konnten wir internationale Professoren begrüßen. So besuchten uns John D. C. Little, Frank Bass, John Hauser, Richard Schmalensee, Gary Lilien und viele andere. Die Qualität der Absolventen spiegelte sich auch in späteren Karriereerfolgen unserer Absolventen wider. Hartmut Ostrowski wurde Vorstandsvorsitzender von Bertelsmann, Burkard Schwenker führte viele Jahre die Beratungsfirma Roland Berger, und für Aufbau und Wachstum von Simon-Kucher & Partners spielten Bielefelder Absolventen eine Schlüsselrolle. Auch Leonhard (»Lenny«) Fischer, der mit 36 Jahren der jüngste Vorstand einer deutschen Großbank wurde, studierte an der Uni Bielefeld. Zahlreiche Chefs von mittelständischen Unternehmen und von Hidden Champions, vor allem aus dem ostwestfälischen Raum, studierten an der Universität Bielefeld.

In den achtziger Jahren entstanden allerlei Initiativen zur Verbesserung der Rolle von Frauen, so zur geschlechtlichen Neutralisierung von Bezeichnungen und akademischen Titeln. Studentenwerke wurden in Studierendenwerke umbenannt. Große Aufregung verursachte die Idee, für den Abschluss in Betriebswirtschaftslehre nicht nur den akademischen Grad Diplom-Kaufmann zu verleihen, sondern für weibliche Absolventen den Titel Diplom-Kauffrau zu verwenden. Diese Neuerung löste hitzige Diskussionen aus. Ein Kollege bezog entschieden Opposition dagegen. Ich hielt mich zurück, da es mir letztlich egal war. Aus heutiger Sicht erscheint eine solche Diskussion absurd. Was kann man daraus lernen? Bei jedweder Neuerung sollte man zunächst mit einem Urteil zögern, insbesondere, wenn dieses Urteil emotionsgetrieben ist. Denn es könnte sein, dass das Urteil durch reine Gewohnheit, nicht durch rationale Abwägung des Für und Wider bestimmt ist. Man begegne jeder Neuerung zunächst mit einer abwartenden Haltung. Man lehne sie nicht spontan ab, mache aber auch nicht sofort jede neue Mode mit, sondern versuche eine rationale Abwägung der Argumente, die dafür oder dagegen sprechen, zu erreichen. Noch besser ist es, das Problem aus der Zukunftsperspektive zu betrachten. Wie wird man in fünf oder zehn Jahren über diese Idee denken? Wird sie sich ohnehin durchsetzen, obwohl sie einen spontan nicht überzeugt? Gegen Ideen, die sich so oder so durchsetzen, zu kämpfen, ist vergebliche Liebesmüh. Und natürlich hat sich der Titel Diplom-Kauffrau durchgesetzt und nur wenige Jahre später konnte sich kaum noch jemand vorstellen, dass es früher nur Diplom-Kaufmänner gab.

Meine Bielefelder Zeit wurde durch mehrere Beurlaubungen unterbrochen. So wurde ich drei Jahre für die Wissenschaftliche Leitung des Universitätsseminars der Wirtschaft (USW) Schloss Gracht freigestellt. Meine Lehr- und Prüfungsverpflichtungen in Bielefeld deckte derweil ein Vertreter ab, zunächst erledigte das bis zu seiner Berufung an die Universität Hamburg Privatdozent Fokko ter Haseborg und danach Privatdozent Lutz Hildebrandt, später Professor an der Humboldt-Universität Berlin. Auch für die einjährige Freistellung, die mir den Aufenthalt an der Harvard Business School 1988/89 ermöglichte, schulde ich der Universität Dank. Allerdings trafen diese Beurlaubungen, die alle unter Fortfall des Gehaltes stattfanden, nicht auf uneingeschränkte Zustimmung. So veröffentlichte ein Student in der *Wirtschaftswoche* folgende Zeilen: »Warum lehrt Simon in Harvard, obwohl die Amerikaner keine Nachhilfe in Marketing brauchen? Herr Simon sollte auf seinen Bielefelder Lehrstuhl zurückkehren. Mehr als tausend Studenten würden sich darüber freuen.«[6]

Eine Besonderheit der Universität Bielefeld bildete das bauliche Konzept. Die Idee einer »Reformuniversität« sah eine intensive interdisziplinäre Zusammenarbeit vor. Um diese zu erleichtern und zu fördern, wurden alle Fakultäten in einem Gebäude untergebracht. Dessen zentraler Teil war eine glasüberdachte, riesige Halle, quasi ein zentraler Marktplatz wie in einer mittelalterlichen Stadt. Und in der Tat gab es auf diesem »Marktplatz« alles, was man im Alltag brauchte, Läden, Restaurants, eine Post, sogar ein Schwimmbad. Auch die Hörsäle erreichte man vom Marktplatz aus. Im ersten Stock befanden sich unterhalb der Fakultäten die jeweiligen Fachbibliotheken. Und darüber stapelten sich bis zehn Stockwerke hoch die Büros und Seminarräume. Mit diesem Konzept entstand ein gigantisches Gebäude von 1,2 Millionen Kubikmetern umbautem Raum sowie einer Nettonutzfläche von 140 000 Quadratmetern. Effizienter geht es nicht. Von meinem Büro im zehnten Stockwerk gelangte ich in kürzester Zeit in Hörsäle, in die Bibliothek oder in ein Restaurant. Besorgungen konnte man in Minuten erledigen. Doch war und ist ein solches Gebilde menschengerecht? Fühlt man sich darin wohl? Das Urteil überlasse ich der Geschichte.

Schlossherr

Wer hat nicht schon davon geträumt, einmal in einem Schloss zu »residieren«? Genau dieses Vergnügen wurde mir zuteil. Ich durfte für drei Jahre ein Büro in einem richtigen Schloss beziehen. Größer hätte der Kontrast zum Universitätsgebäude in Bielefeld nicht sein können. Schloss Gracht ist eines der eindrucksvollsten Wasserschlösser des Kölner Raums. Die wunderschöne Anlage besteht aus einer dreiflügeligen Vorburg und einem zweiflügeligen Herrenhaus. Der Garten des Schlosses wurde nach französischem Vorbild angelegt und im 19. Jahrhundert im Stil eines englischen Landschaftsparks umgestaltet. Das herrschaftliche Schloss gehörte vier Jahrhunderte lang der Familie Wolff-Metternich, die dort bis 1945 ihren Stammsitz hatte. In Schloss Gracht wurden mehrere berühmte Persönlichkeiten geboren, so 1658 Franz Arnold von Wolff-Metternich zur Gracht, Fürstbischof von Paderborn und Münster; und im Jahre 1829 der Freiheitskämpfer von 1848 und spätere US-Innenminister Carl Schurz.[7]

Wie kam ich an diesen schönen Arbeitsplatz? Ganz einfach. Ich wurde zum Wissenschaftlichen Direktor des Universitätsseminars der Wirtschaft (USW), das 1976 seinen Sitz von Köln nach Schloss Gracht verlegt hatte, berufen. Das USW wurde 1969 auf Initiative meines akademischen Lehrers, Professor Horst Albach, und seines Bochumer Kollegen Professor Walther Busse von Colbe gegründet. Träger des USW war ein Verein von 110 Firmen, darunter nahezu alle deutschen Großunternehmen und ausgewählte, größere Mittelständler. Die ursprüngliche Konzeption sah vor, das Institut von einem Professor leiten zu lassen, der mit 50 Prozent seiner Kapazität an der Universität Bonn lehren und die andere Hälfte auf das USW verwenden sollte. Aus dieser Kombination, die auch beim Land Nordrhein-Westfalen auf Zustimmung stieß, leitet sich der Name ab. Doch dieser sinnvolle Plan geriet in die Turbulenzen der politischen Tumulte nach 1968. Es gab bei linken Kräften und auch Teilen der Universität massiven Widerstand. Es dürfe nicht sein, dass die Industrie durch diese Verbindung Einfluss auf die Besetzung eines Uni-Lehrstuhles nehmen könne. Letztlich scheiterte das Vorhaben der Integration von Universität und privatem Lehrinstitut. Die Industrie ging ihren eigenen Weg. Der Name Universitätsseminar der Wirtschaft wurde aber beibehalten.

Die Mission des Institutes bestand in der Managementweiterbildung von Führungskräften, die Potenzial für höchste Aufgaben aufwiesen. Diese Mission des USW glich derjenigen der Executive Programme von Business-Schools wie Harvard oder INSEAD. Besonderes Gewicht erfuhr die betriebswirtschaftliche Schulung von Technikern und Naturwissenschaftlern. Das dreiwöchige Seminar »Betriebswirtschaft für Techniker und Naturwissenschaftler« (BTN) ist bis heute ein Dauerrenner. Nach der Wiedervereinigung gründete ein ähnlicher Verein deutscher Unternehmen in Berlin die »European School of Management and Technology« (ESMT), die ihren Sitz im ehemaligen DDR-Staatsratsgebäude hat. Da die deutsche Industrie nicht zwei Institute parallel führen wollte, wurde das USW in die ESMT integriert und ist heute deren Executive-Education-Arm. Das Institut hatte bis 2018 seinen Sitz auf Schloss Gracht und wird von Ulrich Linnhoff geleitet.

Als ich am 1. April 1985 meinen Dienst antrat, war ich gerade 38 geworden und mit Abstand der jüngste Wissenschaftliche Direktor in der Geschichte des USW. Die Universität hatte mich für die vorgesehene Dienstzeit von drei Jahren beurlaubt, sodass ich mich voll auf die neue Aufgabe konzentrieren konnte. Ich fühlte mich durch die Aufgabe, das USW zu leiten, einerseits herausgefordert, ihr aber gleichwohl gewachsen. Bei Professor Albach war ich durch eine harte Schule gegangen. Schon als junger Assistent hatte er mich in Managementseminaren eingesetzt. Als Mittzwanziger musste ich vor gestandenen Managern auftreten, die 10 bis 20 Jahre älter waren als ich und in vielen Ländern Erfahrung gesammelt hatten. Die leichtere Aufgabe waren dabei Vorlesungen, da man diese präparieren und planen konnte. Insbesondere die Techniker und Naturwissenschaftler erwiesen sich für diesen Wissensstoff als dankbares Publikum. Denn in ihrer Praxis waren sie ständig mit betriebswirtschaftlichen Fragen wie Kostenrechnung, Finanzierung oder Preisbildung konfrontiert, ohne jemals eine systematische Einführung erhalten zu haben.

Wesentlich schwerer zu bewältigen, waren die Fallstudiendiskussionen. Denn gerade gute Case-Studies zeichnen sich dadurch aus, dass sie zu kontroversen Diskussionen führen. In dieser Situation muss man fachlich beschlagen sein, die im Fallstudientext gegebenen Informationen memorieren und, noch wichtiger, in der Lage sein, die Diskussion zu moderieren und gleichzeitig im Griff zu behalten. Am Schluss sollten zudem einige klare Schlussfolgerungen oder Lehren stehen. Als ich mich bei meinem ersten Seminar mit Professor Albach vorstellte, sagte ich ganz offen, dass dies mein erster Einsatz dieser Art sei. Das war im Oktober 1975 in einem Hotel in Bad Nauheim und vor uns saßen 30 weltgewandte Manager der Hoechst AG, damals der größte deutsche Chemiekonzern und das größte Pharmaunternehmen der Welt. Professor Albach gestand mir später, das Herz sei ihm in die Hose gerutscht, als ich mich als völlig unerfahrener Anfänger präsentiert habe. Doch ich überstand die Feuertaufe, die zwei Wochen dauerte, nicht nur ohne Blessuren, sondern die Kontakte, die ich damals knüpfte, wurden auch zu einem wichtigen Startkapital für Simon-Kucher & Partners zehn Jahre später. Denn Hoechst war in den ersten Jahren unser größter Kunde, und einige der Ansprechpartner hatte ich in Bad Nauheim bei meinem ersten Managementseminar kennen gelernt.

Wir setzten neben Harvard-Cases auch Fallstudien ein, die Professor Albach entwickelt hatte. Die Erfahrungen, die ich in diesen frühen Managementseminaren sammeln konnte, waren für mich extrem lehrreich. Durch meine spätere Lehrtätigkeit am INSEAD wurde dieses Wissen nachhaltig vertieft. Die wichtigste Einsicht bestand für mich darin, dass es in der Praxis – anders als in der Theorie – selten einfach-eindeutige Lösungen gibt, sondern man jeweils das Für und Wider der möglichen Handlungsoptionen abwägen muss. Dabei ist es sehr wichtig, die handelnden Personen und ihre Motive zu verstehen, eine eigentlich simple Einsicht, die sich aber für meine spätere Beratungsarbeit als ungeheuer wertvoll erwies. Einem Naturwissenschaftler gegenüber muss man anders argumentieren als gegenüber einem Verkäufer oder einem Finanzexperten.

Mit diesen Erfahrungen sowie den Aufenthalten am MIT und in Stanford fühlte ich mich für die Führungsaufgabe in Schloss Gracht gut gewappnet. Eines meiner persönlichen Ziele bestand darin, das USW stärker zu internationalisieren, denn es war bis dahin eine sehr deutsche Institution. Mit dieser Vision, das sei schon hier gesagt, bin ich jedoch im Wesentlichen gescheitert. Man hätte dazu eine »mentale« Internationalisierung durchführen, mit anderen Worten den Großteil des Personals und der Dozenten austauschen müssen. Das ließ sich in drei Jahren nicht bewältigen, und die internen Widerstände erwiesen sich teilweise als erheblich. Wir führten zwar einige englischsprachige Seminare ein, aber weiterreichende Ambitionen scheiterten. So hatten wir den Vertrag für ein Projekt zur Ausbildung chinesischer Manager in Shanghai mit den chinesischen Partnern unterschriftsreif verhandelt. Doch unsere deutschen Gremien versagten letztendlich die Zustimmung. Diese Erweiterung lenke zu sehr von unserem Kernauftrag ab, wir sollten uns lieber auf Deutschland konzentrieren, hieß es. Der Mitarbeiter Dr. Klaus Kaufhold, der an der Entwicklung dieses Projektes längere Zeit gearbeitet hatte, war so verärgert, dass er das USW verließ und das Projekt zusammen mit REFA in Darmstadt verwirklichte.[8] Ich bedaure bis heute, dass wir in Schloss Gracht diese sehr frühe Zusammenarbeit mit den Chinesen nicht realisieren konnten. Die Lehre aus dem Scheitern der Internationalisierungsversuche: Mit einer Mannschaft und einer Struktur, die stark auf den nationalen Kontext ausgerichtet sind, lässt sich nur schwer internationalisieren. Dies gilt für Dienstleistungen noch stärker als für Produkte, denn bei Dienstleistungen muss man die Menschen »internationalisieren«.

Auf einem angrenzenden Feld konnte ich dennoch einen Draht nach China legen. Die Europäische Kommission (Commission of the European Communities) startete etwa zur gleichen Zeit in Beijing ein MBA-Programm. Für dieses Programm benötigte man einen Fakultätsrat von Professoren aus verschiedenen Ländern, dem ich angehörte. Als Folge steht meine Unterschrift – neben mehreren anderen – unter den ersten MBA-Zeugnissen, die in China verliehen wurden. Das vermutlich erste chinesische Zeugnis für den MBA-Grad ist im Bildteil dieses Buches abgedruckt. Aus diesem frühen MBA-Programm ging die China Europe International Business School (CEIBS) hervor, die heute in Shanghai sitzt und als Asiens führende Business-School gilt. Ihr Präsident, Pedro Nueno, Harvard-Absolvent und bis zu seiner Emeritierung Professor am IESE in Barcelona, ist ein guter Bekannter. Die Welt ist klein.

Die drei Jahre in Schloss Gracht zählen zu den schönsten und beruflich prägendsten Zeiten meines Lebens. Ohne dass ich mir dessen damals bewusst war, fand wahrscheinlich auch eine Weichenstellung statt, die meinen späteren Weg entscheidend beeinflusste. Was lernte ich, was waren die Besonderheiten in Schloss Gracht? Zum ersten Mal führte ich, in Zusammenarbeit mit einem kaufmännischen Direktor, der für Verwaltung, Infrastruktur, Hotel und so weiter zuständig war, eine etwas größere Organisation, die zwar gemeinnützig arbeiten und insofern keinen Gewinn erzielen sollte, aber ihre Kosten verdienen musste. Bei etwa 50 Mitarbeiterinnen und Mitarbeitern und Professoren zahlreicher Universitäten, die für ihre Lehrtätigkeit entlohnt werden mussten, und der aufwendigen Unterhaltung des Schlosses war das keine triviale Aufgabe. Wir waren ein mittelständisches Unternehmen, das zu führen und weiterzuentwickeln mir großen Spaß machte. Von Beginn an witterte ich neue Chancen, der Wachstumstrieb erwachte in mir. Wir konnten auf einem soliden Portfolio von Seminaren aufbauen, das jedoch in sich nur geringe Wachstumspotenziale bot. Denn die angebotenen Seminare waren regelmäßig ausgebucht. Die Spielräume für Preiserhöhungen waren begrenzt, und zwar nicht wegen der Nachfrage als solcher, sondern weil Eigentümer und Kunden des USW weitgehend identisch waren.

Die Gremien, die die Eigentümer repräsentierten, verlangten natürlich Kostendeckung. Bei steigenden Kosten waren sie bereit, höhere Preise zu genehmigen. Gleichzeitig dachten sie aber daran, dass sie auch Kunden waren, die ihre Mitarbeiter zu den Seminaren entsandten oder firmenspezifische Seminare einkauften und somit die höheren Preise bezahlen mussten. Bei diesem Gedanken setzten dann die Bremsmanöver ein, sodass wir nur bescheidene Preiserhöhungen durchsetzen konnten. Als Wachstumspfad blieb uns die Konzeption neuer Programme. Solche Seminare führte ich beispielsweise für die Pharmaindustrie und den Handel ein, auch ein General Management Update kam neu hinzu. Einen Schwerpunkt legten wir auf das Angebot neuer, firmenspezifischer Seminare. So konnten wir unter anderem General Motors als großen Kunden gewinnen. In diesem Kontext lernte ich die Führungsspitzen von Opel und von General Motors in Detroit näher kennen. Insgesamt konnten wir in den drei Jahren meiner Amtszeit den Umsatz von 3,5 auf mehr als 6 Millionen D-Mark steigern. Das war ein kleines Trostpflaster für den fehlenden Umsetzungserfolg bei der Internationalisierung.

Leicht getrübt wurde das Leben in Schloss Gracht gelegentlich durch den Verwaltungsdirektor. Da er permanent auf diesem Posten saß, fühlte er sich wohl als der eigentliche Schlossherr. Reibungen zwischen ihm und den Wissenschaftlichen Direktoren, die alle drei Jahre rotierten, waren die Regel. Professor Horst Albach, der Mitgründer und Spiritus Rector des USW, hatte sich wegen dieser Situation von Schloss Gracht zurückgezogen und der WHU Koblenz zugewandt. Mein Nachfolger als Wissenschaftlicher Rektor, Professor Rolf Peffekoven, warf in der Hälfte seiner Amtszeit das Handtuch. Auch ich hatte anfangs meine Probleme, aber im Zeitablauf wurde ich damit fertig. Die *Wirtschaftswoche* schrieb dazu: »Den besten Stand in diesem ungleichen Ringen behielt noch Hermann Simon. Der Bielefelder Marketing-Professor ließ alle kleinlichen Anwürfe von sich abprallen. Simon inszenierte geschickt seine eigene Außenwirkung und die des USW.«[9] Allerdings will ich nicht ausschließen, dass der Verwaltungsdirektor bei der Blockade unserer Chinapläne seine Finger im Spiel hatte.

Schloss Gracht und seine Netzwerke

Das Inspirierendste in Schloss Gracht waren die Netzwerke, die ich in dieser Zeit knüpfen konnte. Diese Netzwerke bezogen sich auf drei Gruppen: Gremien, Referenten und Seminarteilnehmer. Mein direkter Chef war der Vorstandsvorsitzende der Bayer AG, Professor Herbert Grünewald. Er fungierte als Vorsitzender des Fördervereins, assistiert von Horst Burgard, Vorstandsmitglied der Deutschen Bank, und Erhard Bouillon, Vorstand von Hoechst. Alle drei Herren waren Grands Seigneurs der alten Schule, und die Arbeit unter und mit ihnen machte Spaß. Sie winkten fast alle meine Vorschläge durch. Nur bei der Internationalisierung biss ich – wie berichtet – auf Granit. Das ist insofern erstaunlich, als zumindest Bayer und Hoechst zu dieser Zeit schon wirklich globale Unternehmen waren. Das Kuratorium, eine Art Aufsichtsrat, stand zu der Zeit unter der Leitung von Otto Wolff von Amerongen (1918–2007), einer der bedeutendsten Figuren der deutschen Wirtschaft, sowie des Sprechers der Deutschen Bank, Dr. Alfred Herrhausen (1930–1989). Es war sehr hochkarätig besetzt, und die Topmanager nahmen tatsächlich an den Sitzungen und Tagungen teil. Alfred

Herrhausen war eine der beeindruckendsten Gestalten, denen ich begegnet bin. Allerdings zeigte er auch ein gehöriges Statusbewusstsein. Das Sicherheitsthema war damals sehr relevant. Wenn er zu einem Besuch oder Vortrag kam, inspizierte am Vortag ein Sicherheitsteam das Schloss. Er durfte als Einziger über die Brücke in den Innenhof fahren, begleitet von Sicherheitsfahrzeugen. So waren wohl auch die Herren von Gracht vor Urzeiten in ihr Schloss eingezogen.

Ein Kontrastprogramm bildete der Besuch des seinerzeitigen Generaldirektors des Schweizerischen Bankvereins.[10] Der Schweizerische Bankverein war damals bei verwaltetem Vermögen mindestens so groß wie die Deutsche Bank. Walter Frehner, der Generaldirektor, fuhr in einem VW-Taxi vor und stieg vor dem Schloss aus. Er trug eine kleine Aktentasche, klingelte an der Tür und sagte: »Mein Name ist Frehner. Ich soll hier einen Vortrag halten.« Keiner hätte ihn erkannt oder wäre auf die Idee gekommen, welche Rolle dieser kleine, bescheidene Mann spielte. Herrhausen litt nicht an mangelndem Selbstbewusstsein. Er war befreundet mit Augustinus Heinrich Graf Henckel von Donnersmarck (1935–2005), einem barocken Prämonstratenser, der häufig zu Vorträgen nach Schloss Gracht kam. Eines Abends saßen wir zusammen im Restaurant und kamen auf den Kölner Kardinal Joseph Höffner (1906–1987) zu sprechen. Pater Augustinus berichtete, dass Höffner vier erworbene Doktortitel habe. Es gäbe sicher nicht viele, die so etwas erreicht haben. Aber Herrhausen kommentierte: »Augustinus, wenn wir das gewollt hätten, hätten wir das auch geschafft.«

Herrhausen wurde am 30. November 1989 Opfer eines Attentats der Rote Armee Fraktion. Ich war zu diesem Zeitpunkt im Büro von Günther Wagner, Vorstand bei MTU, München (heute MTU Aero Engines). Wagners Sekretärin kam herein, ging zu Wagner und sagte: »Herrhausen ist soeben ermordet worden.« Wir waren schockiert.

Die zweite Gruppe, zu der sich in Schloss Gracht ein Netzwerk bildete, waren die Referenten. Diese Gruppe setzte sich aus Praktikern und Wissenschaftlern zusammen. Wir beschäftigten eine

Reihe wissenschaftlicher Mitarbeiter. Besonders erinnere ich mich an Karlheinz Schwuchow, der unter meiner Anleitung promovierte und heute Leiter des Center for International Management Studies an der Hochschule Bremen ist. Schwuchow wurde eine Autorität auf dem Gebiet der Personalentwicklung und gibt zusammen mit Joachim Gutmann seit mehr als 25 Jahren ein jährliches Handbuch zur Personalentwicklung heraus. Die Ausgabe des Jahres 2018 trägt den Titel »HR-Trends 2018 – Strategie, Kultur, Innovation, Konzepte«.[11] Auch Sabine Rau, später Professorin an der European School of Management and Technology (ESMT) in Berlin und Gründungsdirektorin des dortigen Hidden Champions Institutes (HCI), war seinerzeit Assistentin in Schloss Gracht.

Außer dem Wissenschaftlichen Direktor hatte Schloss Gracht jedoch keine festangestellten Lehrkräfte auf der Professorenebene, sondern Hochschullehrer verschiedenster Universitäten aus dem In- und Ausland lehrten als freie Mitarbeiter. Der Großteil der Referenten aber waren hochrangige Praktiker. Aus diesem Kreis lernte ich Hunderte von Topmanagern der deutschen Industrie kennen. Dazu gehörten zahlreiche Vorstandsvorsitzende, Vorstandsmitglieder, Bereichs- und Funktionsleiter aus Großunternehmen und von größeren Mittelständlern. So kannte ich nach den drei Jahren viele Vorstände von Siemens oder Bosch, von den großen Autofirmen, den Chemiekonzernen, Technologiefirmen wie Mannesmann, Thyssen oder Krupp – einen Querschnitt der deutschen Wirtschaft. Wenn auch etwas seltener, traten außerdem Chefs großer Mittelständler auf. Ein Beispiel war Professor Berthold Leibinger von Trumpf. Er landete mit seinem Hubschrauber im Innenhof des Schlosses und deckte dabei einen Teil des Daches ab. Über diese Episode lachen wir noch heute, wenn ich Leibinger gelegentlich sehe. Die Referenten, insbesondere die Manager und Unternehmer, waren das Fundament des USW, denn sie garantierten Praxisnähe. In einer 1988 vom *Manager Magazin* veröffentlichten Studie bei 500 Weiterbildungsverantwortlichen deutscher Unternehmen heißt es: »Was offenbar zählt, ist Praxisnähe im Seminarangebot. Dies ist der Grund, warum das USW bei den deutschen Weiterbildungsexperten so hoch im Kurs steht. Das USW verweist selbst berühmte Kaderschmieden wie INSEAD, St. Gallen und Harvard auf die Plätze.«[12] Es sei angemerkt, dass die Umfrage ausschließlich bei Weiterbildungsverantwortlichen deutscher Unternehmen durchgeführt wurde.

Als dritter Netzwerkkreis sind die Seminarteilnehmer zu nennen. Selbst leitete ich während meiner drei Jahre in Schloss Gracht das Flagschiff des USW, das sogenannte General Management Seminar. Es war ursprünglich von Professor Albach als Zehn-Wochen-Seminar gestartet worden. Dieses erste Mammutprogramm fand 1969 im Kloster St. Augustin bei Bonn statt. Die Klosteratmosphäre blieb symptomatisch für die harte Arbeit in diesen Wochen. Neben den Lehrinhalten bestand das Ziel darin, eine Gruppe von Managern zusammenzuführen, die auf dem Sprung in die Vorstände ihrer Unternehmen waren. Ausdrücklich war beabsichtigt, dass sich bei diesem intensiven Zusammensein über mehrere Wochen Freundschaften fürs Leben bildeten. Die zehn Wochen des ursprünglichen Seminars erwiesen sich im Laufe der Zeit als zu lang, sodass wir den Umfang auf sechs Wochen reduzierten. Innerhalb dieser Zeitspanne fuhren wir ein extrem intensives Programm. Dieses begann morgens mit Frühsport, um acht Uhr folgte die erste Lehrveranstaltung. Das zog sich durch bis zum Abend. Nach dem Abendessen fand ab 20 Uhr ein weiterer Vortrag statt. Meistens kamen die Seminarteilnehmer und auch ich selbst nicht vor Mitternacht ins Bett, denn es galt, noch die Fallstudien für den nächsten Tag vorzubereiten.

Ich war in diesen sechs Wochen bei allen Einheiten persönlich präsent. Wir hatten hundert Referenten im Einsatz, darunter nicht nur Topmanager aus der Wirtschaft, sondern auch Politiker wie Bundesminister, die Chefs oberster Bundesbehörden, wie etwa Wolfgang Kartte, Präsident des Bundeskartellamtes, oder Generäle wie den Generalinspekteur der Bundeswehr, Admiral Dieter Wellershoff. Die Bezeichnung »General« im Seminartitel wurde ernst genommen. Das Programm deckte alle Bereiche, mit denen ein Topmanager konfrontiert wurde, ab. Dazu gehörten Vorträge von Theologen, Soziologen und Künstlern. Ich betreute drei dieser Managementseminare mit jeweils 30 Teilnehmern. Unter diesen 90 Seminaristen war nur eine Frau, Dorothee Stein-Gehring, die Chefin des Maschinenbauers Gehring aus Stuttgart. Einige Teilnehmer schafften es zum Vorstandsvorsitzenden, so zum Beispiel Dr. Peter Gloystein bei der BHF-Bank, Dr. Peter Strahammer bei Voestalpine, Dr. Hagen Noerenberg bei der heutigen Covestro AG, damals Bayer Materials Science, Günter Preuss bei der Apotheker- und Ärztebank, Dr. Rolf Hanssen bei MTU Friedrichshafen (heute Rolls Royce Power Systems) oder Peter Meyer, Präsident des ADAC. Viele andere wurden Vorstandsmitglieder in unterschiedlichsten Branchen.

Schon Professor Albach hatte Wiedersehenstreffen, man könnte von Klassentreffen sprechen, der General-Management-Seminaristen organisiert. Diese Tradition setzen die Teilnehmer bis heute fort. So wurde das Ziel, lebenslange Bindungen und Freundschaften zu etablieren, in der Tat erreicht. Auch die Lebenspartnerinnen der Teilnehmer wurden nach Schloss Gracht eingeladen und verstärkten durch das gegenseitige Kennenlernen den Zusammenhalt.

Wie beurteile ich diese Seminare aus der heutigen Perspektive? Sie waren deutlich anders als die überwiegend auf Fallstudien basierenden Programme der Harvard Business School. Bei uns traten die Unternehmenslenker auf, man spricht von »Living Case Studies«. Insgesamt wohnte ich während der drei Jahre in Schloss Gracht 458 Vorträgen bei, davon wurden 345 von Managern und 113 von Hochschullehrern gehalten. Ich lernte während dieser zahlreichen und sehr verschiedenartigen Begegnungen Folgendes: Die Person ist wichtiger als das, was sie sagt. Ehrlicherweise muss ich zugeben, dass ich von den vorgetragenen Inhalten nicht allzu viel behalten habe. Aber die Personen, insbesondere die Originale unter ihnen, sind nicht in Vergessenheit geraten. So wird bei heutigen Wiedersehenstreffen immer wieder die Geschichte von Gerhard Ackermanns erzählt. Er war der Gründer der Verbrauchermarktkette Allkauf. Diese verkaufte er später an die Metro. Aus ihr entstanden die Realmärkte. Ackermanns stieg dann in das neue Privatfernsehen ein und gründete Pro7, woraus nach der Fusion mit Sat1 die heutige ProSiebenSat.1 hervorging. Als er gefragt wurde, wie er auf den Namen »Allkauf« kam, sagte er nur: »Ganz einfach, alle kaufen – Allkauf.« Ähnlich war es bei dem Namen einer Cash-&-Carry-Großhandelskette Selgros, den er aus *SEL*bstbedienungs*GROS*shandel ableitete. Diese Sorte Original war allerdings eher für den Mittelstand als für Großunternehmen typisch. Ich begegnete vielen ähnlichen Unternehmern später im Zusammenhang mit meiner Hidden-Champions-Forschung.

Schloss Gracht war eine Oase der Ruhe. Das Schloss liegt in Erftstadt-Liblar, einem Ort im rheinischen Braunkohlerevier vor den Toren Kölns.[13] Doch Liblar und die Umgebung ließ man hinter sich, wenn man über die Brücke des Schlossgrabens durch das schwere eicherne Tor in den Hof trat. Die ringförmig angelegte Vorburg und das Hauptgebäude bildeten den Rahmen dieser heilen Welt. Wo es Lücken zwischen den Bauten gibt, schützt einen der breite Wassergraben. Die Anlage war einfach ideal für die klausurartigen Seminare, für die Schloss Gracht bekannt wurde. Es gab keine Ablenkung. Die Seminaristen konnten sich voll auf das Lernen und die Kommunikation untereinander konzentrieren. In den drei Jahren fuhr ich nur einmal mit einem Seminar am Abend nach Köln. Das war an Weiberfastnacht, da tobt in Köln bekanntlich der Bär. Obwohl die Seminaristen erst sehr spät zurückkamen, ging es am folgenden Tag pünktlich um 8 Uhr weiter.

Mein eigener Arbeitsplatz war traumhaft – ein Zimmer im Eckturm mit Blick auf den Wassergraben und den Schlosspark. Hier sah ich zum ersten Mal einen Reiher. Heute sind diese großen Vögel keine Seltenheit mehr, doch in den achtziger Jahren lebten sie sich gerade wieder in Deutschland ein. Eine Wasserlandschaft wie bei Schloss Gracht bot für sie ideale Bedingungen. In dem Büro führte eine hölzerne Wendeltreppe nach oben in ein höher gelegenes, nicht genutztes Zimmer. Es war genau so, wie man sich die Heimstatt eines Schlossherren vorstellt. Die Abgeschiedenheit von Schloss Gracht wirkte sich auch auf die Menschen und die Arbeitsatmosphäre aus. Anders als ich es von fast allen sonstigen Stationen meines Lebens gewohnt war, herrschte in Gracht selten Hektik. Die Seminaristen und die Referenten kamen zu uns, wir brauchten nur wenig zu reisen. Mobiltelefone und Internet gab es seinerzeit noch nicht. Die jüngste Innovation war das Fax. Auch Personal Computer gehörten noch nicht zur Standardausrüstung, sondern wurden erst während meiner Zeit eingeführt.

Zum Abschied schenkte mir das USW ein Bild des Malers Otmar Alt, der oft bei uns auftrat, mit dem Titel »Hommage à Schloss Gracht«. Dieses Bild ziert heute mein Arbeitszimmer zu Hause und erinnert mich täglich an die schönen Jahre als »Schlossherr«. Nach Schloss Gracht folgte das erlebnisreiche Jahr in Harvard, das ich im Kapitel 6 beschrieben habe.

Zu Gast bei Johannes Gutenberg

Von Harvard kehrte ich nicht nach Bielefeld zurück, sondern wechselte an die Johannes-Gutenberg-Universität in Mainz. Dort traf ich auf eine völlig andere Situation. In Bielefeld die »Reformuniversität«, in Mainz eine klassische, traditionelle Hochschule mit eingefahrenen Strukturen. Die Universität Mainz wurde ursprünglich 1477 von dem Mainzer Erzbischof, Kurfürsten und Erzkanzler der Deutschen Nation, Diether von Isenburg, gegründet. In den Wirren der französischen Revolution kam der Lehrbetrieb zum Erliegen und erst 1946 erfolgten die Neugründung und die Namensgebung nach Johannes Gutenberg, dem Erfinder der Druckkunst. Ein ähnliches Schicksal war übrigens den beiden anderen Universitäten der erzbischöflichen Kurfürsten, Köln und Trier, beschieden.[14]

Ich übernahm den Lehrstuhl von Professor Klaus Backhaus, der nach Münster gewechselt war. Doch reibungslos verlief das nicht. In Mainz gab es seinerzeit keinen betriebswirtschaftlichen Abschluss, sondern nur die akademischen Grade Diplom-Volkswirt und Diplom-Handelslehrer. In meinen Verhandlungen mit Kultusminister Dr. Georg Gölter, einem fähigen CDU-Politiker, hatte ich die Einführung eines betriebswirtschaftlichen Studienganges zur Bedingung für meinen Wechsel gemacht. Gölter kam diese Forderung gerade recht, denn er wollte ohnehin Betriebswirtschaftslehre als Studienfach einführen. Die Professoren der Volkswirtschaft, die gegenüber den drei nach dem Weggang von Backhaus verbliebenen BWL-Professoren eine erdrückende Mehrheit bildeten und als Personen einflussreicher waren, betrachteten meine Forderung als Frontalangriff auf ihre Vormachtstellung. Der Fachbereich wurde bei Minister Gölter vorstellig, den bereits an mich erteilten Ruf zurückzuziehen. Im Ministerium wurde ein Termin mit Vertretern des Fachbereichs und mir vereinbart, zu dem ich mit zwei Stunden Verspätung erschien. Das muss man sich auf der Zunge zergehen lassen. Bei einem derart kritischen Termin lässt der Betroffene die Professoren und die Ministerialbeamten zwei Stunden warten. Das geschah meinerseits nicht aus Berechnung oder Böswilligkeit, obwohl ich nicht ausschließen kann, dass es von Vertretern der anderen Seite so interpretiert wurde.

Was führte zu dieser peinlichen Verspätung? Ich wollte mit dem Auto von meinem damaligen Wohnort Königswinter nach Mainz fahren. Auf dem Weg zur Autobahn setzte heftiges Schneetreiben ein. Es war aussichtslos, bei diesem Wetter nach Mainz zu gelangen. Also drehte ich um und fuhr zum Bonner Hauptbahnhof, nahm dort den nächsten Intercity (ICEs gab es damals noch nicht) und traf schließlich mit zwei Stunden Verspätung im rheinland-pfälzischen Kultusministerium ein. Diese Zeitspanne war so lang, dass sich die erste Verärgerung der Fachbereichsvertreter wieder gelegt hatte. Es war den Kollegen nichts anderes übrig geblieben, als mit dem zuständigen Ministerialbeamten zu sprechen, der sich in Absprache mit dem Minister nicht geneigt zeigte, dem Anliegen nachzugeben und die Absicht, den Studiengang Betriebswirtschaftslehre einzuführen, mit Nachdruck unterstrich. Der Ruf an mich blieb bestehen. Und kurz nach meinem Dienstantritt wurde der Diplomstudiengang Betriebswirtschaftslehre eingeführt. Dazu erhielt die Universität fünf neue betriebswirtschaftliche Lehrstühle, was die Machtverhältnisse zwischen Volks- und Betriebswirten nachhaltig verschob. Wie erwartet wählten in den folgenden Jahren etwa viermal mehr Wirtschaftsstudenten den betriebswirtschaftlichen als den volkswirtschaftlichen Abschluss.

Am meisten Freude machte in Mainz die Dissertations- und Habilitationsbetreuung. Ich trieb die Themen, die schon in Bielefeld im Mittelpunkt standen, weiter voran. Kai Wiltinger beschäftigte sich in seiner Dissertation mit Umsetzungsproblemen im Preismanagement, einem bis dato kaum erforschten Thema.[15] Martin Fassnacht wandte sich der komplexen Frage der Preisdifferenzierung bei Dienstleistungen zu.[16] Christian Homburg habilitierte 1995 zum Thema Kundenbindung.[17] Alle drei wurden Professoren. Christian Homburg von der Universität Mannheim gilt in der deutschen Betriebswirtschaftslehre, nicht nur im Marketing, als der produktivste und international renommierteste Wissenschaftler. Mit einem Hirsch-Index von 92 (Stand Mai 2018) liegt er innerhalb des deutschsprachigen Raums mit weitem Abstand an der Spitze. Mit ihm gab ich auch mehrere Auflagen des Buches *Kundenzufriedenheit* heraus.[18] In Mainz promovierte Georg Wübker zum Thema Preisbündelung. Er leitet heute mit großem Erfolg die globale Division Banking bei Simon-Kucher. Martin Möhrle und Eckard Schmitt verfolgten Karrieren in der Industrie.

Da unser Fachbereich aus den Nähten platzte – nicht zuletzt wegen der Einführung des BWL-Studienganges, erhielten wir ein neues Gebäude, das 88 Millionen D-Mark kostete. Doch das Land Rheinland-Pfalz litt schon damals unter notorischer Geldknappheit. Ich schlug im Fachbereichsrat vor, einen Sponsor für das neue, repräsentative Gebäude zu finden und es nach diesem zu benennen. Ich dachte dabei an lokale Großunternehmen wie Boehringer Ingelheim oder Schott in Mainz. Doch das war ein Stich ins Wespennest, der mich an die Erfahrungen in Bonn im Kontext des Universitätsseminars der Wirtschaft 20 Jahre früher erinnerte. Jede private Universität nutzt diese Geldquelle, überall werden Gebäude oder Hörsäle mit Sponsorennamen versehen und als Gegenleistung fließt Geld an die Hochschule. Doch eine solche Annäherung an die Industrie schien insbesondere für die Juristen, die zu unserem Mainzer Fachbereich gehörten, inakzeptabel.

Ein bißchen stolz bin ich, dass es unter meiner Leitung gelang, einen integrierten Studiengang zwischen unserem Fachbereich und dem entsprechenden Department der Université de Bourgogne in Dijon zu vereinbaren. Beide Universitäten sind etwa gleich groß. Bourgogne hat aktuell 30 000 Studenten, die Johannes-Gutenberg-Universität 33 000. Auch die Städte gehören mit einer Einwohnerzahl von 213 000 (Mainz) und 155 000 (Dijon) zur gleichen Größenkategorie. Zudem liegen beide in Weinbaugebieten. Das passte. Seither haben viele Studenten den deutsch-französischen Doppelabschluss erworben. An eine Skurrilität erinnere ich mich. Bei der Eröffnung des Studienganges in Dijon sprach ich die Präsidentin der Université de Bourgogne mit »Madame le Président« an. Wie ich kürzlich erfuhr, sagt man heute »Madame la Présidente«.

Die Fakultät in Mainz war wesentlich konservativer war als ihr Pendant an der Reformuniversität Bielefeld. Auf meine Arbeit hatte dies allerdings wenig Einfluss. Mainz hatte den großen Vorteil der zentralen Lage. Bis zum Frankfurter Flughafen war es nur ein Katzensprung. Oft nutzte ich den dortigen Airport Club, dessen Gründungsmitglied ich bin, für Treffen mit Leuten aus der Wirtschaft. Es war zudem leichter, hochkarätige Referenten für Vorträge zu gewinnen. So referierten in meinen Veranstaltungen Jürgen Schrempp, damals Vorstandsvorsitzender des Airbus-Vorläufers DASA und später von Daimler, Daniel Goeudevert, Vorstandsvorsitzender der Fordwerke, Rolf Breuer, Sprecher der Deutschen Bank, Jürgen Heraeus, Manfred Schneider, Vorstandsvorsitzender von Bayer, Reinhold Würth und Admiral Dieter Wellershoff, Generalinspekteur der Bundeswehr. Später, schon unter der Ägide von Simon-Kucher & Partners, gewannen wir viele weitere hochkarätige Referenten wie Jürgen Fitschen von der Deutschen Bank, Jürgen Hambrecht, BASF, Ulf Mark Schneider, seinerzeit CEO von Fresenius und heute von Nestlé, Reinhard Zinkann, Miele, oder Albert Baehny, Geberit. Der interessanteste Referent in all diesen Jahren war Dr. Gerhard Neumann, der ehemalige CEO von General Electric Aircraft Engines und »Vater des Düsenzeitalters«. Als er zum Vortrag in die Mainzer Uni kam, reichte der Hörsaal mit 1 200 Plätzen nicht aus. Über ihn verrate ich mehr in Kapitel 11 dieses Buches.

Zu jener Zeit tanzte ich auf fünf Hochzeiten, wenn auch mit unterschiedlichen Zeitanteilen. Ich lehrte als Professor an der Universität und ich engagierte mich in der rheinland-pfälzischen Politik. Als drittes Feld kamen Vorträge bei Managementkonferenzen hinzu. Viertens arbeitete ich in der von mir und meinen ersten Doktoranden gegründeten Beratungsfirma. Und fünftens war ich Mitglied in mehreren Aufsichtsräten. Die zeitliche Beanspruchung durch diesen Tanz auf vielen Hochzeiten überstieg das erträgliche Maß. Noch heute wird mir schwindlig, wenn ich in die Terminkalender jener Jahre schaue.

Immer häufiger beschäftigte mich die Frage, ob es nicht besser sei, sich auf eine Sache zu konzentrieren. Schließlich hatte ich von den Hidden Champions erfahren, dass nur Fokussierung zur Weltklasse führt. Sollte ich mich für die Universität oder die Beratung entscheiden? Einerseits erlebte ich die Forschung und die Freiheit des Hochschullehrers als Chance, geistig fit und interessiert zu bleiben, Ideen auszubrüten, zu lesen und zu schreiben. Die lebendige Diskussion mit den Studenten und insbesondere den Doktoranden wusste ich zu schätzen. Andererseits nervten mich die ausufernde Selbstverwaltung, die zeitraubenden Prüfungen und die unvermeidliche Routine der Lehre. Während die Entfremdung von der Universität zunahm, wuchs der Spaß an der Beratung. Eher vorsichtig berührte ich das Thema in Gesprächen mit Vertrauten. Augustinus Heinrich Graf Henckel von Donnersmarck, der mich seit langem und gut kannte, fackelte nicht und diagnostizierte am 26. Mai 1994 treffsicher: »Ihre Liebe gehört nicht der Universität.« Er sollte Recht behalten. Am 19. September 1994 verkündete ich meinen Partnern in einer Sitzung auf Schloss Garath bei Düsseldorf meinen Entschluss, die Universität zu verlassen, voll in die Beratung einzutreten und den Vorsitz zu übernehmen. Das Erstaunen der Partner war groß; ihre Reaktion positiv. Wir vereinbarten strikte Vertraulichkeit, die auch vollumfänglich eingehalten wurde. Auf meine Partner konnte ich mich verlassen.

Zum Jahresende 1994 kündigte ich an der Johannes-Gutenberg-Universität und legte meine Professur nieder. Für meine Assistenten am Lehrstuhl war diese Kündigung ein Schock. Doch sie brauchten sich keine Sorgen zu machen. Ich betreute sie wie auch die Diplomstudenten bis zu ihren jeweiligen Abschlüssen weiter. Seit dieser Zeit habe ich keine Vorlesung mehr an einer Universität gehalten, allerdings unzählige Vorträge. Am 1. April 1995 trat ich mein Amt als Vorsitzender der Geschäftsführung von Simon-Kucher & Partners, wie wir die Firma fortan nannten, an. Damals hatten wir nur das Bonner Büro. Es dauerte allerdings noch einige Jahre, bis ich alle Prüfungen für Diplomanden und Doktoranden, die bei mir in Mainz studiert hatten, abgenommen hatte und damit das Kapitel Johannes-Gutenberg-Universität Mainz im Buch meines Lebens abschließen konnte.

Deutsche Marketingwissenschaft international

Mit dem Abschied von der Universität verband sich ein Rückblick auf meine Zeit als Wissenschaftler und die deutsche Marketingwissenschaft generell. Bereits während meiner Assistentenjahre bei Professor Albach erkannte ich, dass die Marketingwissenschaft nicht auf einer »Insel Deutschland« existieren und sich weiterentwickeln konnte. Die Eindrücke bei internationalen Tagungen und meine Auslandsaufenthalte verstärkten diese Einsicht nachhaltig. Noch vor meiner Habilitation veröffentlichte ich einen Artikel mit dem Titel »Zur internationalen Positionierung der deutschen Marketingwissenschaft«, in dem ich die Wissenschaftler meines Faches aufforderte, verstärkt international zu publizieren und aktiv zu werden.[19] Damit machte ich mir allerdings unter den Ordinarien keine Freunde. Wie kam ein nicht einmal habilitierter Jungspund dazu, gestandenen Professoren vorzuhalten, sie seien international nicht präsent, und ihnen zu sagen, sie sollten bitteschön in Englisch publizieren? Ich will nicht ausschließen, dass allein dieser Artikel mir den Weg auf den einen oder anderen Lehrstuhl verbaute. Jahre später schob ich in der *Zeitschrift für Betriebswirtschaft* unter dem Titel »Die deutsche BWL im internationalen Wettbewerb – ein schwarzes Loch?« eine differenziertere Analyse nach.[20] Die zentrale These: Deutsche BWLer läsen zwar englischsprachige Zeitschriften, publizierten aber nicht in diesen. Wie ein schwarzes Loch saugten sie Information auf, gäben jedoch keine Information nach außen ab. Als Folge bleibe die deutsche Betriebswirtschaftslehre international einflusslos. Ich ging noch weiter und verlangte, dass deutsche Zeitschriften auf die englische Sprache umstellen sollten. Das war für viele Kollegen pure Häresie. Beispielhaft zitiere ich Professor Walter Endres von der Freien Universität Berlin. »In seinem Beitrag macht Hermann Simon Vorschläge, die meinen Widerspruch hervorrufen. Sein Vorschlag, in deutsche Zeitschriften englischsprachige Aufsätze aufzunehmen, ist wenig geeignet. Er fordert mehr englischsprachige Veröffentlichungen deutscher Betriebswirte. Das wäre für Amerikaner und Engländer sicher bequem, aber warum machen sie sich nicht selber die Mühe, Deutsch zu lernen. Simon legt die Überwindung der Sprachbarriere allein auf deutsche Schultern. An der Erhaltung des Deutschen als Wissenschaftssprache liegt ihm offenbar nichts.«[21]

Heute publizieren deutsche Zeitschriften wie *Journal of Business Economics* (früher *Zeitschrift für Betriebswirtschaft*), *Schmalenbach Business Review* (aus der *Zeitschrift für betriebswirtschaftliche Forschung* hervorgegangen) oder *Marketing ZFP – Journal of Research and Management* (ursprünglich *Marketing – Zeitschrift für Forschung und Praxis*) ausschließlich oder überwiegend in Englisch. Die internationale Rezeption dieser deutschen Zeitschriften lässt dennoch zu wünschen übrig. Dies dürfte nicht zuletzt daran liegen, dass sie spät auf Englisch umgestiegen sind. Denn in Fächern wie Operations Research, in denen diese Umstellung wesentlich früher vollzogen wurde, ist das anders. Radikal geändert hat sich erfreulicherweise die Präsenz deutscher Marketingwissenschaftler auf internationaler Ebene, das gilt für Tagungen wie für Zeitschriften. Professor Alfred Kuß, Freie Universität Berlin, schreibt dazu: »In den letzten Jahren konnte man einen geradezu dramatischen Anstieg deutscher Beiträge in international führenden Zeitschriften beobachten.«[22] Kuß weist allerdings auch darauf hin, dass sich diese Präsenz auf relativ wenige Autoren stützt, allen voran Christian Homburg (Universität Mannheim) sowie Sönke Albers (früher Universität Kiel, jetzt Kühne Logistics University Hamburg) und seine Schüler wie Bernd Skiera (Universität Frankfurt/Main) oder Manfred Krafft (Universität Münster), um nur einige zu nennen. In der führenden Zeitschrift *Journal of Marketing* hat sich der Anteil von Artikeln deutscher Autoren zwischen 2001 und 2011 von 6,2 auf 12,6 Prozent verdoppelt.[23] Diese Entwicklung ist außerordentlich erfreulich. Nach den US-Amerikanern stellen die Deutschen auf diesen Feldern heute die stärkste Gruppe. Das hätte ich mir nicht träumen lassen, als ich vor Jahrzehnten meine provokativen Forderungen formulierte.

Dabei will ich keineswegs leugnen, dass ich selbst und wohl die meisten deutschstämmigen Autoren gegenüber Muttersprachlern im Englischen dauerhafte Nachteile in Kauf nehmen müssen. Selbst wenn man die Fremdsprache Englisch einigermaßen beherrscht, wird man nicht das Niveau eines gut ausgebildeten Muttersprachlers erreichen. Doch dieses Problem ist nicht neu. Mein Landsmann Cusanus, der aus Bernkastel-Kues stammende Nikolaus von Kues und Universalgelehrte des ausgehenden Mittelalters, schrieb selbstverständlich in Latein, zu jener Zeit die Lingua Franca aller Wissenschaftler. So formulierte er im Jahr 1440, 200 Jahre vor Galilei: »Terra non est centrum mundi« (Die Erde ist nicht der Mittelpunkt der Welt). Doch hatte er in seiner eigenen Wahrnehmung mit ähnlichen Schwierigkeiten zu kämpfen, wie sie heute unser Verhältnis zur englischen Sprache kennzeichnen, nämlich mit Wettbewerbsnachteilen gegenüber den Muttersprachlern. Im Vorwort zu seinem Werk *De concordantia catholica* lesen wir, dass »ein Deutscher nur mit größter Anstrengung, als ob er seiner Natur Gewalt antun müsse, imstande sei, korrekt Latein zu sprechen«.[24] Nikolaus beklagt seine eigene ungeschliffene Schreibweise, hingegen bewundert er die Leichtigkeit und Anmut, mit der die an klassischen Vorbildern geschulten Italiener schrieben. Nicht anders ergeht es mir und vielen Kollegen heute im Verhältnis zu US-Amerikanern und Briten. Bei der Sprache sind wir dauerhaft im Nachteil.

Autorenschaft

Niemals hätte ich während meiner Schulzeit gedacht, dass ich einmal ein Autor werden und einen wesentlichen Teil meines Lebens mit dem Schreiben von Büchern und Artikeln verbringen würde. Als Schüler gehörten Aufsätze in Deutsch und in den Fremdsprachen zu den ungeliebten Pflichten und entsprechend fielen die Noten eher dürftig aus. Wir gründeten 1964 die erste Schülerzeitung an unserem Gymnasium und nannten sie »Der Wecker«. Gleich zu Beginn gelang uns eine kleine Sensation. Der Klassenkamerad Wolfram Schmidt interviewte Wolfgang Leonhard, den Autor von *Die Revolution entlässt ihre Kinder*. Leonhard war kurz vorher in unseren Amtsort Manderscheid gezogen, sodass wir an ihn herankamen. Er lebte dort bis zu seinem Tode. Am 30. August 2014 verabschiedeten wir ihn mit einer würdevollen Trauerfeier, an der auch Hans-Dietrich Genscher teilnahm, in Kloster Himmerod. Beim »Wecker« fungierte ich nicht als Schreiber, sondern als Vertriebsleiter. War das ein früher Indikator für mein Interesse an Marketing und Vertrieb? Meine erste Veröffentlichung im Jahre 1968 mit dem Titel »Hasborn – kritisch betrachtet« befasste sich mit meinem Heimatdorf und erschien in der Festschrift zur Einweihung der neuen Kirche.[25] Ich zählte allerlei Fakten zu Bevölkerung, Bildungsstand, Mobilität, Berufen und Wirtschaft auf und analysierte die Verhältnisse mit sehr einfachen statistischen Methoden, die mir später im Studium wieder begegneten. Das Attribut »kritisch betrachtet« traf zu und mit dieser Analyse machte ich mir im Dorf nicht nur Freunde.

Nach dieser ersten, amateurhaften Publikation folgte acht Jahre keine weitere Veröffentlichung, die diese Bezeichnung verdiente. Die jahrelange Arbeit an Dissertation und Habilitation empfand ich eher als Last denn als Freude. Andererseits galt für mich wie für alle Hochschullehreraspiranten das Mandat des »publish or perish«. Und mit dem vermehrten Schreiben entwickelte sich auch der Spaß daran. Dies galt verstärkt, als hinter den langen Zeiten am Schreibtisch nicht mehr der Druck stand, mit dem Werk eine Prüfung bestehen zu müssen. Stattdessen erwuchs die Autorenschaft im Laufe der Zeit aus freier Wahl heraus.

So kam über die Jahrzehnte eine erkleckliche Zahl an Büchern zusammen. Eine genaue Zahl ist allerdings wenig aussagekräftig. Denn nicht jedes Buch wurde völlig neu geschrieben. Von manchen Büchern gibt es weitere Auflagen, die sich mehr oder weniger von ihren Vorgängern unterschieden. Insgesamt kann man aber wohl von etwa 40 Büchern sprechen, die ich selbst geschrieben oder herausgegeben habe. Meine Bücher sind bis dato in 27 Sprachen erschienen. Rechnet man alle zusammen, so gibt es gut 150 verschiedene Ausgaben. Mühen und Zeiten des Schreibens unterscheiden sich dabei stark. Mein »schnellstes« Buch schrieb ich in sechs Wochen. Diese Eile war notwendig, denn das Buch heißt *33 Sofortmaßnahmen gegen die Krise.*[26] Wenn man den der Notfallmedizin entliehenen Begriff ernst nimmt, dann muss man schnell sein. Denn niemand weiß, wann die Krise vorbei ist und das Interesse an dem Thema abflaut. Das Timing erwies sich als optimal. Innerhalb eines Jahres erschien das Buch in 13 Sprachen, und in Russland wurde es 2015 erneut aufgelegt. Am längsten saß ich an den beiden ersten Auflagen von *Preismanagement.*[27] Dort waren es eher sechs Jahre als sechs Wochen. Das Verfassen solcher Werke ist ein Langstreckenlauf weit jenseits des Marathon. Heute hätte ich die Ausdauer, ein solches Buch von Grund auf zu konzipieren und zu schreiben, nicht mehr. Das Schreiben welcher Bücher hat mir am meisten Spaß gemacht? Hier neige ich dazu, die *Hidden-Champions*-Bücher zu nennen. Die Ursache dürfte darin liegen, dass ich im Kontext der Forschung zu den Hidden Champions die beeindruckendsten Unternehmensführer kennen lernte, denen ich begegnet bin.

Bestseller wurden meine Bücher nicht – je nachdem, welchen Vergleich man ansetzt. In Deutschland schnitt das 2007 veröffentlichte *Hidden Champions des 21. Jahrhunderts* mit einem zweiten Platz in der Business-Bestsellerliste am besten ab. Die Resonanz sowohl in Deutschland als auch international war aber gewaltig. Sehr hohe Absatzzahlen, die teilweise in die Hunderttausend gingen, erzielten einige meiner Bücher in China. Der Markt dort ist einfach um ein Vielfaches größer. Insgesamt sprechen meine Werke eher eine Expertenleserschaft als das allgemeine Publikum an, entsprechend sind sie relativ teuer. So war es auch nicht mein primäres Ziel, möglichst viele Exemplare zu verkaufen, sondern die richtige Zielgruppe zu erreichen. Das dürfte einigermaßen gelungen sein. Viel Geld verdient man an Fachbüchern ohnehin nicht. Sie sind aber effektiv und unverzichtbar für den Aufbau von Reputation (eher als von Bekanntheit, außer im Falle von Bestsellern) und erzeugen Nachfrage nach Vorträgen. Mir ist bis heute rätselhaft, warum das Honorar für einen einzigen, gut bezahlten Vortrag höher ausfallen kann als die Lizenzeinnahmen für ein Buch. Ich habe dafür bis heute keine überzeugende Erklärung gefunden. Allerdings ist dieses Phänomen auch im Musik-Business zu beobachten: Erfolgreiche Musiker verdienen weit mehr an ihren Live-Konzerten als an eingespielten Alben.

Andere Herausforderungen als das Schreiben von Büchern stellt die Publikation von wissenschaftlichen Artikeln. Die Prozesse, die ich in den siebziger und achtziger Jahren bei der Platzierung von Artikeln in amerikanischen Zeitschriften erlebte, zerrten an den Nerven. Wenn ich den Berichten jüngerer Wissenschaftler Glauben schenken darf, ist das heute noch schlimmer geworden. Mehrfache Revisionen, Auseinandersetzungen mit Herausgebern und Gutachtern und die Ungewissheit, ob ein Beitrag letztendlich angenommen wird, fordern extreme Geduld und Ausdauer. Doch diese Mühen haben sich gelohnt. Ohne die Artikel in den amerikanischen Zeitschriften wäre ich nicht international bekannt geworden. Mit dem Ausscheiden aus dem Hochschuldienst erlosch allerdings der Ehrgeiz, mich solchen Prozessen zu unterziehen, zumal meine Zielgruppe jetzt eher Praktiker als Wissenschaftler waren.

Für diese Zielgruppe erwies sich meine langjährige Kolumne im *Manager Magazin* als sehr effektiv. Die Kolumnistenrolle kam wie folgt zustande. Im Vorlauf zu meinem Harvard-Aufenthalt im Jahre 1988 trat ich an den damaligen Chefredakteur des *Manager Magazins*, Ulrich Blecke, heran und schlug ihm vor, eine monatliche Kolumne mit dem Titel »Bericht aus Harvard« zu schreiben. Diese Berichte sollten deutschen Managern Ideen und Einsichten, die ich in Harvard gewinnen würde, vorstellen. Das *Manager Magazin* bildete für diesen Zweck und diese Zielgruppe das optimale Medium. Das Magazin wurde 1971 als Ableger des *Spiegel* gegründet. Der erste, langjährige Chefredakteur war Leo Brawand, ein gewiefter und kampferprobter *Spiegel*-Journalist. Wir hatten ihn in Schloss Gracht als Referenten zum Thema »Presse und Wirtschaft« genau zu der Zeit zu Gast, als der schleswig-holsteinische Ministerpräsident Uwe Barschel in einem Genfer Hotel tot aufgefunden wurde. Ein Pressefotograf hatte Fotos der Leiche aufgenommen, die dann auch publiziert wurden. Die Teilnehmer des General-Management-Seminars wollten Brawand wegen dieses in ihren Augen gravierenden Fehlverhaltens zur Rede stellen. Brawand begann seinen Vortrag mit der Aussage, dass er es genauso gemacht hätte wie jener Pressefotograf. Kein Journalist ließe sich eine solche Chance entgehen. Damit hatte er unseren Seminaristen den Wind aus den Segeln genommen.

Brawand war Ulrich Bleckes Vorgänger gewesen. Blecke griff meinen Harvard-Vorschlag positiv auf. So entstand die Simon-Kolumne, die dann mehr als 25 Jahre lang im *Manager Magazin* erschien. Ich behandelte in dieser Kolumne die unterschiedlichsten Themen, teils Aktuelles, teils Grundsätzliches und erlernte Fähigkeiten, die für einen Autor sehr wichtig sind. Zum einen beschränkte sich die Zahl der verfügbaren Zeichen auf 4000. Das heißt, ich musste jedes Thema, egal wie komplex es war, auf etwa zwei DIN-A4-Seiten abhandeln. Meistens war mein erster Entwurf deutlich länger, und als Autor macht man nichts unlieber, als einen geschriebenen Text zu kürzen. Aber die Grenze war bindend und zwang mich zur Konzentration auf das Wesentliche, zur Vereinfachung, zur klaren Sprache. In den ersten Jahren wurden meine Entwürfe von den oft *Spiegel*-erfahrenen Journalisten des *Manager Magazins* poliert. Das gefiel mir nicht immer, aber ich muss zugeben, dass die Artikel dadurch meist besser wurden. Das galt insbesondere für die Überschriften. Bestimmte Sachen soll man den Profis überlassen, sie können das einfach besser. Mit zunehmender Übung wurden diese Korrekturen seltener und letztlich überflüssig. Ich glaube, dass diese Erfahrung als Kolumnist wesentlich dazu beigetragen hat, dass ich auch Buchtexte heute anders schreibe als in meinen frühen Jahren als Wissenschaftler. Wenn man Praktiker überzeugen will, muss man dies mit einem passenden Schreibstil tun. Dasselbe gilt für Vorträge. Leider erreichen viele, selbst hochqualifizierte Wissenschaftler aufgrund ihrer Ausdrucksweise die Praktiker nicht. Sie sind nicht in der Lage, ihren Schreib- und Vortragsstil den Bedürfnissen und Gewohnheiten der Praktiker anzupassen. Während meiner Kolumnistenjahre erlebte ich fünf Chefredakteure des *Manager Magazins*. Ulrich Blecke, ein eher intellektueller Typ, verstarb in jungen Jahren. Sein Nachfolger war Peter Christ, den ich während meiner Zeit in Harvard kennen gelernt hatte. Er weilte dort zu einem Gastaufenthalt am Center for European Studies. Auf ihn folgte für viele Jahre Wolfgang Kaden, der profilierteste unter den fünfen. Arno Balzer und Steffen Klusmann machen die Fünferriege voll. Irgendwann hatte sich aber auch dieser extrem lange Lauf erschöpft. Ich war letztlich froh, nicht mehr regelmäßig Kolumnen abliefern zu müssen. Insgesamt habe ich mehr als 150 dieser Kolumnen geschrieben. Wie kaum eine andere Aktivität dürfte diese Serie meinen Bekanntheitsgrad bei den Leserinnen und Lesern des *Manager Magazins* befördert haben.

In einem Interview der Zeitschrift *w&v* wurde ich 1990 gefragt: »Was haben Sie vor, wenn Sie in den Ruhestand getreten sind?« Ich antwortete: »Ein Buch schreiben ›Zeit im Wandel – Zeit ohne Wiederkehr‹ über den selbst erlebten Wandel von der bäuerlichen Gesellschaft zur globalen Dienstleistungsgesellschaft.«[28] Ich war sehr erstaunt, als ich das Interview mit dieser Aussage im Sommer 2017 in meinen Akten fand. Denn im Jahre 2016 hatte ich ziemlich genau dieses Buch geschrieben. Es trägt den Titel *Die Gärten der verlorenen Erinnerung* und behandelt den ungeheuren Wandel, der sich in meinen zwei ersten Lebensjahrzehnten vollzog.[29] Dass ich die Idee für dieses Buch bereits 1990 im Kopf hatte, überraschte mich selbst. Doch ich habe oft festgestellt, dass Vorhaben, die man sich in den Kopf setzt, später tatsächlich Realität werden. So legte ich während meiner Assistentenzeit ein Notizbuch mit Ideen und Themen für wissenschaftliche Artikel an. Schaue ich heute in diese Kladde, so stelle ich fest, dass nahezu alle Themen umgesetzt wurden, selbst wenn es manchmal zehn Jahre dauerte. Aufschreiben scheint wichtig, denn es verhindert, dass sich die Ideen verflüchtigen und ephemer bleiben.

Aufsichtsrat

Während meiner Zeit als Hochschullehrer in den achtziger und neunziger Jahren wurde ich in sieben Aufsichtsräte und vier Stiftungskuratorien berufen. In diesen Gremien fand ich mich als unbedarfter Neuling zwischen gestandenen Profis und Unternehmern. Am lehrreichsten waren für mich die Aufsichtsratsmandate in der Dürr AG (Umsatz 2017 3,7 Milliarden Euro) und in der Kodak AG, beide mit Sitz in Stuttgart, sowie in der Neugründung IhrPreis.de AG.[30] Die Dürr AG ist Weltmarktführer in der Autolackierung. Sie ging 1989 an die Börse, aber der Familienunternehmer Heinz Dürr, der später Vorstandsvorsitzender der Deutschen Bahn AG wurde, blieb mit seiner Familie Hauptaktionär. Der Aufsichtsrat war mit Personen wie Rolf Breuer, Vorstandssprecher der Deutschen Bank, Walther Zügel, Vorstandsvorsitzender der Landesbank Baden-Württemberg, und später dem Deutsche-Bank-Vorstand Tessen von Heydebreck hochkarätig besetzt. Ich lernte die Funktionsweise einer börsengelisteten Aktiengesellschaft aus der Aufsichtsratsperspektive kennen. Dazu gehörten die stets gut besuchten Hauptversammlungen, die Interaktion zwischen Vorstand und Aufsichtsrat sowie die Rolle des Mehrheitsaktionärs. Wie in vielen größeren Gesellschaften waren im Aufsichtsrat mehr Banker und Juristen als Kenner des eigentlichen Geschäftes vertreten. Insofern musste man den Ausführungen des Vorstandes, der erfreulicherweise sehr nahe am Geschäft war, Glauben schenken. Dem damaligen Vorstandsvorsitzenden der Dürr AG, Reinhart Schmidt, vertraute ich in dieser Hinsicht voll. Dürr war zwar Weltmarktführer, hatte aber dennoch nur einen Marktanteil von unter einem Viertel. Der Markt war oligopolistisch strukturiert. Meines Erachtens wäre es richtig gewesen, sich voll auf diesen Markt zu konzentrieren und Diversifikationen zu vermeiden. Doch die Dürr AG übernahm mit der Darmstädter Firma Carl Schenck einen breit aufgestellten Autozulieferer. Dies führte zu Problemen, und letztlich musste Heinz Dürr selbst eingreifen, um seine Firma auf den richtigen Kurs zurückzubringen. Mit meinem Ausscheiden aus dem Hochschuldienst ließ ich Ende der neunziger Jahre mein Mandat auslaufen. Meine Begründung gegenüber Heinz Dürr: »Sie haben mich als Hochschullehrer, nicht als CEO eines Consulting-Unternehmens berufen. Da sich meine Position geändert hat, möchte ich das Mandat nicht weiterführen.«

Völlig andere Erfahrungen als bei Dürr machte ich in der deutschen Tochtergesellschaft des Kodak-Konzerns. Dort saßen auch Vertreter der IG Metall im Aufsichtsrat. Es gab vorab immer eine Sitzung der Kapitalvertreter, in der die wesentlichen Positionen abgesteckt wurden. Die formellen Aufsichtsratssitzungen empfand ich wegen der häufigen Kontrapositionen von Kapitaleigner- und Arbeitnehmerseite als wenig konstruktiv. Ich hatte den Eindruck, dass der externe Vertreter der IG Metall die Sitzungen zur persönlichen Profilierung nutzte. Und ich erkannte, dass der Vorstand der deutschen Aktiengesellschaft dieses amerikanischen Konzerns wenig zu sagen hatte. Die Bereichsleiter aus der Kodak-Zentrale in Rochester griffen direkt durch und stellten den deutschen Vorstand manchmal vor vollendete Tatsachen. Ähnliches habe ich bei General Motors und Opel erlebt, dort allerdings in der Rolle als Berater, nicht als Aufsichtsrat. Das letztliche Scheitern von Kodak lag meines Erachtens nicht an mangelnder Erkenntnis. Vor meiner Aufsichtsratstätigkeit hatte ich zahlreiche Managementseminare für Kodak gegeben. Die Einsicht, dass die Digitalisierung eine Bedrohung darstellte, war früh vorhanden. Bereits 1983 formulierte Kodak seine Geschäftsdefinition dahingehend neu, dass die Firma im »Imaging Business« sei, egal mit welcher Technologie die Bilder dargestellt würden. Das war ohne Zweifel eine richtige Erkenntnis, doch erkannt heißt nicht getan. Die mehr als 100 000 Mitarbeiter von Kodak waren auf die klassische Kameratechnologie und chemische Filme eingestellt. Zudem hatte die jahrzehntelange Marktdominanz von Kodak für eine ausgeprägte Arroganz und Veränderungsunwilligkeit gesorgt. Mit einer solchen Mannschaft und Kultur kann man kaum einen neuen Markt entwickeln, der zudem den angestammten Markt zerstört. Es gab auch Diversifikationsversuche. So wollte Kodak in die Pharmaindustrie einsteigen und kaufte dazu die Firma Sterling Drug, der in den USA die Marke Aspirin gehörte, die aber ansonsten nicht zu den führenden Forschungsunternehmen zählte. Wie so oft bei Diversifikationen zeigte sich, dass ein Seiteneinsteiger mit dem Erwerb eines mittelmäßigen Pharmaunternehmens gegen die führenden Pharmafirmen nicht bestehen kann. Für Bayer war das übrigens ein Glücksfall, denn im Rahmen der auftretenden Probleme konnte Bayer endlich den Namen Bayer und den Markennamen Aspirin, der im Ersten Weltkrieg enteignet worden war, zurückkaufen. Der frühere Bayer-Vorstandsvorsitzende Professor Herbert Grünewald hatte mir oft berichtet, welch ständigen Ärger es in den USA gab, weil die amerikanischen Markenrechte für Bayer und Aspirin nicht in Leverkusen lagen. Dieses Problem konnte der Nachnachfolger von Grünewald, Dr. Manfred Schneider, in den neunziger Jahren endlich aus der Welt schaffen.

Wiederum völlig anders waren die Erfahrungen als Aufsichtsrat bei der Neugründung IhrPreis.de AG. Diese Internetfirma wurde am 8. September 1999 von den WHU-Absolventen Frank Bilstein, Christian Langen, Torsten Weber, dem IT-Experten Mark Rakozy und dem Juristen Dr. Thomas Stoffmehl gegründet. Dem Aufsichtsrat gehörten der spätere CDU-Bundestagsabgeordnete und stellvertretende Fraktionschef Dr. Michael Fuchs als Vorsitzender, der ehemalige Bundeswirtschaftsminister Dr. Günter Rexroth, INSEAD-Professor Christoph Loch sowie ich selbst an. Die Geschäftsidee beruhte auf dem sogenannten Name-your-own-Price-Modell, bei dem der Kunde einen Preis bietet und der Anbieter danach entscheidet, ob er dieses Preisangebot annimmt oder nicht. Name-your-own-Price, auch Customer-driven-Pricing oder Reverse-Pricing genannt, ist ein Verfahren, hinter dem aus Verkäufersicht die Erwartung steht, dass der Kunde seine wahre Preisbereitschaft offenlegt. Das Preisgebot des Kunden ist dabei bindend (zumindest in der Anfangsphase von IhrPreis.de). Die Zahlung wird durch Angabe der Kreditkartennummer oder durch Lastschrifteinzug sichergestellt. Sobald das Gebot des Kunden oberhalb eines nur dem Anbieter bekannten Minimumpreises liegt, erhält der Kunde den Zuschlag und zahlt den von ihm gebotenen Preis. Als Erfinder des Name-your-own-Price-Modells gilt die amerikanische Firma Priceline.com. Auch in Deutschland gab es mehrere Anbieter, neben IhrPreis.de insbesondere tallyman.de.

Die Gründer, die alle dem Vorstand der Aktiengesellschaft angehörten, gingen das Projekt sehr professionell an. Die Arbeit im Aufsichtsrat machte Spaß, denn es gab ständig neue Ideen und Ansätze. Die Finanzierung stand, und es gelang, namhafte Unternehmen wie TUI, Medion oder die Otto-Gruppe als Investoren und Lieferanten zu gewinnen. Das Geschäft lief vielversprechend an. Im Zeitablauf zeigte sich allerdings, dass viele Kunden unrealistisch niedrige Preisgebote abgaben. Entweder gingen hauptsächlich Schnäppchenjäger auf die Name-your-own-Price-Seiten oder die Verbraucher legten nicht ihre wirkliche Preisbereitschaft offen, sondern probierten, ob sie das Produkt zu einem äußerst niedrigen Preis ergattern konnten. Trotz seiner theoretisch interessanten Potenziale erfüllte das Name-your-own-Price-Modell die Erwartungen nicht, und die IhrPreis.de AG stellte nach gut zwei Jahren ihre Aktivitäten ein. Sie erlitt das gleiche Schicksal wie zahlreiche vielversprechende Internet-Geschäftsmodelle. Dennoch bereue ich den Einsatz bei diesem Start-up nicht, denn ich habe dort viel Neues gelernt.

Mit Günter Rexroth, den ich im Aufsichtsrat von IhrPreis.de näher kennen lernte, verbindet mich eine traurige Erinnerung. Er hatte Pech, ich selbst großes Glück. Im Mai 1996 waren wir beide, unabhängig voneinander, an den Viktoriafällen in Zimbabwe. Ihn brachte ein privater Abstecher von einer Dienstreise dorthin. Ich hielt dort einen Vortrag für die südafrikanische Firma SAPPI, den Weltmarkt-führer für sogenannte »casting and release papers«. Am Vorabend meines Auftritts unternahmen wir eine Fahrt auf dem Sambesi, die mit einem Barbecue am Ufer endete. Ein Südafrikaner fragte mich beiläufig, ob ich Malaria-Prophylaxe habe. Ich verneinte. Da ich nur einen Tag bleiben wollte, hatte mein deutscher Arzt eine solche Vorsorge nicht für nötig befunden. »Bist du wahnsinnig?«, war die spontane Reaktion des Südafrikaners. Zurück im Hotel gab er mir sofort Malaria-Tabletten, und ich schluckte diese. In den folgenden Wochen beobachtete ich angespannt, ob sich irgendwelche Anzeichen von Malaria zeigten. Doch der Befund blieb negativ. Günter Rexrodt hatte weniger Glück. Er fing sich bei seinem Aufenthalt an der gleichen Stelle eine »Malaria tropica«, die gefährlichste Form dieser Krankheit, ein. Einen Monat später wurde er schwer krank in die Charité eingeliefert. Am 19. August 2004 verstarb er im Alter von 62 Jahren. Er war ein sehr sympathischer Mensch.

In weiteren Aufsichtsratsmandaten im Versicherungskonzern Gerling, bei der Kölner Maschinenfabrik Hermann Kolb AG, beim deutschen Marktführer für Asphalt, Deutag AG, und in einem Verlagshaus konnte ich mein Erfahrungsspektrum erweitern. In vielen, wenn nicht in den meisten Sitzungen dominierten – anders als bei IhrPreis.de – formale Aspekte. Den Wertbeitrag der Aufsichtsräte zur strategischen Entwicklung der jeweiligen Unternehmen schätze ich eher gering ein. Selbst empfand ich die Sitzungen zunehmend als langweilig. Meine Lernkurve flachte ab. Nachdem ich 1995 bei Simon-Kucher als CEO angetreten war, ließ ich meine Aufsichtsratsmandate auslaufen. Unternehmensberatung und Aufsichtsratätigkeiten passen nicht zueinander. Zum einen ergibt sich bei der Erteilung von Beratungsprojekten durch das betroffene Unternehmen ein Geschmäckle. Zum anderen schließt man den Rest der Branche faktisch als Klientel aus. Nach meinem Ausscheiden als CEO gab es wieder zahlreiche Einladungen in Aufsichtsräte. Ich habe mich aber entschieden, keine Aufsichtsratsmandate mehr anzunehmen.

Verlockende Angebote

Durch die Tätigkeit in Schloss Gracht, Managementseminare, Vorträge und Publikationen hatte ich in der Praxis einen gewissen Bekanntheitsgrad gewonnen. Zu meiner eigenen Überraschung sprachen mich während meiner Zeit an der Harvard Business School unabhängig voneinander die CEOs von zwei Unternehmen an, die zu den 50 größten in Deutschland gehörten. Mit beiden gab es mehrere Gespräche. Einer der beiden, der auch Miteigentümer des Unternehmens war, besuchte mich 1988 sogar eigens in Harvard und stellte mich bei einem Abendessen der Eigentümerfamilie vor. Die Verhandlungen mündeten in Angeboten, in den Vorstand einzutreten. Ich war damals Anfang Vierzig. Diese Angebote waren für mich eine große Nummer. Zu dieser Zeit sah ich die Option, Vollzeit-CEO von Simon-Kucher zu werden, noch nicht. Insofern stand ich vor der Qual der Wahl zwischen Universitätskarriere verbunden mit nebenberuflicher Beratung oder Industriekarriere in einem Großunternehmen. Unter den beiden Angeboten hätte ich dasjenige des Familienunternehmens vorgezogen. Ich hielt diese Firma für deutlich stärker und sah dort bessere Entwicklungsperspektiven. Allerdings waren mir einige Familienmitglieder etwas seltsam vorgekommen. Wenn man als angestellte Führungskraft in einem familienbestimmten Konzern arbeitet, muss die Chemie stimmen. In dieser Hinsicht war ich unsicher. Ich kannte alle Topmanager dieses Konzerns. Sie kochten nur mit Wasser. Dennoch hatte ich Bedenken wegen meiner mangelnden Branchen- und Führungserfahrung. Letztlich fiel die Entscheidung gegen den Wechsel in die Industriepraxis. Manchmal frage ich mich mit einem leichten Unterstrom von Bedauern, was aus mir geworden wäre, wenn ich eines der Vorstandsangebote angenommen hätte. Gleichwohl, eine solche Frage ist müßig. Man geht nur einen Weg. Und aus der Rückschau glaube ich, dass der Weg, den ich gewählt habe, für mich der richtige war.

8. DER PREISE SPIEL

Preisheiten

Eines meiner Bücher nannte ich *Preisheiten*. Diesen seltsamen Titel erklären die folgenden Reime: »Des Preises tief're Weisheiten / Nenn schmunzelnd ich hier «Preisheiten». / «Der Preis ist heiß», so tönt es immer, / Die Wirklichkeit ist deutlich schlimmer. / Der Preise Spiel muss man durchschauen, / Sonst wird man übers Ohr gehauen.«

Der Preis ist das zentrale Scharnier der Ökonomie. Um ihn dreht sich alles. Preise sorgen für den Ausgleich von Angebot und Nachfrage. Kein anderes Marketinginstrument eignet sich besser, um den Absatz schnell und effektiv zu steuern. Der Preis ist bei typischen industriellen Kostenkonstellationen der stärkste Gewinntreiber. Im Wettbewerb ist der Preis die am häufigsten eingesetzte und wirksamste Angriffswaffe. Preiskriege bilden in vielen Märkten die Regel und nicht die Ausnahme, meistens mit verheerenden Gewinnwirkungen. Sonderangebote und Preispromotions sind im Handel allgegenwärtig. In Deutschland entfallen 70 Prozent des Bierumsatzes im Einzelhandel auf Sonderangebote, mit Rabatten von bis zu 50 Prozent.[1] Manager haben Angst vor dem Preis, speziell wenn es um Preiserhöhungen geht. Denn es lässt sich nie mit absoluter Sicherheit prognostizieren, wie die Kunden reagieren. Werden Sie tatsächlich mehr kaufen, wenn man die Preise senkt? Bleiben sie nach einer Preiserhöhung bei der Stange oder laufen sie in Scharen zur Konkurrenz über? Solche Fragen verursachen Managern höchstes Unwohlsein. Im Zweifel lassen sie lieber die Finger vom Preis und wenden sich einer weiteren Kostensenkungsrunde zu. Ich habe den Finger nicht vom Preis gelassen. Im Gegenteil, der Preis wurde meine Berufung.

Der Schweinepreis

Auf unserem Bauernhof begegneten mir Preise von Kindheit an hautnah. Mein Vater schickte die gemästeten Schweine zum Großmarkt, wo diese im Rahmen einer Auktion verkauft wurden. Da viele Bauern ihre Schweine auf den Markt brachten sowie zahlreiche Metzger und Händler als Nachfrager auftraten, handelte es sich um einen klassisch polypolistischen Markt. Kein einzelner Anbieter und Nachfrager hatte Einfluss auf den Preis der Schweine. Mein Vater bekam den Preis pro Kilo von der Raiffeisengenossenschaft, die die Transaktionen abwickelte, mitgeteilt. Bei der Milch, die wir an die örtliche Molkerei lieferten, war es ähnlich. So hatten wir keinerlei Einfluss auf den Preis, sondern erfuhren diesen von der Molkerei, die ebenfalls eine Genossenschaft war. Der Milchpreis schwankte dabei je nach Angebot und Nachfrage. Nicht sehr verschieden ging es auf dem Ferkelmarkt zu, der zweiwöchentlich in der Kreisstadt Wittlich stattfand und zu dem wir mit unserem Pferdefuhrwerk fuhren. Gab es ein Überangebot, so fielen die Preise. In allen Märkten war mein Vater »Preisnehmer«, eine ausgesprochen unangenehme Position. Denn Geld war knapp, und diese Verkäufe bildeten unsere einzigen Einnahmequellen. Ich bekam das alles als kleiner Junge mit und muss sagen, dass es mir missfiel. Jahrzehnte später sagte ich in Interviews, diese Erfahrung habe mich gelehrt, nie ein Geschäft zu betreiben, in dem man keinen Einfluss auf die Preise hat.[2] Ich will nicht behaupten, dies so explizit als Kind erkannt zu haben, aber in meinem Bauch rumort es bis heute, wenn ich an Schweine- und Milchpreise denke. Und vielleicht stammt aus jener Zeit auch das Gefühl, dass ich wenig von Geschäften halte, die keinen Gewinn abwerfen. Das Thema Preis sollte mich jedenfalls nie mehr loslassen.

Der Preis als Wegbegleiter

Für mich wurde der Preis zum lebenslangen Wegbegleiter. Im Studium an der Universität Bonn faszinierten mich die Preistheorie-Vorlesungen von Professor Wilhelm Krelle. In der Tat waren das schöne Theorien, mathematisch elegant, zudem sehr komplex. Von Anwendung war selten die Rede. Dennoch vermittelte mir diese harte Schule solide Denk- und Methodenfundamente. Doch nie wäre ich zu jener Zeit auf die Idee gekommen, dass man diese Konzepte tatsächlich für die Praxis nutzen könnte. Eine Art reales Preiserlebnis bescherte uns Professor Reinhard Selten, der Experimente mit richtigem Geld durchführte – eine echte Innovation. Im Jahr 1971 lobte er bei einem Vortrag im Seminar von Professor Krelle 100 D-Mark aus. Ein A-Spieler und vier B-Spieler sollten diesen Betrag unter sich aufteilen, indem sie eine Koaliton bildeten, die mindestens zehn Minuten halten musste. Der A-Spieler konnte eine Koalition mit zwei B-Spielern bilden oder die vier B-Spieler konnten sich zusammenschließen. Ich war der A-Spieler und nach vielem Hin und Her mit wechselnden Koalitionen gelang es, eine Koalition über zehn Minuten zu halten, bei der zwei B-Spieler jeweils 20 und ich 60 D-Mark gewannen.

Dieses höchst anschauliche Experiment lehrte mich, dass es beim Preis immer um die Aufteilung eines Wertes geht. Acht Jahre später war ich an der Universität Bielefeld Kollege von Reinhard Selten (1930–2016). Für seine experimentelle Forschung erhielt er, wie erwähnt, als bisher einziger Deutscher 1994 den Nobelpreis in Wirtschaftswissenschaften. Sein Experiment gehört zu den Highlights meiner Studienzeit. Nach dem Examen ging es nahtlos weiter. Eine entscheidende Weichenstellung war meine Dissertation zum Thema »Preisstrategien für neue Produkte«,[3] die ich als Assistent von Professor Horst Albach schrieb. Während

Abb. 1: *Therese Simon, 1936*

Abb. 2: *Adolf Simon als Jungbauer mit Gamaschen, 1937*

Abb. 3: *Erste Führungsschule in der Jungenbande, Hasborn 1959*

Abb. 4: *Überfahrt nach Afrika, auf der Virgen de Africa 1965*

Abb. 5: *Gegen 20 US-Dollar getauschter Anteilsschein, Moskau 1971*

Abb. 6: *Hermann Simon hält einen NPD-Ordner fest, Donauhalle Ulm Quelle:* Spiegel am *27. November 1967*

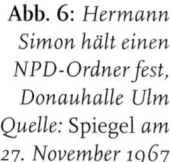

Abb. 7: *Beisetzung des Rekruten Norbert Theisen, Zell an der Mosel Quelle:* Stern am *17. März 1968 (hinten rechts Hermann Simon)*

Abb. 8:
*Mit Michail
Gorbatschow,
Bonn 1992*

Abb. 9:
*Mit Bill Clinton,
Augsburg 2001*

Abb. 10: *Schloss Gracht bei Köln, mit Arbeitszimmer im Erkerturm vorne rechts, 1987*

Abb. 11: *Letzte Begegnung mit Peter Drucker in Claremont Los Angeles am 11. August 2002*

Abb. 12: *Mit Tom Peters, Berlin 1995*   **Abb. 13:** *Mit Philip Kotler, Tokio 2016*

BONN
BLEIBT
HAUPTSTADT

Abb. 14: *Aufkleber von Cäcilia Simon, Bonn 1991*

Abb. 15: *Hidden Champions als Titelseite der* Businessweek, *Januar-Ausgabe 2004*

Abb. 16: *Mittagessen mit Henry Kissinger, Alte Oper Frankfurt am 11. September 2001.*

Abb. 17:
*Tomohiro
Nakada
und Professor
Takaho Ueda
Nakatsugawa,
Japan 2015*

Abb. 18: *Mit
Yang Shuren
und Cäcilia
nahe der chine-
sischen Mauer,
2018*

Abb. 19: *Mit Cäcilia in koreanischem Nationalkostüm Hanbok, Bonn 2013*

Abb. 20: *Stamm-Mannschaft von Simon-Kucher & Partners, 1988 ...*

Abb: 21: *... und 2015, von links: Karl-Heinz Sebastian, Hermann Simon, Georg Tacke, Eckhard Kucher und Klaus Hilleke*

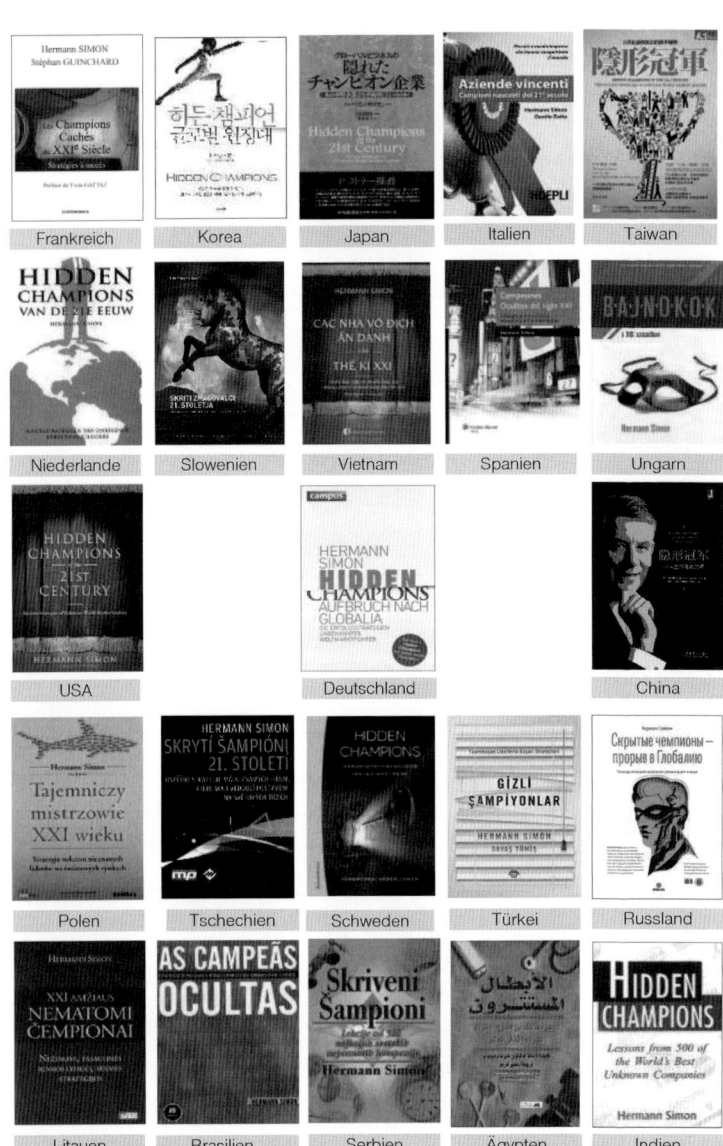

Frankreich	Korea	Japan	Italien	Taiwan
Niederlande	Slowenien	Vietnam	Spanien	Ungarn
USA		Deutschland		China
Polen	Tschechien	Schweden	Türkei	Russland
Litauen	Brasilien	Serbien	Ägypten	Indien

Abb. 22: *Titelseiten der internationalen* Hidden Champions-*Ausgaben*

meiner Assistentenzeit durfte ich auch an einigen Gutachten mitarbeiten, die sich mit preispolitischen Fragestellungen befassten. Diese Gutachten gaben mir erste Einblicke in das Pricing großer Unternehmen. Mir schien, dass es dort erhebliche Verbesserungspotenziale gab.

Bei einem Besuch an der Northwestern University in Evanston wies mich Philip Kotler auf jemanden hin, der sich »Price Consultant« nenne, tatsächlich anwendungsorientiert arbeite und damit offenbar gut über die Runden komme. Ein »Price Consultant«, das war für mich neu und geradezu unvorstellbar. Kurze Zeit später kontaktierte ich Dan Nimer, so hieß der in Chicago ansässige Preisberater. Er schickte mir einige seiner Artikel, die von den theoretischen Papieren, mit denen ich mich bisher beschäftigt hatte, sehr verschieden waren. Ich sah Nimer in den Jahren seither bei Preiskonferenzen viele Male wieder. Im Jahre 2012 ehrten wir ihn mit einer Festschrift zu seinem 90. Geburtstag.[4] Er blieb bis zuletzt aktiv, hielt Vorträge und beriet trotz seines biblischen Alters in Preisfragen. In seinen frühen Jahren formulierte er folgenden, unverändert gültigen Satz: »Die Aufgabe des Preises ist nicht, die Kosten zu verdienen, sondern den wahrgenommenen Wert des Produktes einzufangen.«[5] Dan Nimer verstarb am 9. Januar 2015.

Auch mit dem berühmten Managementdenker Peter Drucker hatte ich viele interessante Diskussionen zum Pricing. Er ermunterte mich, am Ball zu bleiben: »Ich bin von Ihrer Betonung des Preises beeindruckt. Der Preis wird total vernachlässigt. Preispolitik ist heute im Grunde Raterei. Und ich glaube, es wird einige Zeit dauern, bevor Ihre Konkurrenten aufholen.«[6] Der Preis interessierte Drucker aus ökonomischer und ethischer Sicht. Er verstand Gewinne als »Kosten des Überlebens« eines Unternehmens und auskömmliche Preise folglich als Mittel zum Überleben. Er hatte ethisch hohe Vorstellungen zu Themen wie Ausnutzung von Marktmacht, Preistransparenz und fairem Verhalten. Noch kurz vor seinem Tod gab er für unser Buch *Manage for Profit, not for Market Share* das folgende Testimonial ab: »Marktanteil und Gewinn müssen in der Balance gehalten werden. Der Gewinnaspekt wird oft vernachlässigt. Dieses Buch bringt eine dringend benötigte Korrektur.«[7]

Seit meiner Dissertation blieb ich dem Thema treu und fokussierte meine Forschung auf das Pricing. Als Titel für mein erstes Lehrbuch, das 1982 im Gabler-Verlag erschien, erfand ich den neuen Begriff »Preismanagement«.[8] Lange hatte ich über den Titel nachgedacht. Er war zu jener Zeit völlig ungewöhnlich, niemand hatte diesen Begriff vorher gebraucht, und er traf keineswegs auf spontane Akzeptanz. Bis dato waren nur die Termini »Preistheorie« und »Preispolitik« gebräuchlich. Preistheorie war das Gebiet, das ich an der theoretisch-quantitativ ausgerichteten Universität Bonn kennen gelernt hatte. Mit Preispolitik bezeichnete man praxisorientierte Inhalte, die überwiegend verbal vorgetragen wurden. Mit solchen qualitativen Aussagen konnte man nicht viel anfangen. Der Preis muss letztlich immer quantitativ, das heißt als Zahl, ausgedrückt werden.

Mit dem Begriff »Preismanagement« verband ich den Anspruch, beide Gebiete, die Preistheorie und die Preispolitik, zu integrieren. Ich wollte quantitativ-theoretische Konzepte praktisch anwendbar machen und so zur Verbesserung von Preisentscheidungen in der Praxis beitragen. Mein erstes *Preismanagement*-Buch hatte mit 483 Seiten bereits einen beachtlichen Umfang. Die zweite, völlig neu bearbeitete Auflage unter demselben Haupttitel ergänzt um den Untertitel »Analyse – Strategie – Umsetzung« wuchs auf 740 Seiten und wurde 1992 veröffentlicht. Im Jahr 2008 erschien die dritte Auflage mit Professor Martin Fassnacht als Ko-Autor. Ich wollte sicherstellen, dass wir den aktuellen Stand der Wissenschaft, dem ich nicht mehr so nahestand, reflektierten. Ein Autorenteam aus Praktiker, der ich damals seit 13 Jahren war, und Wissenschaftler ist bei einem Lehrbuch eine Seltenheit. Im Jahr 2011 wurde *Preismanagement* mit dem Georg-Bergler-Preis für das beste Marketinglehrbuch ausgezeichnet. Im Jahre 2016 folgte schließlich die völlig neu bearbeitete 4. Auflage des Buches, die wesentlich stärker als die Vorgängerausgabe auf die Auswirkungen der Digitalisierung einging.

Im Jahr 2010 erschien in einem bekannten deutschen Verlag ein Buch mit dem identischen Titel *Preismanagement*. Autor war ein Professor einer renommierten deutschen Hochschule. Wegen sehr umfänglicher »Überlappungen« mit unserem Originalwerk musste dieses Buch Ende 2010 vom Markt genommen werden. Am 9. Dezember 2010 schrieb der – ebenfalls renommierte – Verlag an meinen Patentanwalt: »Wir versichern hiermit, es künftig zu unterlassen, die 1. Auflage des Werkes ›Preismanagement‹ von Herrn Professor xxx herzustellen oder zu verbreiten. Unserem Lizenznehmer YYY haben wir den Titel mit sofortiger Wirkung zurückgerufen.« Der Patentanwalt mahnte auch Amazon.de ab, als das Buch dort noch angeboten wurde. Amazon antwortete am 7. Januar 2011: »Wir haben unmittelbar nach Erhalt Ihres Schreibens veranlasst, dass der Titel ›Preismanagement‹ von Prof. xxx von der Website www.amazon.de entfernt wird.« Der Verlag des Plagiats erkannte zudem unser Recht an dem Titel »Preismanagement« an und verpflichtete sich, auch in Zukunft kein Fachbuch unter diesem Titel zu publizieren.

Eine gekürzte englischsprachige Fassung der ersten Auflage von *Preismanagement* wurde 1989 unter dem Titel *Price Management* vom New Yorker Verlag Elsevier veröffentlicht.[9] Auch im Englischen war dieser Begriff bis dato nicht gebräuchlich. 1996 publizierte ich gemeinsam mit Robert Dolan das Buch *Power Pricing*.[10] Im Jahr 2018 erschien das englischsprachige Lehrbuch *Price Management* bei Springer, New York. Versionen der verschiedenen Pricing-Bücher wurden in mehr als 20 Sprachen übersetzt.

Während meiner Zeit als Professor an den Universitäten Bielefeld (1979–1989) und Mainz (1989–1995) hielt ich regelmäßig Vorlesungen und Seminare zum Preismanagement. Ich vergab zahlreiche Diplomarbeiten und Dissertationen zu diesem Gebiet. Mit jedem Thema, das wir angingen, taten sich neue Fragestellungen auf. Diese und viele weitere Arbeiten trugen zur Erweiterung unseres Wissensstandes im Preismanagement bei. Neben der Lehrtätigkeit in Bielefeld und Mainz hielt ich über die Jahre zahlreiche Kurse und Vorträge zum Preismanagement an Universitäten und

Business-Schools sowie bei Managementkonferenzen in der ganzen Welt. Der Preis war aus seinem Dornröschenschlaf erwacht.

Pretium

Unzählige Male wurde ich gefragt, was der wichtigste Aspekt im Preismanagement sei. Meine Antwort lautete stets: »Der Wert«, oder auch: »Der Kundennutzen«. Die Preisbereitschaft des Kunden und der damit vom Anbieter erzielbare Preis sind immer die Widerspiegelung des vom Kunden wahrgenommenen Wertes oder Nutzens eines Produktes. Sieht der Kunde einen höheren Wert, ist er bereit, mehr zu zahlen. Ist der wahrgenommene Wert hingegen niedriger als bei einem Konkurrenzprodukt, so kauft er nur, wenn sein Preis ebenfalls niedriger ist. Im Hinblick auf den erzielbaren Preis ist also nur der subjektiv wahrgenommene Wert des Kunden relevant. Alle anderen Werttheorien (etwa die Arbeitswerttheorie von Karl Marx, der zufolge der Wert eines Produktes sich aus der hineingesteckten Arbeit ableitet), kann man vergessen.

Die alten Römer haben diesen fundamentalen Zusammenhang verstanden. Denn die lateinische Sprache hat dasselbe Wort für Wert und Preis: *pretium*. Interpretiert man diese Identität wörtlich, so sind Wert und Preis dasselbe. Und diese Auffassung ist fürwahr keine schlechte Leitlinie für das Herangehen an Preisprobleme. Denn sie legt nahe, sich zunächst mit dem Wert in den Augen des Kunden zu befassen. Daraus ergeben sich drei wichtige Aufgaben:

- *Wert schaffen:* eine Herausforderung für Innovation, Beschaffenheit des Materials, Produktqualität, Design und so weiter.
- *Wert kommunizieren:* Diese Aufgabe umfasst Aussagen zu Produkt, Positionierung und nicht zuletzt die Marke. Auch Verpackung, Darbietung, Platzierung im Laden und so weiter lassen sich dieser Aufgabe zurechnen.
- *Wert erhalten:* Hier geht es um die Nachkaufphase. Bei Luxusartikeln oder dauerhaften Konsumgütern wie Automobilen liefert

die Werterhaltung einen entscheidenden Beitrag zur Preisbereit-schaft beim Erstkauf.

Erst wenn ein Anbieter über den Wert Klarheit gewonnen hat, soll-te er an die Preissetzung herangehen. Und für den Nachfrager ist die Beschäftigung mit dem Wert gleichermaßen wichtig. Nur wenn man den Wert kennt, wird man als Käufer nicht über den Tisch ge-zogen und zahlt nicht zu viel. Die Kenntnis des Wertes schützt ei-nen vor dem Kauf eines Produktes, das auf den ersten Blick nach einem Schnäppchen aussieht, sich aber später als »Zitrone« he-rausstellt.[11] Der berühmte spanische Aphoristiker Baltasar Graci-an (1601–1658) hat dies in seinem *Handorakel* in höchst einsichts-reicher Weise ausgedrückt: »Es ist besser im Preis als in der Ware betrogen zu werden.« Wenn ein Händler uns beim Preis über den Tisch zieht, uns das Produkt also zu teuer verkauft, dann ist das ärgerlich. Aber dieser Ärger ist temporär. Dreht der Händler uns hingegen eine schlechte Ware an, dann bleibt der Ärger ein stän-diger Begleiter, bis wir uns des Produktes endlich entledigen, weil wir seiner überdrüssig sind. Die Moral aus dieser Einsicht: Achten Sie bei Kauf und Verhandlung mehr auf die Ware als auf den Preis. Allerdings ist das nicht einfach. Der Preis ist eine eindimensionale oder allenfalls eine geringdimensionale Größe, die Ware hingegen ist vieldimensional und insofern schwerer zu beurteilen.

In eine ähnliche Richtung zielt die französische Weisheit: »Le prix s'oublie, la qualité reste«. Den Preis vergisst man, die Qualität bleibt. Wer hat diese einfache, tiefe Wahrheit nicht selbst erfahren? Preis als ephemere, oft schnell vergessene Größe, hingegen Wert und Qualität als etwas Dauerhaftes. Wer hat sich nicht schon vor-schnell gefreut über einen niedrigen Preis, darüber, ein Schnäpp-chen ergattert zu haben, um erst später zu bemerken, von welch mieser Qualität das scheinbar so günstige Produkt war? Und umge-kehrt: Wer hat nicht schon beim Kauf mit einem hohen Preis geha-dert und durfte später zu seiner Freude feststellen, dass er hervor-ragende Qualität erworben hat? Der englische Sozialreformer John Ruskin (1819–1900) hat den gleichen Sachverhalt ebenfalls präzise beschrieben: »Es ist unklug, zu viel zu bezahlen, aber es ist noch schlechter, zu wenig zu bezahlen. Wenn Sie zu viel bezahlen, verlieren Sie etwas Geld, das ist alles. Wenn Sie dagegen zu wenig bezahlen, verlieren Sie manchmal alles, da der gekaufte Gegenstand die ihm zugedachte Aufgabe nicht erfüllen kann. Das Gesetz der Wirtschaft verbietet es, für wenig Geld viel Wert zu erhalten. Nehmen Sie das niedrigste Angebot an, müssen Sie für das Risiko, das Sie eingehen, etwas hinzurechnen. Und wenn Sie das tun, dann haben Sie auch genug Geld, um für etwas Besseres zu bezahlen.«[12]

Eine Erfahrung, die diese Aussagen bestätigte, machte ich als Jugendlicher. Da die landwirtschaftlichen Betriebe in unserem Dorf sehr klein waren, teilten sich jeweils zwei oder drei Bauern einen Mähbinder. Das bedeutete, dass man dem anderen Bauern beim Ernten des Getreides helfen musste. Dazu hatte ich mit Sechzehn keine Lust mehr. Deshalb kaufte ich, ohne meinen Vater zu fragen, bei einem Bauern, der seinen Betrieb aufgab, für 800 D-Mark (409 Euro) einen gebrauchten Mähbinder. Dieser Preis erschien mir sehr günstig. Die Maschine war ziemlich neu und in gutem Zustand. Ich war stolz, ein echtes Schnäppchen ergattert zu haben. Leider stellte sich bei der Ernte heraus, dass die Maschine, die mit einem neuen System arbeitete, sehr störanfällig war. Der günstige Preis war schnell vergessen, der Ärger mit der Maschine blieb, bis wir sie nach zwei Jahren stilllegten. Ich hatte meine Lektion gelernt: *Le prix s'oublie, la qualité reste.* Ob öffentliche Auftraggeber, die in der Regel den billigsten Bieter nehmen, diese Weisheit und das Zitat von Ruskin kennen?

Am Anfang der Preis

Bei Neuentwicklungen ist oft das umgekehrte Vorgehen angezeigt. Statt das Produkt zu entwickeln und dann über den Preis zu entscheiden, kann es ratsam sein, sich zuallererst über den erzielbaren Preis Gedanken zu machen. Dieses Vorgehen des »zuerst der Preis« steht im Mittelpunkt des Buches *Monetizing Innovation*, das meine

Partnerkollegen Madhavan Ramanujam und Georg Tacke geschrieben haben.[13] Sie schlagen vor, das Produkt um den Preis herum zu entwickeln. So lassen sich gravierende Fehler, die in der Praxis immer wieder vorkommen, vermeiden. Eine häufige Variante nennen die Autoren »Feature Shock«, auf Deutsch entspricht dem etwa die »eierlegende Wollmilchsau«. Zu viele Funktionen werden in ein Produkt hineingepackt. Der Versuch, allen alles zu bieten, führt letztlich dazu, dass man für niemanden das wirklich passende Produkt hat und zudem der Preis in Höhen getrieben wird, die am Markt keine Akzeptanz finden.

Ein Beispiel war das »Fire« genannte Smartphone von Amazon, das alleine vier Kameralinsen hatte, um Gesichtserkennung zu ermöglichen. Dieses Produkt wurde im Juli 2014 zu 199 Dollar eingeführt. Vier Monate später senkte Amazon den Preis auf 99 Cent. Dennoch floppte das Produkt und Amazon musste 170 Millionen Dollar abschreiben. Eine weitere Kategorie sind Produkte, die niemand wirklich braucht, insbesondere, wenn sie dann auch noch teuer sind. Viele technologische Wunderwerke fallen in diese Kategorie. Ein Beispiel ist der sogenannte Personal Transporter Segway. Als diese Innovation eingeführt wurde, kündigte der Erfinder Dean Kamen an, im ersten Jahr 50 000 Einheiten zu verkaufen. Sechs Jahre später hatte er 30 000 Stück verkauft, aber nicht pro Jahr, sondern eben in sechs Jahren, also 5 000 pro Jahr. Die ursprüngliche Prognose wurde um 90 Prozent verfehlt. Als Hauptursache kann der horrend hohe Preis gelten. Das Produkt wurde zu 5 000 Dollar und je nach Version zu Preisen von bis zu 7 000 Dollar angeboten. Offensichtlich lag der wahrgenommene Nutzen weitaus niedriger. Das römische Pretium, das Wert-Preis-Prinzip, war missachtet worden.

Meines Erachtens bilden Firmen, die bei der Produktentwicklung mit dem Preis beginnen, nach wie vor eine Minderheit. Ein Pionier auf diesem Gebiet ist Porsche. Nur wenige Unternehmen in der Autoindustrie und in anderen Branchen beschäftigen sich in derartiger Konsequenz mit dem Preis, bevor in die Entwicklung eines neuen Produktes investiert wird. Madhavan und Tacke schildern das Vorgehen am Beispiel des Cayenne: »Lange bevor das erste Konzeptmodell in Weissach fertig war, führte das Entwicklungsteam eingehende Studien mit potenziellen Kunden durch, dort wurden die Einstellungen zu einem Porsche-SUV und zu einer angemessenen Preislage erfasst. Die Analysen ergaben, dass die Zahlungsbereitschaft für ein Porsche-SUV höher war als für vergleichbare Fahrzeuge anderer Hersteller. Die Chance, einen Hit zu landen, deutete sich an.«[14] Porsche ist nicht zufällig der profitabelste Autohersteller – und eine unserer interessantesten Erfahrungen.

Preismacht

Preismacht – oder Pricing Power wie man im Englischen sagt – ist ein wichtiger Aspekt. Es geht um die Frage, inwieweit ein Anbieter in der Lage ist, seine Preisvorstellungen gegenüber seinen Kunden und dem Markt durchzusetzen. Auch in umgekehrter Richtung lässt sich Preismacht diagnostizieren. Kann ein Nachfrager seine Preisvorstellungen gegenüber seinen Lieferanten realisieren? So wird beispielsweise gesagt, dass Autohersteller gegenüber ihren Zulieferern eine hohe Preis- oder Nachfragemacht besitzen. Eine beträchtliche Nachfrage- beziehungsweise Preismacht wird auch großen Händlern gegenüber den Herstellern zugemessen. In Deutschland entfallen 85 Prozent der Umsätze im Lebensmitteleinzelhandel auf die vier großen Handelsketten Edeka, Rewe, Aldi sowie die Schwarz-Gruppe mit Kaufland und Lidl.

Der berühmte Investor Warren Buffett hält Pricing Power für die entscheidende Determinante des Unternehmenswertes. Er sagt: »Das einzeln betrachtet wichtigste Kriterium für die Bewertung eines Unternehmens ist die Preismacht.«[15] Auch der Wert einer Marke zeigt sich letztlich darin, ob sie in der Lage ist, einen Premiumpreis zu erzielen.

Eine ungewöhnliche Interpretation des Preises, die den Machtaspekt in den Mittelpunkt stellt, stammt von dem französischen

Soziologen Gabriel Tarde (1843–1904). Tarde sieht jeden Preis, jeden Lohn und jeden Zins als einen momentan still gestellten Streit an.[16] Bei Tarifvereinbarungen ist das unmittelbar evident. Der Friede hält nur bis zur nächsten Tarifrunde. Dann bricht der Streit bis zur nächsten Einigung wieder aus. Bei der Festlegung des Preises geht es um einen Machtkampf zwischen Anbieter und Nachfrager. Es handelt sich zwar nicht um ein Nullsummenspiel, aber dennoch wird die Aufteilung des Kuchens zwischen Verkäufer und Käufer in wesentlichen Teilen durch den Preis bestimmt.

Mit dem Thema Preismacht haben wir ständig zu tun. In der Realität ist es um die Preismacht der meisten Unternehmen bescheiden bestellt. In der »Global Pricing Study« von Simon-Kucher & Partners befragten wir 2 713 Manager aus 50 Ländern. Nur 33 Prozent von diesen attestierten ihrem Unternehmen hohe Preismacht. 67 Prozent waren hingegen der Meinung, dass ihre Firma am Markt nicht die Preise realisieren könne, die sie zur Erzielung einer angemessenen Rendite brauche. In Firmen, in denen sich das Topmanagement selbst um die Preise kümmert, ist die Preismacht der Studie zufolge 35 Prozent höher als in Unternehmen, in denen nachgeordnete Manager über die Preise entscheiden. Und wenn es eine spezielle Abteilung gibt, die für den Preis zuständig ist, erhöht das die Preismacht um 24 Prozent. Es lohnt sich offenbar, hochkarätige Managementkompetenz auf den Preis anzusetzen. Das erzeugt höhere Preismacht, und Firmen mit stärkerer Preismacht sind erfolgreicher in der Umsetzung von Preiserhöhungen. Sie halten höhere Preise zudem besser durch und fahren letzten Endes signifikant höhere Gewinne ein.

Vormarsch der Preise

In der Vergangenheit hatten viele Güter keine Preise. Sie wurden vom Staat, von Kirchen und gemeinnützigen Organisationen gratis zur Verfügung gestellt, oder es galt als moralisch inakzeptabel, für bestimmte Leistungen einen Preis zu verlangen. Die Benutzung von Autobahnen war frei, es gab keine Studiengebühren oder Einzelleistungen waren in einem Gesamtpreis verborgen. Auf vielen Gebieten galten Preise als tabu. Doch das ändert sich rapide. Wie der amerikanische Philosoph Michael J. Sandel in dem Buch *Was man für Geld nicht kaufen kann. Die moralischen Grenzen des Marktes* nachweist, dringen Preise immer stärker in alle Lebensbereiche vor.[17] Fluggesellschaften bieten Passagieren gegen einen Aufpreis das Recht an, zuerst ins Flugzeug zu steigen. Selbst für die Einreise in die USA muss man heute 14 Dollar bezahlen. So viel kostet der Eintrag in ESTA (Electronic System for Travel Authorization). Gegen Zahlung einer Gebühr kann man in Amerika während der Rush-Hour auf Sonderspuren fahren. Sogenannte »Marktdesigner« schlagen ein allgemeines Verkehrspreissystem vor, das für alle Straßen gilt. Sie schätzen die Kosten der derzeitigen weltweiten Verkehrsüberlastung auf 1 Billion Dollar. Moderne Technologie ermöglicht die Überwachung und Preisfestsetzung der Straßennutzung auf Basis von Echtzeit-Knappheit. Die Autoren sehen dies als »eine unvermeidliche Zukunft«, um die Nutzung von Straßen effizienter zu machen. Auf den Autobahnen in Singapur stieg die Durchschnittsgeschwindigkeit nach Einführung eines solchen Systems von 31 auf 67 Stundenkilometer.[18] Die Preise variieren dabei je nach Verkehrslage. Für 1 500 Dollar pro Jahr offerieren amerikanische Ärzte ihre Handynummer und jederzeitige Erreichbarkeit. In Afghanistan zahlen private Unternehmen Söldnern 250 bis 1 000 Dollar pro Tag für Kampfeinsätze. Der Preis hängt von Qualifikation, Erfahrung und Staatsangehörigkeit des Kämpfers ab. Im Irak und in Afghanistan waren mehr Angestellte privater Sicherheits- und Militärunternehmen im Einsatz als Soldaten der US-Armee.[19] 6 250 Dollar kostete 2017 das Austragen eines Embryos durch eine indische Leihmutter. Das Recht, in die USA einzuwandern, kann man für 500 000 Dollar kaufen. Knappe Studienplätze werden an manchen Universitäten meistbietend versteigert.

Immer stärker dringen Markt- und Preismechanismen in unser Leben vor. Zunehmend wird alles mit einem Preisschild versehen. Das Übergreifen von Preisen auf Bereiche, die bisher von Normen außerhalb des Marktes gesteuert wurden, ist eine der bedeutsamsten Veränderungen unserer Zeit. Philosoph Sandel kommentiert diese Entwicklung wie folgt: »Wenn wir beschließen, dass bestimmte Güter ge- und verkauft werden dürfen, entscheiden wir – zumindest implizit –, dass es in Ordnung ist, sie als Waren zu behandeln, als Werkzeuge für den Profit und den Gebrauch. Doch nicht alle Güter werden angemessen bewertet, wenn man sie als Waren betrachtet. Menschen zum Beispiel.«[20]

Herausfordernd ist auch die Bewertung von Unternehmen. Hier kann es um horrend hohe Preise gehen. Und in diesem Kontext bin ich dem höchsten Preis in meiner Karriere begegnet. Es war am 2. März 2000 in Ludwigshafen. Wir saßen im Büro des damaligen BASF-Finanzvorstandes, Max Dietrich Kley. Die BASF hatte kurz vorher ihre Pharmaktivitäten, die in der Knoll AG gebündelt waren und für die wir mehrere Projekte bearbeitet hatten, an die amerikanische Firma Abbott Laboratories verkauft. Kleys Sekretärin kam herein und überreichte ihm einen Zettel. Er schaute auf das Papier und sagte: »Das ist die Bestätigung, dass der Kaufpreis für die Knoll AG in Höhe von 6,9 Milliarden D-Mark auf unserem Konto eingegangen ist.« Diese Summe entspricht 3,5 Milliarden Euro, sie würde heute im Rahmen von Mergers & Acquisitions niemanden mehr aufregen. Damals war es eine gigantische Summe.

In meiner Kindheit auf dem Bauernhof habe ich eine völlig andere Welt erlebt. Trotz meiner Anmerkungen zu den Schweinepreisen spielten Geld und Preise eine nachgeordnete Rolle. Die damalige Wirtschaftsweise war geld- und preisarm. Die Selbstversorgung dominierte, und die gegenseitige Nachbarschaftshilfe – ohne formellen Preismechanismus – war weit verbreitet. Heute regiert der Preis in nahezu allen Lebensbereichen. Die Frage, wie weit die Reichweite von Märkten und Preisen gehen soll, wird uns in der Zukunft intensiv beschäftigen. Umso wichtiger ist es, Preise und Preismechanismen zu verstehen. Es gilt eben: »Der Preise Spiel muss man durchschauen, sonst wird man übers Ohr gehauen.«

Mein Weg zum Preis im Überblick

Als ich beginnend mit Studium und Dissertation in den frühen siebziger Jahren auf das Thema Preis setzte, hätte ich mir nicht ausmalen können, wohin mich der Weg führt. Es wurde eine lebenslange, zunehmend intensive Beschäftigung. Man kann ohne zu übertreiben sagen, dass Simon-Kucher den Markt für Preisberatung begründete und nachhaltig entwickelte. Die nachstehende Tabelle vermittelt einen Überblick zu den Meilensteinen meines persönlichen Weges zum Preis. Es waren viele kleine Schritte.

Zeitraum	Ereignisse und Erfahrungen	Einfluss durch ...
1960–1966	Erfahrungen mit Preisbildung für landwirtschaftliche Güter auf dem elterlichen Bauernhof	Vater
1969–1973	Studium, insbesondere Vorlesung und Lehrbuch *Preistheorie*	Prof. Wilhelm Krelle
1972	Preisverhandlungsexperiment mit späterem Nobelpreisträger	Prof. Reinhard Selten
1973–1976	Dissertation »Preisstrategien für neue Produkte«	Prof. Horst Albach
1977	Mitarbeit an Gutachten zu Preiswettbewerb	Prof. Horst Albach
1978–1979	Forschung am Massachusetts Institute of Technology Diverse Artikel zu Preisthemen	Prof. Alvin J. Silk
1979	Begegnung mit Philip Kotler, der mich auf den »Price Consultant« Dan Nimer hinweist	Prof. Philip Kotler Dan Nimer
1981	Kurs zu Preismanagement am INSEAD, Fontainebleau	
1982	Prägung des Begriffes »Preismanagement« und Publikation eines Lehrbuches unter diesem Titel	

1983	Erste Consulting-Projekte und Vorträge zu Preisthemen (BASF, Pharmaindustrie)	
1985	Gründung von UNIC Institut für Marketing und Management GmbH	Dr. Eckhard Kucher Dr. Karl-Heinz Sebastian
1988–1989	Marvin-Bower-Fellow an der Harvard Business School, Publikation des englischsprachigen Lehrbuches *Price Management*	Prof. Ted Levitt Prof. Robert Dolan
1992	Völlig neu bearbeitete 2. Auflage von *Preismanagement*	
1993	Entwicklung des Bahncard-Konzeptes	Hemjö Klein Dr. Georg Tacke
1995	Eintritt als CEO bei Simon-Kucher, Beendigung der Universitätstätigkeit	
1996	Publikation von *Power Pricing* mit Robert J. Dolan, Harvard Business School	Prof. Robert Dolan
2002	Simon-Kucher ist nach Einschätzung von *Businessweek* Weltmarktführer in der Preisberatung	
2008	3. Auflage von *Preismanagement*, jetzt mit Martin Fassnacht (WHU Koblenz) als Ko-Autor	Prof. Martin Fassnacht
2009	Rücktritt als CEO, Chairman von Simon-Kucher	
2012	Publikation von *Preisheiten*, eine Art Biografie zum Pricing; englische Version *Confessions of the Pricing Man*, 2015	
2016	4. Auflage von *Preismanagement*, zusammen mit Martin Fassnacht englische Adaptation *Price Management*, 2018	Prof. Martin Fassnacht
2018	Amerikanische Adaption *Price Management*, New York	Prof. Martin Fassnacht

9. HIDDEN CHAMPIONS

Im Jahr 1987 besuchte der berühmte Harvard-Professor Theodore (»Ted«) Levitt Deutschland und lud mich zu einem Gespräch ein. Wir trafen uns im Hotel Breidenbacher Hof in Düsseldorf. Durch einen vielbeachteten Aufsatz in der Harvard Business Review hatte Levitt den Ausdruck »Globalisierung« populär gemacht.[1] Das Thema internationale Wettbewerbsfähigkeit interessierte ihn, und er stellte mir die einfache Frage: »Warum sind die Deutschen im Export so erfolgreich?« Im Jahr 1986 war Deutschland zum ersten Mal Exportweltmeister geworden. Einerseits ist es erstaunlich, dass ein im Verhältnis zu den USA und Japan vergleichsweise kleines Land wie Deutschland die führende Exportnation werden konnte. Andererseits gilt, dass es nach dem Ende des Zweiten Weltkrieges immerhin 40 Jahre dauerte, die volle Exportstärke Deutschlands zur Entfaltung zu bringen.

Die Begegnung mit Levitt hinterließ bei mir einen nachhaltigen Eindruck, vergleiche hierzu auch den Abschnitt in Kapitel 11. Seine Frage ging mir nach. Ja, warum ist Deutschland im Export so erfolgreich? Bei der Beschäftigung mit dieser Frage denkt man zunächst an Großunternehmen. In der Tat waren Firmen wie Bayer, BASF, Siemens, Bosch oder E. Merck damals sehr starke Exporteure. Diese Großunternehmen hatten seit dem 19. Jahrhundert ihre internationalen Vertriebsnetzwerke aufgebaut. So ging Bayer beispielsweise 1864 in die USA, und Bosch machte schon vor dem Ersten Weltkrieg mehr als die Hälfte seines Umsatzes im Ausland. Siemens hatte noch früher mit der Internationalisierung begonnen und war seit 1890 in China vertreten. Demgegenüber stand der Mittelstand in den achtziger Jahren erst am Anfang seiner Internationalisierung. Bis heute exportiert keineswegs jeder Mittelständler. Der Journalist Peter Hanser von der Zeitschrift *Absatzwirtschaft* interviewte Levitt und mich bei unserem Düsseldorfer Treffen. Unter anderem stellte er folgende Frage: »Ein Problem der deutschen Industrie liegt in der großen Zahl mittelständischer Unternehmen mit einem hohen Exportanteil. Ist ›Global Marketing‹ auch eine Strategie für diese Unternehmen?«[2] Levitt betonte, dass alle Unternehmen klein starten, aber vorwiegend die größeren überleben. Familienunternehmen müssten dagegen mit Überlebensproblemen kämpfen. Ich wandte ein, dass junge Leute auch verstärkt zu Mittelständlern gehen. Levitt war da anderer Meinung. An das Phänomen Hidden Champions dachte damals keiner von uns.

Zum Mittelstand gehören 90 Prozent der deutschen Unternehmen, auch der Bäcker an der Ecke oder Handwerker, die meistens keine Exporteure sind. Im Zuge der Beschäftigung mit der Levittschen Frage beobachtete ich, dass es im Mittelstand eine beträchtliche Zahl von Unternehmen gab, die auf ihren Gebieten Weltmarktführer waren und sehr schnell wuchsen. Entsprechend stieg ihr Beitrag zum deutschen Exporterfolg. Irgendwann fiel es mir wie Schuppen von den Augen: Konnten es die mittelständischen Marktführer sein, die die außergewöhnliche Exportleistung der deutschen Wirtschaft erklären? Natürlich kannte ich einige dieser Firmen. Berthold Leibinger hatte uns in Schloss Gracht besucht und – das erzählte ich bereits – gleich mit seinem Hubschrauber einen Teil des Daches abgedeckt. Er präsentierte sein Unternehmen Trumpf, das sich gerade im Übergang von mechanischen Nibbelmaschinen zu Lasermaschinen befand. Ich kannte die Firma Hauni, die bei Zigarettenmaschinen einen Weltmarktanteil von über 90 Prozent hatte. In Bielefeld waren mir Firmen wie Union Knopf, Weltmarktführer bei Knöpfen, Dürkopp-Adler, Weltmarktführer bei Industrienähmaschinen, oder Weidmüller, eines der führenden Unternehmen in der elektronischen Verbindungstechnik, begegnet. Kannegießer, globale Nummer eins bei Wäschereisystemen, und Sennheiser, Spezialist für Hochleistungsmikrofone, waren mir vertraute Namen.

Claas aus Harsewinkel, einen der größten Hersteller von Erntema-
schinen, kannte ich aus meiner Jugend auf dem Bauernhof. Aber
wie viele solche Marktführer gab es in Deutschland? Waren sie in
der Summe ausschlaggebend für den Exporterfolg? Und wie sahen
ihre Strategien aus? Solche Fragen drängten sich mir auf.

Im Jahre 1988 vergab ich eine Diplomarbeit an Daniel Klapper,
heute Professor an der Humboldt-Universität in Berlin. Er erhielt den
Auftrag, weitere mittelständische Weltmarktführer aufzuspüren und
grundlegende Daten zu ihnen zu erheben. Klapper identifizierte 39
dieser globalen Marktführer. Was wir herausfanden, empfand ich als
äußerst interessant und regte mich zu weiterer Forschung an. Diese
Firmen wuchsen sehr stark, hatten zahlreiche eigene Tochtergesell-
schaften und waren selbst in einem schwierigen Markt wie Japan erfolgreich. Trumpf hatte sich schon 1964 in Japan engagiert. Lenze,
ein Hersteller von Kleingetrieben aus Extertal, kooperierte seit vielen
Jahren eng mit einem japanischen Unternehmen. Das waren echte
Champions, aber außer einigen Spezialisten kannte niemand diese
Firmen. Wie sollte man diese globalen Mittelständler nennen? Nach
längerem Nachdenken kam ich auf den Ausdruck »Hidden Champions«. Was genau meine ich mit diesem Begriff? Ein Hidden Champion ist nach meinen heutigen Kriterien ein Unternehmen, das

- zu den Top 3 in seinem Weltmarkt gehört oder die Nummer 1 auf
  seinem Kontinent ist,
- weniger als 5 Milliarden Euro Umsatz macht und
- beim allgemeinen Publikum eine geringe Bekanntheit besitzt.

Mit anderen Worten: ein Weltmeister, den kaum jemand kennt.

»Hidden Champions« entpuppte sich als Glücksgriff. Natürlich
handelt es sich mit dem impliziten Widerspruch um ein Wortspiel.
»Champions« sind normalerweise bekannt. Wie können sie verborgen oder »hidden« sein? Das passt nicht zusammen. Erstmals
gebrauchte ich den Terminus in einem Aufsatz in der *Zeitschrift
für Betriebswirtschaft* im September 1990 mit dem Titel »Hidden
Champions – Speerspitze der deutschen Wirtschaft«.[3] In dieser frü-

hen Veröffentlichung konnte ich allenfalls von »Speerspitze« sprechen und wusste noch nicht, welchen Beitrag diese Unternehmen insgesamt zum deutschen Export leisten. Einen großen Schritt voran brachte uns die Dissertation von Eckart Schmitt an der Universität Mainz. Er identifizierte 457 Hidden Champions.[4]

Doch was aus dem Hidden-Champions-Konzept werde sollte, hätte ich damals nicht geahnt. Am 25. Januar 1993 traf ich in Boston Nicholas Philipson von der Harvard Business School Press. Wir diskutierten einen noch nebulösen Plan für ein Buch über den deutschen Mittelstand. Aus diesem Brainstorming entstand das Buch, das 1996 unter dem Titel *Hidden Champions. Lessons from 500 of the World's Best Unknown Companies* bei der Harvard Business School Press veröffentlicht wurde.[5] Dieser Fall zeigt einmal mehr, dass Ideen und Pläne der Realisierung weit vorauseilen. Wichtig erscheint mir dabei, Ideen und Ziele schriftlich festzuhalten. Das habe ich seit meiner Assistentenzeit getan und bin heute selbst erstaunt, wie viele der aufgezeichneten Pläne Realität wurden. Nicholas Philipson wechselte später zu Springer Nature in New York und fungiert bis heute als mein Herausgeber. Ich schätze Kontinuität.

Die deutsche Übersetzung des Buches erschien 1997 bei Campus in Frankfurt mit dem Titel *Die heimlichen Gewinner. Die Erfolgsstrategien unbekannter Weltmarktführer.*[6] Warum verwandten wir in der deutschen Ausgabe nicht den Terminus »Hidden Champions«? Der Gründer und Chef des Campus Verlages, Frank Schwoerer, wollte unbedingt einen deutschen Titel, obwohl er selbst einige Jahre in New York gelebt hatte. Wir waren noch nicht so weit, den knackigeren Begriff »Hidden Champions« auch bei dem deutschen Buch einzusetzen. Aus meiner heutigen Sicht war das ein Fehler. Diesen Fehler korrigierten wir bei der zweiten, völlig neu geschriebenen Auflage, die im Jahre 2007 wiederum bei Campus erschien.[7] Mittlerweile hatte ich durch permanente Beobachtung und Sammlung 1167 Hidden Champions in Deutschland entdeckt. Auch die dritte Auflage wurde im Jahre 2012 von Campus verlegt.[8] Die Zahl der deutschen Hidden Champions war inzwischen auf etwa 1300 angewachsen.

Ich dehnte die Nachforschungen schließlich auf die ganze Welt aus und fand insgesamt rund 3 000 dieser mittelständischen Marktführer. Die Schweiz und Österreich weisen pro Kopf eine ähnliche Zahl von Hidden Champions auf wie Deutschland. Ansonsten gibt es dieses Phänomen in der Welt nur vereinzelt. Die Hidden Champions sind vermutlich das Merkmal, in dem sich Deutschland vom Rest der Welt am stärksten unterscheidet. Dazu stellte ich eine nicht ganz ernst gemeinte Tabelle zusammen. Sie zeigt, dass unser Weltmarktanteil auf keinem anderen der betrachteten Gebiete so hoch ist wie bei den Hidden Champions. Hier, mit einem Augenzwinkern, das Ranking zu deutschen Marktanteilen in verschiedenen Bereichen nach Prozent in der Welt:

Bereich	Kriterium	Deutscher »Marktanteil« in der Welt
Mittelstand	Zahl der Hidden Champions	48,0 %
Künstler	Ruhmesbarometer der Top 100	29,0 %
Formel 1	Weltmeister	16,1 %
Fußball	Weltmeister	15,8 %
Sport	Olympische Goldmedaillen 1896–2016	14,1 %
Wissenschaft	Nobelpreise	12,5 %
Universitäten	Times University Ranking 2018 (Top 100)	10,0 %
Großunternehmen	Zahl der »Fortune Global 500«-Unternehmen 2017	5,8 %
Tennis	Weltrangliste Männer	5,5 %
Wikipedia	Einträge (2,14 Mio. von 43,9 Mio.)	4,9 %
Gesellschaft	*Time*: 100 einflussreichste Persönlichkeiten, Welt 2009–2011	3,3 %
Bevölkerung	Einwohnerzahl	1,2 %
Landfläche	Quadratkilometer	0,2 %

Welche Bedeutung gewann die Entdeckung der Hidden Champions für mein Leben? Es war mehr Zufall als Planung, dass ich auf dieses Thema stieß und mich immer tiefer hineingrub. In diesem Prozess stieg meine Faszination stetig an. Vorher kannte ich die Welt der Großunternehmen, vor allem aus der Zeit in Schloss Gracht, bereits sehr gut. Aber die Begegnungen mit den Hidden Champions eröffneten mir ein völlig anderes Bild von Strategie und Unternehmensführung. Ich will dies beispielhaft an den Führern der Hidden Champions illustrieren. Bezüglich einer ausführlicheren Darstellung der Strategien dieser Unternehmen verweise ich auf meine entsprechenden Bücher.

Rein quantitativ ist das Auffälligste, dass die Führer der Hidden Champions im Durchschnitt 20 Jahre an der Spitze ihrer Unternehmen bleiben, während die entsprechende Amtsdauer in Großunternehmen bei 6 Jahren liegt. Allein diese Differenz sagt zum Thema Kontinuität und langfristige Orientierung mehr als viele Worte. Die Führer der Hidden Champions lassen sich nicht in ein Muster pressen. Sie sind ausgeprägte Individuen mit teilweise skurrilen Eigenschaften. Sie zeichnen sich insbesondere durch die fünf in der nachstehenden Grafik dargestellten Besonderheiten aus:

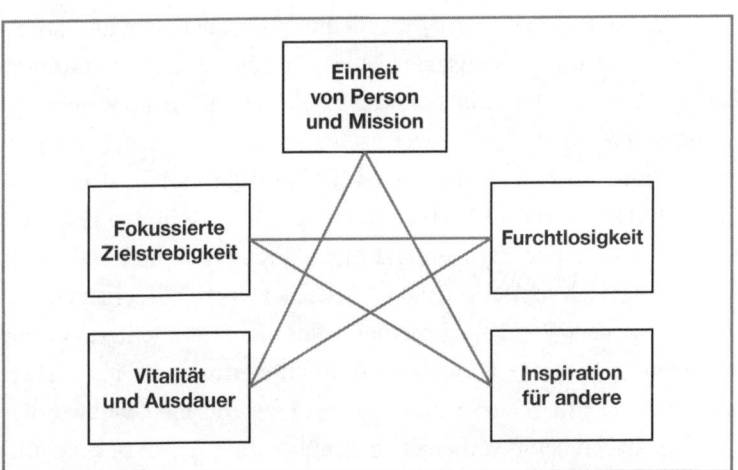

Einheit von Person und Aufgabe

Unternehmensführer wie Hans Riegel, Reinhold Würth, Martin Herrenknecht, Heinz-Horst Deichmann oder Günther Fielmann bilden mit ihren Unternehmen eine Einheit, eine Quasi-Identität. Person und Firma sind nicht voneinander zu trennen. Über Hans Riegel (1923–2013) von Haribo wurde gesagt:»Seine Person und sein Unternehmen waren immer eine Einheit.« Heinz-Horst Deichmann, dessen Vater eine Schuhmacherwerkstatt betrieb, aus der der europäische Marktführer für Schuhe hervorging, sagt:»Ich habe den Duft von Leder parallel zur Muttermilch genossen. Ich liebe die Menschen, und ich liebe die Schuhe.« Solche Bindungen erinnern an das Verhältnis von Künstlern zu ihrer Arbeit:»Für viele kreative Menschen ist die Arbeit das Leben. Sie integrieren privates Leben und Arbeit nahezu vollständig und trennen diese beiden Lebensbereiche nicht.«[9] Das Gleiche kann man für viele Hidden-Champion-Führer sagen. Aufgrund ihrer totalen Identifikation mit dem Unternehmen besitzen diese Führungspersonen eine starke Überzeugungskraft. Im Gegensatz zu manchen angestellten Managern vor allem in Großunternehmen spielen sie keine Rolle, sondern leben, was sie sind und was sie sein wollen.

Diese Einstellung zur Arbeit bedeutet, dass Geld nicht die Hauptantriebskraft dieser Menschen ist. Die Hauptmotivation resultiert aus der Identifikation mit dem Unternehmen und aus der Befriedigung durch ihre Arbeit. Ökonomischer Erfolg dürfte demgegenüber eine sekundäre Rolle spielen. Robert Bosch sagte einmal:»Ich würde lieber Geld verlieren als Vertrauen. Es war für mich immer ein unerträglicher Gedanke, dass jemand meine Produkte testen und sagen könnte, dass ich schlechte Qualität liefere.« Henry Ford schlägt in die gleiche Kerbe:»Wenn eines meiner Autos nicht funktioniert, bin ich es schuld.« Die volle Hingabe und Verantwortung verleiht solchen Führern bei Mitarbeitern und Kunden eine enorme Glaubwürdigkeit. Sie haben keine Vorbehalte gegenüber ihrer Arbeit und sie fühlen sich voll verantwortlich. Wahre Führung kann nie ein Rollenspiel sein, sondern beruht immer auf einem inneren Kern von Werten.

Fokussierte Zielstrebigkeit

Peter Drucker schreibt über zwei Wissenschaftler, die er persönlich kannte und die in die Geschichte eingegangen sind, den Physiker Buckminster Fuller und den Kommunikationswissenschaftler Marshall McLuhan: »Sie zeigen mir, wie wichtig es ist, fokussiert zielstrebig zu sein. Die fokussiert Zielstrebigen, die von einer Sache Besessenen, sind die Einzigen, die wirklich etwas erreichen. Die Anderen, zu denen auch ich mich zähle, verschwenden ihr Leben. Leute wie Fuller und McLuhan führen eine ›Mission‹ aus, wir, die Anderen, verfolgen Interessen. Wann immer etwas verändert wird, steht dahinter ein Besessener mit einer Mission.«[10] Diese Aussage trifft für viele Hidden-Champions-Führer den Nagel auf den Kopf: Es handelt sich um »Monomaniacs«, die von ihrer Mission besessen sind. Ich umschreibe das hier etwas moderater mit »fokussierte Zielstrebigkeit«. Diese Typen sind tatsächlich da draußen. Hüten Sie sich vor ihnen als Konkurrenten! Ich habe im Rahmen meiner Hidden-Champions-Forschung und meiner Beratungstätigkeit Unzahlen von ihnen kennen gelernt. Wenn man sie nachts um 2 Uhr weckt und fragt, woran sie denken, dann gibt es mit Sicherheit nur eine Antwort: ihr Produkt, wie sie es noch besser machen und noch effektiver an den Kunden bringen können. Wie Drucker sagt: Hinter jedem großen Erfolg steht ein fokussiert Zielstrebiger mit einer Mission. Das gilt definitiv für die Hidden-Champions-Führer.

Furchtlosigkeit

Mut ist eine Eigenschaft, die man allgemein Unternehmern zuschreibt. Berthold Leibinger hält den »Mut zum Risiko« sogar für die wichtigste unternehmerische Eigenschaft. Auf die Hidden-Champions-Unternehmer passt jedoch der Ausdruck Furchtlosigkeit besser als aktiver Mut. Sie scheinen das chinesische Sprichwort »The ignorance of your freedom is your captivity« verstanden zu haben und zu beherzigen. Sie haben nicht die gleichen Hemmungen und

Befürchtungen, die normale Menschen empfinden. Daher können sie ihre Fähigkeiten effektiver einsetzen. Es ist wirklich beeindruckend, wie diese Unternehmensführer, oft ohne höhere Ausbildung oder Sprachkenntnisse, die Märkte der Welt erobert haben. Sie sind jedoch keine Glücksspieler, die zu viel auf einmal auf eine Karte setzen.

Vitalität und Ausdauer

Die Führungskräfte der Hidden Champions scheinen eine unerschöpfliche Energie, Vitalität und Ausdauer zu besitzen. Wird diese Energie gespeist von der Identifikation mit der Aufgabe? Vermutlich! Ein amerikanischer Manager drückte dies wie folgt aus: »Nichts beflügelt einen Menschen oder ein Unternehmen stärker als klare Ziel oder ein erhabener Zweck.«[11] Das Feuer brennt in den Gründern der Hidden Champions, oft bis ins Pensionsalter und darüber hinaus (was wiederum ein Problem sein kann). Viele arbeiten in ihren Unternehmen noch jenseits ihres siebten Lebensjahrzehntes aktiv mit. Bei meinen Besuchen glaubte ich häufig, die Energie zu spüren, die diese Führungspersönlichkeiten ausstrahlen. Gibt es eine Art unbekannter Energie, die nur wenige Menschen besitzen?

Inspiration von anderen

Ein Künstler kann vielleicht als Einzelkämpfer weltberühmt werden. Aber niemand kann als Einzelkämpfer ein weltmarktführendes Unternehmen schaffen. Hierzu braucht er vielmehr die Unterstützung von vielen Menschen. Deshalb reicht es nicht aus, wenn das Feuer nur im Unternehmer brennt. Er muss es in anderen entzünden, und zwar in vielen anderen. Der Führungsforscher Warren Bennis weist immer wieder darauf hin, dass wir bis heute nicht verstehen, warum Menschen bestimmten Führungspersönlichkeiten folgen und anderen nicht. Die möglicherweise entscheidende

Fähigkeit der Hidden-Champions-Führer besteht darin, andere für ihre Mission zu begeistern und zu Höchstleistungen zu bewegen. Ich kann hier nur feststellen, dass sie in dieser Hinsicht sehr effektiv und erfolgreich sind. Das liegt sicher nicht an Äußerlichkeiten wie dem Auftritt und der Kommunikation. Viele von ihnen sind keine großen Kommunikatoren – zumindest nicht beim Anlegen oberflächlicher Kriterien. Persönlich glaube ich, dass die genannten Eigenschaften – die Einheit von Person und Aufgabe, die Zielstrebigkeit, die Vitalität, die Energie – die ausschlaggebenden Ursachen für die Fähigkeit sind, andere zu begeistern.

Letztlich sind die Führer der Hidden Champions die Grundlage für den überragenden Erfolg dieser Firmen. Im Laufe der Jahrzehnte habe ich Hunderte dieser Führer persönlich kennen gelernt. Jeder Einzelne hat bei mir einen starken Eindruck hinterlassen. Berthold Leibinger von Trumpf habe ich schon erwähnt. Reinhold Würth drängte unablässig auf Wachstum. Als er einen Umsatz von 300 Millionen erreichte, peilte er die Milliarde an. Doch diese Schallmauer war nur Ausgangspunkt für das nächste Ziel, drei Milliarden. So ging es weiter bis zu den 12,7 Milliarden, die Würth im Jahr 2017 mit 74 000 Mitarbeitern erreicht. Doch Führung und Globalisierung sind keine Frage der Größe. Ein Beispiel ist Manfred Bogdahn. Seine Firma Flexi macht zwar nur circa 70 Millionen Euro Umsatz, hat aber einen Weltmarktanteil von 70 Prozent bei flexiblen Hunderollleinen. Oder ich denke an jüngere Unternehmensführer wie Frank Blase von Igus. Diese Firma kennt selbst in Köln, wo sie sitzt, kaum jemand. Dabei ist Igus ein doppelter Weltmarktführer, nämlich bei Kugellagern aus Kunststoff und bei sogenannten Energieketten. Mit 3 800 Mitarbeitern, eigener Präsenz in 35 Ländern und einem Umsatz von 600 Millionen Euro ist Igus auch kein Zwerg mehr. Die Kundennähe von Igus ist exemplarisch. Oberstes Prinzip ist »KNOC«, das steht für »kein Nein ohne Chef«. Kein Mitarbeiter darf einen Wunsch des Kunden abschlägig behandeln, ohne dies vorab mit seinem Chef zu klären. Ein »harter Knochen« ist auch Klaus Grohmann, der Gründer von Grohmann Engineering. Diese Firma, die im Eifel-

städtchen Prüm ansässig ist, fertigt Systeme zum Zusammen-
bau elektronischer und ähnlicher Produkte. Elon Musk, der Vorstandsvorsitzende von Tesla, war von der Leistung von Grohmann
so beeindruckt, dass er die Firma im Januar 2017 kaufte. Sie heißt
seither Tesla Grohmann Engineering.[12] Ob die Kulturen zusam-
menpassen, muss sich zeigen.

Doch ich lernte Hidden Champions nicht nur in Deutschland,
sondern auch in der ganzen Welt kennen, in China, Neuseeland,
Südafrika, in osteuropäischen Ländern und natürlich auch in den
Vereinigten Staaten. Dabei stellte ich fest, dass die Führer dieser
Mittelständler, unabhängig von Land und Standort, ähnliche Persönlichkeitsmerkmale aufweisen. Auf zwei von ihnen, Yang Shuren
aus China und Tomohiro Nakada aus Japan, gehe ich in Kapitel 11
vertieft ein. Die weitaus meisten von ihnen führen Familienunternehmen, die nicht börsennotiert sind. Sie denken in Generationen
eher als in Quartalen. Viele von ihnen haben allerdings dasselbe
Problem, nämlich die Regelung der Nachfolge. Die Globalisierung
bringt hohe Anforderungen an diese Führer mit sich. Nicht immer
gibt es jemanden in der Familie, der den enormen Anforderungen gewachsen ist. So nimmt der Anteil familienfremder Manager
stark zu. Man kann nur hoffen, dass die Hidden Champions dadurch ihre gewachsene Identität nicht verlieren.

Durch die Erstveröffentlichung des Buches bei der Harvard Business Press im Jahre 1996 gewann das Hidden-Champions-Konzept
schlagartig weltweite Aufmerksamkeit. Die verschiedenen Versionen der Bücher erschienen in mehr als 20 Sprachen, allein in China gab es fünf Auflagen.

Internationale Ausgaben der Hidden-Champions-Bücher

Ich schätze, dass das Hidden-Champions-Konzept Gegenstand
von weit über tausend Artikeln und Interviews war. Die Zeitschrift
Businessweek widmete den Hidden Champions eine Titelseite mit

Nerio Alessandri, dem Gründer und CEO von Technogym, als Repräsentanten dieser Unternehmenskategorie (siehe Bildteil).[13] Auch darüber hinaus hat das Thema Wellen geschlagen. Wie ich aus den beinahe wöchentlich eingehenden Anfragen schließe, sind sicherlich einige Hundert Diplom- und Masterarbeiten zu diesem Konzept geschrieben worden. Bei Amazon.de finden sich, meine eigenen nicht mitgezählt, mehr als 20 Bücher, die im Titel den Begriff Hidden Champions führen. Der Fernsehsender n-tv verleiht jährlich Hidden-Champions-Preise. Das Land Hessen lobt für führende Mittelständler einen Hidden-Champion-Preis aus. Die Avesco Financial Services AG aus Berlin vertreibt einen »Sustainable Hidden Champions-Fonds«. Auch in Singapur gibt es einen »Hidden Champions Fund«, der sehr erfolgreich investiert. Die European School of Management and Technology (ESMT) in Berlin gründete ein »Hidden Champions Institute«. In Taiwan wurden großangelegte Hidden-Champions-Wettbewerbe durchgeführt. Das Interesse an den Geheimnissen des deutschen Mittelstandes ist weltweit enorm angestiegen. Das gilt vor allem für China. Auch in Korea und Japan, die beide nur schwache Mittelstandssektoren besitzen, ist das Interesse anhaltend groß.

Ein Sonderfall ist Frankreich. Insbesondere in den Jahren nach der Krise 2008/09 beschäftigten sich die Franzosen sehr stark mit der deutschen Wirtschaft. Sie wollten die Ursachen der deutschen Erfolge verstehen und daraus lernen. Der deutsche Mittelstand stand dabei im Zentrum des Interesses. So wurde ich selbst zu zahlreichen Vorträgen über die Hidden Champions eingeladen. Einer dieser Vorträge fand vor dem Zukunftsauschuss des französischen Senats statt.[14] Ich stellte das Hidden-Champions-Konzept vor und formulierte zum Schluss zwei provokative Thesen: Erstens, ein Land, das sehr stark zentralisiert ist, schafft keinen Mittelstand, und zweitens, wenn in einem Land extrem hoher Wert auf eine Eliteausbildung gelegt wird, ist das für die Schaffung eines Mittelstandes hinderlich. Beide Thesen treffen meines Erachtens auf Frankreich zu. Durch die hohe Zentralisierung wollen alle fähigen Leute nach Paris. Die Traumkarriere besteht im Besuch einer Eliteschule und anschließender Beschäftigung in einem Großunternehmen oder Ministerium. Kaum jemand ist in Frankreich bereit, aufs Land zu ziehen und dort bei einem Mittelständler, der zwangsläufig in einem solch zentralistischen System geringe Bekanntheit und noch weniger Reputation besitzt, zu arbeiten. Mein Eindruck ist, dass die ständigen Vergleiche mit Deutschland bei vielen Franzosen zu Frustration und Verdrängung führen. Sie haben erkannt, dass es äußerst schwierig, wenn nicht gar unmöglich ist, den deutschen Mittelstand »nachzubauen«. Aus diesem Ohnmachtsgefühl entsteht eine Verdrängung, in deren Folge das Interesse am deutschen Mittelstand in Frankreich abgenommen hat – dies ist jedenfalls mein Eindruck. Emmanuel Macron, der 2017 zum Präsidenten gewählt wurde, rief eine neue Mittelstandsinitiative aus. In diesem Kontext wurde ein »Club des Champions Cachés« gegründet. Stephan Guinchard, der mein Buch ins Französische übersetzt hat, berichtet mir, dass sich alle derartigen Initiativen in Frankreich jedoch schwer tun.[15]

Ähnlich schwer tut sich, trotz großer Bemühungen und vielfacher Aktionen, Korea. Dort sind nach wie vor wenige Großkonzerne, die sogenannten Chaebols, die Machtzentren. Ein ganz anderer Fall ist China. Mit wenigen Ausnahmen sind chinesische Großunternehmen vor allem auf dem Binnenmarkt aktiv (zum Beispiel China Mobile, die Elektrizitätsversorger, die chinesischen Banken). Die enormen chinesischen Exporte stammen zu zwei Dritteln von Mittelständlern. Viele dieser Firmen haben das Hidden-Champions-Konzept begierig aufgenommen. Ich sehe in diesen chinesischen Firmen die zukünftig gefährlichsten Konkurrenten der deutschen Hidden Champions. Dies zeigt sich nicht zuletzt in Übernahmen wie derjenigen des Betonpumpenherstellers Putzmeister durch den chinesischen Baumaschinenhersteller Sany oder den Kauf des Roboter-Hidden-Champion KUKA durch die chinesische Firma Midea.

Gerade in China trifft das Hidden-Champions-Konzept auf höchstes Interesse. Wenn ich bei einem Vortrag frage, wer ein Hidden Champion werden wolle, heben oft die Hälfte der Zuhörer ihre

Hand. Die Begeisterung für das Konzept zeigt sich auch darin, dass in China eine neu gegründete Business-School nach mir benannt wurde. Die »Hermann Simon Business School« in der Stadt Shouguang, die in der Industrieprovinz Shandong liegt, soll sich insbesondere der Forschung und Lehre zum Hidden-Champions-Konzept widmen. Der Initiator der Schule, Yang Shuren, praktiziert seit 2002 die Hidden-Champions-Strategie und ist heute bei drei Flammschutzmitteln Weltmarktführer.

Die »Hidden Champions« wurden neben dem Preismanagement zu meinem zweiten Thema. Die Formulierung ist zu einem Begriff der deutschen Sprache geworden. Wenn man in Google »Hidden Champion« eingibt, erscheinen 506 000 Einträge.[16] Das Thema trifft selbst mehr als 25 Jahre nach der ersten Veröffentlichung in Deutschland auf anhaltendes Interesse. Am 22. November 2017 gründete die European School of Management and Technology (ESMT) in Berlin das weltweit erste Hidden Champions Institute (HCI). Das Institut soll die Erforschung dieses Phänomens wissenschaftlich tiefer angehen, als ich dies bisher tun konnte. Die diesbezüglichen Erwartungen an die leitenden Kodirektoren Professor Johannes Habel und Bianca Schmitz sind hoch.

Eine weitere, für mich persönlich wichtigere Konsequenz besteht darin, dass ich in der Führung von Simon-Kucher & Partners konsequent der Hidden-Champions-Strategie folgte. Diese Entwicklung ist Gegenstand des folgenden Kapitels.

10. AUF ADLERS FLÜGELN

Mühsam nährt sich das Eichhörnchen

Neben meiner wissenschaftlichen Forschung war ich stets bemüht, Kontakte zur Praxis herzustellen. Die Reputation und das Beziehungsnetzwerk von Professor Albach erwiesen sich in dieser Hinsicht als hilfreich. Er setzte mich in Managementseminaren ein. Ich konnte an Gutachten mitarbeiten. Auch darüber hinaus gab es zahlreiche Kontakte zu Unternehmen. Mit der Ernennung zum Professor an der Universität Bielefeld intensivierte ich meine eigenen Bemühungen um eine praxisorientierte Forschung und Lehre. Unternehmen kamen mit der Bitte auf uns zu, ihnen bei der Lösung konkreter Marketingprobleme zu helfen. So entstanden kleinere Consulting-Projekte. Für meine weiteren Planungen war ein Projekt ausschlaggebend, mit dem mich die in Münster ansässige Industrielacke-Sparte der BASF AG beauftragte. Es hatte ein für meine damalige Situation sehr hohes Volumen von 125 000 D-Mark (circa 62 500 Euro). Durch Einsatz moderner statistischer Methoden wie multidimensionale Skalierung und Diskriminanzanalyse entwickelten wir für die BASF eine komplexe Kundensegmentierung, die auf Verhaltensunterschieden der Kunden basierte, für die Mitarbeiter jedoch einfach zu handhaben war. Aus der Segmentierung ergaben sich Konsequenzen für die Produkt- und Preisdifferenzierung sowie für die Vertriebsorganisation. Kunden, die bestimmte Merkmale hinsichtlich ihres technischen Anspruchsniveaus und ihres Einkaufsvolumens erfüllten, wurden von einer zentralen Organisation mit entsprechend hoher technischer Kompetenz bedient. Kunden mit einfacheren Anforderungen, größerer Preisempfindlichkeit und geringeren Einkaufsvolumina blieben in der Obhut der regionalen Vertriebsniederlassungen.

Wir besuchten mehr als hundert Unternehmen, die Industrielacke einsetzten (zum Beispiel die Firma Deutsche Waggonbau in Berlin oder den Schaltschrankhersteller Rittal in Herborn) und führten dort extensive Interviews durch. Die operative Betreuung lag bei meinem ersten, damals noch nicht promovierten Assistenten Eckhard Kucher. Er wickelte das Projekt mit größter inhaltlicher und methodischer Sorgfalt sowie absoluter Zuverlässigkeit ab. Die Akzeptanz durch den Klienten BASF und die Erfahrung, dass wir ein solches Projekt »stemmen« konnten, waren für mich selbst und Eckhard Kucher eine starke Bestätigung. Allerdings lernte ich aus diesem Projekt auch, dass man solche Vorhaben aus der Universität heraus nicht wirklich professionell und mit dem notwendigen Grad an Vertraulichkeit durchführen kann. Die Mitarbeiter an dem Projekt wurden ordentlich bezahlt. Wir nahmen keine nennenswerten Ressourcen der Universität in Anspruch, allenfalls etwas Computerzeit. Dennoch fühlte ich mich in der Universität mit derart hochvertraulichen Daten und Strategieempfehlungen nicht wohl. Wenn wir den Gedanken der Unternehmensberatung ernsthaft verfolgen wollten, schien es ratsam, eine Organisation außerhalb der Hochschule aufzustellen. Doch erst einmal war ich ein junger Professor und primär mit dem weiteren Auf- und Ausbau meines Lehrstuhls beschäftigt. Eine hohe Priorität hatte für mich die Forschung. Aber der Samen der Beratungsidee war im Boden, und dort keimte er weiter.

Zunächst stand jedoch ein Forschungssemester in Japan an. Am 21. November 1983 schrieben mir Eckhard Kucher und Karl-Heinz Sebastian, mein zweiter Assistent, einen längeren Brief. Sie reflektierten die Eindrücke von der Marketing-Services-Messe in Frankfurt/Main, bei der wir einige Monate vorher mit einem Stand vertreten gewesen waren. Unser Motto »Entscheidungsunterstützung im Marketing« stieß bei den Messebesuchern auf große Resonanz. Viele erkundigten sich, ob wir auch Beratung anböten. Die Erfahrungen aus unseren gemeinsam durchgeführten Beratungsprojekten und die Eindrücke dieser Messe waren für die beiden Assistenten Ansporn, der zu einem zukunftsweisenden Vorschlag führte. Sie schrieben:

»Wir wollen an dieser Stelle einmal grundsätzlich mögliche Ideen, Überlegungen und Vorschläge zu den Perspektiven einer zukünftigen beruflichen Zusammenarbeit ansprechen. Die Marketingmesse hat gezeigt, dass ein Nachfragepotenzial nach Analyseleistungen vorhanden ist. Für Sie sicherlich nichts Neues. Wir sind der Auffassung, diesen Aspekt für die Zeit nach Abschluss unserer Dissertationen näher ins Auge zu fassen. Diese Nachfrage beziehungsweise die Stimulierung neuer Nachfrage könnten wir am besten im Team managen. Wir sehen das bisherige Lehrstuhlteam, Simon-Kucher-Sebastian, aus mehreren Gründen für geeignet an, diese sich bietenden Chancen erfolgreich wahrzunehmen. Als Team würden wir uns durch folgende Eigenschaften auszeichnen:

- Eine gute und fundierte Ausbildung auf dem Gebiet der quantitativen Marketingforschung und Entscheidungsfindung.
- Stark ausgeprägte Praxiskontakte.
- Synergistische Effekte, die einerseits fachspezifischer Art und zum anderen persönlicher Natur sind.

Insgesamt gesehen sind wir auf diesem Gebiet ein Anbieter von Analyseleistungen, der zurzeit keine wesentliche Konkurrenz zu fürchten hat. Aus diesen Gründen sehen wir die Bildung eines Teams für eine zukünftige Zusammenarbeit als Chance für alle Beteiligten an.«[1]

Diese Gedanken fielen bei mir auf fruchtbaren Boden. Eine Woche lang überdachte ich das Thema und antwortete am 1. Dezember, dass ich die von den beiden Assistenten vorgetragene »Vision« mit

Freude begrüße. Ich schlug vor, dass wir uns nach meiner Rückkehr im Frühjahr 1984 zusammensetzen und ein konkretes Konzept entwickeln sollten. Ich war in der Tat sehr erfreut, dass die beiden Assistenten von sich aus auf mich zukamen. Zwischen der Idee für eine Beratungsorganisation und der Umsetzung dieser Idee liegen Barrieren, zu deren Überwindung man Mitarbeiter braucht, die nicht nur die für einen Berater notwendigen Fähigkeiten besitzen, sondern auch den Mut haben, in ein Start-up einzutreten und quasi bei null anzufangen. Ein Start-up bedeutete für die beiden Assistenten die Akzeptanz eines hohen Risikos, während ich die Professur im Rücken hatte. Natürlich stand für mich die Reputation auf dem Spiel, aber das finanzielle Risiko beschränkte sich auf eine überschaubare Investitionssumme.

Nach Japan verbrachte ich noch drei Monate an der Stanford University. Zurück in Deutschland setzten wir uns zu dritt zusammen, um ein Konzept zu schmieden. Die meisten unserer Treffen fanden in der Lochmühle im Ahrtal statt, die wir von Managementseminaren kannten. An diesem abgeschiedenen Ort konnten wir ungestört brainstormen und unsere Pläne konkretisieren. Da ich Lehrstuhlinhaber war, wollte ich nicht als Namensgeber der Firma erscheinen. So nannten wir die Firma UNIC. Dieses Kürzel stand für »University Connection« und sollte zum Ausdruck bringen, dass wir akademische Forschung aus der Universität auf die Lösung praktischer Probleme anwenden wollten. Im Untertitel nannten wir uns »Institut für Marketing und Management«.

Anfang 1985 legten wir los. Als Rechtsform wählten wir die GmbH, deren Gesellschafter mit gleichen Anteilen Kucher, Sebastian, meine Frau und ich waren. Als Startkapital legten wir insgesamt 100 000 D-Mark (circa 50 000 Euro) in die Firma ein. Wir mieteten ein kleines, preisgünstiges Büro am Rande von Bonn an. Die Standortentscheidung erklärt sich sehr einfach daraus, dass ich in Bonn wohnte. Das ist meine generelle Erfahrung mit Standortentscheidungen aller Art. Man muss nur herausfinden, wer den Standort bestimmt und wie die Präferenzen dieser Person aussehen. Dann braucht man in der Regel nicht nach weiteren

Erklärungen zu suchen. Wir arbeiteten sehr bescheiden und kostenbewusst. Das von mir stets geforderte Kostenbewusstsein erwies sich als nachhaltig, noch in einer Rede zu meinem 70. Geburtstag tauchte das Thema auf mich gemünzt wieder auf.

Erster Mitarbeiter war Eckhard Kucher, der kurz vor dem Start seine Dissertation abgeschlossen hatte. Einige Monate später stieß Karl-Heinz Sebastian nach Vollendung seiner Dissertation hinzu. Wir heuerten die 23-jährige Christiane Nelles als Sekretärin an. Sie ist heute die Verwaltungschefin von Simon-Kucher. Die Gewinnung von Projekten bildete, wie bei jedem Start-up dieser Art, die große Herausforderung. Obwohl wir bereits über ein beachtliches Netzwerk verfügten, war es harte Arbeit. Projekte von 10 000 oder gar 50 000 Euro wurden als Riesenerfolge gefeiert. Die Aussage, dass sich das Eichhörnchen mühsam nährt, traf definitiv auf UNIC zu. Im ersten Jahr erzielten wir mit den drei Mitarbeitern einen Umsatz von umgerechnet 350 000 Euro. Diese Summe betrachteten wir als Erfolg und waren stolz. Das erste Jahr ist bekanntlich das gefährlichste für ein Start-up, und diese erste Hürde hatten wir überwunden.

Nur langsam ging es aufwärts. 1989 erlösten wir mit 13 Beschäftigten 2,2 Millionen Euro. 1994 hatten wir 35 Mitarbeiter, und der Umsatz betrug 5,9 Millionen Euro. Damals beendete ich meine Universitätskarriere. Als CEO führte ich Simon-Kucher & Partners von 1995 bis 2009. Ab 2009 war ich »Chairman« des Unternehmens und mit Vollendung meines 70. Lebensjahres im Februar 2017 wurde ich »Honorary Chairman«. Zu diesem runden Geburtstag hatte ich mir heimlich gewünscht, dass wir die Tausend-Mitarbeiter-Grenze durchbrächen. Bei der Geburtstagsfeier am 11. Februar 2017 verkündete CEO Dr. Georg Tacke, die Firma habe jetzt 1 003 Mitarbeiter. Im Geschäftsjahr 2017 erreichte der Umsatz 252 Millionen Euro. Per 2018 beschäftigen wir rund 1 200 Mitarbeiter in 37 Büros in 25 Ländern. Auf dem Gebiet der Preisberatung ist Simon-Kucher Weltmarktführer.

Eine Erwartung erfüllte sich allerdings nicht. Unsere ursprüngliche Absicht zielte auf den Einsatz ökonometrischer Methoden zur

Entscheidungsunterstützung ab. Ökonometrie misst auf Basis historischer Daten die Wirkung von Preisen, Werbemaßnahmen oder Vertriebsaktivitäten. Unser besonderes Interesse galt dem Preis, dessen Wirkung in der Regel durch die sogenannte Preiselastizität gemessen wird. Eckhard Kucher hatte seine Doktorarbeit zu diesem Thema geschrieben. Er benutzte dabei neuartige Scanner-Daten. Karl-Heinz Sebastian hatte analysiert, wie sich die Werbung auf die Ausbreitung von Telefonen auswirkte. Wir waren also forschungs- und kompetenzmäßig sehr gut für die Anwendung ökonometrischer Methoden aufgestellt. Eigentlich hätten wir aber wissen können, dass es für die praktische Anwendung Hindernisse gibt. Professor Lester G. Telser von der University of Chicago hatte das bereits 1962 vorhergesagt.[2] Seine These war die folgende: Wenn die Preiselastizität in einem Markt hoch ist, beobachtet man nur geringe Abweichungen zwischen den Konkurrenzpreisen. In der Sprache der Ökonometrie ausgedrückt, zeigt die unabhängige Variable »Preis« eine zu geringe Varianz (Streubreite), um valide Schätzungen möglich zu machen. Ist die Preiselastizität aber gering, so weisen die Preise möglicherweise eine hohe Varianz auf, aber diese wirkt sich nicht signifikant auf die Absatzmengen aus, mit anderen Worten, die Varianz der abhängigen Variablen Absatz ist zu gering.

Von den mehr als 5000 Pricing-Projekten, die wir seither in aller Welt durchgeführt haben, basierten nicht mehr als hundert auf dem ökonometrischen Methodenansatz. Neben den von Telser genannten Argumenten kommen zwei weitere hinzu. Für neue Produkte sind historische Daten von beschränktem Wert, oft sogar völlig wertlos. Des Weiteren werden aufwändige Preisanalysen vor allem dann durchgeführt und ein Berater wird hinzugezogen, wenn in der Sprache der Ökonometrie ein Strukturbruch stattgefunden hat, also beispielsweise ein neuer Wettbewerber in den Markt eintritt, Generika nach dem Ablauf eines Patentes erscheinen oder neue Distributionskanäle wie das Internet entstehen. In all diesen Fällen geben die historischen Marktdaten wenig Aufschluss über die zukünftigen Preisreaktionen der Kunden. Im Zeitalter von Big Data dürfte die Ökonometrie wieder stärker zum Einsatz kommen. Im Internet lassen sich beispielsweise ohne großen Aufwand Preistests durchführen, bei denen man die gewünschte Streubreite der Preise künstlich erzeugen und die Wirkung auf den Absatz erfassen kann.

Statt der Ökonometrie setzten wir allerdings eine neuartige Methode, das Conjoint Measurement (Verbundmessung), in vielen Projekten ein. Diese Methode war mir erstmals während meines Forschungsaufenthaltes am Massachusetts Institute of Technology begegnet, allerdings in einer rudimentären Form, die Trade-off-Analyse genannt wurde. Man spricht von Trade-off (Abwägung) oder Verbundmessung, weil Nutzen- und Preisaspekte zusammen gemessen werden. Dazu legt man der Versuchsperson unterschiedliche Angebote vor und bittet sie, unter diesen zu wählen. Die Angebotsalternativen unterscheiden sich in Produktmerkmalen und Preisen. Aus den Urteilen der befragten Kunden lassen sich die Nutzenbeiträge der einzelnen Produktmerkmale sowie die Preisbereitschaft berechnen. Die Conjoint-Measurement-Methoden wurden ständig verbessert und erlebten schließlich mit dem Vordringen von Personal Computern, die wir bei Befragungen einsetzten, den Durchbruch. Eines unserer ersten Projekte dieser Art diente dazu, den Wert der Marke Jil Sander für Brillen zu messen. Zu diesem Zweck ließen wir tatsächlich Brillen unterschiedlicher Designs und Marken anfertigen. Fortgeschrittene Varianten des Conjoint Measurement sind bis heute wichtige Werkzeuge für unsere Arbeit. Allerdings haben wir die Durchführung der Befragungen seit langem an Marktforschungsinstitute delegiert. Die Analysen bilden hingegen unsere Kernkompetenz und werden deshalb von uns selbst durchgeführt.

Im Jahr 1988 erfuhr unser Team eine entscheidende Verstärkung. Nach Abschluss ihrer Dissertationen stießen Dr. Georg Tacke und Dr. Klaus Hilleke hinzu. Tacke hatte zum Thema »Nichtlineare Preisbildung« promoviert. Seine Arbeit bildete – wie berichtet – die Grundlage für die Bahncard 50, die wir einige Jahre später für die Deutsche Bahn entwickelten. Hilleke beschäftigte sich in seiner Doktorarbeit mit »Wettbewerbsstrategien im Pharmamarkt« und brachte seine Expertise in unser gut angelaufenes Geschäft mit der Pharmaindustrie ein. Solche hochkarätigen Experten hatten natürlich alternative Angebote. Um sie dennoch zu gewinnen und zu halten, boten wir ihnen nach kurzer Zeit die Partnerschaft in unserer Beratung an. Das Team Dr. Kucher, Dr. Sebastian, Dr. Tacke, Dr. Hilleke mit mir als Begleiter bildete den Kern des Unternehmens. Ich bin stolz darauf, dass die Mitglieder dieses Teams ihr ganzes Berufsleben an Bord geblieben sind.

Zwei Fotos der Stammmannschaft von Simon-Kucher aus den Jahren 1988 und 2015 belegen die Kontinuität: Zwischen den beiden – im Bildteil abgedruckten – Aufnahmen liegen 27 Jahre.[3] Zwar hat die Zeit ihre Spuren hinterlassen, aber dem Zusammenhalt dieses Fünf-Mann-Teams konnte sie nichts anhaben.

Preisrat

Der Preis ist mir in tausend Varianten und unterschiedlichen Konstellationen begegnet, hat mir Spaß gebracht, mich herausgefordert, geärgert, er hat mir Kopfzerbrechen bereitet und mich manchmal hilflos gemacht. Es gab Heureka-Momente, in denen ich den Geheimnissen des Preises auf die Schliche kam. Ich erlebte Preistriumphe, wie beispielsweise 1992 die Einführung der Bahncard 50 oder deren Wiederbelebung in 2003 nach hartem Ringen mit dem damaligen Bahnchef Hartmut Mehdorn. Die erfolgreiche Durchsetzung eines vergleichsweise hohen Preises für die bei ihrer Einführung im Jahr 1998 revolutionäre Mercedes A-Klasse machte mich stolz. Höhepunkte waren die Preisstrategien, die wir für neue Modelle von Porsche entwickelten, wobei sich Wendelin Wiedeking, Vorstandsvorsitzender von 1993 bis 2009, persönlich in diese Projekte »reinkniete«. Eine immer wichtigere Rolle spielten auch die Projekte für führende Internetfirmen, die vor allem von unserem Silicon-Valley-Büro betreut wurden. Natürlich gab es auch Flops, in denen die Durchsetzung einer Preiserhöhung nicht gelang, ein Preis für ein neues Produkt nicht akzeptiert wurde oder Preissenkungen nicht die erhofften Absatzzuwächse brachten, sondern nur die Margen reduzierten. Gott sei Dank waren diese Fehlschläge selten. Und natürlich erlebte ich Auseinandersetzungen mit Beratungsklienten, denen unsere Empfehlungen nicht gefielen. Selbst im Nachhinein weiß man manchmal nicht, wer Recht hatte. Denn in der Realität kann nur eine Alternative umgesetzt werden. Ob eine andere Option besser gewesen wäre, lässt sich selten mit Sicherheit beurteilen.

Oder die Welt ändert sich schlagartig. So hatten wir für die TUI ein neues Preissystem entwickelt, das zum 1. Oktober 2001 eingeführt wurde. Mit dem Attentat auf das World Trade Center am 11. September 2001 war die Welt jedoch nicht mehr die alte. Die Annahmen und Daten, auf denen unsere Analysen und Empfehlungen basierten, konnte man in der Pfeife rauchen. Tröstlich war ein Jahr später die Rückmeldung eines TUI-Managers, dass es mit dem alten Preissystem nach 9/11 noch schlechter gelaufen wäre.

Auch bei uns lief es nicht immer glatt. Ich illustriere das an zwei Fällen. Nach der deutschen Wiedervereinigung führten wir ein Projekt für ein Unternehmen in den neuen Bundesländern durch, das von einer westdeutschen Firma übernommen worden war und neu ausgerichtet werden sollte. Gegen Ende des Projektes musste die ostdeutsche Firma Insolvenz anmelden. Dummerweise hatten wir unseren Vertrag mit dieser Firma und nicht mit der westdeutschen Muttergesellschaft, die faktisch unser Auftraggeber war, geschlossen. Der Durchgriff auf die Mutter war nicht möglich. Folglich mussten wir unsere Honorare abschreiben und in die Röhre gucken. Wir hatten uns einfach naiv verhalten und dafür die Quittung bekommen.

Ende der neunziger Jahre wurde der deutsche Strommarkt liberalisiert. Die Energieversorger schwankten zwischen Euphorie und Befürchtung. Ein Wettbewerber wollte die neue Freiheit für einen flächendeckenden Angriff nutzen und erteilte uns einen sehr großen Projektauftrag. Einerseits war dies für uns ein toller Erfolg, andererseits durften wir nicht für andere Unternehmen der Branche arbeiten. Im Verlaufe des Projektes kam es zu Unstimmigkeiten sowohl innerhalb des Managements des betreffenden Versorgers als auch zwischen dem zuständigen Vorstand und uns. Wir hatten es mit einem zunehmend unangenehmen Geschäftspartner zu tun, ich nenne ihn hier Riss. Herr Riss stand seinerseits unter massivem Druck. Die Beziehung zwischen Riss und unserem projektleitenden Partner hatte sich auseinander entwickelt. Im Herbst 1999 treffen wir uns in einem Konferenzraum eines Flughafens, auf neutralem Territorium sozusagen. »Sind Sie nervös?«, fragt mich der projektleitende Partner, der mich zu der heiklen Verhandlung begleitet. »Es geht«, antworte ich ausweichend. Ich bin nervös. Ein sehr großer Betrag und weitere wichtige Bedingungen stehen auf dem Spiel. Wir müssen heute Abend eine Lösung finden. Ich sehe Riss erst zum zweiten Mal, kenne ihn kaum, habe Anlass ihm zu misstrauen. Er lässt uns warten. Das ist sein Stil, es überrascht uns nicht. Die Verhandlung beginnt frostig. Argumente fliegen hin und her. Riss und ich starren uns in die Augen, endlos, ohne zu reden. Das Klima verhärtet sich, eine Einigung rückt in die Ferne. So geht es nicht. Ich lasse unseren Partner und Riss, die sich seit längerem kennen, allein im Raum und warte vor der Tür. Es dauert lange. Schließlich kommt unser Partner mit einem Kompromissvorschlag raus. Dieser ist für mich inakzeptabel. Unser Anwalt befindet sich im Urlaub, wir haben ihn aber am Telefon. Er ist sich sicher, dass wir vor Gericht ein wesentlich besseres Ergebnis erreichen werden. Doch vor ein Gericht zu ziehen und zu prozessieren, das liegt mir absolut nicht. Wir haben noch nie einen Prozess mit einem Kunden geführt. Das will ich nicht ändern. Ich drücke Riss noch einmal in unsere Richtung. Er ist nahe daran, den Raum zu verlassen. Aber letztlich unterzeichnen wir eine Vereinbarung. Sie ist finanziell für mich nicht zufriedenstellend, jedoch sind wir ab sofort wieder frei, für andere Unternehmen der Branche zu arbeiten. Diese Freiheit ist uns ein finanzielles Zugeständnis wert. Ich bin erleichtert, diese leidige Sache hinter mir zu lassen und nicht vor einem Gericht um unser Recht kämpfen zu müssen. Unsere

Energien können wir sinnvoller als in Rechtsstreitigkeiten einsetzen. Nicht zuletzt hat sich der Einsatz des Anwaltes in diesem Fall gelohnt. Denn im Endstadium der Verhandlung weist er mich darauf hin, dass wir unbedingt »plus MwSt.« hinter den vereinbarten Betrag einfügen sollten. Das Fehlen dieses Passus hätte uns leicht eine halbe Million D-Mark kosten können. Ich habe Riss nie wiedergesehen.

Vision und Führung

Mit meinem Antritt als Chef Anfang 1995 begann für mich ein neuer Lebensabschnitt, eine zweite Karriere nach den Jahren in der Wissenschaft. Natürlich war die Beratung für mich nicht neu, aber an die Mühen der täglichen operativen Führung, an die Notwendigkeit, Projekte hereinzuholen und diese zuverlässig abzuarbeiten, musste ich mich gewöhnen. Wo standen wir? Wo sollte unser Weg hinführen? Unsere Strategie bestand im Wesentlichen darin, dass wir wild entschlossen waren, alle drei Jahre den Umsatz zu verdoppeln. Das war uns bisher in der Tat gelungen. Die durchschnittliche Wachstumsrate von 1985 bis 1994 lag bei 34 Prozent pro Jahr. Mit Ausnahme eines Jahres, in dem uns der erste Golfkrieg in 1991 einen leichten Dämpfer versetzte, waren wir stetig gewachsen. Bald fühlten wir uns wie von Adlers Flügen getragen. Aber wir hatten nur ein einziges Büro. Von wenigen Ausnahmen abgesehen, waren unsere Mitarbeiter Deutsche. Und auch unsere Projekte kamen zu mehr als 90 Prozent aus dem deutschsprachigen Raum. Es trifft die Realität, uns als kleines, mittelständisches, deutsches Beratungsunternehmen zu bezeichnen. Doch unsere Ambitionen waren größer. Wir wollten eine globale Consulting-Firma werden. Wir erarbeiteten ein Vision-&-Values-Statement, in dem wir unsere Identität wie folgt definierten: »We are a global consulting company in strategy and marketing. Our standard is the world class.« Unser Wertekanon wurde von vier Prinzipien getragen:

- Ehrlichkeit,
- Qualität,
- Kreativität,
- Schnelligkeit.

Alle Prinzipien gelten nach außen, gegenüber unseren Klienten, wie nach innen gegenüber unseren Mitarbeitern. Nur durch Ehrlichkeit lässt sich Vertrauen aufbauen. Manchmal kommen Klienten mit vorgefassten Meinungen, die sie vom Berater bestätigt haben wollen. In anderen Fällen deckt man Fehler oder Schwächen auf, die der Klient nicht gerne hört. Und auch Mitarbeitern muss man gelegentlich unangenehme Wahrheiten sagen. Ich behaupte nicht, dass wir diesem Anspruch immer gerecht werden konnten. Aber wir haben die Messlatte nicht niedriger gelegt und letztlich, auch wenn es manchmal gedauert hat, die Maxime »Wer lügt, der fliegt« umgesetzt.

»Qualität« bedeutet für uns, dass wir mit den modernsten quantitativen Methoden arbeiten, um Ergebnisse höchster Validität und Reliabilität zu erzielen. Basis dafür sind die hohe Qualifikation unserer Mitarbeiterinnen und Mitarbeiter und die Bereitschaft zum lebenslangen Lernen. Wie wichtig Qualität in den kleinsten Dingen ist, hatte ich bei einem frühen Projekt gelernt. Bei der Erfassung eines Fragebogens war ein Komma um eine Stelle verrutscht. Statt 1 000 Tonnen bei dem befragten Unternehmen erschien ein Verbrauchsvolumen von 10 000 Tonnen. Das führte zu einer massiven Fehleinschätzung des Marktpotenzials. Gott sei Dank entdeckten wir diesen Fehler noch rechtzeitig vor der Abschlusspräsentation, sonst hätten wir uns bei unserem Klienten lächerlich gemacht. Qualität ist jedoch weit mehr als Fehlervermeidung. Letztlich wurzelt Qualität im Beratungsgeschäft in den Kompetenzen und dem Commitment unserer Teams. Diese bestehen ausnahmslos aus »Wissensarbeitern«, bei denen man den Prozess der Leistungserstellung – anders als beispielsweise bei einem Fließbandarbeiter – nicht kontrollieren kann. In der Beratung ist selbst das Ergebnis nur schwer kontrollierbar. Der Kontrolleur müsste den Prozess der Ergebnisableitung selbst durchlaufen, also beispielsweise Gespräche mit dem Management oder den Kunden des Klienten führen. Letztlich kann man hohe Qualität nur durch die Auswahl, Beurteilung und ständige Weiterqualifikation der Mitarbeiter sicherstellen.

Das Prinzip »Kreativität« besitzt für uns mehrere Facetten, die sowohl die Außen- als auch die Innenbeziehungen betreffen. Kreativität verlangt, dass wir für ein Problem eine spezifische, auf den Klienten und die jeweilige Situation zugeschnittene Lösung entwickeln. Wir haben zwar einen Werkzeugkasten von Methoden, aber wir bieten keine Kochrezepte für Strategie und Marketing an. Hierin unterscheiden wir uns deutlich von Marktforschungsagenturen, die häufig mit standardisierten Methoden arbeiten. Nach innen verlangt Kreativität von jedem Kollegen »Mitdenken«. Dieses Mitdenken gilt nicht zuletzt im Hinblick auf die Konsequenzen des eigenen Tuns für die Teamkollegen.

»Schnelligkeit« ist nach meiner Erfahrung das in der Praxis am häufigsten verletzte Prinzip. Viele Menschen tun sich schwer mit dem Motto »Was du heute kannst besorgen, das verschiebe nicht auf morgen«. Die weitverbreitete Langsamkeit ist für mich persönlich eine ständige Nervensäge. Dabei kann man Kunden mit kaum etwas positiver überraschen als mit Schnelligkeit. Ich kenne keinen Aspekt, für den ich häufiger positives Feedback erhalten hätte als für schnelle Reaktion. Genau diese Erfahrung versuchte ich meinen Mitarbeitern mit dem Prinzip Schnelligkeit einzuimpfen. Leider ist das nicht bei allen gelungen, aber doch bei den meisten. Implizit einbezogen ist in dem Prinzip das Thema Pünktlichkeit, im Sinne des Erscheinens zur vereinbarten Zeit sowie des Ablieferns von Leistungen zum zugesagten Termin. Ich kann natürlich nicht behaupten, nie zu spät zu kommen. Die Realität ist allerdings nicht weit von diesem Anspruch entfernt. Manchmal hat man keine Einflussmöglichkeit, etwa wenn ein Flug verspätet ist oder man unerwartet lange im Stau steht. Das kann man nicht steuern. Aber was man steuern kann, ist die Abfahrtzeit. Das wusste schon der durch seine Fabeln bekannte Franzose Jean de La Fontaine. Er sagte: »Eilen hilft nicht. Zur rechten Zeit aufzubrechen, ist die Hauptsache.« Wie wahr!

Die vier Prinzipien habe ich meinen Mitarbeitern immer wieder eingehämmert. Nun kann die Situation eintreten, dass man sich selbst nicht mehr hören mag, weil man stets dasselbe wiederholt. So sagte mir einmal Eberhard von Koerber (1938–2017), damals Vorstandsvorsitzender von ABB: »Ich kann mich selbst nicht mehr hören, ich habe alles schon Hunderte von Malen gesagt.« Meine Antwort war: »Sie sind der Einzige, der das Hunderte von Malen gehört hat. Jeder einzelne Mitarbeiter in einem so großen Unternehmen hat das vermutlich nur ein- oder zweimal mitbekommen. Sie können es ruhig noch einige Hunderte Male wiederholen. Dann besteht vielleicht die Chance, dass alle Mitarbeiter es zumindest dreimal gehört haben.« Unser offizielles Wertesystem entwickelte sich unter meinen Nachfolgern weiter. Per 2018 umfasst das Wertesystem von Simon-Kucher die folgenden sechs Merkmale: Integrity, Respect, Entrepreneurship, Meritocracy, Impact und Team.[4] Werte beziehungsweise deren Kodifizierung sind lebende Systeme. Wichtiger als die Worte sind jedoch die Taten. Entscheidend ist, ob und wie die Werte gelebt werden.

Meine Reden und schriftlichen Äußerungen schloss ich oft mit dem von Seneca entlehnten Wahlspruch »per aspera ad astra«, zu Deutsch »auf rauen Pfaden zu den Sternen«. Damit wollte ich ausdrücken, dass man sich hohe Ziele setzen muss, der Weg dorthin aber selten glatt verläuft. Dass man sich von den Schlaglöchern auf den Pfaden zu den Sternen nicht entmutigen lassen darf, ist eine Banalität. Stolpersteine gab es über die Jahre zur Genüge. Nicht immer funktionierte der Start eines neuen Büros. In einigen Fällen mussten wir die Büroleiter austauschen, in anderen dauerte es unerwartet lange, bis wir den Break-even-Punkt erreichten. Zu den größeren Enttäuschungen gehörte der Verlust von Partnern. Von einigen trennten wir uns, weil sie die erwartete Leistung nicht brachten. Andere gingen von sich aus, da sie mit unserem unternehmerischen Modell oder unserer Kultur nicht zurechtkamen. In den ersten 30 Jahren unserer Existenz verloren wir 25 Partner, also etwa 0,8 Partner pro Jahr. Bei der heutigen Partnerzahl von rund hundert ist das eine sehr niedrige Fluktuation auf der Partnerebene. Bei den Beratern liegt die jährliche Fluktuationsrate in der Beratung typischerweise bei 15 bis 20 Prozent. Das ist bei uns nicht anders als in der Branche. Bei den Partnern streben wir hingegen eine möglichst geringe Fluktuation an, vorausgesetzt, sie bringen die erwartete Leistung.

Internationalisierung

In unserer Vision schrieben wir: »We are a global consulting company«, und »Our standard is the world class«. Für eine Beratung, die ein einziges Büro in einer mittelgroßen deutschen Stadt betrieb, sind das Aussagen, die man durchaus unterschiedlich interpretieren kann. Einer Interpretation zufolge werden hier sehr ehrgeizige Ambitionen zum Ausdruck gebracht, deren Realisierung noch aussteht. Weniger positiv fällt die Auslegung dieser Statements als großspurig und angeberisch aus. Wir meinten es genau so, wie wir es in unserer Vision ausdrückten. Wir hatten ein Ziel vor Augen und wussten, was wir wollten. Der Weg zu diesem Ziel war allerdings noch nicht zu Ende gedacht. In welchem Land sollten wir mit der Internationalisierung beginnen? Wie vorgehen? Und wer würde die Aufgabe auf sich nehmen? Wenn man sich ein Globalisierungsziel vornimmt, bringt einen die Eröffnung eines zweiten Büros im deutschsprachigen Raum, etwa in Zürich oder Wien, nicht wesentlich weiter. Die Idee, ein Büro in den USA zu eröffnen, kam mir zum ersten Mal im Jahre 1993 nach dem Besuch bei einer Biotechnologiefirma in Colorado. Unsere Präsentation war sehr gut angekommen. Auf dem Rückflug sinnierte ich über meine Eindrücke. Letztlich zweifelte ich an der Auftragserteilung. Würde eine Firma aus dem mittleren Westen eine durchaus kritische Studie zur Einführung einer Durchbruchsinnovation von einem kleinen Berater aus Bonn/Germany durchführen lassen?

Würde das ohne eigene US-Präsenz funktionieren? Es funktionierte natürlich nicht.

Eine globale Unternehmensberatung mit Weltklasseanspruch muss sich in der »Höhle des Consulting-Löwen«, das heißt in den USA, bewähren. Dies gilt umso stärker, wenn sie Aufträge von amerikanischen Firmen erhalten will. Diese These traf 1995 in unserer Partnerrunde, die mittlerweile auf sieben Personen angewachsen war, auf einhellige Zustimmung. Damit war die Entscheidung gefallen: Wir eröffnen unser zweites Büro (nach Bonn) in Amerika. Die Kernfrage, wie wir vorgehen und wer es macht, war damit allerdings nicht beantwortet.

Unsere erste Idee war, eine kleinere amerikanische Beratungsfirma, deren Gründer ich seit langem kannte, zu übernehmen. In den Gesprächen zeigte sich jedoch deutlich, dass diese Firma unseren Qualitäts- und Kompetenzansprüchen nicht annähernd gerecht wurde. So entstand die Idee, das amerikanische Büro zusammen mit Professor Bob Dolan, mit dem ich in den vorangegangenen Jahren viel kooperiert hatte, zu eröffnen. Wir verhandelten längere Zeit. Dolan zeigt ernsthaftes Interesse und wäre sicherlich ein sehr effektiver Türöffner geworden. Bei einem Dinner am 14. März 1996 platzte die Sache. Wir konnten uns letztlich nicht einigen, und wir waren beide sehr frustriert. Dolan deutete daraufhin an, eine eigene Consulting-Firma zu gründen. Allerdings realisierte er dieses Vorhaben nie, und wir blieben Freunde, wobei vor allem unsere Frauen als Kitt wirkten. Kurze Zeit später waren die Frustration und die schlechte Stimmung verflogen.

Wir mussten es also auf eigene Faust wagen. Als ich beim nächsten Partner-Meeting die Frage stellte, wer nach Amerika geht und es macht, senkten sich alle Blicke. Wir gaben uns Bedenkzeit. Uns fiel ein Stein vom Herzen, als sich schließlich Dr. Klaus Hilleke bereiterklärte, mit seiner Familie für drei Jahre nach Amerika zu ziehen und das neue Büro zu eröffnen. Ähnlichen Situationen sollte ich in den Folgejahren noch häufig begegnen. Der Plan für ein neues Büro bleibt Makulatur, solange man niemanden hat, der die

Aufgabe der Büroeröffnung auf sich nimmt. Hilleke wurde begleitet von dem jungen Berater Stephan Butscher, der bei mir in Mainz studiert hatte. Butscher war als Diplomatensohn in Casablanca geboren und hatte trotz seiner jungen Jahre schon viel Auslandserfahrung erworben, unter anderem während eines mehrmonatigen Praktikums in New York.

Unsere Standortwahl fiel allerdings nicht auf New York, wie es für einen Berater typisch gewesen wäre, sondern auf Boston. Dafür gab es zwei Gründe. Zum einen war ich mit dem Umfeld in Boston vertraut. Immerhin hatte ich dort zwei Jahre gelebt und besaß viele Kontakte nach Harvard und ans Massachusetts Institute of Technology. Klaus Hilleke zog es vor, mit seiner Familie in einem überschaubaren Umfeld statt im »Big Apple« zu leben. Boston hatte zudem durchaus eine Tradition als Beraterstandort. Immerhin war hier 1864 die erste Consulting-Firma der Welt, Arthur D. Little, gegründet worden. Auch die Boston Consulting Group hat hier ihren Ursprung. Ansonsten galt es, die notwendigen Schritte abzuarbeiten: Gründung eine Limited Liability Company LLC, die der deutschen GmbH ähnelt, Anmietung eines Büros und Einstellung der ersten amerikanischen Mitarbeiter. Unsere Bürowahl fiel auf den Kendall Square in Cambridge, nur wenige Meter von meinem ersten amerikanischen Einsatzort, der Sloan School of Management des MIT, entfernt. Man kehrt eben gerne an den Ort früheren Wirkens zurück, wenn sich damit angenehme Erinnerungen verbinden. Ich erinnere mich an die ersten Bewerbungsgespräche mit den MBAs Juan Rivera und Steve Rosen. Beide sagten zu.

Juan Rivera ist heute Chef der amerikanischen Simon-Kucher & Partners LLC, Steve Rosen ist Partner in der Life Sciences Division. Ähnlich wie in Deutschland hielten uns diese amerikanischen Mitarbeiter der ersten Stunde über Jahrzehnte die Treue. Zur Einarbeitung kamen sie für ein Jahr nach Bonn. Wir sind überzeugt, dass wir unsere Unternehmenskultur nur über Menschen, nicht über Deklamationen oder Papiere transferieren können.

In der Anfangszeit flog ich etwa einmal pro Monat nach Boston. Während dieser Zeit unterhielt ich im Charles Hotel am Harvard Square in Cambridge ein Kleiderdepot, um nicht jedes Mal alles über den Atlantik hin und her transportieren zu müssen. Aber ich erkannte schnell, dass ich bei amerikanischen Kunden nicht viel bewirken konnte. Consulting ist ein People-Business. Ich hatte zwar eine Visitenkarte mit amerikanischer Adresse, verheimlichte aber den Klienten nicht, dass ich nur sporadisch vor Ort war. Es beeindruckt einen Klienten verständlicherweise nicht, wenn der Chef eines kleinen Beratungsunternehmens für einen Akquisetermin erscheint, danach aber kaum noch sichtbar ist. Unsere Wunschvorstellung, deutsche Unternehmen in den amerikanischen Markt zu begleiten, ging nicht auf. Viele deutsche Beratungen setzten auf diesen Weg und kamen deshalb im Ausland nicht voran. Nach kurzer Zeit wurde uns klar, dass wir Projekte bei amerikanischen Unternehmen akquirieren mussten und dass diese Aufgabe von den Mitarbeitern vor Ort zu bewältigen war. Hatten wir die Herausforderung unter- beziehungsweise unsere Fähigkeiten überschätzt? Unsere Erfahrung aus den Anfangsjahren in Deutschland, nach der sich das »Eichhörnchen mühsam nährt«, wiederholte sich in den USA. Die amerikanischen Klienten erwiesen sich zwar als überraschend offen und interessiert, und es gelang uns, Vorstellungstermine zu bekommen. Aber der Weg von einem ersten Treffen zum Projektauftrag war steinig. Dabei spielte auch die allpräsente Konkurrenz eine Rolle. Denn Amerika litt nicht gerade unter einem Mangel an Beratern. Allerdings war keiner von diesen so konsequent auf das Thema Pricing ausgerichtet wie wir. Klaus Hilleke und sein Team bewiesen jedenfalls hohe Frustrationstoleranz und vorbildliches Durchstehvermögen. Irgendwann platzte der Knoten, und es ging kontinuierlich aufwärts.

Der Erfolg in den USA machte uns Mut. Vier Jahre später eröffneten wir Büros in Zürich und in Paris. Kurz vorher hatten wir eine weitere Dependance in München eingerichtet, was aber, ähnlich wie Zürich, kein großes Problem darstellte. Denn in beiden Fällen blieben wir im deutschsprachigen Umfeld. Eine größere Herausforderung beinhaltete hingegen die Büroeröffnung in Paris. Wir hatten keinen Partner oder Mitarbeiter, dem wir diese Aufgabe zutrauten. Deshalb wandte ich mich an den Pariser Headhunter Eric Salmon und interviewte in dessen Büro an den Champs Elysées mehrere Kandidaten. Hier erfuhr ich wieder einmal, wie klein die Welt ist. Die Dame namens Cathérine Dunand, die uns seitens Salmon betreute, kannte ich, denn sie hatte vorher als Assistentin von Fritz Straub, dem weltweiten Vertriebschef von Hoechst Pharma, gearbeitet. Unter den Bewerbern, die ich interviewte, war Kai Bandilla, damals junger Partner bei Roland Berger in Paris. Wir kamen jedoch nicht zusammen. Stattdessen heuerte ich einen französischen Consultant an, der unser Angebot annahm und das Büro eröffnete. Vorher hatten wir in Bonn Florent Jacquet und Franck Brault, zwei junge Absolventen der Grande École HEC, eingestellt. Beide kehrten nun mit einem Jahr Stammhauserfahrung nach Paris zurück. Heute sind beide Partner. Auch sie sind über Jahrzehnte bei der Stange geblieben. Doch es klappte mit dem von außen kommenden Chef nicht, daher trennten wir uns und entsandten einen deutschen Partner nach Paris, der sich sehr bemühte, aber den Durchbruch ebenfalls nicht schaffte. Drei Jahre waren vergangen, wir hatten den Break-even nicht erreicht – so konnte es nicht weitergehen. Da erinnerte ich mich an Kai Bandilla aus der ersten Bewerbungsrunde beim Headhunter Eric Salmon. Ich rief ihn an, und wenige Tage später waren wir handelseinig. Heute führt Kai Bandilla nicht nur das Pariser Büro, sondern auch die Büros in Istanbul, Dubai, Singapur, Sydney, Peking und Hongkong. Er ist außerdem Mitglied unseres Corporate Boards. Wir erlebten auch Rückschläge. Im November 2008, dem schlechtesten aller möglichen Zeitpunkte, eröffneten wir ein Büro in Moskau. Wir mieteten uns bei einem sehr teuren Bürodienstleister ein. Die Kosten waren hoch, die Aufträge gleich null, und nach einem Jahr zogen wir die Reißleine.

Doch die Internationalisierung ging weiter. Die Tabelle zeigt die Geschichte unserer Expansion von 1985 bis 2018:[5]

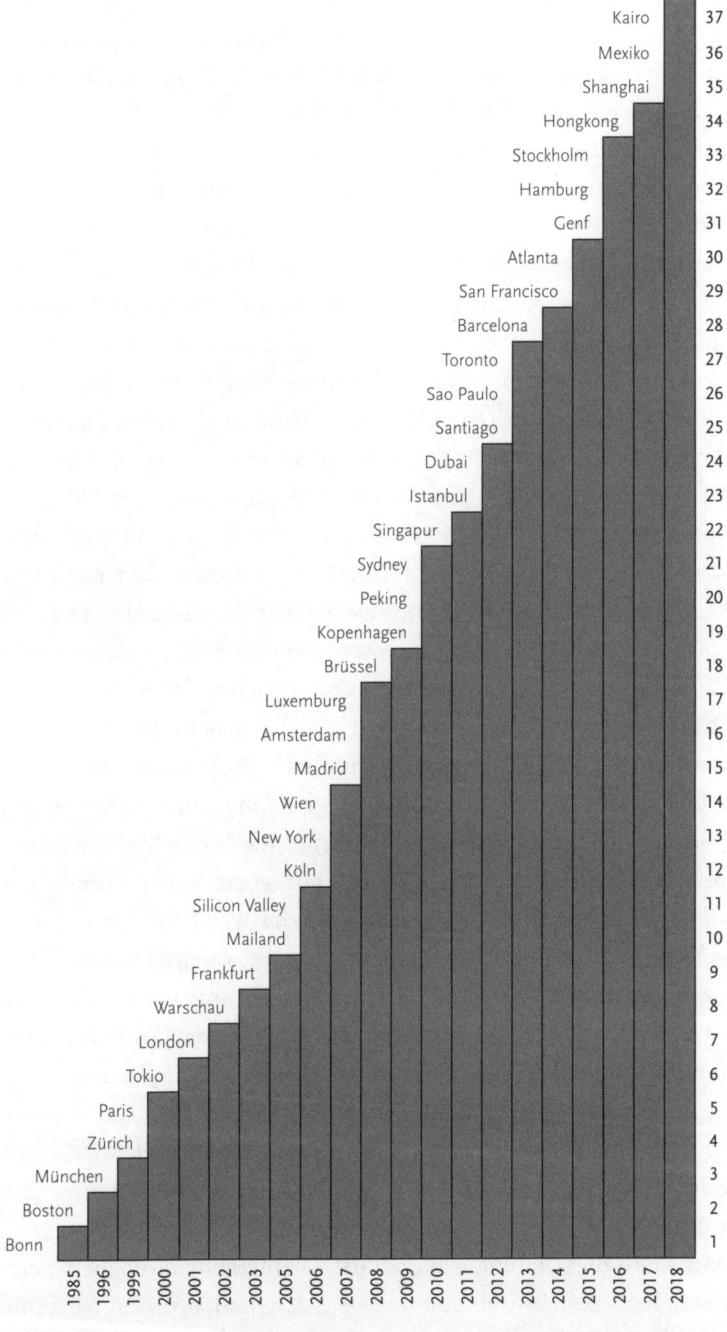

Kairo																								37
Mexiko																								36
Shanghai																								35
Hongkong																								34
Stockholm																								33
Hamburg																								32
Genf																								31
Atlanta																								30
San Francisco																								29
Barcelona																								28
Toronto																								27
Sao Paulo																								26
Santiago																								25
Dubai																								24
Istanbul																								23
Singapur																								22
Sydney																								21
Peking																								20
Kopenhagen																								19
Brüssel																								18
Luxemburg																								17
Amsterdam																								16
Madrid																								15
Wien																								14
New York																								13
Köln																								12
Silicon Valley																								11
Mailand																								10
Frankfurt																								9
Warschau																								8
London																								7
Tokio																								6
Paris																								5
Zürich																								4
München																								3
Boston																								2
Bonn																								1

1985 1996 1999 2000 2001 2002 2003 2005 2006 2007 2008 2009 2010 2011 2012 2013 2014 2015 2016 2017 2018

Die Herausforderungen blieben und bleiben die gleichen. Das Schwierigste ist die Besetzung des Büroleiterpostens. Hat man Berater oder Partner, die es können, so läuft es. Ohne solche Personen kann ein Büro über Jahre ein Sorgenkind bleiben. Nicht minder wichtig ist die Gewinnung und Entwicklung von Beratern, die aus dem jeweiligen Land stammen und die lokale Sprache beherrschen. Man kann ein internationales Beratungsgeschäft nicht nur mit Expatriates aufbauen. Aber auch diese braucht man, um die Kultur und die Kompetenzen des Unternehmens in die neuen Büros zu transferieren. So haben wir über die Jahre viele fähige Mitarbeiter in die ganze Welt entsandt. Viele dieser Expatriates blieben lange Jahre oder sogar auf Dauer in den Zielländern. Zu diesen gehören André Weber, Dr. Volker Janssen und Peter Ehrhardt in Amerika, Dr. Jochen Krauss und Jan Weiser in Singapur, Dr. Jens Müller in Tokio, Christoph Petzoldt in Sydney, Lovrenc Kessler in Dubai sowie der Schweizer Silvio Struebi in Hongkong. Insgesamt haben wir aber weniger als zehn deutschstämmige Partner im Auslandseinsatz.

Mit dem Beginn unserer Internationalisierung erklärten wir Englisch zu unserer Unternehmenssprache. Jeder Mitarbeiter muss Englisch beherrschen, und alle Unternehmensdokumente werden nur noch in Englisch formuliert. Dieser Übergang bereitete anfangs einigen Beschäftigten Probleme, aber nach wenigen Jahren war Englisch als Unternehmenssprache für alle zur Selbstverständlichkeit geworden. Ich kann nur jedem Unternehmen, das sich internationalisieren will, raten, diesen Weg kompromisslos zu gehen. Englisch als Unternehmenssprache vereinfacht die Kommunikation, spart Doppelarbeit für Übersetzungen und erhöht die Attraktivität für nichtdeutschsprachige Bewerber. Ein global agierendes Unternehmen braucht eine einheitliche Sprache.

Eine schwierige Herausforderung, gerade in einem Geistkapitalunternehmen, besteht darin, den Mitarbeitern in aller Welt eine einheitliche Werte- und Unternehmenskultur über Länder- und Kulturgrenzen hinweg zu vermitteln und diese aufrechtzuerhalten. Nur wenn dies gelingt, erfahren die Klienten einen möglichst einheitlichen Auftritt und eine konsistente Qualität unserer Berater.

Wir haben das Ziel, unseren Klienten in aller Welt vergleichbare Leistungen zu bieten. Diesem Anspruch können wir nur gerecht werden, wenn ein gemeinsames System verbindender und verbindlicher Werte etabliert wird. Gleichwohl muss ein solches System flexibel genug sein, die Besonderheiten einheimischer Kulturen zu integrieren, und es darf die kontinuierlich notwendigen Veränderungen und Innovationen eines international wachsenden Beratungsunternehmens nicht hemmen. Globalität ist Kernelement unserer Identität. Global zu sein, bedeutet für uns, dass wir Klienten, Mitarbeiter und Büros in allen relevanten Märkten haben. Wir sehen ein solch globales Netzwerk nicht zuletzt als Attraktivitätsfaktor für die Gewinnung und das Halten von Mitarbeitern.

Heute sind wir mit 37 Büros in 25 Ländern[6] vertreten, doch es gibt nach wie vor zahlreiche weiße Flecken auf unserer Weltkarte. Unsere Entschlossenheit, eines Tages in der ganzen Welt präsent zu sein, ist genauso stark wie in den frühen Jahren. Das Fundament, auf dem wir dieses Ziel erreichen wollen, ist breiter und solider als je zuvor. Insofern sollte sich unsere weitere Internationalisierung sogar beschleunigen.

Geistkapital versus Finanzkapital

Im Jahr 1968 prägte Peter Drucker den Begriff »Knowledge Worker« (Wissensarbeiter). Ein Wissensarbeiter erledigt nicht primär physische, sondern mentale Arbeit. Er setzt dabei vor allem sein Gehirn und seinen Geist, weniger seinen Körper ein. Firmen, die überwiegend Wissensarbeiter beschäftigen, nennt man Geistkapitalunternehmen. Sie spielen in modernen Volkswissenschaften eine wichtige Rolle. Dazu gehören Beratungen, Rechtsanwaltskanzleien, Arztpraxen sowie Entwicklungs- und Inspektionsfirmen. Natürlich sind auch Universitäten und Schulen Geistkapitalunternehmen. Simon-Kucher & Partners ist ein Geistkapitalunternehmen. Mehr als 80 Prozent unserer Mitarbeiter besitzen akademische Abschlüsse, mehr als ein Zehntel hat einen Doktorgrad. Wir produzieren keine tangiblen Güter. Unsere Projektberichte, seien sie auf Papier oder in digitaler Form, beinhalten nur Information und Wissen.

Bei Wissensarbeitern lässt sich der Prozess der Wertschöpfung nicht kontrollieren. Wenn ein Wissensarbeiter aus dem Fenster schaut, weiß man nicht, ob er gerade nichts tut, ob er träumt oder eine brillante Lösung für ein Problem entwickelt. Jemand, der innerhalb einer Stunde eine tolle Problemlösung findet, leistet mehr als ein Kollege, der den ganzen Tag an dem Problem knabbert, aber keine überzeugende Antwort zustande bringt. Die Arbeitswerttheorie von Karl Marx, die den Wert eines Produktes aus der hineingesteckten Arbeitszeit ableitet, ist in Geistkapitalunternehmen noch stärker fehl am Platze als in Produktionsunternehmen.

Eine weitere Besonderheit von Geistkapitalunternehmen besteht darin, dass die wichtigsten Ressourcen jeden Abend das Büro verlassen. Man kann nur hoffen, dass sie am nächsten Morgen wieder auftauchen. Die kritische Ressource sitzt nämlich in den Köpfen der Mitarbeiter. Am stärksten gilt das für besonders qualifizierte Berater und speziell für die Partner. Sie bei der Stange zu halten, ist eine Notwendigkeit und eine große Herausforderung. Geistkapitalunternehmen brauchen wenig Finanzkapital. Typischerweise mieten sie ihre Büros. Auch das Working Capital ist beschränkt. Weder für Vormaterialien noch für Fertigprodukte braucht man Lager. Die Finanzierung ist also normalerweise nicht der Engpass. Dennoch verlieren viele neu gegründete Geistkapitalunternehmen aufgrund von Finanzaspekten ihre Identität.

Man hört oft, dass alles vom Chef abhängt. Vielleicht gilt das tatsächlich für Industrieunternehmen mit einer streng hierarchischen Struktur. Für Geistkapitalunternehmen trifft es weit weniger zu. Wenn eine solche Firma eine gewisse Größe erreicht, hängt der Erfolg eher von den Partnern als vom Boss ab. Die Partner führen Gruppen, die sich wie kleine Unternehmen verhalten. Deshalb sollten die Partner echte Unternehmer sein. Charles O'Reilly, Professor an der Stanford University, postuliert, dass die Anteile von Geistkapitalunternehmen von den aktiven Partnern und nicht von externen Finanzinvestoren gehalten werden sollen. Er begründet dies damit, dass der knappe Faktor im Geist- und nicht im Finanz-kapital liege.

Es ist allerdings nicht einfach, das Eigentum auf die jüngeren Partner zu übertragen. Per Definition sind die Gründer zu Beginn die alleinigen Shareholder. Gründer haben eine natürliche Tendenz, möglichst hohe Anteile möglichst lange zu halten. Die Zeit fliegt, und plötzlich sind sie in ihren Fünfzigern. Wenn die Firma bis dahin erfolgreich war, werden die Anteile für die jüngeren Partner zu teuer. Die Folge ist, dass die Firma an ein größeres Beratungsunternehmen verkauft wird und ihre Identität verliert. So wurde einer unserer frühen Konkurrenten, die von Professor Thomas Nagle gegründete Strategic Pricing Group, an die Consulting-Firma Monitor, die ihrerseits auf Initiative des Harvard-Professors Michael Porter gegründet worden war, verkauft. Monitor selbst landete schließlich bei Deloitte. Auch Roland Berger verkaufte seine Firma an die Deutsche Bank, und die Partner mussten sie später zurückerwerben. A.T. Kearney wurde an die von Ross Perot gegründete IT-Firma EDS verkauft, die ihrerseits im General-Motors-Konzern aufging. Ähnlich wie bei Roland Berger erwarben die Partner das Unternehmen später zurück. Es ließen sich zahlreiche weitere Beispiele aufzählen. Ich schätze, dass 90 Prozent der neugegründeten Consulting-Unternehmen nach der ersten Generation diesen Weg gehen. Nur wenige schaffen es in die zweite Generation. Wenn die Anteile nicht von Anfang an systematisch abgegeben werden, besteht die einzige Alternative zum Verkauf im Verschenken der Anteile an die jüngeren Partner. Das kann ohne Gegenleistung oder zu einem nominalen Preis geschehen. Die Tatsache, dass es McKinsey, Boston Consulting Group und Bain gibt, hat genau hier ihren Ursprung. Marvin Bower, der Gründer von McKinsey, gab seine Anteile 1964 an die Partner. Ähnlich verfuhren Bruce Henderson, Gründer der Boston Consulting Group, und Bill Bain, Gründer von Bain.

Eine Konsequenz dieser »Schenkungen« besteht darin, dass die Beteiligungsmodelle solcher Firmen in den Folgegenerationen nicht wirklich unternehmerisch sind. Mit »wirklich unternehmerisch« meine ich, dass neue Partner Anteile zu einem Marktwert kaufen und beim späteren Ausscheiden zum dann geltenden Marktwert verkaufen. Wenn man die Anteile vom Gründer geschenkt bekommen oder zu einem nominalen Preis erworben hat, kann man sie schlecht an die nächste Partnergeneration zum Marktwert abgeben. Die Partner in solchen Unternehmen sind also eher Treuhänder als wirkliche Eigentümer. Der Unternehmenswert wird nie realisiert. Es sei denn, man verkauft die ganze Firma oder bringt sie an die Börse, wie es beispielsweise Goldman Sachs getan hat.

Bei Simon-Kucher & Partners hatten wir von Beginn an andere Absichten und dementsprechend ein völlig anderes Modell. Als Gründer waren wir entschlossen, das Unternehmen auf eine unabhängige und dauerhafte Basis zu stellen. Wir wollten auf keinen Fall mit 55 oder 60 an einen Großen verkaufen müssen und die Identität unseres Babys opfern. Deshalb begannen wir bereits im fünften Jahr nach der Gründung mit der Übertragung von Anteilen an die zweite Partnergeneration. Menge und Preis der abgegebenen Anteile waren dabei Verhandlungssache. Da war natürlich ein gewisses Schachern unvermeidlich. Das gefiel mir nicht. Ich träumte von einem anderen Modell, das einer Börse ähnelte. Im Jahre 1998 entschieden wir uns für ein solches Modell, das meines Wissens bis heute in der Beratungsbranche einmalig ist. Die drei Gründer verpflichteten sich, bis zu ihrem Ausscheiden 92,5 Prozent der Anteile abzugeben, 7,5 Prozent dürfen sie als Gegenleistung lebenslang behalten. In jedem Jahr wird ein Preisintervall für die Anteile definiert. Senior Partner (das wird man nach zehn Jahren) können verkaufen, alle anderen Partner, auch die neu gewählten, können kaufen. Innerhalb dieser Rahmenbedingungen läuft der Prozess wie an der Börse ab. Die Verkäufer geben an, wie viel sie bei vorgegebenen Preisen abtreten wollen. Die Käufer machen entsprechende Angaben zur Zahl der Anteile, die sie bei den jeweiligen Preisen verpflichtend übernehmen. Wie im klassischen Modell resultieren eine Angebots- und eine Nachfragekurve, deren Schnittpunkt die Zahl und den Preis der übergehenden Anteile definiert. Die Abbildung veranschaulicht dieses Börsenmodell von Simon-Kucher & Partners und das Ergebnis für das Jahr 2017:

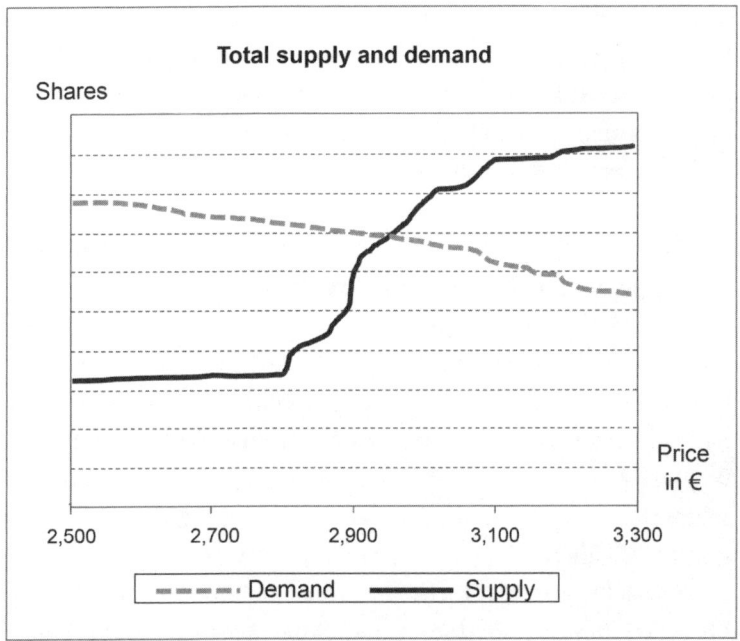

Total supply and demand

Shares

Price in €

2,500   2,700   2,900   3,100   3,300

····· Demand   ——— Supply

Das System lief über die Jahre weitgehend reibungslos. Nur zweimal fuhren wir gegen die »Wand«, weil das Preisintervall zu eng definiert war. Die Lücke zwischen Angebot und Nachfrage musste in diesen Fällen durch Zuteilung eines kleinen Teils der übergehenden Shares geregelt werden. Aufgrund der Erfahrungen führten wir einige Verfeinerungen ein, aber das grundlegende System blieb unangetastet. Im Ergebnis sind die Anteile breit über rund hundert Partner gestreut. Die Gründer besitzen insgesamt nur noch die im Jahre 1998 vereinbarten 7,5 Prozent. Im Laufe der Zeit gab es einige Anpassungen, ohne dass die Grundstruktur des Systems geändert wurde.

Dieses voll unternehmerische Partnerschaftsmodell hat zahlreiche Vorteile. Es ist für Unternehmertypen attraktiv, und wir sind auf unsere unternehmerische Kultur besonders stolz. Das anfängliche Investment, über dessen Höhe jeder neue Partner selbst entscheidet (wobei wir ein nicht unbeträchtliches Mindestinvestment verlangen), mag Beamtentypen abschrecken, aber es zieht unternehmerische Menschen an. Diese Unternehmer sind die Treiber unseres Wachstums, und das Wachstum seinerseits ist Treiber des Unternehmenswertes. Wir wissen natürlich nicht, wie das Wachstum in Zukunft aussehen wird. Insofern sind die Investitionen durchaus risikobehaftet. Aber wenn die Vergangenheit eine Indikation liefert, sind Investments in die Anteile von Simon-Kucher & Partners für junge Partner extrem attraktiv. In den ersten zehn Jahren (1985–1994) sind wir jährlich um 34 Prozent gewachsen. Es ist allerdings anzumerken, dass eine hohe Wachstumsrate, wenn man bei null startet, eher zu erreichen ist als in späteren Jahren mit zunehmender Größe. Von 1995 bis 2008 haben wir unseren Umsatz knapp versiebzehnfacht, was einer jährlichen Wachstumsrate von 24 Prozent entspricht. Von 2009 bis 2017 haben wir trotz der anfänglichen Krisenjahre 15 Prozent pro Jahr geschafft. Wir sind entschlossen, auch in Zukunft weiter zu wachsen. Aber was die Zukunft tatsächlich bringen wird, steht in den Sternen.

Angesichts unseres Wachstums ist es nicht verwunderlich, dass über die Jahre Unzahlen von Übernahmeangeboten an uns herangetragen wurden. Das erste erreichte mich bereits während meiner Harvardzeit Anfang 1989. Wir waren Carl Sloane, dem Gründer von Temple, Barker & Sloane (TBS), einer in Lexington, Massachusetts, ansässigen Beratungsfirma, aufgefallen. TBS wurde später von der Firma United Research übernommen, die ihrerseits in Cap Gemini aufging. Sloane kannte Deutschland gut und hatte uns dort beobachtet. So ging es über die Jahre weiter. Große Berater und führende Wirtschaftsprüfungsfirmen sprachen uns an. Doch der Verkauf war für die Gründer und auch die jüngeren Partner nie ein ernsthaftes Thema. Wir hätten zwar höhere Preise als in der internen Börse erzielt. Aber unsere Unabhängigkeit und die Vision, ein auf Dauer unabhängiges Unternehmen zu schaffen, waren uns wichtiger. Ich glaube, dass die meisten unserer Partner nicht in einem von Konzerndenken und Bürokratie geprägten Umfeld arbeiten wollen. Unsere Partner schätzen die unternehmerische Freiheit, die sie bei Simon-Kucher finden, sehr hoch ein. Gleichzeitig ist sie die Basis, von der aus wir mit ungebrochenen Ambitionen die Herausforderungen der Zukunft angehen.

Jenseits der Kommandobrücke

Im Februar 2007 wurde ich 60. Bei einer Feier mit den Partnern von Simon-Kucher & Partners kündigte ich an, das CEO-Amt spätestens mit 65, eventuell auch früher, zu übergeben. Insgeheim war meine Vorstellung, etwa zur Mitte dieser Fünfjahresperiode zurückzutreten. Um eine längere »Lame Duck« (lahme Ente)-Periode zu vermeiden, wollte ich den definitiven Rücktrittszeitpunkt erst kurz zuvor bekanntgeben.

Meine Jahre als CEO waren wie im Fluge vergangen. Nach einem krankheitsbedingt holprigen Start hatte ich mich gefangen und fühlte mich der Aufgabe gewachsen. Aber ich musste auch meinem Alter Tribut zollen. Wir hatten 16 neue Büros in elf Ländern eröffnet. Ich war ständig unterwegs, und manche Reisen überstiegen das zumutbare Maß. Eine Woche aus dem Oktober 2000 illustriert dies beispielhaft. In sieben Tagen hatte ich die folgende Route hinter mich gebracht: Bonn-Frankfurt-Atlanta-Boston-Atlanta-Frankfurt-Köln-Bonn-Wien-Frankfurt-Koblenz-Bonn-Berlin-Frankfurt-Bonn. Diese Woche ist zwar nicht repräsentativ, aber insgesamt ging es heftig rund. Ich erinnere mich an einen Abend, an dem ich übermüdet ins Hotelbett gesunken war, als das Telefon klingelte. Halb geistesabwesend ergriff ich den Hörer, und es meldete sich Bill, ein amerikanischer Klient. Ich: »Hi Bill, where are you?« Bill: »I am in New York.« Da ich in meiner Schlaftrunkenheit nicht wusste, wo ich war, fragte ich zurück: »And where am I?« Bill: »You are in Boston.« Dazu passt eine Persiflage, die mir ein Mitarbeiter anlässlich einer Betriebsfeier in den Mund legte: »Fräulein Rodewald, stellen Sie doch bitte fest, wo ich mich gerade aufhalte, was ich hier soll und wie lange das Ganze dauern wird.« Ingrun Rodewald war meine damalige Sekretärin. Die Moral: Man kann immer nur an einem Ort sein und sollte wissen, wo das ist.

Die Geschäfte im Jahr 2007 liefen wie geschmiert, unser Umsatz stieg um 26 Prozent von 64 auf 81 Millionen Euro. Selbst im Jahre 2008 wuchsen wir weiter auf 98,7 Millionen Euro. Mein Anfang 2007 gefasster Plan, mit 62 oder 63 Jahren ein florierendes

Unternehmen an meine Nachfolger zu übergeben, schien aufzuge-
hen. Doch im letzten Quartal des Jahres 2008 und noch stärker zu
Beginn des Jahres 2009 erwischte auch uns die Krise. Das brachte
meine Pläne gehörig ins Schwanken. Konnte ich in dieser Situation
die Kommandobrücke verlassen? Sähe das nicht nach Fahnenflucht
aus? Was würden meine Partner und die Nachfolger im CEO-Amt
denken, wenn sie die »Krisensuppe« auslöffeln sollten? Allerdings
fragte ich mich auch, ob ich die noch höheren Anforderungen, die
die Krise ohne Zweifel brachte, bewältigen würde. War ich für diese Herkulesaufgabe nicht doch schon zu alt? Sollten nicht gerade
in dieser schwierigen Situation jüngere, frischere Kräfte das Ruder
übernehmen?

Nach ausführlichen Konsultationen mit meiner immerwähren-
den Beraterin Cäcilia kündigte ich an meinem 62. Geburtstag im
Februar 2009 an, zum 30. April mein Amt als CEO niederzulegen.
Am 23. April fand unser planmäßiges Partnertreffen in Luxemburg
statt. Dort wurden Dr. Klaus Hilleke und Dr. Georg Tacke für eine
Amtszeit von fünf Jahren zu Co-CEOs gewählt. Sie übernahmen das
Amt am 1. Mai 2009. Beide waren für diese Führungsaufgabe bestens vorbereitet. Sie kannten sich aus Studienzeiten und hatten mittlerweile mehr als 20 Jahre Beratungserfahrung. Beide bildeten ein
reibungslos funktionierendes Team. Sie wurden nach fünf Jahren
für drei weitere Jahre als Co-CEOs bestätigt.[7] Nach insgesamt acht
Jahren als Co-CEO kandidierte Klaus Hilleke nicht mehr, und seit
dem 1. Januar 2017 führt Georg Tacke das Unternehmen allein. Die
beiden haben in den Jahren ihrer gemeinsamen Führung Herausra-
gendes geleistet. In ihrer Amtszeit hat sich der Umsatz auf 252 Millionen Euro im Jahre 2017 mehr als verdoppelt. Noch wichtiger dürfte
sein, dass die Co-CEOs Führung und Organisation stringent pro-
fessionalisiert haben. Zu meiner Zeit lief das alles sehr handwerk-
lich, wie es für Gründer typisch ist. Die weitaus höhere Komplexität
mit heute 37 Büros in 25 Ländern hätte sich auf diese Weise nicht
mehr bewältigen lassen. Simon-Kucher nutzt jetzt Instrumente wie
SAP und Evaluierungssystematiken, die eine zeitnahe und präzisere
Steuerung der Projekte und der Mitarbeiter ermöglichen.

Der Eintritt in den dritten Lebensabschnitt ist für viele Menschen, insbesondere Führungskräfte, ein einschneidendes Ereignis. Durch ihre Führungsaufgaben waren sie oft zu mehr als 100 Prozent ausgelastet. Sie hatten Macht und Einfluss. Auf das alles müssen sie mit der Aufgabe des Amtes verzichten. Wie kam ich selbst mit dieser Situation zurecht? Mein Übergang war weit weniger abrupt als der eines typischen Managers. Ich blieb Partner und behielt mein Büro. Allerdings war meine formale Macht dahin. Als Gründer und ältester Partner wurde ich dennoch häufig um Rat gefragt. Auch in den Partnertreffen sagte ich weiterhin meine Meinung. Für meine Vortrags- und Publikationsaktivitäten hatte ich jetzt wesentlich mehr Zeit. Der Druck des täglichen Geschäftes wich allmählich von meiner Seele, und ich wandte mich neuen Feldern zu.

Auf fremden Feldern

Ein Gebiet, auf dem ich bisher meinen Vermögensverwaltern gefolgt war, wenn auch mit eher bescheidenem Erfolg, interessierte mich besonders. Ich begann, mich aktiver um Vermögensanlage und Investitionen zu kümmern. Ein frühes Projekt war ein sogenannter Search Fund, der erste seiner Art in Deutschland. Bei diesem Konzept rekrutiert ein junger Unternehmer mehrere Investoren, von denen jeder eine relativ geringe Summe beisteuert. Mit diesem Kapital wird die Suche nach einem Übernahmekandidaten finanziert. Alexander Kirn, ein junger Harvard-Absolvent, brachte mir dieses Konzept nahe.[8] Er fand zwölf Investoren, die jeweils 25 000 Euro investierten. Der Suchprozess forderte von Kirn Durchhaltevermögen und Frustrationstoleranz. Aber nach etwa zwei Jahren gelang es, das in Siegen ansässige Unternehmen Invers zu kaufen. Invers ist Weltmarktführer bei Car-Sharing-Systemen, die sowohl Hardware- als auch Software-Komponenten umfassen. Das Unternehmen war 1993 von dem Ingenieur Uwe Latsch gegründet worden, und der Gründer wollte sich aus dem aktiven Geschäft zurückziehen. Zusammen mit Alexander Kirn konnte ich den Gründer zum Verkauf bewegen. Dabei spielten nicht nur finanzielle Aspekte, sondern auch die passende Chemie eine wichtige Rolle. Die zwölf Investoren des Search Funds hatten nun die Option, sich an dem Erwerb zu beteiligen. Alle zogen mit, und Alexander Kirn übernahm die unternehmerische Führung. Das Projekt kann man als Erfolg bezeichnen. Ich selbst stieg nach einigen Jahren mit einem guten Gewinn aus. Alexander Kirn führt das Unternehmen bis heute.

Eine andere Dimension hatte ein zweites Projekt. Hierbei handelte es sich um eine sogenannte Special Purpose Acquisition Company (SPAC). Das Projekt ging auf eine Initiative des französischen Investitionshauses Wendel und des Investmentbankers Roland Lienau zurück. Lienau, ein gebürtiger Hamburger, erlernte das Handwerk des Kapitalmarktes bei der Deutschen Bank. Da er in Frankreich studiert und dort seine Frau kennen gelernt hatte, zog es ihn nach Paris zu Wendel. Das heutige Investitionshaus Wendel entstand aus einem im Jahre 1704 gegründeten lothringischen Stahlunternehmen. Im Jahr 1978, ironischerweise unter dem Präsidenten Valéry Giscard d'Estaing und dem Premierminister Raymond Barre, beides Konservative, wurde die Familie enteignet und investierte die erhaltenen Mittel in diverse Unternehmungen. So wurde in einigen Jahrzehnten aus 50 Millionen Euro ein hoher einstelliger Milliardenbetrag.

Beim SPAC-Konzept stellen die Initiatoren zunächst einen gewissen Betrag zur Verfügung. Sie suchen dann Ko-Investoren, sammeln also weitere Mittel ein. Dies taten wir in einer Kampagne, die mich in eine neue Welt führte. Wir präsentierten unsere Idee vor Investoren in allen wichtigen Finanzzentren diesseits und jenseits des Atlantiks. Aufhänger war dabei das Hidden-Champions-Konzept. Unser Ziel bestand darin, mit den eingesammelten Mitteln einen Hidden Champion zu erwerben. Eine wichtige Besonderheit einer SPAC ist, dass das Konstrukt vor dem Erwerb an der Börse eingeführt wird. Das zu erwerbende Unternehmen wird dann mit dem bereits börsennotierten SPAC verschmolzen und ist somit selbst börsennotiert. Lienau und ich begannen mit dem Fundraising Mitte

2009 und hatten zum Ende des Jahres die geplanten 200 Millionen Euro eingesammelt. Auf dem Weg dahin gab es zahlreiche aufregende Begegnungen. In New York saßen wir beispielsweise einer 34-jährigen Dame mit Harvard-Abschluss gegenüber. Sie verwaltete einen Fonds, der nur in SPACs investierte, im Umfang von 1 Milliarde Dollar. Als ich sie fragte, wer über die Investitionen entscheide, antwortete sie sehr knapp und klar: »Ich«. In einem anderen Fall fuhren wir in einem New Yorker Hochhaus in den 26. Stock. Als wir aus dem Aufzug traten, öffnete sich eine kleine Tür und man geleitete uns in eine Art Schwarzwaldstube. Dort begrüßten uns die Nachfahren des Gründers einer sehr kapitalkräftigen Investmentfirma. Der Gründer war in den zwanziger Jahren des letzten Jahrhunderts aus Deutschland in die USA ausgewandert. Er brachte eine Reihe seltener Vögel mit sich, die er von einem Kunden, der in die Insolvenz gerutscht war, als Bezahlung erhalten hatte. In Amerika gründete er ein Tierfutterunternehmen, das zum zweitgrößten seiner Art in der Welt aufstieg. Es wurde später an einen noch größeren Wettbewerber verkauft, und aus dem Erlös entstand der Investmentfonds. Nach diesem Gründer ist auch eine bekannte Business-School in Amerika benannt. Ich warf Blicke in die Handelsräume großer Banken. Ich fragte mich, wer diese Komplexität überblicken und managen kann. Was machen die Tausenden von Händlern, die ich vor ihren Bildschirmen sitzen sah? Jeder von ihnen hatte nicht nur einen, sondern drei oder manchmal fünf Bildschirme vor sich. Ich bekam mächtig Respekt vor den Kapitalmärkten, die ich bisher eher als abstrakte Konstrukte kennen gelernt hatte.

Im Februar 2010 brachten wir die Helikos S. E. in Frankfurt an die Börse. Die Bilanz bestand zu diesem Zeitpunkt auf der Aktivseite aus 200 Millionen Barmitteln und auf der Passivseite aus 200 Millionen Eigenkapital. Dann begann die Suche nach einem Übernahmekandidaten. Hierin lag aufgrund meiner Beziehungen zu den Hidden Champions meine Hauptrolle. Zu diesem Zeitpunkt befand sich die Wirtschaft noch voll in der Krise. Als ich am Telefon mit 200 Millionen Euro Eigenkapital winkte, war das Interesse bei vielen Unternehmern groß. Doch als ich nachschob, das Projekt sei mit einem Börsengang verbunden, verlosch das Interesse bei mehr als 80 Prozent der Familienunternehmer. Der Börsengang bildete aber den Kern des SPAC-Konzeptes. Wenn jemand die Listung ausschloss, machte es keinen Sinn, einen Besuch und eine Präsentation durchzuführen. Dennoch bekamen wir zahlreiche Termine. Doch viele Kandidaten schieden schon beim ersten Hinschauen aus. Lienau und ich waren rund 18 Monate unterwegs. Schließlich übernahmen wir die in Luxemburg ansässige Exceet Group S. E., einen Hersteller von sogenannten Embedded Computern. Hierbei handelt es sich um kundenspezifische Anfertigungen, die in der Medizintechnik zum Beispiel in Hörgeräten, Herzschrittmachern oder Magnetresonanz-Tomografen sowie in der Sicherheitstechnik eingesetzt werden. Im Juli 2011 fanden die Übernahme, die Fusion und damit die Börsennotierung (IPO) von Exceet statt.

Auch im Umfeld des High-Tech-Gründerfonds, der in Bonn ansässig ist, investierte ich in einige Start-ups. Die Erfolgsbilanz ist gemischt. Wie fühlte ich mich auf diesen fremden Feldern? Das Ganze war mir etwas unheimlich. Konnte ich den Typen, denen ich in dieser Kapitalmarktwelt begegnete, trauen? War ich ihnen gewachsen? Die Antworten auf solche Fragen fielen eher skeptisch aus. Vielleicht war ich schon zu alt, als ich die Welt der Investments und der Kapitalmärkte betrat. Jedenfalls fühlte ich mich in dieser Welt nicht wirklich wohl. Heute neige ich wieder dazu, Investitionsentscheidungen Vermögensverwaltern zu überlassen.

Traveling Poet

So kehrte ich zurück zu zwei angestammten Feldern, dem Schreiben und Referieren. Für mich verbinden sich mit diesen Aktivitäten zwei Vorteile. Zum einen machen sie mir Spaß und sind keine Last. Zum anderen lassen sie größere Freiheitsspielräume als andere Geschäfte und erlauben mir, in die ganze Welt zu reisen. Aufgrund meiner Publikationen in vielen Sprachen habe ich international einen gewissen Bekanntheitsgrad erreicht. Im Jahr 2017 landete ich in der Liste der 50 global einflussreichsten Managementdenker, den sogenannten Thinkers50, auf Platz 25.[9] Auf der Seite Managementdenker.de, die die einflussreichsten Managementdenker im deutschsprachigen Raum wählen lässt, lag ich seit 2005 hinter dem verstorbenen Peter Drucker kontinuierlich auf dem zweiten Platz.[10]

Sowohl das Pricing- als auch das Hidden-Champions-Thema treffen in vielen Ländern auf Interesse. Dabei spielt der anhaltende Erfolg Deutschlands und insbesondere des deutschen Mittelstandes eine zentrale Rolle. Nicht zuletzt begegne ich bei solchen Anlässen zahlreichen bedeutenden Persönlichkeiten, darunter Staatschefs und Ministern aus allen Kontinenten. Bei einer deutsch-russischen Tagung in Bonn im Jahre 1992 lernte ich Michail Gorbatschow kennen und konnte ihm eines meiner Bücher mit Widmung überreichen. Ich empfand ihn menschlich als angenehm, nahbar und nicht arrogant. Am 16. Dezember 2001 durfte ich in Augsburg vor 4 000 Zuhörern neben dem ehemaligen Bundesfinanzminister Theo Waigel und dem amerikanischen Ex-Präsidenten Bill Clinton referieren. Mein Eindruck von Clinton ist ambivalent. Als Referent auf der großen Bühne wirkt er auf mich eher schwach. »Keine starke Persönlichkeit«, wäre mein Urteil aus dieser Zuhörerperspektive. Ganz anders fiel die Wahrnehmung bei dem anschließenden Empfang im kleinen Kreise aus. Obwohl die ihm vorgestellten Personen – mit Ausnahme von Ex-Finanzminister Theo Waigel – für ihn völlig anonym waren, wendete er sich jedem mit voller Aufmerksamkeit zu und ließ ihn oder sie als die wichtigste Person der Welt erscheinen. Offensichtlich verfügt er über ein ungewöhnliches Talent, Menschen für sich zu gewinnen. Ich ärgere mich, dass ich nicht über diesem Rummel stehe. Aber ich kann mich dem Banne, mit dem einst mächtigsten Mann der Welt zu sprechen, nicht entziehen. Zehn Jahre später bei einer Jubiläumskonferenz des deutsch-amerikanischen Immobilienunternehmens Jamestown trete ich wieder mit ihm auf. Diesmal wirkt er beim Vortrag noch fahriger.

Über die Jahre erlebte ich allerlei Arten von Veranstaltungen. Neben den seriösen Managementkongressen und -seminaren, die auch schon ein gutes Stück Show enthalten, gibt es noch eine andere Kategorie, die von Heilspredigern, Erfolgsformel-Verkäufern und dubiosen Typen organisiert werden. Solche Angebote erfreuen sich großen Zulaufs. Wohl nicht ganz wissend, auf was ich mich eingelassen habe, hatte ich 1998 einen Vortrag auf einem Kongress dieser Kategorie zugesagt. Die Zuhörerzahl ist groß, es sind mehr als Tausend. Ich bemühe mich um besondere Seriösität, was – als Kontrastprogramm zu dem ansonsten Gebotenen – gut ankommt. Auf der Rückfahrt ziehe ich Bilanz. Obwohl ich nicht mehr zusagen würde, war dieser Besuch ein interessantes Erlebnis. Ich diskutiere meine Eindrücke anschließend mit einem Bekannten, der professionell Kongresse veranstaltet. Er liefert eine einfach und überzeugende Erklärung für den Zulauf zu diesen Veranstaltungen: Die Zahl der »erfolglosen Erfolgssucher« sei wesentlich größer als diejenige der »erfolgreichen Erfolgssucher«. Die erste Gruppe bilde ein nahezu unerschöpfliches Potenzial für die Redner, die ständig neue oder immer wieder die alten Erfolgsformeln predigten. Mein Bekannter hat Recht.

Trotz meines fortgeschrittenen Alters nahm die Intensität der Reise- und Vortragsaktivitäten in den letzten Jahren zu und gelegentlich Ausmaße an, die in Anstrengung ausarteten. Die Liste meiner Vortragsreisen aus dem Herbst 2016 illustriert das beispielhaft:

September	Oktober	November
1. Bergisch Gladbach	7. Seoul	3. Warschau
5. Eupen (Belgien)	10. Nakatsugawa (Japan)	8. Hamburg
9. New York	12. Tokio	9. Wien
10. New York	15. Weifang (China)	16. Wien
13. Shanghai	16. Beijing	17. Wien
14. Shanghai	25. Houston	21. Zürich
21. Wittlich	26. Dallas	28. Moskau
23. Amsterdam	28. Boston	

Solche Reiseprogramme sind nur zu bewältigen, weil die Reisen weniger anstrengend sind als zu meiner Zeit an der Spitze von Simon-Kucher. Damals waren alle Tage mit Terminen vollgepackt. Heute halte ich meinen Vortrag, gebe einige – gelegentlich sogar viele – Interviews. Den Rekord bildete ein Sonntag in Peking, an dem ich 14 Interviews absolvierte. Und meistens werde ich zu einem angenehmen Essen eingeladen. Manchmal begleitet mich Cäcilia auf diesen Reisen, sodass wir Berufliches und Privates verbinden können. Solange es meine Gesundheit zulässt, will ich weiter reisen und Vorträge halten. Die Rolle des »traveling poet« gefällt mir.

Auch meine Publikationen haben ihren Charakter in der dritten Lebensphase verändert. Vielleicht mit Ausnahme des Lehrbuches *Preismanagement*[11] verfolge ich mit meinen Büchern und Artikeln keine wissenschaftlichen Ambitionen. Im Falle von *Preismanagement* deckt Professor Martin Fassnacht von der WHU Koblenz die wissenschaftliche Seite ab. Ich selbst steuere praktische Einsichten bei. Das 2015 in zweiter Auflage erschienene Buch *Preisheiten*[12] bietet eine Mischung aus autobiografischen und preissystematischen Elementen. Große Freude bereitete mir das Schreiben des schon erwähnten Buches *Die Gärten der verlorenen Erinnerung* über meine Kindheit und Jugend im Eifeldorf. Dieses Buch ist nicht primär autobiografisch, sondern beschreibt die Gesellschaft, die Landwirtschaft, die einklassige Volksschule, die Rolle der katholischen Kirche und viele ähnliche Aspekte der fünfziger und sechziger Jahre. In diesen Rahmen passt auch die vorliegende Autobiografie. Falls ich noch weitere Managementbücher schreibe, so werden diese sich eher aus meinen Erfahrungen als aus wissenschaftlichen Analysen nähren.

Wenn man älter wird und Glück im Leben hatte, bleiben Ehrungen und Preise nicht aus. Ich gestehe, dass ich mich über Ehrendoktorate, eine Honorarprofessur, die Benennung der »Hermann Simon Business School« und verschiedene Preise, die ich im In- und Ausland erhielt, gefreut habe – vielleicht sogar für meine

Familie mehr als für mich selbst. Aber wer kann das schon ehrlich beurteilen?

Ich kann mich jedenfalls über den Abschied vom Posten des CEO und den Übergang in den dritten Lebensabschnitt nicht beschweren. Im Gegenteil, ich bin mit Verlauf und Ergebnis dieses Prozesses sehr zufrieden. Erfolg und Anerkennung auf der beruflichen Ebene werden mit zunehmendem Alter unwichtiger, die Gesundheit gewinnt hingegen ständig an Bedeutung und ist weniger selbstverständlich. Ich habe das Glück, über meine Zeit weitgehend frei verfügen und der Gesundheit einen immer größeren Teil dieser Zeit widmen zu können.

11. BEGEGNUNGEN

In meinem Leben bin ich unzähligen Menschen begegnet, die bildlich gesprochen aus der Menge herausragen. Viele von ihnen haben oder hatten bedeutende Positionen inne. Doch die Zahl derjenigen, die bei mir einen nachhaltigen Eindruck hinterlassen, die mich »beeindruckt« haben, ist nicht allzu groß. In diesem Kapitel berichte ich von solchen Begegnungen.

Peter Drucker

Zum ersten Mal begegnete ich Professor Peter F. Drucker vor rund 30 Jahren in Düsseldorf. Ich traf ihn dort im Rahmen eines ganztägigen Seminars des Econ-Verlages, der seine Bücher in deutscher Sprache veröffentlicht hatte und bei dem auch ich Autor war. In den folgenden zwei Jahrzehnten korrespondierten wir regelmäßig, und ich besuchte ihn mehrmals in seinem Haus in Claremont, einem Vorort von Los Angeles. Der letzte geplante Besuch fand jedoch nicht mehr statt. Wir hatten uns für Samstag, den 12. November 2005, verabredet. Am Vorabend rief ich aus Mexico City bei ihm zu Hause an, um mich zu erkundigen, ob der einige Wochen vorher vereinbarte Termin stünde. Seine Frau Doris hob den Hörer ab und sagte: »Peter died this morning.« Ich war geschockt und flog mit dem nächsten Flugzeug nach Hause. Das Foto im Bildteil zeigt meine letzte Begegnung mit ihm am 11. August 2002 in Claremont.

Einmal fragte ich Professor Drucker, ob er sich eher als historischen Schriftsteller oder als Managementdenker sehe. Ohne lange zu zögern, antwortete er: »Eher als historischen Schriftsteller.« Kurz vorher hatte ich seine Lebenserinnerungen *Adventures of a Bystander* gelesen.[1] Dort entführt er uns in eine versunkene Welt. Ein anderer berühmter Wiener, der Schriftsteller Stefan Zweig (1881–1942), nannte sie »Die Welt von gestern«.[2] Das Umfeld, in das Peter Drucker hineingeboren wurde und in dem er aufwuchs, war einzigartig. Im Großbürgertum der österreichisch-ungarischen Monarchie rangierten Bildung, Kultur, Kunst, Musik, Geschichtsbewusstsein, Urbanität und internationale Offenheit ganz oben in der Werteordnung. Doch diese Schlagworte beschreiben jene Zeit in Wien nur unvollkommen. Wer diese Welt tiefer nachempfinden will, der lese Druckers *Adventures of a Bystander* und Zweigs *Die Welt von gestern.* So war es beispielsweise selbstverständlich, dass die Kinder der gebildeten Schichten vielsprachig aufwuchsen, indem sie von englischen und französischen Gouvernanten erzogen wurden.

Am überzeugendsten spiegelt sich diese Welt in den Geistern wider, die sie hervorgebracht hat und deren Lebensläufe frappierende Ähnlichkeiten mit demjenigen Peter Druckers aufweisen. Der Untergang des österreichisch-ungarischen Reiches im Jahre 1918, der Bolschewismus in Russland, die Nazizeit in Deutschland, diese »vulkanischen Erschütterungen unserer europäischen Erde«, wie Stefan Zweig sie nennt, entwurzelten eine ganze Generation, setzten aber auch ungeheure Kreativität frei. Zu dieser Generation und diesem Kulturkreis gehörten neben Stefan Zweig der Philosoph Karl Popper, der Mathematiker John von Neumann, dem wir die Spieltheorie und den Computer verdanken, der Schriftsteller und Philosoph Elias Canetti, der Wirtschaftsjournalist Arthur Koestler, der Kunsthistoriker Ernst Gombrich, der Soziologe Norbert Elias und nicht zuletzt Karol Woytila, der spätere Papst Johannes Paul II. In diese Lebenswege ordnet sich derjenige Peter Druckers nahtlos ein: Wien, Hamburg, Frankfurt/Main, England, Amerika.

So entließ die Donaumonarchie mit ihrem eigenen Untergang Peter Drucker und seine Zeitgenossen. Diese leisteten fern der Heimat Unglaubliches und hinterlassen dauerhafte Spuren im kulturellen Erbe der Menschheit. Die Kinder der königlichen und kaiserlichen Monarchie erreichten dies, weil sie lange vor dem Zeitalter der Globalisierung exemplarische Weltbürger waren, gebildet, kulturell flexibel, polyglott, geschichtsbewusst. Die »Welt von gestern« hatte sie offenbar bestens auf die Welt der Zukunft vorbereitet. Ihre Werke bleiben Echo einer einzigartigen Kultur.

Doch ist dies nur der äußere, der generelle Rahmen. Beim Einzelnen gehen die Besonderheiten tiefer. Weil er die Geschichte wie nur wenige andere kannte und zu interpretieren verstand, konnte Peter Drucker die Zukunft in der nur ihm eigentümlichen Weise ausleuchten. Immer wieder hat mich beeindruckt, welche Detailkenntnisse er besaß, über welch umfassendes Wissen er verfügte, welch ungewöhnliche Assoziationen er zu knüpfen verstand. Einige Erlebnisse und Vergleiche mögen davon Zeugnis geben. Als ich vor vielen Jahren las, dass der Philosoph Arthur Schopenhauer eigens Spanisch lernte, um das Buch *Hand-Orakel und Kunst der Weltklugheit* des spanischen Jesuiten Balthasar Gracian (1601–1658) im Original lesen zu können, war ich beeindruckt. Später korrespondierte ich mit Drucker über dieses Buch und erfuhr, dass ihm Gracian bestens bekannt war. Drucker schrieb: »Mein Vater gab mir das Buch als Geschenk vor 72 Jahren, als ich Wien verließ, um in Hamburg Kaufmanns-Lehrling zu werden. ... Ein paar Monate später entdeckte ich dann Kierkegaard. Und diese beiden sind eigentlich die Pole meines Lebens geworden. Gracians wegen habe ich mir selbst genug Spanisch beigebracht, um ihn im Original zu lesen – und dazu noch genug Dänisch, um Kierkegaard auch im Original zu lesen.«[3] Spanisch zu lernen, um Gracian zu lesen, und Dänisch, um Soren Kierkegaard (1813–1855) im Original zu verstehen, das zeigt schon, mit welcher Ambition und Selbstverständlichkeit Drucker philosophische Diskurse in sein Denken aufnahm und integrierte, auch wenn er dabei vielleicht nicht zum Virtuosen in der fremden Sprache wurde.

Oder nehmen wir einen Spezialfall. Häufig führt Drucker in seinen Aufsätzen und Büchern die Deutsche Bank als erstes nach modernen Prinzipien organisiertes Unternehmen an. Wegen seines mir bekannten Interesses schickte ich ihm eines Tages einen Artikel über einen Mitgründer dieser Bank, Ludwig Bamberger (1826–1899).[4] Nun erwartete ich nicht, bei Drucker mit diesem Namen, der mir selbst auch unbekannt war, auf große Resonanz zu stoßen. Doch weit gefehlt. Er war mit Bamberger bestens vertraut, und zwar aus den Tagebüchern seines (Druckers) Großvaters Ferdinand von Bond. In einem Brief schrieb er mir, die Erzählungen von Ludwig Bamberger and Georg Siemens (ein Mitgründer der Deutschen Bank), hätten ihn fasziniert, immer noch würde er sich an einige davon erinnern[5] – ein Beleg für die unglaubliche Detailkenntnis Peter Druckers. Auffallend sind auch die persönliche Nähe und persönliche Begegnungen mit und zwischen großen Persönlichkeiten – aus durchaus verschiedenen Lebensbereichen. In *Adventures of a Bystander* berichtet Drucker von seinen Bekanntschaften mit Buckminster Fuller, dem Physiker, und Marshall McLuhan, dem Kommunikationswissenschaftler. Mir fiel auf, dass, wann immer ich einen großen Namen gegenüber Drucker erwähnte, er diese Person kannte. Drei Beispiele: Ernst Jünger (1895–1998), den umstrittenen deutschen Schriftsteller, kannte er aus den dreißiger Jahren. Drucker hielt ihn für einen geschickt agierenden Opportunisten. Reinhard Mohn, dem Mann, der Bertelsmann groß machte, war er bereits in den fünfziger Jahren begegnet. Als ich Drucker fragte, ob er den Kunsthistoriker Ernst Gombrich kenne, antwortete er, er kenne Gombrich nicht aus Wien, habe aber vor zehn oder zwölf Jahren einen sehr glücklichen und langen Abend mit ihm ihn London verbracht. Anschließend hätten sie regelmäßig Bücher, Briefe und Artikel untereinander ausgetauscht.[6] Die Welt ist klein. Über weite Räume hinweg ziehen sich große Persönlichkeiten an, und ihre Pfade kreuzen sich. Drucker befand sich oft im richtigen Augenblick an solchen Kreuzungen.

Es kommt die Fähigkeit zur Assoziation hinzu. Drucker versteht es, die unwahrscheinlichsten Verknüpfungen und Assoziationen herzustellen. Er überbrückt dabei Zeiten und Räume, erkennt Beziehungen und Analogien, die sich einem normalen Menschen entziehen. Er sieht Parallelen, Gemeinsamkeiten zwischen aktuellen, zukünftigen und historischen Entwicklungen, spannt weite geistige Bögen. Das setzt einerseits ein enzyklopädisches Gedächtnis voraus. Doch das allein reicht nicht aus. Die höhere Fähigkeit zur Verknüpfung muss hinzukommen. Arthur Koestler hält diese Kompetenz für die eigentliche Quelle der Kreativität.[7]

Druckers Buch *Management Challenges for the 21st Century* legt beredtes Zeugnis von dieser Fähigkeit ab. Die Betrachtung der Informationstechnologie im Lichte der Geschichte der Druckkunst führt zu überraschenden Schlussfolgerungen. So sieht er die dauerhaften Gewinner der IT-Revolution nicht in den Hardware- oder Software-Unternehmen unserer Tage, sondern in den Anbietern, die den Zugriff auf Wissen und Content haben.

Peter Drucker sah in die Zukunft, er war jedoch auch in der Lage, aktuelle Entwicklungen und die Zukunft im Lichte historischer Analogien zu interpretieren. Genau hier liegt seine große Stärke – und die markanteste Schwäche nahezu aller Managementautoren. Deren Geschichtswissen ist typischerweise sporadisch-oberflächlich oder fehlt völlig. Und anders als diejenigen, die sich als Spezialisten der Unternehmensgeschichte verschrieben haben und nur ein enges Teilgebiet abdecken, besaß Drucker eine sehr viel breitere Basis historischen Wissens. Ohne ein derartiges historisches Verständnis und Bewusstsein fällt man im Management leicht dem Modewort oder Trend des jeweiligen Tages zum Opfer.

Peter Drucker lehrte uns aus der Geschichte. Er hält uns auf diese Weise Spiegel vor, die uns neue Perspektiven eröffnen, und hilft uns zu einem besseren Verständnis der Zukunft. Und hier schließt sich der Kreis zu Soren Kierkegaard, der sagt: »Das Leben kann nur in der Schau nach rückwärts verstanden, aber nur in der Schau nach vorwärts gelebt werden.« Genau weil er ein Mann der Vergangenheit ist, brillierte Peter Drucker als Vordenker der Zukunft. Den Gedankenaustausch und die Begegnungen mit ihm empfand ich stets als äußerst bereichernd.

Herman the German

In meinem Leben habe ich nur wenige echte Abenteurer kennen gelernt. Herman the German war einer von ihnen. Er wurde am 8. Oktober 1917 als Gerhard Neumann in Frankfurt an der Oder geboren. Mit 20 Jahren legte er sein Ingenieurexamen an der Ingenieurschule Mittweida ab. Da seine Mutter jüdischer Herkunft war, wurde es ihm in Deutschland zu brenzlig. Im Jahr 1937 heuerte er bei einem Unternehmen in Hongkong an. Als er jedoch nach einem Flug mit 16 Zwischenlandungen dort ankam, war die Firma bankrott. Per Zufall fand er einen Job bei der amerikanischen Fluggesellschaft PanAm. Später wechselte er zu den Flying Tigers. Diese Gruppe, ursprünglich als »American Volunteer Group« bezeichnet, bestand aus ehemaligen amerikanischen Soldaten, die mit Billigung der amerikanischen Regierung in China gegen die Japaner kämpften. Bei den Flying Tigers erhielt Gerhard Neumann den Spitznamen »Göring«, nach dem berüchtigten Oberbefehlshaber der deutschen Luftwaffe. Als der kommandierende General der Flying Tigers, Claire Lee Chennault, diesen Spitznamen hörte, befahl er: »Don't call him Göring, call him Herman the German.«[8]

Seither hatte Neumann den Spitznamen »Herman the German« weg, für seine Biografie nutzte er diesen Rufnamen als Titel.[9] Er war verantwortlich für die Reparatur und Wartung der Kampfflugzeuge der Flying Tigers. Doch mit der Leistung der Mechaniker war er nicht zufrieden. Nach Wartungsarbeiten gab es zu viele Unfälle. Daraufhin führte er eines seiner berühmten Managementprinzipien ein. Jeder Mechaniker musste nach der Wartung den ersten Flug mitmachen. Von diesem Moment an verbesserte sich die Qualität radikal, und es gab kaum noch Abstürze nach Wartungsintervallen.

Das wichtigste Kampfflugzeug der Japaner war der sogenannte Zero Fighter. Aus vier abgestürzten Zero Fightern baute Neumann im Auftrag des CIA eine flugfähige Maschine zusammen. Diese sollte zur Inspektion nach Karatschi in Pakistan geflogen werden, wo die für Asien zuständige CIA-Abteilung saß. Auf dem Flug über den Himalaya wurde der zusammengebaute Zero Fighter von vier amerikanischen Maschinen begleitet. Das einzige Flugzeug, das unbeschadet in Karatschi ankam, war der Zero Fighter. Einige Zeit später traf Neumann selbst in Karatschi ein, wo er vom CIA befragt werden sollte. Er stellte seinerseits die Frage, ob kein Amerikaner Schach spiele. Dieses Spiel vermisse er nämlich sehr. Darauf gab ihm jemand die Adresse einer jungen Dame im Pentagon in Washington. Dort traf Neumann die junge Dame namens Clarice und heiratete sie drei Wochen später. Nach dem Zweiten Weltkrieg ging Neumann mit seiner Frau nach China zurück, um dort mit General Chennault eine Airline zu gründen. Dieser Plan scheiterte jedoch, da Chiang Kai-Shek von Mao Tse-tung vom Festland vertrieben wurde und sich nach Formosa (heute Taiwan) zurückziehen musste. Neumann ergatterte einen amerikanischen Jeep und floh mit Clarice in einer abenteuerlichen, 10 000 Meilen langen Fahrt quer durch Asien. Schließlich erreichten die beiden Israel, von wo sie nach Amerika übersetzten. Herman the German war den Amerikanern so wertvoll, dass sie ihn durch ein spezielles Gesetz zum Amerikaner machten. In seinem Haus in Swampscott, Massachusetts, habe ich das Originaldokument, überschrieben mit »An Act – To provide for the naturalization of Master Sergeant Gerhard Neumann«, mit eigenen Augen gesehen.

Das Düsenzeitalter begann. Neumann heuerte bei der Aircraft Engines Division von General Electric an. Es dauerte nur wenige Jahre, bis er zum CEO dieses Weltmarktführers für Düsentriebwerke aufstieg. Man kann sagen, dass Herman the German die Geschichte des Düsenzeitalters schrieb. Unter seiner Leitung wurden sowohl das meistverkaufte militärische Triebwerk GE J79 als auch das seinerzeit meistverkaufte zivile Strahltriebwerk, das die Bezeichnung CFM56 trägt und zusammen mit der französischen Firma Snecma produziert wurde, entwickelt. Gut zehn Jahre später, Mitte der fünfziger Jahre, verhandelte Neumann mit Bundesverteidigungsminister Franz-Josef Strauß die Anschaffung der GE J79-Triebwerke für den Starfighter. Auch der Starfighter, den ich in Büchel abstürzen sah, hatte ein solches Triebwerk.

Neumann war berühmt-berüchtigt für Sprüche, die es in sich hatten. Hinter seinem Schreibtisch hing stets ein Schild »Fühle Dich unsicher«. Ein anderes Motto borgte er von dem preußischen General von Steuben: »Eine Gefahr, die man kennt, ist keine Gefahr.« Unter dem Besprechungstisch seines Büros ließ er an jedem Platz einen Knopf installieren, der mit dem Knie bedient werden konnte und eine Glocke klingeln ließ. Wenn es klingelte, musste der jeweilige Sprecher aufhören zu reden, egal um welches Thema es ging. Er heuerte einen »Hofnarren« an, der außerhalb der Hierarchie stand und ihn vor jeder wichtigen Entscheidung »grillen« musste. Berühmt war auch sein »Items of Importance«(IoI)-System. Jeder Manager musste täglich eine Note mit den wichtigsten Punkten (maximal eine Seite) verfassen und diese an seinen Vorgesetzten sowie seine Kollegen geben. Neumann pflegte seinen Mythos. So tauchte er mitten in der Nacht in den Fabriken auf, stets begleitet von seinem deutschen Schäferhund. Er ließ sich selbst von Jack Welch, der 1982 CEO von General Electric und damit sein direkter Vorgesetzter geworden war, nicht herumkommandieren. So wurde er zu einem Seminar der Divisionsleiter in das berühmte Management-Trainingszentrum von General Electric in Crouton-on-Hudson entsandt. Das Seminar begann am Montagmorgen. Am Nachmittag verabschiedete sich Neumann mit der Begründung, er würde in dem Seminar nichts Praxisrelevantes lernen. Er verbot anschließend sogar seinen Topmanagern, solche Seminare zu besuchen. Ob Neumanns mir gegenüber geäußerte Behauptung, dass Jack Welch seine Eigenwilligkeit hingenommen habe, tatsächlich stimmt, konnte ich nicht klären. Neumann überlebte zusammen mit seiner Frau Clarice einen Flugzeugabsturz. Er hatte Glück, weil die Maschine in einen See in Mexiko und nicht auf festes Land stürzte. »Just lucky, I guess« war nicht nur nach diesem Unfall sein Motto. Auf Deutsch nannte er sein Lebensmotto: »Einfach Schwein gehabt«. Mit 72 Jahren sprang er zusammen mit seiner Frau Clarice, die ihm intelligenzmäßig in keiner Weise nachstand, zum ersten Mal mit dem Fallschirm ab. Ähnlich wie Erhard Gödert durchbrach er die Schallgrenze unter dem Meeresspiegel.

Allerdings nicht als Pilot, sondern als »Back Seater« in der zweisitzigen Trainingsversion eines F-104 Starfighters.

Ich lernte ihn in den achtziger Jahren über meine Kontakte bei MTU München (heute MTU Aero Engines) kennen. Wir besuchten uns gegenseitig. Mit Begeisterung zeigte er mir in Swampscott seine Segelyacht, die er selbst steuerte und die mit den modernsten Navigationsinstrumenten ausgerüstet war. Anlässlich der Verleihung der Otto-Lilienthal-Medaille an ihn veranstalteten wir am 15. Juni 1995 in unserem Haus einen Empfang mit Repräsentanten der Luftfahrtindustrie. An der Universität Mainz hielt er einen Vortrag, in dem er seine einfachen, aber wirksamen Managementprinzipien erklärte. Das Auditorium Maximum war zu klein. Die 1200 Zuhörer bedankten sich mit Standing Ovations. Dieser Vortrag war der beste, den ich in meiner Universitätskarriere erlebt habe.

Im Vorwort zu seinem Buch schreibt Anna Chennault, die Witwe des Generals: »Zum ersten Mal traf ich Gerhard Neumann während des Zweiten Weltkrieges in Kunming in China. Seither bin ich immer wieder fasziniert von den vielfältigen Abenteuern, die er durchlebt hat. Und die erstaunliche Karriere als querdenkender Manager bereicherte sein Leben um weitere Abenteuer.«[10] Ja, Herman the German war ein echter Abenteurer.

Bis ins Alter kam mir Herman the German wie ein Jugendlicher vor, stets für ein Bonmot gut und zu Späßen aufgelegt, immer an Düsentriebwerke denkend, die auch mich interessierten. Keine der Begegnungen mit ihm werde ich vergessen. Er starb im Jahre 1997.

Ted Levitt

Ted Levitt war ein unglaublich anregender Gesprächspartner. Er sprudelte ständig vor Ideen. Er hinterfragte alles und zögerte, vorschnelle Antworten oder Erklärungen zu liefern. Levitt hat nicht viel publiziert, aber seine wenigen Publikationen machten Furore. Die erste und berühmteste erschien unter dem Titel »Marketing

Myopia« (Marketingkurzsichtigkeit) 1960 in der *Harvard Buiness Review.*[11] Dort stellte er die Frage: »What business are you in?«, die ganze Generationen nachfolgender Marketingwissenschaftler bis heute beschäftigt. Die Frage ist einfach. Doch, wie so oft, führen solche einfachen Fragen zu wichtigen Einsichten. Er illustrierte das Problem am Beispiel der amerikanischen Eisenbahnen, die in den dreißiger Jahren nicht verstanden, dass sie im Personentransportgeschäft und nicht im Eisenbahngeschäft waren. Ironischerweise hatte 1934 die amerikanische Regierung sogar die bessere Einsicht, als sie das Gesetz für die Luftfahrtgesellschaften unter dem Eisenbahngesetz subsumierte. Hätten die finanziell sehr starken Eisenbahnen damals verstanden, dass die Menschen für Transport und nicht für das Eisenbahnfahren bezahlten, wären sie ins Fluggeschäft eingestiegen und hätten diesen Sektor ohne Probleme besetzen können. So überließen sie das neue Geschäft Newcomern, aus denen die großen amerikanischen Airlines entstanden.

Levitt ist auch die Popularisierung des Begriffes »Globalisierung« zu verdanken. Erstmals wurde dieser Begriff im Jahre 1944 verwandt, setzte sich aber nicht durch. Dies geschah erst mit Levitts 1983 in der *Harvard Business Review* veröffentlichtem Artikel »The Globalization of Markets«.[12] Gibt man heute in der amerikanischen Schreibweise »globalization« in Google ein, erscheinen 49 Millionen Einträge. Selbst bei der deutschen Version »Globalisierung« sind es 5,1 Millionen. Hingegen findet man den Ausdruck »globalization« in Google vor 1982 lediglich 130mal. Levitt sprühte vor Ideen. Zu jedem Thema wusste er etwas Interessantes beizutragen.

Ted Levitt erblickte 1925 in dem hessischen 800-Seelen-Dorf Vollmerz, Main-Kinzig-Kreis, als Sohn jüdischer Eltern das Licht der Welt. Die Familie emigrierte zehn Jahre später nach Amerika. Während meiner Zeit in Harvard sprachen wir nie über seine Kindheit. Nur ein einziges Mal blitzte damals seine deutsche Herkunft auf. Als ich zum Ende meines Harvard-Jahres im Faculty Club eine Abschiedsparty gab, erschien Levitt und fragte auf gut Hessisch: »Gibt's hier Blutwurscht?« Dann redeten wir in Englisch weiter. Nach meiner Rückkehr stellte mir ein Hobbyhistoriker aus Vollmerz, zu dem ich Kontakt aufgenommen hatte, Informationen zur Geschichte der jüdischen Gemeinde von Vollmerz zur Verfügung. In den Unterlagen kam auch der ursprüngliche Name der Familie, nämlich Levy, vor. Doch ich war zögerlich, die Dokumente an Levitt weiterzugeben. Wie würde er darauf reagieren? Nach langem Überlegen schickte ich das Material an Levitts Kollegen, meinen Freund Bob Dolan, der sie letztlich an ihn weiterreichte. Bei meinem nächsten Besuch, inzwischen war Levitt emeritiert und hatte ein Büro im Emeriti-Gebäude der Harvard Business School bezogen, traf ich ihn. Diesmal sprach er offen über seine Kindheit in Vollmerz. Der Familienname sei damals Levy gewesen. Sein Vater sei ein armer Schumacher gewesen. Wahrscheinlich habe diese Armut der Familie das Leben gerettet. Reicheren jüdischen Familien sei zum Verhängnis geworden, dass sie zu lange an ihrem Eigentum gehangen hätten. Seinen Aufstieg in Amerika habe er einer Flüchtlingshilfeorganisation zu verdanken, die er bis heute unterstütze. Levitt verstarb 2006.

Joseph Kardinal Höffner

Gespannt betraten wir am 4. Dezember 1983, einem Sonntag, den Saal der Katholischen Deutschsprachigen Gemeinde in Tokio. Eingeladen hatte uns die Familie Stüber zur Firmung ihrer beiden Söhne, die wie unsere Tochter Jeannine die Deutsche Schule Tokio besuchten. Alfred Stüber leitete seit vielen Jahren die japanische Tochtergesellschaft der Schweinfurter Kugellagerfirma FAG Kugelfischer. Er und seine Frau Emma stammten aus der Heimat von Cäcilia und waren mit ihren Eltern befreundet. Im Saal herrschte eine feierliche Stimmung. Die Aufmerksamkeit aller Anwesenden richtete sich auf eine Person, die in der Mitte des Raums stand und jeden Gast individuell per Handschlag begrüßte. Diese Person war Joseph Kardinal Höffner (1906–1987), der Erzbischof von Köln. Das Erzbistum Köln übt eine Art Patronat über das Bistum Tokio und insbesondere die dortige Katholische Deutschsprachige

Gemeinde aus. In diesem Kontext nahm Kardinal Höffner die Firmung vor. Es war meine erste Begegnung mit ihm. Wir gaben uns die Hand und wechselten einige Worte, an die ich mich nicht mehr erinnere. Obwohl die Begegnung nur kurz war und sich der Austausch auf wenige Sätze beschränkte, war ich tief beeindruckt.

Drei Jahre später sah ich Kardinal Höffner unter vier Augen in seinem Arbeitszimmer in Köln wieder. Anlass meines Besuches war eine Konferenz zum Thema »Wirtschaft und Kirche«, die wir am USW Universitätsseminar der Wirtschaft in Schloss Gracht durchführen wollten. Ich kam, um Kardinal Höffner persönlich zu einem Vortrag einzuladen. Aufgrund seiner hochrangigen Stellung in der katholischen Kirche und seiner außergewöhnlichen Qualifikationen mit vier erworbenen Doktortiteln, darunter einer in Volkswirtschaftslehre, er war zudem Diplom-Volkswirt, sah ich ihn für diese Veranstaltung als den idealen Key-Note-Speaker. Ich erläuterte ihm mein Anliegen. Er hörte mit voller Konzentration zu und begrüßte unser Vorhaben als ein auch aus Sicht der Kirche wichtiges und aktuelles Thema. Dann verfiel er in einen Moment des Schweigens, der mir wie eine Ewigkeit vorkam. Offensichtlich dachte er nach, um mir schließlich zu sagen: »Ich mache das nicht«. Er sagte dies in aller Ruhe und ohne jede Aufregung. Mir war intuitiv klar, dass sein Wort endgültig und es demnach sinnlos war, ihn weiter zu bedrängen. Ich habe noch heute das Gefühl, selten eine derart unverrückbare Antwort erhalten zu haben. Ich war enttäuscht, was er auch merkte. Denn er schloss an: »Aber ich werde Ihnen einen passenden Referenten besorgen.« Wieder spürte ich, dass er dieses Versprechen nicht aus purer Höflichkeit dahersagte, sondern dass es verbindlich und gehaltvoll war. In der Tat engagierte er für uns aus dem Vatikan den Bischof und späteren Kardinal Paul Josef Cordes, der für dieses Thema ebenfalls bestens qualifiziert war und einige Monate später in Schloss Gracht einen hochkarätigen Vortrag hielt.

Oft habe ich mir die Frage gestellt, welcher Mensch, dem ich persönlich begegnet bin, bei mir den stärksten Eindruck hinterlassen hat. Kardinal Höffner ist einer der ganz wenigen Kandidaten für den ersten Platz. In einem Interview der Zeitschrift *w&v* im Jahre

1990 antwortete ich auf die Frage, welche Person aus Geschichte oder Gegenwart mich am stärksten beeindruckt habe, spontan »Kardinal Höffner«.[13] Es fällt mir allerdings schwer, dieses Phänomen zu erklären. Was an ihm hat in mir diese starke Spur hinterlassen? War es meine Wahrnehmung, dass Kardinal Höffner völlig in sich zu ruhen schien? Oder lag es an der Gewissheit, die er ausstrahlte? Es kann auch die Art und Weise seiner Antworten gewesen sein, die in Gleichmut erfolgten und dennoch keinen Raum für Zweifel an ihrer Unverrückbarkeit ließen. Ich vermute, dass die tieferen Wurzeln dieser Gewissheit und Ruhe in seinem unverbrüchlichen Glauben lagen. Ich bin selbst nie einer Person begegnet, die später heilig gesprochen wurde. Aber ein ehemaliger Kollege berichtete mir von einer Begegnung mit Mutter Teresa in Kalkutta, und seine Schilderung erinnerte mich an meine Erlebnisse mit Kardinal Höffner.

Philip Kotler

Vielleicht liegt es an Philip Kotler, dass ich mich dem Marketing zugewandt habe. Jedenfalls spielte er für diese Hinwendung eine wichtige Rolle. Er hatte 1967 sein bahnbrechendes Buch *Marketing Management. Analysis, Planning and Control* veröffentlicht. Als Student las ich dieses Lehrbuch mit großer Begeisterung. Es eröffnete mir neue Horizonte. Marketing, verstanden als kundenorientierte Unternehmensführung, war für uns etwas völlig Neues. Erst im Jahre 1968 gründete Professor Heribert Meffert an der Universität Münster den ersten Marketinglehrstuhl in Deutschland.[14] In meiner eigenen Forschung traf ich auf Kotlers Artikel, von denen einige mein Dissertationsthema direkt berührten. Dies galt insbesondere für einen in der Zeitschrift *Management Science* im Jahre 1965 veröffentlichten Beitrag zum Einfluss des Marketings auf den Lebenszyklus neuer Produkte.[15] Wie schon berichtet, konnte ich mit Hilfe mathematischer Ableitungen nachweisen, dass dieses Modell zu unsinnigen Konsequenzen führte. Der entsprechende Artikel erschien ebenfalls in *Management Science*.[16] Die Kritik am großen Meister durch einen Nobody aus Deutschland fand in Fachkreisen starke Beachtung.

Im Januar 1979 besuchte ich die Northwestern University in Evanston, wo Kotler lehrte, und bat ihn um einen Termin. Zu meinem Erstaunen sagte er sofort zu. Er empfing mich sehr freundlich. Ich spürte schnell, dass die Chemie zwischen uns stimmte. Er gab mir einige Ratschläge, von denen einer, nämlich der Hinweis auf den Chicagoer »Price Consultant« Dan Nimer, für mich wegweisende Bedeutung gewann. Wäre ich ohne diesen Hinweis Preisberater geworden? Aus dieser ersten Begegnung entwickelte sich eine lebenslange freundschaftliche Beziehung. Ich habe kaum einen anderen Marketingwissenschaftler so häufig gesehen wie Philip Kotler. Über die Jahre begegneten wir uns in der ganzen Welt, in Shanghai, Mexiko City, Sao Paulo, Bangladesh, Tokio, in Schloss Gracht, der Handelshochschule Leipzig und an vielen anderen Orten. Das liegt vor allem daran, dass er bis ins hohe Alter ständig als Referent unterwegs war und wir bei denselben Konferenzen Vorträge hielten.

Ich habe nur wenige Menschen kennen gelernt, die stets so freundlich, so ausgeglichen und nie erschöpft wirkten wie Philip Kotler. Dabei bewältigte er ein Arbeitspensum, dass andere umgeworfen hätte. Er schrieb mehr als 60 Marketingbücher. Er hat 21 Ehrendoktortitel erhalten, in Deutschland beispielsweise von der Handelshochschule Leipzig (HHL). Sein Hirsch-Index liegt bei 163, sein i10-Index umfasst 777 Publikationen.[17] Soweit ich das überschaue, kenne ich keinen Autor persönlich, der höhere Indexwerte erreicht. Beeindruckend finde ich seine Fähigkeit, sich schnell in neue Themen einzuarbeiten. So lässt er in keinem seiner aktuellen Marketingvorträge die Digitalisierung aus und zeigt sich trotz seines fortgeschrittenen Alters mit den modernsten Methoden und Fallstudien vertraut. Seine Neugierde ist unstillbar. Obwohl ich seine Arbeiten gut kannte, überraschte mich sein 2015 erschienenes Buch *Confronting Capitalism* in mehrfacher Hinsicht.[18] Zum einen ist es sehr ungewöhnlich, dass eine derart fundamentale Kritik am

Kapitalismus von einem Experten des Marketing, das ja als Inbegriff der Marktwirtschaft gilt, vorgetragen wird. Die Abhandlung zeigt, dass Kotler einen weiteren Horizont besitzt als typische Marketingwissenschaftler. Beeindruckt haben mich an dem Buch zudem seine breite Bildung und sein tiefes Verständnis ökonomischer wie politischer Zusammenhänge. Hier scheint der Doktor des MIT-Economics Department durch. Trotz seines hohen Alters schreibt er jedes Jahr ein bis zwei Bücher und dehnt dabei sein Themenspektrum aus. Zusammen mit seinem zwei Jahre jüngeren Bruder Milton Kotler hat er 2014 ein Buch zur zukünftigen Rolle der Megacities veröffentlicht.[19] Milton Kotler, den ich ebenfalls persönlich kennen lernen durfte, ist ein in Washington ansässiger, auf China spezialisierter Berater, der auch jenseits der 80 einmal pro Monat nach China reiste. Ich hoffe auf viele weitere Begegnungen mit Philip Kotler und habe ihm viel zu verdanken.

Marvin Bower

Während meiner Zeit in Harvard war ich »Marvin-Bower-Fellow«. Marvin Bower (1903–2003) gründete im Jahr 1926 McKinsey & Company zusammen mit James McKinsey und A. T. Kearney. McKinsey, Professor an der University of Chicago, starb wenige Jahre nach der Gründung im Jahre 1937, A. T. Kearney machte sich selbstständig. Man kann Marvin Bower also mit voller Berechtigung als den geistigen Vater von McKinsey bezeichnen. Auf ihn gehen der Code of Conduct und die Unternehmenskultur dieser Beratungsfirma zurück. Einen nachdrücklichen Eindruck hinterließ ein Dinner mit Marvin Bower. Er kam dazu extra von New York nach Boston. Er war damals 85, aber geistig topfit.

Das zeigt sich auch darin, dass er sein Buch *The Will to Lead*[20] 1997 im Alter von 94 Jahren veröffentlichte. Ein erstes Buch mit einem ähnlichen Titel *The Will to Manage*[21] war 1966 erschienen. Man fühlt sich an Friedrich Nietzsches »Wille zur Macht«, ein umstrittenes Konzept, erinnert.[22] Den Begriff »Will« (Wille) findet man ansonsten in der Managementliteratur selten, obwohl Wille ein entscheidendes Element von Führung und Management ist. Als Aperçu fällt mir dabei ein Wort Senecas ein: »Wollen kann man nicht lernen«. Das von Marvin Bower implantierte Wertesystem spiegelt sich bis heute in der Unternehmenskultur von McKinsey wider.

Was hat mich an Marvin Bower so nachhaltig beeindruckt, obwohl ich ihm nur einmal begegnet bin? Ich glaube, es war eine Kombination von »soft« und »hart«. Seine in sich ruhende Gelassenheit gepaart mit der Weisheit des Alters und einem bescheidenen Auftreten bildete die weiche Seite, aber dahinter spürte ich eine Entschlossenheit, einen Willen, der unbeugsam erschien, ohne jedoch aggressiv zu wirken. Die Begegnung mit Marvin Bower war ein Höhepunkt in meinem Leben. Er starb wenige Monate vor Vollendung seines 100. Lebensjahres am 22. Januar 2003.

Hans Riegel

Hans Riegel (1923–2013) war einer der ungewöhnlichsten Unternehmer, denen ich begegnet bin, teilweise vergleichbar mit Johann Rupert von der Luxusgüterfirma Richemont. Riegel wurde 1923 als ältester Sohn des gleichnamigen Gründers von Haribo in Bonn geboren. Haribo steht für »Hans Riegel Bonn«. Nach Kriegsdienst und Gefangenschaft kehrte er nach Bonn zurück und musste in jungem Alter die Führung der kleinen Süßwarenfirma übernehmen, da sein Vater verstarb. Er führte Haribo 67 Jahre lang, von 1946 bis 2013. In seiner Kreativität war er bis ins hohe Alter nicht zu bremsen. Er las Jugendzeitschriften, verstand die Sprache der Jugendlichen, und auf dieser Grundlage gelang es ihm immer wieder, neue Produkte zu kreieren, die bei Kindern und Jugendlichen ankamen.

Sein Wesen wies viele widersprüchliche Züge auf. So war er voll auf Haribo fokussiert. Wenn man ihn nachts um zwei geweckt und gefragt hätte, woran er gerade denke, wäre die Antwort wahrscheinlich »Haribo« gewesen. Auf der anderen Seite widmete er sich seinen Hobbys, inbesondere der Jagd. Er besaß im österreichischen Hochgebirge ein 4500 Hektar großes Gut, das er von einem Adeligen gekauft hatte. Bei Boppard betrieb er das Hotel Kloster Jakobsberg mit angrenzendem Jagdrevier. In seinen jungen Jahren hatte er Badminton nach Deutschland gebracht und wurde 1953 erster deutscher Badminton-Meister im Herrendoppel. Zusammen mit seinem Bruder fuhr er außerdem Schnellbootrennen. Er war gleichzeitig effizient und effektiv. Die Diskussionen mit ihm beschränkten sich auf das Wesentliche, dann entschied er. Schon früh legte er sich einen Hubschrauber zu, um Zeit beim Reisen zu sparen. Er erwarb auch selbst den Pilotenschein.

Wir hatten ein seltsames Verhältnis. Ich glaube, dass ich einer der ganz wenigen Menschen war, denen er vertraute. Andererseits gelang es auch mir nicht, an sein Inneres heranzukommen. Sein Vertrauen gründete vermutlich darauf, dass ich ihm gelegentlich widersprach oder zumindest nicht zustimmte. Ein Angestellter oder anderweitig von ihm Abhängiger konnte sich das kaum erlauben. In seinem Testament bedachte er mich mit einer Art Aufseherrolle für die Stiftungen, in die er sein Vermögen eingebracht hatte. Nach reiflicher Überlegung und Rücksprache mit Beteiligten habe ich diese Aufgabe allerdings nicht angenommen. Dr. Hans Riegel verstarb 2013. Sein Tod erfüllte mich mit Trauer. An seinem Begräbnis konnte ich nicht teilnehmen, da ich zu der Zeit in Neuseeland war. Auf dem Bonner Südfriedhof hat er seine letzte Ruhe gefunden.

Tomohiro Nakada

Die Beziehung zu Tomohiro Nakada kam über Takaho Ueda, Professor an der Gakushuin-Universität in Tokio und langjähriger Freund, zustande. Die Gakushuin-Universität spielt in Japan eine besondere Rolle, denn an ihr studieren traditionell die Kinder der Kaiserfamilie. Tomohiro Nakada ist ein in vielerlei Hinsicht ungewöhnlicher Mittelständler. Seine Firma Salad Cosmo ist japanischer Marktführer für Frischgemüse wie Chicoree und Sprossen. Er führt sein Unternehmen nachhaltig und mit großem Erfolg. In den Salad-Cosmo-Fabriken habe ich zum ersten Mal eine industriell-biologische Produktion erlebt. Die Paletten mit den Pflanzen bewegen sich computergesteuert durch riesige Fabrikhallen. Dabei werden die Pflanzen zu jeder Zeit optimal mit Wasser, Nährstoffen, Licht und Luftfeuchtigkeit versorgt. Es kommen weder Kunstdünger noch Pflanzenschutzmittel zum Einsatz, sodass die Bedingungen organischer Produktion erfüllt werden. Doch es ist nicht allein seine Kompetenz als Unternehmer, die mich beeindruckt.

Die Zentrale von Salad Cosmo sitzt in Nakatsugawa in Zentraljapan, einer für japanische Verhältnisse kleinen Stadt. Die Erfahrungen, die ich dort machen konnte, sind sehr verschieden von dem, was ich in Großstädten wie Tokio oder Osaka erlebt habe. Kaum jemand spricht Englisch, die Hotels, die Speisen, die Menschen sind anders. Als Europäer fühlt man sich in diesem Umfeld wie ein Exot. Dabei sind die Menschen von nicht zu übertreffender Freundlichkeit. Was Nakada in seiner Heimatstadt für uns organisierte, lässt sich kaum mit Worten beschreiben. Den Höhepunkt bildete ein ausgedehntes Drama, das von 150 Schülerinnen und Schülern der Yukikomakei Dancing School, die von Nakada gefördert wird, dargeboten wurde. Und obwohl wir die japanischen Texte und Gesänge nicht verstanden, kamen Cäcilia und mir die Tränen – und auch Nakada musste mit uns weinen.

Die Vorführung war an Professionalität nicht zu überbieten, das galt für alle Aspekte: schauspielerische Leistung, Choreografie, Gesang, Bühnenbild, Motivation der Schülerinnen und Schüler. Ich kann mir nicht vorstellen, dass man eine derartige Performance, die ungeheure Vorbereitung und Übung erfordert, in einer deutschen Schule erreichen könnte. Unvergesslich ist mir auch ein Vortrag, den ich in Nakadas Gymnasium vor 600 Schülerinnen und Schülern bei einem zweiten Besuch hielt. Vor dem Betreten der Aula mussten wir die Schuhe ausziehen. Es gab nur Pantoffeln, die mir mindestens zwei Nummern zu klein waren. Und so marschierte ich seltsam watschelnd zu den Klängen der deutschen Nationalhymne in den Saal ein. Auf der Bühne legte ich die Pantoffeln ab und hielt meinen Vortrag zu Berufsperspektiven in der globalisierten Welt auf Strümpfen. Zum Abschied spielte die 60 Personen starke Schülerkapelle dann den Radetzkymarsch. Wieder waren wir den Tränen nahe.

Nakada verschaffte uns weitere einzigartige Erfahrungen mit Empfängen, Besuchen bei traditionellen Handwerkern und in historischen Dörfern. Er setzt seine Ideen und Energien in vorbildlicher Weise ein, um seine Heimatstadt in die Zukunft zu führen. Ein Highlight wird die Einweihung der Magnetbahnstrecke, des sogenannten »Linear Shinkansen«, im Jahre 2027 sein. Durch diese Strecke, die praktisch schnurgerade durch das Gebirge gestochen wird, mutiert das heute eher abgelegene Nakatsugawa zum Vorort von Tokio und Nagoya. Ich habe Nakadas Einladung angenommen und hoffe, dass wir beide diese Einweihung im Jahre 2027 erleben werden.

Trotz seiner Bodenständigkeit ist Nakada ein wirklicher Global Player. Er hat mich viele Male in Deutschland besucht. Einmal sangen er und 40 Japaner auf unserer Terrasse mit tiefer Inbrunst die japanische Nationalhymne. In Argentinien züchtet er auf 1200 Hektar die Samen für seine Pflanzen, aus Holland bezieht er die Setzlinge für seine Chicoree-Produktion und in Italien kauft er ebenfalls Vorprodukte ein. Alle diese Aktivitäten inspiziert er mehrere Male pro Jahr selbst, und das, obwohl er nur wenige Jahre jünger ist als ich. Immer freundlich, nie erschöpft, ständig vor neuen Ideen sprudelnd, so habe ich ihn stets erlebt. Die Schauspieltruppe seiner Schülerinnen und Schüler hat er nach Südamerika gebracht, dazu musste er zwei Flugzeuge chartern. Und ich hoffe, dass die Kinder aus Nakatsugawa unter seiner Leitung auch dabei sein können, wenn in Bonn im Jahre 2020 anlässlich des 200. Geburtsjahres von Beethoven ein neuer Rekord im Singen der Ode an die Freude (»Freude schöner Götterfunken«) aufgestellt werden soll. Trotz der geografischen und kulturellen Distanz verbindet uns mit Nakada eine tiefe Freundschaft.

Yang Shuren

Der chinesische Unternehmer Yang Shuren las im Jahre 2002 die erste chinesische Ausgabe meines *Hidden Champions*-Buches und wurde ein begeisterter Anhänger dieses Strategiekonzeptes. Sein Unternehmen Moris Technologies sitzt in Shouguang in der Provinz Shandong nicht weit entfernt von der ehemals deutschen Koloniestadt Qingdao, die durch ihr Bier berühmt ist. Shouguang besitzt einzigartige Sole-Vorkommen, die aus dem naheliegenden Meer gespeist werden und die Basis für eine Spezialchemie-Industrie bilden. In Shouguang betreibt Moris insgesamt neun Fabriken.

Angeleitet durch das Hidden-Champions-Konzept konzentrierte sich Yang Shuren auf Produkte, bei denen er eine Chance sah, die internationale Marktführerschaft zu erringen. Heute ist sein Unternehmen Weltmarktführer bei drei Chemikalien zum Flammschutz. Die in Krefeld ansässige Tochtergesellschaft Moris Deutschland GmbH wird von dem Deutschen Dieter Boening geführt.

Wenn ich neben ihm gehe, muss ich mich trotz meiner Länge anstrengen, sein Tempo mitzuhalten. Klein von Statur quillt Yang Shuren über von Ideen und Energie. Er hat jedoch nicht nur Ideen, sondern setzt diese auch mit großer Konsequenz und atemberaubender Geschwindigkeit um. Jedes Problem, das er wahrnimmt, sieht er als Geschäftschance. So hatten die rund 50 Chemieunternehmen am Standort Shouguang Probleme mit der Wasserversorgung. Also baut Shuren eine Fabrik, die das Wasser nach dem Bedarf der Kunden aufbereitet. Ein gravierendes Thema in der chemischen Industrie Chinas ist die Arbeitssicherheit. Unfälle mit Todesfolge sind häufig. Arbeitssicherheit ist Yang Shuren aber ein wichtiges Anliegen. Was tut er? Dazu schreibt Professor Deng Di, der chinesische Experte für Hidden Champions: »Herr Yang hat eine verblüffende Idee, die ich ›Mach aus deinem Problem ein Geschäft‹ nenne. Sicherheit ist das größte Problem der Chemiefirmen in Shouguang. Als Erstes hat er sehr viel investiert, um seine Mitarbeiter und ein Spezialteam zum Thema Sicherheit in der chemischen Industrie zu schulen. Zweitens hat er Einrichtungen, wie zum Beispiel ein ›Sicherheitsmuseum‹, geschaffen, in dem für Mitarbeiter seiner eigenen Firmen wie auch anderer Unternehmungen Sicherheitstrainings durchgeführt werden. Drittens hat er eine Firma gegründet, welche die rund 50 Chemiefirmen in seiner Region berät.«[23] Auch die systematische Berufsausbildung in China lässt zu wünschen übrig. Zu deren Behebung baute Yang Shuren eine Berufsschule nach deutschem Vorbild. Und schließlich sieht er den Bedarf nach fundierter Managemententwicklung. Als Antwort gründete er in Zusammenarbeit mit der Stadt eine Business-School. Es ist für mich eine große Ehre, dass er diese Schule nach mir benannte.

Nun könnte man denken, dass Yang Shuren wie viele erfolgreiche Unternehmer dem Diversifikationssyndrom verfällt. Das ist jedoch nicht der Fall. Denn alle seine Vorhaben sind auf die chemische Industrie und den Mittelstand in seiner Region und in der Provinz Shandong, die 100 Millionen Einwohner hat, ausgerichtet. Er hat stets das klare Ziel vor Augen, sowohl sein Unternehmen als auch die chemische Industrie seiner Heimatregion zu fördern. Aus der zunächst geschäftlichen Beziehung zu Yang Shuren ist eine Freundschaft entstanden, die unsere Familien einschließt. Es ist schwer, seine Gastfreundschaft zu toppen. Wir unternahmen viele gemeinsame Ausflüge. Das Foto zeigt, wie wir während eines Ausflugs zur chinesischen Mauer bei einem fahrenden Händler frisch geerntete Äpfel einkaufen. Ein Höhepunkt war eine Reise durch die Innere Mongolei, die wir mit beiden Familien im Sommer 2018 unternahmen. Er zeigte uns ein ganz anderes China als die großen Städte, in die ich sonst immer reise. Yang Shuren hat mir China nahe gebracht. Ich habe ihm viel zu verdanken.

Miky Lee

In Asien in eine private Wohnung eingeladen zu werden, ist eine seltene Ehre. Als Gastgeber ist mein koreanischer Freund Professor Pil Hwa Yoo diesbezüglich eine Ausnahme. Er nutzt das ehemalige Wohnhaus seiner Eltern in einem historischen Viertel von Seoul als Gästehaus. Seine Frau Ki-hyang Lee, selbst Professorin für Design, hat das Erdgeschoss im griechischen Stil eingerichtet. Im ersten Stock findet sich eine philosophische Bibliothek mit Werken aller berühmten Philosophen, die Professor Yoo in fünf Originalsprachen liest. In diesem besonderen Haus dürfen wir regelmäßig zu Gast sein, wenn wir Seoul besuchen. So fanden wir uns auch im Mai des Jahres 2013 hier zu einem Abendessen ein. Neben dem gastgebenden Ehepaar Yoo-Lee bildeten Dr. Chang-Gyu Hwang und seine Frau, eine Finanzvorständin eines großen Unternehmens, sowie meine Frau Cäcilia und ich die Gästeschar. Eine weitere Dame sollte etwas später zu uns stoßen.

Dr. Hwang lernte ich 2001 als CEO der Memory Division von Samsung Electronics kennen. Bei einem Mittagessen schenkte er mir ein kleines Gerät, mit dem man Musik abspielen konnte. Die aufgenommene Musik war von sehr guter Qualität, doch es gelang mir nicht, weitere Musikstücke aufzuspielen. Die Bedienung und das Design des Gerätes schienen mir stark verbesserungswürdig. So verwunderte es nicht, dass dieses Device kein Markterfolg wurde. Jedenfalls galt das für das Samsung-Produkt. Es galt allerdings nicht für den iPod von Apple, der aus diesem Gerät entstand und den Dr. Hwang zusammen mit Steve Jobs entwickelte. Dr. Hwang hatte in Amerika promoviert, wurde später CEO von Samsung Electronics, danach ging er für einige Jahre in die Regierung und hatte den denkwürdigen Titel »Chief Technology Officer« von Korea. Seit 2014 ist er CEO von KT Telecom, des größten koreanischen Telekommunikationsunternehmens. Über die Jahre hatten wir uns immer wieder gesehen, er besuchte uns auch in Bonn. Wir fühlten uns in der Runde wie zu Hause und hatten uns viel zu erzählen. Ich fragte die Finanzvorständin, die vorher die Wirtschaftsförderung der 3-Millionenstadt Incheon[24] geleitet hatte, warum Bonn im Wettbewerb um eine UNO-Behörde Incheon unterlegen war. Sie antwortete, der koreanische Präsident habe Staatschefs aus verschiedenen Entwicklungsländern eingeladen und sie von Incheon »überzeugt«. Und so sei die UNO-Abstimmung zugunsten Incheons ausgefallen. Ob wir in Deutschland oder gar in einer Stadt wie Bonn da nicht etwas zu naiv sind?

Endlich betrat die Dame, die etwas später kommen sollte, den Raum. Aller Aufmerksamkeit richtete sich auf sie. In einem auffallend bunten Kleid und in Turnschuhen erinnerte sie eher an ein junges Mädchen als an eine Geschäftsfrau. Es war Miky Lee, ihr koreanischer Name lautet Mie Kyung Lee. Sie ist die älteste Enkelin des Gründers von Samsung, Byung Chull Lee. Sie studierte an der elitären Seoul National University, in Taiwan, Japan und China sowie in Harvard, wo sie einen M.A.-Grad erwarb und auch einige Jahre unterrichtete. Doch Miky Lee ruhte sich nicht auf ihrem Erbe aus. Zusammen mit ihrem Bruder gründete und leitete sie das Unternehmen CJ E&M, das im Medien-, Unterhaltungs- und Einzelhandelssektor tätig ist und zur CJ-Gruppe gehört, deren Umsatz sich auf 21 Milliarden Dollar beläuft. Sie gehört auch zu den frühen Investoren des Filmstudios Dreamworks, das 1994 von Steven Spielberg, Jeffrey Katzenberg und David Geffen gegründet wurde. Für ihre herausragenden unternehmerischen und kulturellen Leistungen erhielt sie national wie international zahlreiche Preise und Ehrungen. Doch erst als ihr Bruder 2013 wegen Steuervergehen verhaftet und verurteilt wurde, trat sie stärker ins Licht der Öffentlichkeit. Noch 2014 schrieb Bloomberg Markets über sie: »Little is known about her«.[25]

Mit dem Erscheinen von Miky Lee änderte sich die Stimmung in unserer Runde – und zwar in Richtung fröhlich und lustig. Sie selbst gab sich unprätentiös, gelöst und humorvoll. Wir lachten viel. Sie sang uns Franz Schuberts berühmtes Lied von der Forelle vor: »In einem Bächlein helle / Da schoß in froher Eil / Die launische Forelle / Vorüber wie ein Pfeil.« Mit ihrer Ausstrahlung füllte sie den Raum. Ihre Vision »to create new industries, jobs and heroes«[26] hat sie in kaum vorstellbarem Maße in die Tat umgesetzt. Jeffrey Katzenberg, einer der großen Namen in der internationalen Filmszene, sagt über sie: »Ich schätze ihre Fähigkeiten als Unternehmerin, Managerin und Führerin außerordentlich hoch ein.«[27] Ähnliches haben auch andere erreicht, insofern ist das nicht das Besondere an ihr. Aber niemand, der solche Leistungen vollbracht hat, dürfte dies trotz einer schwersten Erkrankung geschafft haben.[28] Die wahre Größe ihrer Person liegt darin, dass sie die ihr in den Weg gestellten gesundheitlichen Hindernisse überwunden und dabei ihre exemplarische Fröhlichkeit bewahrt hat. Gelegentlich stelle ich mir die Frage, welche Person, der ich begegnet bin, mich am nachhaltigsten beeindruckt hat. Es gibt nur zwei Kandidaten für den ersten Platz. Micky Lee gehört dazu.

12. STERNSTUNDEN

In diesem Kapitel berichte ich über einige persönliche Erlebnisse, die tief in meiner Erinnerung haften geblieben sind. Einige davon haben mit bedeutenden Vorfällen wie der deutschen Wiedervereinigung oder dem Angriff auf das World Trade Center zu tun, andere sind beiläufige Geschehnisse ohne größere Relevanz. Indem ich den Titel dieses Kapitels Stefan Zweigs *Sternstunden der Menschheit* entlehne, impliziere ich keineswegs, dass es hier um ähnlich gewichtige Ereignisse wie in Zweigs Buch geht. Aber eine Gemeinsamkeit gibt es doch. In der Geschichte, so schreibt Zweig, »geschieht unermesslich viel Gleichgültiges und Alltägliches«, hingegen »sind die sublimen, die unvergesslichen Momente selten«.[1] Ähnlich verhält es sich im eigenen Leben. Warum manche Erlebnisse tief im Gedächtnis haften, während andere, vielleicht sogar bedeutendere, der Vergessenheit anheimfallen, entzieht sich einer wissenschaftlichen Erklärung.

Von der Unfähigkeit zu prognostizieren

Am 25. Oktober 1989 treffen sich auf Einladung des *Manager Magazins* in München zwölf Vorstandsvorsitzende größerer Unternehmen. Da ich seit meiner Harvard-Zeit eine Kolumne für diese Zeitschrift schreibe, darf ich als Gast dabei sein. Es geht um das Thema »Was wird aus Deutschland«? In den Wochen vorher beschleunigte sich die Entwicklung. Die dramatischen Szenen mit

Außenminister Hans-Dietrich Genscher in der deutschen Botschaft in Prag, nach denen die DDR-Bürger in die Bundesrepublik ausreisen durften, hallen nach. René Jäggi, der Vorstandsvorsitzende der Adidas AG, stößt etwas verspätet zu der Runde. Grund seiner Verspätung war die Unterzeichnung eines Vertrages mit der DDR-Olympiamannschaft. Es ging dabei um die Sportausrüstungen für die Olympischen Spiele in Barcelona im Jahre 1992. Jäggi sagt:»Ich gehe davon aus, dass dies der letzte Vertrag war, den Adidas mit einer DDR-Olympiamannschaft unterzeichnet hat.« Einer der Teilnehmer fragt Jäggi:»Wollen Sie damit sagen, dass es 1996, wenn die Olympischen Spiele in Atlanta stattfinden, keine DDR mehr geben wird.« Die knappe Antwort Jäggis:»Genau das!« Die Runde reagiert mit ungläubigem Staunen. Die meisten halten diese Vision für Träumerei.

Am 9. November 1989, einem Donnerstag, bin ich in Paris zu einem Seminar für die Wirtschaftsprüfungsgesellschaft Price Waterhouse.[2] Unvermeidlich kommt die Diskussion auch auf das Thema Deutschland. Ich sage, dass ich eine Wiedervereinigung Deutschlands im 20. Jahrhundert, also innerhalb der nächsten zehn Jahre, nicht mehr ausschlösse. Als ich am späten Abend nach Hause komme, ist die Berliner Mauer gefallen. Die DDR ist faktisch am Ende. Die Wiedervereinigung findet innerhalb eines Jahres statt.

Ich erzähle diese Geschichte immer wieder in Korea und ergänze sie durch folgende Schlussfolgerung: Die koreanische Wiedervereinigung wird kommen, jedoch weiß niemand wann. Wahrscheinlich wird man sie nicht vorhersagen können, genauso wenig wie man das in Deutschland konnte. Man kann nur hoffen, dass der Prozess friedlich verläuft. Es kommt mir bis heute wie ein Wunder vor, dass die Vereinigung Deutschlands friedlich vonstatten ging. Wie im Kapitel »Jahres des Donners« beschrieben, waren die Spieler des Kalten Krieges auf beiden Seiten des Eisernen Vorhanges hochgerüstet. Doch es fielen kein Schuss und keine Bombe. »Die Zukunft liegt in Finsternis ...«, heißt es in dem Lied »Nehmt Abschied Brüder«. So ist es, und so wird es immer sein.

Zwei Tage nach dem Mauerfall, am Samstag, den 11. November 1989, packe ich unsere Kinder Jeannine, 14 Jahre alt, und Patrick, 9 Jahre alt, ins Flugzeug nach Berlin. Ich will ihnen die Mauer und die DDR zeigen, denn beides wird es bald nicht mehr geben. Wir mieten uns ein Auto und fahren durch die löchrig gewordene Mauer nach Ostberlin. Seit meinem ersten Besuch dort während einer Klassenfahrt 25 Jahre früher hat sich nicht viel verändert. Es bietet sich uns ein graues, tristes Bild. In den Nebenstraßen von Berlin-Mitte sieht man noch die Einschusslöcher des Zweiten Weltkrieges. Bis dato war ich nur einige Male in Ostberlin gewesen, denn als Westdeutscher durfte man nicht in den Rest der DDR. Nun fahren wir ungehindert nach Potsdam. Auch dort die gleichen, tristen Bilder. Ich staune, wie schnell wir aus Berlin kommend auf das platte Land gelangen. Auf einer pappelbesäumten Landstraße geraten wir in einen russischen Militärkonvoi aus groben, schweren LKWs. Diese Fahrzeuge wirken bedrohlich, ich fühle mich ausgesprochen unwohl. Ähnliche Gefühle erlebe ich wieder bei einem Besuch in Jena Anfang Februar 1990. Wir kommen abends an und wollen eine Professorin besuchen. Die Stadt ist dunkel. Wir fragen einen Passanten, wo man telefonieren kann. »Am Postamt«, sagt er und bietet uns an, den Weg zu weisen. Er steigt in meinen BMW ein. Offensichtlich ist die Fahrt für ihn ein Erlebnis. Es gibt kein Hotel in Jena, wo wir übernachten können. Schließlich finden wir bei Bekannten von westdeutschen Freunden ein Nachtquartier. Einige Monate später bin ich wieder in Jena und treffe den Vorstandsvorsitzenden von Carl Zeiss zum Mittagessen. Das macht mich für die Bekannten, die uns beim ersten Besuch sehr freundlich aufgenommen hatten, verdächtig. Sie reagieren jetzt mit deutlicher Zurückhaltung. Wenige Monate später ist die DDR Geschichte, aber die Nachwirkungen spüren wir bis heute – beispielsweise im Wahlverhalten.

Wiederkehr jüdischer Mitbürgerinnen und Mitbürger

Meine Heimatstadt Wittlich hatte im Verhältnis zur Einwohnerzahl eine große jüdische Gemeinde. Mehr als 5 Prozent der Bürger waren Juden. Das soll nach Frankfurt am Main der zweithöchste Anteil in Deutschland gewesen sein. Der letzte jüdische Bürger verschwand 1942 aus der Stadt. Zurück blieb die 1910 erbaute Synagoge, die in der »Kristallnacht« am 9. November 1938 nicht zerstört worden war. Nach dem Krieg und während meiner gesamten Schulzeit lag ein Mantel des Schweigens über dem Schicksal der Wittlicher Juden. Erst in den achtziger Jahren ergriffen junge Leute, die von der Nazivergangenheit nicht befleckt waren, die Initiative und gingen den Spuren der ehemaligen jüdischen Mitbürger nach. Die Stadt lud die Überlebenden im Jahre 1991 zu einer Wiederkehr nach Wittlich ein. Etwa 70 von ihnen folgten der Einladung, die meisten in fortgeschrittenem Alter. Sie kamen aus Israel, aus den USA, aus Argentinien und weiteren Ländern. Die Begegnung mit diesen Menschen berührte mich tief. Sie hatten unter uns gelebt und waren, wenn sie nicht rechtzeitig vor den Nazis fliehen konnten, vor allem in das Ghetto von Lodz (Litzmannstadt) und von dort nach Auschwitz oder andere Vernichtungslager verschleppt worden. Die Überlebenden, die wir in Wittlich wiedersahen, gehörten zu den Glücklicheren, die sich früh genug dem Zugriff der Nazis entzogen hatten. Aufgrund des Schweigens waren diese Menschen während meiner Jugend in unserem Bewusstsein nicht existent. Wir wussten nichts von ihnen, und nun standen sie in einer beträchtlichen Zahl vor uns. Viele von ihnen sprachen noch den Dialekt unserer Heimat. Sie schienen nicht nachtragend zu sein, sondern sich zu freuen, wenigstens einmal wieder in ihre Heimatstadt zurückkehren zu können. Doch für fast alle von ihnen blieb es bei diesem Besuch. Das kann an ihrem hohen Alter, aber auch daran gelegen haben, dass ihnen die einmalige Wiederkehr genügte. Jedenfalls kehrte keiner der Wittlicher Juden dauerhaft in die Stadt zurück. Manche wurden von ihren Kindern begleitet. So etwa die

90-jährige Erna Baumann, geb. Mayer, aus Buenos Aires, für deren Sohn René Baumann der Besuch der Heimatstadt seiner Mutter ebenfalls tiefe Emotionen auslöste. Wir trafen ihn Jahre später in Buenos Aires wieder, und er berichtete uns in perfektem Deutsch, wie einmalig dieses Erlebnis für ihn gewesen sei.

Wittlich hat in der Zwischenzeit viel getan, die jüdische Vergangenheit aufzuarbeiten. Im Jahre 1997 wurde das Emil-Frank-Institut, benannt nach dem letzten Vorsteher der jüdischen Gemeinde, gegründet. Der aus Wittlich stammende Theologieprofessor Reinhold Bohlen leitete das Institut, das sich sowohl mit der jüdischen Geschichte in der Region als auch dem interreligiösen Dialog zwischen Christen, Juden und Moslems beschäftigt, bis 2013. Die Synagoge, die über Jahrzehnte hinter einem Bretterzaun, Stacheldraht und Holunderbüschen in einem unschönen Dornröschenschlaf lag, wurde in den neunziger Jahren stilgerecht renoviert und wird seither als Kultur- und Tagungszentrum genutzt. Wissenschaftlich wurde die Geschichte der Wittlicher Juden in zahlreichen Projekten erforscht. Den umfassendsten Überblick gibt das 681 Seiten starke Buch *Juden in Wittlich 1908–1942* von Maria Wein-Mehs.[3] Ich weiß nicht, ob es heute noch überlebende jüdische Mitbürgerinnen und Mitbürger aus Wittlich gibt. Jedenfalls zählte die Begegnung mit ihnen zu den Sternstunden, die ich nicht vergessen werde.

An dieser Stelle berichte ich von einem weiteren Erlebnis, das zwar nichts mit Wittlich zu tun hat, aber in den Kontext passt. Am 25. März 2016 erhielt ich eine E-Mail aus Israel. Absender war ein mir nicht bekannter Zvi Harry Likwornik. Er wies mich auf die soeben in Deutsch erschienene zweite Auflage seines Buches *Als Siebenjähriger im Holocaust*[4] hin. Zvi Harry Likwornik war in Czernowitz im heutigen Rumänien deutschsprachig aufgewachsen und 1941 in verschiedene Ghettos bis in die Ukraine verschleppt worden. Die Qualen, denen er als Kind ausgesetzt war, entziehen sich jeder Vorstellung. Er und seine Mutter schafften es schließlich nach Israel. Ich las das Buch und schrieb ihm, tief erschüttert, spontan eine E-Mail, worauf er mich, außer sich vor Freude über meine Reaktion, anrief. Das muss man sich vorstellen: Man erhält einen Anruf von einem Menschen, der als Siebenjähriger den Holocaust überlebt hat. Sollten mich meine Wege in nächster Zeit nach Israel führen, werde ich ihn besuchen. Einen solchen Menschen muss ich persönlich kennen lernen.

Erscheinung eines Ahnen

Am 19. Januar 2001 habe ich einen mysteriösen Traum. Mein Onkel Jakob Simon, der 1944 im Schwarzen Meer ertrunken sein soll und als Letzter aus unserer Familie vor mir verstorben ist, taucht wieder in meinem Heimatdorf auf. Ich höre davon und erreiche, dass er bei einer Veranstaltung auftritt, an der ich teilnehme. Wir schreiben das Jahr 1959 und befinden uns in einem Hörsaal. Ich sitze auf den oberen Rängen, während Jakob Simon vorn auf dem Podium befragt wird. In dem Gespräch geht es um Deutsche, die in der Nazizeit aus Deutschland geflüchtet sind. Ich träume, mein Onkel sei im Jahre 1959 wieder aufgetaucht und lebe in der Schweiz oder habe dort gelebt. Er trägt einen dunklen Nadelstreifenanzug und macht einen gepflegten äußeren Eindruck. Er ist eloquent und meistert die Situation mit Gelassenheit. Sein Alter schätze ich auf etwa 50 Jahre. Seine Gestalt ist schlank, sein Gesicht hager. Dieses Gesicht sehe ich lange und präzise. Es hat eine gewisse Ähnlichkeit mit dem Gesicht meines Vaters.

Nach dem Interview versuche ich, an ihn heranzukommen, was schwerfällt, da er von Leuten umringt ist. Doch schließlich gelingt es mir, und ich spreche ihn an. Ich frage ihn, ob er noch einmal in unser gemeinsames Heimatdorf komme. Er verneint das. Ich bitte ihn um seine Adresse, da ich ihn besuchen möchte. Er lehnt es ab, mir diese zu geben. Er zeigt mir einen Ausweis, der von einer Behörde in Koblenz ausgestellt wurde. Es gibt eine Rubrik »Gefährdete Person«, sie ist angekreuzt. Ich überreiche ihm meine Visitenkarte, um ihn zu bewegen, mir seine Karte im Gegenzug zu geben. Doch es nützt nichts. Er geht weg, ohne dass ich weiß, wo ich ihn wiederfinden kann. Schweißgebadet und mit großer Beklemmung wache ich auf. Fast alle meine Träume habe ich vergessen, diesen nicht. Warum? Gibt es vielleicht doch die in Kapitel 1 angedeutete Verschränkung der Seelen?

Überfahrt nach Afrika

Wie oft hatten wir als Jugendliche von der großen, weiten Welt geträumt. Einige unserer Altersgenossen waren in der Tat zur See gefahren, ihre Erzählungen verstärkten unser Fernweh. Unsere Väter hatte es im Krieg in ferne Länder verschlagen. Zwei meiner Onkel hatten in Afrika unter Rommel gekämpft. Ein junger Mann aus unserer Nachbarschaft war in den fünfziger Jahren zur französischen Fremdenlegion gegangen und hatte in Sidi bel Abbes gedient. Afrika lockte, doch wir schienen wie gefesselt an unser Dorf.

Mit der in Kapitel 2 erwähnten Reise nach Spanien, Marokko und Portugal konnten wir diese Fesseln endlich sprengen. Der emotionale Höhepunkt war die Überfahrt nach Afrika auf der »Virgen de Africa«, die uns von Algeciras in die spanische Enklave Ceuta auf der marokkanischen Seite der Straße von Gibraltar brachte. Die »Erobererpose« auf dem Foto (siehe Bildteil) reflektiert meine Emotionen während dieser Fahrt. Ich fühlte mich wie Columbus oder Vasco da Gama, zum ersten Mal verließ ich Europa und betrat einen anderen Kontinent. Ein solch erstes Verlassen Europas erlebt man nur ein einziges Mal. War diese Überfahrt der erste Schritt zu meiner persönlichen »Eroberung« der Welt, der erste Schritt zum Global Player, der ich später wurde? Ja, so sehe ich das heute.

In Marokko trafen wir auf eine faszinierende Welt. Damals hatte Marokko 14 Millionen Einwohner, heute sind es mehr als 35 Millionen. Entsprechend haben sich die Städte modernisiert. Doch 1965 waren Fès und Marrakesch mittelalterlich. Der penetrante Geruch, der über dem Gerberviertel von Fès schwebte, liegt mir heute noch in der Nase. Den Platz Djemaa el Fna in Marrakesch mit Gauklern, Schlangenbeschwörern, Wasserverkäufern und Geschichtenerzählern erlebte ich wie ein Märchen aus Tausendundeiner Nacht. Wir blieben drei Tage und drei Nächte in Marrakesch, schliefen kaum und litten unter der unerträglichen Hitze. Ein Sandsturm tobte und blies uns die Sandkörner zwischen die Zähne. Ich wettete damals mit dem Klassenkameraden Paul-Heinz Steffgen um einen Kasten Bier, dass ich wieder nach Marrakesch zurückkäme. Zwar gewann ich die Wette, verlor aber Marrakesch. Denn meine Rückkehr im Jahre 1996 gab mir nicht das Marrakesch meiner Jugend wieder. Der Platz Djemaa al Fna hatte seine Magie verloren. Vielleicht lag das an mir, an meiner zu rationalen Sicht der Dinge. Eine wirkliche Zeitreise in die eigene Vergangenheit ist eben nicht möglich. Man steigt nie zweimal in denselben Fluss. Doch die Überfahrt auf der »Virgen de Africa« und meine erste Begegnung mit Marrakesch bleiben für immer Sternstunden.

Nine Eleven

Bei einem Kongress am 11. September 2001 in der Alten Oper Frankfurt treten der damalige Bundesbankpräsident Ernst Welteke und der frühere US-Außenminister Henry Kissinger als Hauptredner auf. Wir treffen uns zunächst zum Mittagessen. Das im Bildteil abgedruckte Foto zeigt von links Henry Kissinger, in Rückenansicht Ernst Welteke (Präsident der Bundesbank), Franz Alt (Fernsehjournalist), Kajo Neukirchen (Vorstandsvorsitzender Metallgesellschaft AG), Vertreter des Veranstalters Ernst & Young, und mich. Um 15 Uhr beginnt die Tagung. Als Moderator kündige ich Kissinger mit einigen kurzen Worten an. In New York ist es jetzt 9 Uhr morgens. Kissinger beginnt seine Rede unter dem Titel »Years of Renewal« mit der Aussage, dass es niemals einen äußeren Angriff auf »Mainland America« gegeben habe (»Mainland America has never been attacked by an external enemy«). Niemand im Saal ahnt, dass dieses Statement seit genau acht Minuten von der Geschichte überholt ist. Kissinger schließt seine Rede um 15.30 Uhr, und wir beginnen mit der Diskussion. Ein kritischer Journalist stellt eine provokante Frage zur Verwicklung Kissingers in die Allende-Affäre. Es entsteht Unruhe im Saal. Ein Mann kommt zu mir aufs Podium und flüstert mir ins Ohr, New York und das Pentagon seien bombardiert worden. Ich gehe zu Kissinger und gebe ihm die Nachricht weiter. Doch er scheint es nicht zu verstehen, winkt ungläubig ab und rät, weiterzumachen. Ich unterbreche die Diskussion. Der kritische Journalist ruft in den Saal hinein, dass sei nur ein Trick, um ihn abzuwürgen (später entschuldigt er sich). Ich frage ins Publikum, ob irgendjemand Genaueres wisse. Ein Journalist von Bloomberg, der kurz vorher den Saal betreten hat, meldet sich und berichtet kurz. In der Zwischenzeit schaffen es die Techniker, die *Tagesschau* auf die Leinwand in der Alten Oper zu projizieren. Ungläubig sehen wir die Szenen in New York und den Einsturz des World Trade Centers. In solchen Momenten spürt man den Hauch der Geschichte.

Unser Partner Dr. Eckhard Kucher hält sich in Washington auf. Ich versuche, ihn über unser amerikanisches Büro zu erreichen. Doch nichts geht mehr, alle Leitungen sind blockiert. Das Internet ist in dieser Situation die Rettung. Etwa zwei Stunden später erfahren wir per E-Mail, dass sowohl in Washington als auch in unserem Büro in Boston – von dort starteten zwei der entführten Flugzeuge – alle Mitarbeiter wohlauf sind. Allerdings bleibt Dr. Kucher über eine Woche in Amerika »gefangen«. Auch das ist eine Folge der Globalisierung. Die internationale Vernetzung bringt die Ereignisse sehr nahe zueinander, egal wo sie stattfinden, und schafft unmittelbare Betroffenheit. Wenige Tage später treffe ich in Tokio einen Berater des Nomura Research Institutes. Er berichtet, zwei seiner Kollegen seien im World Trade Center umgekommen. Die Gefahr ist nahe, so fern sie auch scheint.

Moskauer Nächte

Es ist Herbst 1971. Der Kalte Krieg dauert an. Die Sowjetunion ist gegenüber allem Fremden misstrauisch. In Russland blüht der Schwarzmarkt. Typisch westliche Produkte sind bei jungen Russen äußerst begehrt. Mit einer lose zusammengewürfelten Gruppe

Bonner Studenten fahren wir nach Moskau. Jeder hat seinen Koffer mit Produkten gefüllt, die man auf dem russischen Schwarzmarkt bestens losschlagen kann. Dazu gehören Jeans, Button-down-Hemden, aber auch triviale Dinge wie Kugelschreiber, die Moskauer Taxifahrer als Zahlungsmittel akzeptieren. Der Schwarzmarktkurs des Rubels zum Dollar beträgt etwa das Vier- bis Fünffache des offiziellen Kurses. Zehn Dollar, schwarz in Rubel getauscht, finanzieren einen rauschenden Abend. Wir genießen Krimsekt, Kaviar und andere russische Köstlichkeiten, die wir uns als Studenten zu Hause nie leisten konnten. Die großen Buchhandlungen bieten deutschsprachige Bücher aus DDR-Verlagen an. Umgerechnet zu Schwarzmarktkursen kosten gebundene Bücher etwa eine Mark. Das Porto ist auch sehr niedrig, sodass wir die Bücher meterweise kaufen und mit der russischen Post nach Deutschland schicken. Als Studenten haben wir bei all diesen Geschäften kein schlechtes Gewissen.

Doch es gibt auch unangenehme Überraschungen. Auf der Straße will ich einen 20-Dollar-Schein tauschen. Der Schwarzmarkthändler drückt mir ein Papier in die Hand, das wie ein 100-Rubel-Schein aussieht und sagt plötzlich aufgeregt:»Polizei, Polizei!« Ich drehe mich um, der Geldtauscher entfernt sich schnellen Schrittes in die andere Richtung. Als ich mir den Schein in Ruhe ansehe, stelle ich fest, dass es sich um ein 100-Rubel-Lotterielos handelt. Ich bin angeschmiert worden. Die 20 Dollar sind weg. Das hat mich lange gewurmt. Die Abbildung zeigt das Lotterielos.

Den vorstehenden Textabschnitt schickte ich meinem russischen Verleger Dmitry Pasechnik zur Kenntnis. Am 25. März 2018 antwortete er mir:»Ich glaube in der Erzählung ist ein Fehler: das war kein Lotterielos, sondern ein 100-Rubel-Anleiheschein der sowjetischen Regierung. Man konnte diesen Schein zur Sberbank, der seinerzeit einzigen Bank in der Sowjetunion, bringen und erhielt 100 Rubel. Bitte nicht wegwerfen! Vermutlich erhält man das Geld noch heute.« Ich werde den Anteilsschein aufheben, wer weiß.

Im Hotel Metropol bin ich mit meinem afghanischen Freund Sami Noor verabredet. Wir wohnen in Bonn im gleichen Studentenheim. Er macht auf der Reise nach Afghanistan Zwischenstation in Moskau. Wir wollen uns an einem bestimmten Tag im Büro der afghanischen Fluggesellschaft Ariana treffen, das sich im Hotel Metropol befindet. Ich gehe zum vereinbarten Zeitpunkt hin und frage, ob Sami Noor angekommen sei. Ja, er sei da gewesen, aber sofort wieder abgereist, sagt mir der Mitarbeiter von Ariana. Das ist seltsam. Erst bei der Rückkehr nach Deutschland erfahre ich den Grund für die ungeplante Abreise. Sami war mit einem russischen Taxi vom Flughafen zum Hotel Metropol gefahren. Sein Koffer befand sich im Kofferraum. Als er ausstieg, raste der Fahrer los. Sami ging nicht zur Polizei, sondern kaufte sich sofort ein neues Ticket und flog nach Deutschland zurück. Mit der russischen Polizei wollte er nichts zu tun haben.

Auch ich war letztlich froh, wieder aus Russland zurück zu sein. Insbesondere abends und nachts nach kräftigem Alkoholgenuss hatten wir uns nicht immer gut benommen, und es gab Ärger mit der Polizei. In unserer Gruppe war ein amerikanischer Student namens James J. P. Coone. Mit ihm sangen wir abends in der Moskauer U-Bahn »God Bless America« und ähnliche Lieder, die nicht unbedingt als russlandfreundlich gelten. Noch undisziplinierter benahmen wir uns in Leningrad, dem heutigen St. Petersburg. Nach kräftigem Alkoholgenuss flog eine große Vase vom vierten Stock in die Hotellobby und zerbarst. Letztlich ließ uns die Polizei dennoch laufen. Doch nicht alle von uns hatten daraus gelernt. Ein Student aus unserer Gruppe reiste kurze Zeit später nach Prag. Dort waren die Schwarzmarktverhältnisse und dementsprechend der Alkoholgenuss vergleichbar. Nach ähnlichen Rabaukereien wie in Moskau landete er schließlich für einen Monat im Gefängnis. Es waren wilde Zeiten.

Ruhigstellung

Im Alter von sieben Jahren wurde ich für die Dauer von acht Wochen im wörtlichen Sinne »ruhiggestellt«. Was das für einen Dorfjungen, der bisher ein Leben in großer Freiheit und in der Natur kannte, bedeutet, ist schwer zu ermessen. Ich war schnell gewachsen, vermutlich gab es auch Ernährungsmängel. Abgesehen von dem übelschmeckenden, jedoch mir von meiner Mutter regelmäßig verabreichten Lebertran lebten wir nahezu ausschließlich von den Erzeugnissen unserer Scholle. Zudem trank ich seit meinem dritten Lebensjahr keine Milch mehr und aß auch Gemüse nur sehr selektiv. Mit sechs Jahren entwickelte ich ein Hüftleiden. Ich hinkte und hatte chronische Schmerzen. Unser Hausarzt Dr. Franzkarl Ueberholz sprach von »Wachstumsstörung« und »Hüftgelenkentzündung«. Letztlich wies er mich in das Krankenhaus der Barmherzigen Brüder (kurz »Brüderkrankenhaus«) in Trier ein, das als führend in der Region galt. Das Brüderkrankenhaus ist ein großes Hospital mit heute mehr als 600 Betten und 2400 Beschäftigten. Ich war nie allein von zu Hause weg gewesen und erlebte diese Einweisung als Schock. Doch das war nur der Anfang. Mein halber Körper wurde in einen Gipsverband gepackt. Dieser begann auf Bauchnabelhöhe und schloss das gesamte rechte Bein inklusive des Fußes ein, auf der linken Seite reichte der Gips bis zum Knie. So lag ich »ruhiggestellt« und zur Unbeweglichkeit verdammt geschlagene acht Wochen. Die ersten Tage waren furchtbar. Doch irgendwie überstand ich es. Die schönsten und traurigsten Tage zugleich waren die Sonntage. Denn nur dann konnten meine Eltern zu Besuch kommen, einmal brachten sie meine Schwester, einmal den Nachbarjungen und Freund Heinz Thomas mit. Wenn sie wieder gingen, befiel mich jedes Mal ein Gefühl der Verlassenheit. Nach Abnahme des Gipses musste ich wieder gehen lernen und blieb noch vier Wochen im Krankenhaus. Der Tag meiner Heimkehr war einer der glücklichsten in meinem Leben. Die Schulkameraden und das halbe Dorf kamen, um mich zu begrüßen. Es gab im Anschluss keinerlei Reha, obwohl diese angesichts der starken Atrophierung der Muskeln dringend angezeigt gewesen wäre. Im Sport war ich schwach, schaffte einige Jahre nicht mal eine Siegerurkunde. Erst ab 15 brachte ich halbwegs passable Leistungen zustande und errang bei den Bundesjugendspielen Ehrenurkunden. Hat dieses einschneidende Erlebnis meiner Kindheit Spuren hinterlassen? Ich habe nicht das Gefühl eines Traumas, wenn ich an diese Episode im Brüderkrankenhaus denke. Ich habe damals gelernt, dass man durch harte Lebensphasen einfach durch muss. Das half mir beispielsweise im Anschluss an eine komplizierte Schulteroperation im Jahre 2014, die mich für einige Monate stilllegte. Geduld ist ansonsten nicht meine Stärke, aber in solchen Situationen denke ich an den Herbst 1954 im Brüderkrankenhaus zurück. Das hilft! Vielleicht wurzelt auch meine anhaltende Heimatverbundenheit in jener Kindheitserfahrung. Denn nie war ich trauriger und hatte ich stärkeres Heimweh. Und ich habe gelernt, mich im Sport hochzukämpfen, obwohl das viele Jahre dauerte. Auch wenn ich – nicht zuletzt mangels systematischen Trainings – nie Spitzenleistungen brachte, so schaffte ich es immerhin zum Kreismeister im Speerwerfen und zur Teilnahme an den Meisterschaften der 2. Luftwaffendivision.

Wenn die Erde bebt

Zu den Erlebnissen, auf die ich gerne verzichtet hätte, gehören Erdbeben. Mein erstes Beben erlebte ich 2005 in Tokyo. Es war kurz vor Mitternacht. Ich befand mich im Hotelzimmer im 21. Stockwerk des ANA-Hotels.[5] Kurz vorher war ich zu Bett gegangen und dämmerte in den Schlaf hinein, als ich ein seltsames Zittern spürte. Halb wach, halb schlafend konnte ich dieses Phänomen zunächst nicht einordnen. Hatte ich geträumt oder, so fuhr es mir durch den Kopf, war das ein Erdbeben? Wenn man ein solches zum ersten Mal erlebt, ist man unsicher. Bei dem Gedanken stand ich sofort auf, war aber völlig ratlos, was ich tun sollte. Sollte ich im Zimmer bleiben oder versuchen, über das Treppenhaus nach unten zu gelangen – bei 21 Stockwerken ein heikles Unterfangen. Unwohlsein verursachte zudem der Gedanke, dass das Gebäude 37 Stockwerke hatte, über mir lastete also das Gewicht von weiteren 16 Etagen. Doch da kam schon eine Ansage durch den Lautsprecher: »This is an earthquake. Do not leave your room. This building is earthquake-proof. Wait for further instructions.«[6] In einer solch brenzligen Situation hofft man zwar, dass das Gebäude tatsächlich erdbebensicher ist, aber den Glauben daran durchziehen Zweifel. Als besonders unangenehm empfindet man das totale Ausgeliefertsein. Man kann nichts tun, als abzuwarten. Nach einer halben Stunde ertönte schließlich die erlösende Ansage, das Erdbeben sei vorüber. Es wurde dennoch eine unruhige Nacht. Am anderen Morgen sollte ich nach Deutschland zurückfliegen. Ich nahm den Bus zum Flughafen Narita, der circa 70 Kilometer nördlich von Tokyos Zentrum liegt. Hinter uns baute sich eine tiefdunkle, bedrohliche Wolkenwand auf. Ein Taifun war im Anmarsch. Nach dem Start teilte uns der Pilot mit, dass wir gerade noch vor dem Taifun abheben konnten. Wenige Minuten später wäre der Start nicht mehr möglich gewesen. Das Erdbeben hatte eine Stärke von 5,8 auf der Richter-Skala, und auch der Taifun richtete großen Schaden an.

Im Programm der Konferenz, auf der ich am 19. September 2017 in Mexiko City sprechen sollte, war für 11 Uhr eine Erdbebenübung angekündigt. Sie erfolgt jährlich in ganz Mexiko zur Erinnerung an ein katastrophales Erdbeben, das sich am gleichen Tag des Jahres 1985 ereignete und 10 000 Menschen das Leben kostete. Die Übung dauerte etwa eine halbe Stunde und verlief sehr diszipliniert. Anschließend begaben sich die Teilnehmer der Konferenz in den Hörsaal der Universität Centro, in dem um 12 Uhr mein Vortrag beginnen und bis 13.30 Uhr dauern sollte. Ich startete pünktlich und spulte mein Programm ab. Um 13.14 Uhr ging ein Ruck durch das Gebäude, die Bühne, auf der ich stand, wackelte. Das war der Ernstfall – genau zwei Stunden nach der Übung! Die mehreren Hundert Zuhörer sprangen auf und eilten zu den Ausgängen, ohne jedoch in Panik zu geraten. Ich ließ alles stehen und liegen und spurtete ebenfalls zum Ausgang. Da der Hörsaal im ersten Stock lag, gelangten wir schnell ins Freie. Das moderne Gebäude dieser Universität hat etwa 20 Stockwerke. Wir sahen, wie die Menschen aus den oberen Stockwerken – teilweise auf außenliegenden Freitreppen – nach unten flohen. Sie brauchten wesentlich länger. Mit ihnen hätte ich nicht tauschen wollen. Denn derweil stieß das Gebäude Geräusche aus, wie ich sie nie gehört habe. Das Krachen der Stahlträger, die die Erschütterungen abfingen, ging in Mark und Bein. Glücklicherweise kam in dem modernen, erdbebensicheren Universitätsgebäude niemand zu Schaden. In der Stadt aber stürzten zahlreiche Gebäude ein, mehr als 370 Menschen starben und mehr als 6 000 wurden verletzt. Dieses Erdbeben war mit einem Wert von 7,1 auf der Richter-Skala wesentlich stärker als dasjenige in Tokio.[7]

Der Verkehr in Mexiko City brach zusammen. Doch meine Gastgeber zeigten sich erfinderisch. Sie taten ein Fahrrad auf, mit dem ich zu meinem circa 6 Kilometer entfernten Hotel gelangte. Da es hoffnungslos gewesen wären, den Weg durch das Gewirr von Mexiko City allein zu finden, begleitete mich einer der Gastgeber, ein Hobby-Marathonläufer, laufend. Ich war ihm sehr dankbar.

Nach solchen Erlebnissen lernt man zu schätzen, dass wir in Deutschland von ähnlich gravierenden Naturgefahren weitgehend verschont bleiben. Doch wer weiß, wann die Vulkane in meiner Eifelheimat wieder aktiv werden. Nach Aussagen von Wissenschaftlern kann das jederzeit passieren.

Im Jahre Vierzigtausend

Am 5. April 2000 erhielt der Unternehmer Reinhard Mohn die Jakob-Fugger-Medaille. Es handelt sich hierbei um einen renommierten Medienpreis, den der Verband der Zeitschriftenverlage in Bayern e. V. für »hervorragende Verdienste und außerordentliche Leistungen, welche die Freiheit, Unabhängigkeit und Integrität der Zeitschriftenpresse fördern und in das Bewusstsein der Bevölkerung rufen« vergibt. Reinhard Mohn hat aus einem kleinen ostwestfälischen Verlag den globalen Medienkonzern Bertelsmann geschmiedet. Die Verleihung fand in feierlichem Rahmen im Münchner Residenztheater statt. Im Vorlauf zum Jahreswechsel 2000 hatte mich *Die Zeit* gebeten, den »Unternehmer des Jahrhunderts« zu küren und eine Laudatio zu schreiben. Meine Wahl fiel auf Reinhard Mohn.[8] Diese

Laudatio dürfte der Anlass für die Einladung gewesen sein, bei der Preisverleihung den Festvortrag zum Thema »Führungsherausforderungen im 21. Jahrhundert« zu halten. Das Ereignis ist mir allerdings nicht wegen der vorgetragenen Inhalte, sondern aus einem anderen Grund im Gedächtnis haften geblieben.

Vor mir sprach der bayrische Ministerpräsident Edmund Stoiber. Ich saß in der ersten Reihe. Um meinen Vortrag im Kopf durchzuspielen, schloss ich die Augen. Das tue ich regelmäßig vor solchen Auftritten. Diesmal driftete meine Aufmerksamkeit weg. Ich verfiel in einen »luziden« Traum. »Ein luzider Traum ist ein Traum, in dem sich der Träumende seines Traumes bewusst ist.«[9] Genauso war es, ich träumte und wusste gleichzeitig, dass ich träumte. In dem Traum flog ich leicht wie eine Wolke von Bonn aus über den Rhein in Richtung Koblenz. Vor Koblenz schwenkte ich nach Westen in Richtung Eifel. Mir wurde bewusst, dass 40 000 Jahre seit unserer Zeit vergangen waren. Das Land unter mir leuchtete wunderschön. Grüne Wiesen und Felder wechselten sich mit dunklen Wäldern ab. Die Landschaft machte einen gepflegten Eindruck. Doch es fehlte etwas. Ich sah keine Menschen, auch keine Häuser oder Dörfer. Der Mensch war verschwunden, und die Natur hatte in Jahrtausenden seine Spuren beseitigt. Die Eifel war so geworden, wie sie sich der deutsche Kaiser und preußische König Wilhelm II. im Jahre 1889 gewünscht hatte, als er sagte: »Die Eifel ist ein schönes Jagdrevier. Nur schade, dass dort Menschen wohnen.« Nun könnte man erwarten, dass mich der Untergang der Menschen traurig gestimmt hätte. Doch das Gegenteil war der Fall. Ich erwachte mit einem Gefühl von Leichtigkeit und in guter Stimmung aus dem Tagtraum. Entspannt und locker trat ich nach Stoiber auf das Podium und hielt meinen Vortrag. War es meine Seele, die da in ferner Zukunft über meine Heimat flog? Wenn ich an diesen Tagtraum denke, hallen in mir unwillkürlich die Verse Joseph von Eichendorffs wider: »Und meine Seele spannte / Weit ihre Flügel aus, / Flog durch die stillen Lande, / Als flöge sie nach Haus.«[10]

13. SCHULE DES LEBENS

Das Leben ist eine immerwährende Schule. In diesem Kapitel präsentiere ich einige einfache Lektionen, die mich das Leben gelehrt hat. Eine solche Sammlung von Lehren ist zwangsläufig subjektiv, lückenhaft und sicher auch selektiv, um den Autor nicht in einem ungünstigen Licht erscheinen zu lassen.

Rückendeckung wertschätzen

Meinen Weg hätte ich nicht ohne die Rückendeckung meiner Frau Cäcilia und meiner Familie bewältigen können. Cäcilia Sossong stammt aus einer Handwerkerfamilie und wuchs in einem kleinen Dorf im Hunsrück, also der südlichen, klimatisch rauheren Seite der Mosel, auf. Ihre Vorfahren mütterlicherseits waren saarländische Müller. Auch unter meinen Vorfahren gab es Müller, zudem stammte meine Mutter aus dem Saarland. Cäcilia und ich lernten uns in Bonn kennen, wo wir beide studierten. Wir heirateten 1973. Unsere Tochter Jeannine wurde 1975 geboren. Unser Sohn Patrick folgte 1980. Von 1972 bis 1988 arbeitete Cäcilia als Sonderschullehrerin.

Im Anschluss an unseren Harvard-Aufenthalt gab sie ihre Beamtenposition auf und gründete die Lingua-Video Medien GmbH, die audiovisuelle Medien für Bildungsinstitutionen wie Schulen, Bibliotheken und Medienzentren verlegt. Cäcilia führte das Unternehmen 27 Jahre lang. Zum Jahresbeginn 2016 übernahm unsere

Tochter Dr. Jeannine Simon das Unternehmen und leitet es seither. Cäcilia und ich diskutierten einmal, warum wir beide unser Lebenszeitbeamtentum aufgegeben und die unternehmerische Selbstständigkeit gewählt haben. Zum einen stammen wir beide aus selbstständigen Familien. Letztlich einigten wir uns darauf, dass wir den Weg der Selbstständigkeit einschlugen, weil wir keinen Chef über uns haben wollten.

Wie prägte mich die Selbstständigkeit meiner Eltern? Bei ihnen gab es niemanden, der ihnen hätte vorschreiben können, was, wie oder wann sie zu arbeiten hatten. Allerdings waren sie im Hinblick auf Ökonomie und Arbeitseinsatz starken Zwängen unterworfen, die von äußeren Kräften wie Wetter, Natur, Jahreslauf ausgingen. Sie konnten gleichwohl frei entscheiden, wie sie diesen Notwendigkeiten gerecht wurden. Vielleicht prägten mich solche Gegebenheiten stärker als ich mir dessen bewusst bin. Jedenfalls empfand ich es als sehr angenehm, dass mir über weite Teile meines Lebens niemand sagen konnte, was ich zu tun oder zu lassen hatte. Als Professor hatte ich zwar den Staat als Arbeitgeber, besaß aber im Rahmen der Freiheit von Forschung und Lehre größtmögliche Spielräume. Mich wundert bis heute, dass nicht mehr Menschen den Weg der Freiheit und Eigenverantwortung gehen, sondern sich – in welchen Systemen auch immer – den Befehlen anderer ein- und unterordnen. Ich will damit nicht sagen, dass Selbstständigkeit für jeden geeignet ist. Viele, vermutlich sogar die meisten Menschen, fühlen sich wohler, wenn sie die entsprechende Verantwortung nicht tragen und die ständige Energiezufuhr nicht liefern müssen.

Auch Cäcilia stammte aus einer Selbstständigenfamilie und erfuhr ähnliche Prägungen. Sie ist eine ungewöhnlich begabte Organisatorin. Sie kümmerte sich um alles und hielt mir den Rücken frei. Sie baute unsere Häuser in Königswinter und später in Bonn. Mein elterliches Bauernhaus in der Eifel renovierte sie ohne meine Hilfe von Grund auf und verwandelte es in ein Kleinod. Sie managte die Familie, bewältigte den Haushalt, organisierte Feste – und entwickelte nebenher eine schöne kleine Firma. Über die vielen Jahre meiner äußerst zeitintensiven Aktivitäten und Reisetätigkeiten hat sie mich stets unterstützt. Darüber hinaus fungierte sie als meine Beraterin, letztlich die einzige, auf die ich hörte. Sie bewies dabei oft mehr Courage als ich selbst, denn bei jeder neuen Herausforderung, die sich mir stellte, lautete ihre Antwort: »Natürlich machst du das.«

Es gibt keinen Zweifel, dass ich mein eigenes Leistungsspektrum ohne diese organisatorische und moralische Unterstützung niemals hätte verwirklichen können. Auch unsere Kinder, die beide erfolgreich sind, haben ihren Beitrag geleistet. Sie haben die nahezu ständige physische oder geistige Abwesenheit ihres Vaters, die gleichermaßen reise- wie prioritätsbedingt war, hingenommen und mussten so vieles entbehren. Die Familie hat den Preis meines Erfolges zu erheblichen Teilen zahlen müssen, ohne dass ich ihr dafür gebührend gedankt hätte. Denn einer wie ich neigt dazu, die familiären und häuslichen Annehmlichkeiten als selbstverständlich hinzunehmen und den Aufwand, der dahintersteckt, zu unterschätzen. Eines kann ich allerdings mit Bestimmtheit sagen: Das Schönste an meinen Projekten und Reisen ist die Heimkehr.

Und was machen Singles, die ein arbeits- und reiseintensives Leben führen? Wenn sie halbwegs stressfrei leben wollen, müssen sie die vielen lästigen Aufgaben des Alltages delegieren, das heißt die entsprechenden Leistungen hinzukaufen. Sonst ist ein hohes Leistungsniveau auf Dauer nicht durchzuhalten. Im Notfall, auch das lehrt das Leben, zählt allerdings vor allem, oft sogar nur, die Familie. Freundschaften, die sich in extremen, länger anhaltenden Notsituationen bewähren, sind selten. Die meisten sogenannten Freundschaften erweisen sich, wenn es drauf ankommt, als Schönwetterphänomene.

Cäcilia war auch auf vielen anderen Feldern aktiv. Sie arbeitete einige Jahre im Kulturausschuss des Stadtrates in Königswinter mit, fand aber auf Dauer den politischen Prozess zu ermüdend und organisierte lieber eigene Kulturveranstaltungen. Als 1991 die Entscheidung zwischen Bonn und Berlin anstand, wurde sie aktiv. Sie ließ einen Aufkleber »Bonn bleibt Hauptstadt« drucken (siehe Bildteil) und verbreitete diesen zigtausendfach über Geschäfte,

Hotels und ähnliche Multiplikatoren. Es gab eine zweite ähnliche Aktion, die sich »Ja zu Bonn« nannte. Einer der maßgeblichen Initiatoren war mein Landsmann und Freund Friedel Drautzburg, ein überzeugter Eifler und Rheinländer.[1] Am 20. Juni 1991 fiel die Entscheidung für Berlin mit 338 zu 320 Stimmen. Drautzburg zog es daraufhin nach Berlin, wo er zusammen mit Klaus Grunert das Szenelokal »Ständige Vertretung« (STAEV) mit der Mission eröffnete, rheinisches Flair nach Berlin zu bringen. Das ist ihm gelungen. Cäcilia engagierte sich auch im Vereinswesen und im Naturschutz. So gründete sie in meinem Heimatdorf einen Kinderchor, legte Wildblumenwiesen an und pflanzte mehr als 50 Nussbäume. Sie muss einfach aktiv sein.

Sich heute nicht sorgen

Wenn es einem gerade schlecht geht oder man ein akutes Problem hat, dann ist man verständlicherweise besorgt und belastet. Oft, wenn nicht meistens, sind die Sorgen, die man sich macht, jedoch auf die Zukunft bezogen. Werde ich es morgen pünktlich zum vereinbarten Termin schaffen? Werde ich den Auftrag erhalten? Wie wird mein Check-up ausgehen? Ein Lebensmotto meiner Mutter war: »Mach dir heute keine Sorgen über das, was morgen vielleicht nicht kommen wird.« Das Gleiche besagt eine Lebensregel des Erfinders der Reiki-Meditationstechnik, Dr. Mikao Usui (1865–1925): »Gerade heute sorge dich nicht.« Von Dr. Usui stammt auch die triviale Erkenntnis, dass man an den Dingen arbeiten solle, die man verbessern kann, und die Dinge akzeptieren müsse, die man nicht ändern kann.

Der Mensch hat die Fähigkeit, sich die Zukunft vorzustellen, sie zu bedenken, zu planen, Ereignisse gedanklich zu antizipieren. Diese Fähigkeit schafft das genannte Problem, indem sie nicht nur Hoffnungen, sondern auch Befürchtungen generiert. So lässt sie Angst und Sorgen entstehen. Von diesen sollte man sich nicht niederdrücken lassen, denn viele der Befürchtungen werden nicht wahr. Echte Sorgen muss man sich erst machen, wenn die Befürchtungen eintreten. Der Rat meiner verstorbenen Mutter stammt zwar nur von einer einfachen Bauersfrau, aber mir hat er sehr geholfen. Gelingt es, diesem Rat im Alltag zu folgen, so geht man unbeschwerter durchs Leben. Ich jedenfalls halte mir diesen Spruch nahezu täglich vor. Und wenn ich ihn mal vergesse, dann wirft ihn Cäcilia in die Runde.

Gesundheit leben

Schreibt man unter der Rubrik »Schule des Lebens« zum Thema Gesundheit, so drohen zwei Risiken. Zum einen verläuft man sich leicht in Allgemeinplätzen wie dem, dass viel Bewegung, richtige Ernährung und wenig Stress der Gesundheit förderlich sind. Oder man verfällt in die Rolle des Missionars, der dem Rest der Menschheit seine persönlichen Rezepte zur Förderung und Erhaltung der Gesundheit nahebringen will.

Ohne zu sehr ins Persönliche zu gehen, will ich einige Erfahrungen mit Leserin und Leser teilen. Ein Allgemeinplatz ist, dass Gesundheit mit zunehmendem Alter weniger selbstverständlich und damit wichtiger wird. Diese Aussage gilt ohne Einschränkung. Was ich beobachte und was seltener gesagt wird: Viele der Leiden, die ich bei älteren Zeitgenossen beobachte, sind selbst verursacht, und zwar überwiegend durch Verhaltensweisen, die weit zurück liegen und lange praktiziert wurden. Dazu gehören Leichtsinn in der Jugendzeit, Rauchen, Übergewicht, Alkohol sowie übermäßiger Stress. Meistens lassen sich die Auswirkungen im Alter nicht mehr zurückdrehen, allenfalls abmildern. Daraus folgt die Empfehlung an Jüngere, solche Langfristwirkungen zu bedenken und ihre Ursachen in frühen Lebensphasen und nicht erst, wenn das Kind im Brunnen liegt, zu vermeiden beziehungsweise abzustellen.

Eine zweite persönliche Erfahrung: Mit Ernährung kann man Unglaubliches bewirken. Im Jahr 2014 erhielt ich eine leichte Diabetesdiagnose. Ich informierte mich und war erschrocken, welch gravierende Folgen diese weit verbreitete Krankheit zeitigen kann. Der Arzt wollte mir Medikamente verschreiben. Ich lehnte das ab und versprach, das Problem mit Ernährung zu lösen. Ich änderte mein Essverhalten radikal. Ein halbes Jahr später waren alle Blutwerte nicht nur im grünen, sondern im optimalen Bereich. Ich stelle jedoch fest, dass viele eine solche Umstellung nicht schaffen. Der Engpass liegt dabei nur selten in fehlendem Wissen. Oft spielt das soziale Umfeld eine ungünstige Rolle, indem es sich gegenüber Ernährungsweisen, die von der Norm abweichen, intolerant zeigt. Ich trinke beispielsweise keinen Alkohol. Heute fällt es mir leicht, jedem Druck, »einen mitzutrinken«, Stand zu halten. Das gilt selbst in Russland oder China, wo die Weigerung, Alkohol zu trinken, auf wenig Verständnis stößt. Einen diesbezüglich entscheidenden Tipp verdanke ich Dr. Peter Zinkann, dem Seniorchef von Miele. Ich wusste, dass er keinen Alkohol trinkt, und fragte ihn, wie er damit in Russland zurechtkäme. Seine Antwort: »Sie dürfen das erste Glas nicht trinken.« Ein weiser Ratschlag, der tatsächlich funktioniert. Ironischerweise gab mir Dr. Zinkann diesen Tipp im berühmten »Russian Tea Room« neben der Carnegie Hall in New York.[2]

Ich bin zurückhaltend, Empfehlungen zur Ernährung zu geben. Ich habe zwar sehr viel über Ernährung gelesen, aber letztlich fehlt mir die fachliche Kompetenz. Erstaunt bin ich allerdings über die Diskrepanzen und Widersprüche in den Empfehlungen der Fachleute. Auch im Zeitablauf ändern sich Bewertungen in eklatanter Weise, man denke nur an die Beurteilung von Cholesterin. Ich selbst habe mich für eine bestimmte Ernährungsweise entschieden. Man muss sich entscheiden, kann aber nie sicher sein, ob es nicht noch bessere Methoden gibt. Zwei Erfahrungen prozeduraler Art möchte ich weitergeben. Wenn man sich für eine Diät entschieden hat, sollte man keine Ausnahmen machen und bei der Stange bleiben. Ich erlebe bei Bekannten, dass sie sich wochenlang diszipliniert verhalten und dann dem Kuchenangebot beim sonntäglichen Nachmittagskaffee nicht widerstehen können. Dahinter steckt nicht nur mangelnder Wille, sondern oft die Tatsache, dass viele Diäten eine Mangelsituation schaffen und eine regelrechte Gier nach bestimmten Speisen erzeugen. Ich glaube deshalb, dass eine Diät ausgewogen sein sollte, um solche Gierwirkungen zu vermeiden. Meine zweite Empfehlung ist, die Entstehung von Heißhunger zu vermeiden. Als Berater war ich ständig unterwegs, oft kam ich abends völlig ausgehungert nach Hause. In diesem Zustande schlingt man Unmengen von Kalorien in sich hinein. Heute achte ich konsequent darauf, zwischen den Hauptmahlzeiten einen kleinen Snack, der wiederum ausbalanciert sein sollte, einzunehmen und so die Entstehung von Heißhunger zu vermeiden.

Bodenständig bleiben

Wenn man in einem »mittelalterlich« anmutenden Bauerndorf seine Prägung erfahren und dann – um bei meiner Metapher zu bleiben – seinen Weg »durch Jahrhunderte« zurückgelegt hat, verändert sich der eigene Bezugsrahmen. Das lateinische Wort »tempora mutantur et nos mutamur in illis« (die Zeiten ändern sich und wir ändern uns mit ihnen) traf mich zumindest seit meinem 20. Lebensjahr frontal. Habe ich vergessen, wo ich herkomme? Behalte ich angesichts des radikalen Wandels den Bodenkontakt? Erfolg ist verführerisch. Eitelkeit ist eine menschliche Schwäche, gegen die niemand gefeit ist und die in Arroganz umschlagen kann.

Ich habe viele berühmte und sehr erfolgreiche Menschen getroffen. Von Bismarck stammt der Spruch »Charakter ist Talent minus Eitelkeit«. Erzählt hat ihn mir Johannes von Salmuth, der Vorsitzende des Gesellschafterausschusses der Gebr. Röchling KG, bei einem Vortrag des Nobelpreisträgers der Physik, Professor Peter Grünberg (Forschungszentrum Jülich), an der Wissenschaftlichen Hochschule für Unternehmensführung (WHU) in Vallendar bei Koblenz. Professor Grünberg (1939–2018) beeindruckte mich nicht nur durch den Inhalt seines Vortrags, sondern genauso durch seine unglaubliche Bescheidenheit – bekanntlich das Gegenteil von Eitelkeit. Mit großer Geduld erklärte er mir beim Abendessen, wie

Magnetismus funktioniert. Allerdings kann ich nicht behaupten, diese Erklärung verstanden zu haben. Ähnlich bescheiden erlebte ich Peter Drucker, Marvin Bower, Joseph Kardinal Höffner und viele andere große Persönlichkeiten.

Bismarck war ein schlauer Fuchs. Warum maß er der Eitelkeit eine Bedeutung zu, die sie auf die gleiche Ebene wie Talent stellt? Eine naheliegende Erklärung besteht darin, dass von Eitelkeit befallene Führungskräfte enorm viel Gehirnschmalz, Zeit und Energie auf Selbstdarstellung und Äußerlichkeiten verwenden. Die so eingesetzten Denkkapazitäten, Zeiten und Energien fehlen zwangsläufig für die Lösung von Sachproblemen und -fragen. Wenn diese Hypothese stimmt, dann sollten weniger eitle Menschen effektivere Manager sein. Eitelkeit und langfristiger Erfolg würden also negativ korrelieren. Nun ist es leider so, dass die wissenschaftliche Betriebswirtschaftslehre zu solchen im realen Leben bedeutsamen Fragen wenig hergibt. Harvard-Professor Ted Levitt hat einmal gesagt, die Bedeutung bestimmter Phänomene in der Realität sei umgekehrt proportional zur Beschäftigung der Wissenschaft mit diesen Phänomenen. Eitelkeit könnte durchaus in die Kategorie »sehr wichtig in der Realität«, aber »vernachlässigt von der Wissenschaft« fallen. Gleichwohl gibt es einige indikative Befunde – und diese zeigen in eine eindeutige Richtung.

So hat der amerikanische Managementforscher Jim Collins empirisch herausgefunden, dass Unternehmen langfristig umso erfolgreicher sind, je weniger die Chefs in der Öffentlichkeit auftreten und bekannt sind.[3] Collins unterscheidet plakativ zwischen »Showhorses«, also den Pferden, die in Shows erscheinen, und »Plowhorses«, den Pferden, die den Pflug ziehen. »Plowhorses« verwenden wenig Zeit und Energie auf Außendarstellung und können entsprechend konzentrierter ihren eigentlichen Aufgaben nachgehen, mit anderen Worten sich ums Geschäft kümmern. Ich denke, dass diese Unterscheidung auch Bismarck gefallen hätte. Meine eigenen Erfahrungen kann ich nur als Bestätigung dieser Hypothese sehen. Als junger Mann war ich von Auftritten großer, scheinbar charismatischer Unternehmer- und Managerpersönlichkeiten beeindruckt. Über die Jahrzehnte habe ich jedoch gelernt, dass diejenigen, die stärker im Stillen und Verborgenen wirken, wie beispielsweise die meisten Chefs der »Hidden Champions«, in der Regel die besseren Manager sind. Es gibt eine negative Korrelation zwischen Führungseffektivität und Eitelkeit, auch wenn sich diese nicht mit einfachen statistischen Kriterien belegen lässt. Man könnte die Bismarck-Gleichung ergänzen durch eine Formel, die Albert Einstein zugeschrieben wird. Diese Formel lautet: Erfolg = a + b + c, dabei stehen a für Intelligenz, b für Fleiß und c für »Mund halten«. Auch nicht schlecht – und in eine ähnliche Richtung wie Bismarck deutend.

Nun, wie verbinde ich Eitelkeit mit Bodenständigkeit? Dazu greife ich auf eine Laudatio zurück, die ich in Düsseldorf am 24. November 2011 anlässlich der Verleihung des »Best Human Brand Lifework Award« (Preis für die beste Markenpersönlichkeit in Bezug auf das Lebenswerk) an Mario Adorf gehalten habe. Mario Adorf zählt heute zu den bekanntesten und beliebtesten Schauspielern Deutschlands, er hat in mehr als 200 Film- und Fernsehrollen gespielt. Dabei hat er mit seiner Persönlichkeit stets den Rollen den Stempel aufgedrückt, und nicht umgekehrt. Er blieb immer Mario Adorf. In der Blechtrommel spielte er eine seiner frühen, großen Rollen: Anton Matzerath, den rheinischen Koch, der seine Gefühle im Kochen von Suppen ausdrückt. Der Regisseur Volker Schlöndorff schrieb mir dazu »Mario Adorf stand als erster auf dem Besetzungszettel. Von den ersten Probetagen an bestand großes Vertrauen, beinahe eine Art von Komplizität zwischen Mario und mir.« Mario Adorf stammt aus Mayen in der Eifel, nicht weit entfernt von meinem Heimatdorf. Wir konnten uns im Eifler Dialekt unterhalten. In unserem Vorgespräch beschrieb er sich selbst als »bodenständig und erdverbunden«. Eines seiner Motti sei »nie weiter spucken, als man kann«. So sind die Eifler, das kann ich bestätigen. Deshalb prägte ich in meiner Laudatio den Begriff »Eifelkeit«. Eifelkeit soll das Gegenteil von Eitelkeit bezeichnen und passt perfekt zu Mario Adorf. Bescheidenheit und Bodenständigkeit, das Gegenteil von Eitelkeit, sind Eigenschaften, die gute Führungskräfte auszeichnen.

Die einfache Bismarcksche Formel erweist sich für Beurteilungen von Mitarbeitern, Kollegen, Unternehmensführern oder auch Politikern als sehr wertvoll, darauf wies Johannes von Salmuth explizit hin. Ich habe die Formel selbst häufig ausprobiert und bin nicht selten zu erhellenden Einsichten gekommen. Dabei fiel mir auf, dass das Eitelkeitssyndrom nicht bei vielen, sondern eher bei wenigen auftritt, dort aber stark ausgeprägt ist und einen gewichtigen Beitrag zur Beurteilung liefert. Nicht zuletzt sollte man sich fragen, wie es denn bei einem selbst diesbezüglich aussieht. Doch diese unangenehme Frage erspare ich mir an dieser Stelle.

Keep it simple stupid: das KISS-Prinzip

Die Welt ist kompliziert. Aber man sollte sie nicht komplizierter machen, als sie ist. Darauf aber verstehen sich nicht wenige Zeitgenossen. Für mich ist enervierend, wenn Angelegenheiten, Prozesse, Dinge unnötig verkompliziert werden. Umgekehrt bin ich beeindruckt, wenn jemand etwas vereinfacht, ohne dass das Ergebnis darunter leidet. Das spart Zeit, Energie und überflüssige Diskussionen. Ein frappierendes Beispiel stammt aus Dänemark. In früheren Zeiten mussten die Kaufleute, die mit ihren Waren von Dänemark nach Schweden übersetzten, einen Zoll bezahlen, der sich nach dem Wert der Waren richtete. Die Bewertung unterschiedlichster Waren ist grundsätzlich schwierig, zudem gab es damals keine vereinheitlichten Dokumente, die entsprechende Informationen enthielten. Also dachte sich der dänische König das folgende Verfahren aus. Die Kaufleute durften den Wert ihrer Ware selbst bestimmen. Es gab allerdings eine Bedingung: Der König konnte die Ware zu dem angegebenen Wert kaufen. Genial! Weitere Kontrollen, ausgefuchste Bewertungsregeln und so weiter erwiesen sich als überflüssig. Es soll selten vorgekommen sein, dass der König die Ware tatsächlich kaufte. Könnte man heute Zölle oder Steuern, zum Beispiel Grundsteuern, nach diesem Verfahren festlegen? Ein interessanter Gedanke! Das Bewertungsproblem wäre jedenfalls gelöst. Oder nehmen wir das jedem Verbraucher bekannte Verfahren, bei dem man den Einkaufswagen in Supermärkten nur gegen einen Euro erhält. Diese extrem einfache Methode schafft perfekte Ordnung, ohne dass irgendjemand eingreifen müsste. Vor seiner Einführung beschäftigten große Märkte mehrere Mitarbeiter, welche die Karren einsammelten und ordentlich aufstellten. Die Abgeltungssteuer liefert ein weiteres Beispiel für starke Vereinfachung. Statt die entsprechenden Einkommensteuern bei Millionen von Steuerzahlern einzutreiben, schöpft man sie bei vergleichsweise wenigen Banken ab.

Den Alltag komplizieren allerlei triviale Entscheidungen. Was kauft man? Welche Krawatte zieht man an? Was wählt man aus der Speisekarte. Der Physiker Richard P. Feynman, der 1965 den Nobelpreis erhielt, weiß, wie man solche Probleme radikal vereinfacht. Er sagt: »Wenn man jung ist, erschwert man sich das Leben durch viele kleine Entscheidungen. Man grübelt und muss sich entscheiden. Dann kommt wieder etwas Neues ins Spiel. Viel einfacher ist es, sich ein für alle Mal zu entscheiden, egal was passiert. Das habe ich getan, als ich am Massachusetts Institute of Technology studierte. Es wurde mir lästig, jeden Mittag zu entscheiden, welches Dessert ich in der Mensa wählen sollte. Dann habe ich beschlossen, immer nur Schokoladeneis zu nehmen. Und ich musste mir nie mehr den Kopf zerbrechen. Ich hatte das Problem gelöst.«[4] Diesem Rat Feynman's habe ich mir zu eigen gemacht und habe stets versucht, meine Tätigkeiten möglichst einfach zu organisieren. Ich habe drei Büros (eines in der Firma, eines zu Hause in Bonn, eines in meinem Bauernhaus in der Eifel). Alle drei Büros sind einheitlich strukturiert. Ich brauche mich nicht umzustellen, wenn ich von einem zum anderen wechsle. Seit 40 Jahren, lange vor dem Internet, ordere ich bei meinen Lieferanten die gleichen Artikel. Das kostet jeweils nur einen Anruf und die Aussage »Dasselbe wie letztes Mal«. So einfach geht das. Diese Methode funktioniert allerdings nur, wenn man zum Beispiel bei Schuhen oder Hemden auf den letzten Modeschrei verzichtet. Ich kaufe in denselben Läden ein und vermeide so aufwändige Sucherei. Ich bevorzuge dieselben Hotels und Fluggesellschaften. So vermeide ich unnötige Entscheidungen und brauche mich zudem nur minimal umzustellen. Das alles mag nach Pedanterie und Langeweile klingen, aber es spart Nerven und Zeit. Einfachheit ist eines der effektivsten Mittel zur Kostenreduktion. So gelang es durch Vereinfachung, die Zahl der Teile in Produkten wie Druckern oder ABS-Systemen massiv zu reduzieren. Toyota ist mit der Vereinfachung von Produktionsprozessen und der damit einhergehenden Steigerung der Qualität zum Vorbild für die weltweite Autoindustrie geworden.[5] Einfache Prozesse brauchen weniger Zeit. Das vielbeachtete Thema »Reengineering« setzt im Kern auf Zeitersparnis durch Vereinfachung.[6] Das Internet hat in dieser Hinsicht enorme Fortschritte gebracht. Ein Musterbeispiel ist die One-Click-Bestellung bei Amazon. Man braucht sich nicht zu identifizieren, der eine Click löst die Bestellung und den Zahlungsvorgang aus. Sehr beeindruckt hat mich Andreas König, der CEO von Teamviewer, mit seinem sehr klaren Bekenntnis zur Einfachheit. Teamviewer ist ein deutscher Hidden Champion und Weltmarktführer für die globale Vernetzung von Personal Computern und ähnlichen Geräten. Die Teamviewer-Software ist weltweit auf 1,5 Milliarden Geräten installiert. Allerdings findet man nach wie vor sehr viele E-Commerce-Prozesse, die unnötig kompliziert und langwierig sind. Als Beispiel sei nur die Deutsche Bahn genannt. Die Bedeutung des Themas Einfachheit wird von vielen Internet-Anbietern völlig unterschätzt.

Eine Schlüsselrolle bei der Vereinfachung spielen die Mitarbeiter. Wie ich es von meinem Doktorvater Horst Albach gelernt habe, hielt ich meine Mitarbeiter stets an, möglichst selbst zu entscheiden. Das vereinfacht vieles, spart Rückfragen, Störungen und Verzögerungen. Es setzt allerdings voraus, dass die Mitarbeiter die notwendige Kompetenz besitzen und – meines Erachtens noch wichtiger – bereit sind, Verantwortung zu übernehmen. Ich wundere mich immer wieder, wie oft Führungskräfte von ihren Mitarbeitern angerufen werden oder selbst anrufen.

Zur Vereinfachung gehört, Dinge möglichst zeitnah zu erledigen. Wenn ich von einer Reise zurückkomme, erledige ich die

Reisekostenabrechnung bereits auf dem Rückweg. Lässt man solche Dinge einige Wochen liegen, so gibt es Erinnerungslücken, man muss Belege mühsam zusammensuchen und verplempert Zeit. Schnell heißt einfach, und einfach heißt schnell. Ich kann zusammenfassend nur sagen, dass ich mit meinem Hang zur Vereinfachung gut gefahren bin und deshalb das KISS-Prinzip mit Überzeugung empfehle.

Ambivalent führen

Führung bewegt sich immer zwischen den zwei Polen der Autorität des Führers und der Eigenverantwortung des Geführten. Betont der Führungsstil zu stark die Autorität des Führers, so spricht man von »autoritärer Führung«, Kommandowirtschaft oder Ähnlichem. Lässt der Führer den Geführten zu viel freien Lauf und gibt keine klaren Ziele vor, dann endet das Ganze in mangelnder Koordination und schlimmstenfalls im Chaos. Überbetont autoritäre Führung führt zu Demotivation, zu Dienst nach Vorschrift, zur inneren oder äußeren Kündigung durch die Mitarbeiter, denen dieser Führungsstil nicht behagt. Spitzenleistung lässt sich nur mit einem Führungsstil erreichen, der einerseits klare Zielausrichtung und Leistungseinforderung beinhaltet, andererseits aber eine anhaltend hohe Motivation sicherstellt. Wie erreicht man diese scheinbar widersprüchliche Kombination?

Die Antwort lautet, dass der Führungsstil ambivalent, nämlich sowohl autoritär als auch partizipativ sein sollte. Berthold Leibinger nannte seinen Führungsstil »aufgeklärte Patriarchie«. Von Dietmar Hopp, dem Mitgründer von SAP, sprachen die Mitarbeiter als »strengem, aber fürsorglichem Patriarchen«. Ein Hidden-Champion-Führer sagte mir, dass seine Führung sowohl gruppenorientiert als auch autoritär sei. Wenn es um die Prinzipien, die Werte, die Ziele des Unternehmens geht, dann wende er einen autoritären Führungsstil an, dann gebe es keine Diskussion und die Befehlslinien liefen eindeutig von oben nach unten. Ganz anders sehe es jedoch im Hinblick auf die Ausführung und die konkrete Arbeit aus. Hier gebe er den Ausführenden große Spielräume und Einflussmöglichkeiten.

Diese Art der ambivalenten Führung findet eine unerwartete Bestätigung in den Befunden des israelischen Militärhistorikers Martin van Creveld. In seinem Buch *Fighting Power* vergleicht er die deutsche und die amerikanische Armee im Zweiten Weltkrieg.[7] Als Jude, der Teile seiner Familie in nationalsozialistischen Konzentrationslagern verloren hat, liegt es Creveld fern, die Verbrechen des NS-Regimes in irgendeiner Weise zu beschönigen. Creveld kommt zu dem Schluss, dass die Kampfkraft der Deutschen diejenige der Amerikaner um 52 Prozent übertraf. Als wesentlichen Faktor für diese enorme Differenz sieht er die unterschiedlichen Führungssysteme. Das deutsche System, dass übrigens auf den Preußen Helmut von Moltke (1800–1891) zurückgeht, bezeichnet man als »Mission-oriented system« (Führung durch Auftrag), während die Amerikaner das sogenannte »Process-oriented system« anwenden. Bei Führung durch Auftrag gibt der Kommandeur dem Ausführenden nur den Auftrag beziehungsweise die »Mission« vor, lässt ihm aber weitgehende Freiheit in der Ausführung. Die Amerikaner analysieren hingegen die Situation vorab sehr gründlich und legen dann die konkreten Prozessschritte der Ausführung fest. Dieses System findet man bis heute in den meisten amerikanischen Firmen. Ein Beispiel ist die detaillierte Beschreibung der einzelnen Schritte und Handgriffe in Fast-Food-Ketten wie McDonald's. Ich selbst bin ein dezidierter Anhänger der »Führung durch Auftrag«, die dem Mitarbeiter größtmögliche Freiheit in der Ausführung lässt. Allerdings muss man ehrlicherweise sagen, dass dieses Führungssystem nur funktioniert, wenn die Mitarbeiter angemessen qualifiziert sind und mitdenken.

Ein weiterer Aspekt kommt hinzu: Wer kontrolliert? Nach Lenin gilt bekanntlich: »Vertrauen ist gut, Kontrolle ist besser.« Die Kontrolle kann von oben und/oder von der Gruppe kommen. Bei den Hidden Champions spielen die soziale Kontrolle durch die Gruppe und die Selbstkontrolle auf der Basis von Werten eine weit größere Rolle als in stärker anonymisierten Großunternehmen. Der Gründer des Hunderollleinen-Weltmarktführers Flexi, Manfred Bogdahn, setzt in der Fertigung beispielsweise voll auf Qualitätskontrolle durch die Kollegen. Diese Kontrolle sei Bestandteil des normalen Produktionsprozesses und laut Bogdahn wesentlich effektiver als jedes nachgeschaltete Kontrollsystem. Die Fehler würden nämlich bei der Entstehung und nicht erst am Ende entdeckt. Heinz Hankammer (1931–2016), der Gründer von Brita, des Weltmarktführers bei sogenannten Point-of-Use-Wasserfiltern erklärte mir, dass nicht er als Chef auf die Auswahl der Richtigen während der Probezeit achten müsse, sondern dass seine Mannschaft dies von sich aus tue. Die Mitarbeiter seien sich, ähnlich wie eine Fußballmannschaft, bewusst, dass sie das Unternehmen und sich selber schädigten, wenn sie leistungsunwillige oder -unfähige Kollegen im Team duldeten. Die Kontrolle durch die Gruppe ist ein unverzichtbarer Bestandteil effektiver Führung.

Die Ambivalenz der Führungsstile spiegelt sich in den Einstellungen der Mitarbeiter wider. Nicht selten besteht gegenüber dem obersten Führer eine gespaltene Haltung. So hört man einerseits Beschwerden über den autoritären Führungsstil, die Strenge oder die Unberechenbarkeit des Chefs. Andererseits drücken dieselben Mitarbeiter ihre Bewunderung für die Person an der Spitze aus und betonen, für kein anderes Unternehmen arbeiten zu wollen. Dieses Gespaltensein erinnert an die Einstellung von Schülern zu strengen, fordernden Lehrern. Die Schüler mögen diese Lehrer nicht besonders, aber gleichzeitig wissen sie, dass sie bei solchen Lehrern mehr lernen als bei denjenigen, die weniger fordern. Dazu sagt Ron Chernov, Biograf von George Washington: »Ein Führer sollte weder zu distanziert noch zu vertraut sein. Es ist nicht notwendig, dass die Mitarbeiter den Führer mögen oder gar lieben, aber sie müssen ihn respektieren.«[8] Effektiv führen heißt, genau diese beiden Elemente zu vereinen. Das ist die Polarität, die man bei guten Führern vorfindet.

Zeit rationieren

Die einzige Ressource, die wir nicht vermehren können, ist die Zeit. Verlorenes Geld kann man zurückgewinnen. Selbst verlorene Gesundheit kann aufgrund der Selbstheilungskräfte des Körpers wiederkommen. Doch verlorene, vergeudete Zeit ist unwiederbringlich dahin. Niemand hat Klügeres zu diesem Thema geschrieben als Seneca in »Von der Kürze des Lebens« (*De brevitate vitae*), indem er sagt: »Nicht das Leben, das wir empfangen, ist kurz, nein, wir machen es dazu; wir sind nicht zu kurz gekommen; wir sind vielmehr zu verschwenderisch. Das Leben ist lang, wenn man es recht zu brauchen weiß.«[9]

Der Umgang mit der eigenen Zeit bildet in der Tat eine der großen Herausforderungen. Schaue ich auf mein Leben zurück, so hatte die Zeit in meiner Kindheit und Jugend keine Bedeutung. Unser Leben auf dem Bauernhof wurde durch Tages- und Jahreslauf bestimmt. Zwar gab es während der Ernte Zeitdruck, aber insgesamt hatten wir eine Überfülle an Zeit. Ich selbst verwendete ungeheure Zeitmengen auf unproduktive Tätigkeiten. Vielleicht liegt darin eine Ursache, warum ich in meinen späteren Lebensphasen sehr viel bewusster mit meiner Zeit umging. Die Einstellung zur Zeit änderte sich bei mir, wie in Kapitel 4 beschrieben, mit dem Beginn des Studiums. Zeit wurde in meinem Leben ein bestimmender Faktor. Kommilitonen sagen mir noch heute, dass ich sehr bewusst und teilweise knauserig mit meiner Zeit umgegangen sei.

Dem bewussten Umgang mit der Zeit maß ich als Professor und noch stärker als CEO von Simon-Kucher & Partners kritische Bedeutung zu. Ich habe zwar nie einen festangestellten Vollzeitfahrer beschäftigt, da ich einen solchen nicht hätte auslasten können. Ich benutzte Teilzeitmitarbeiter als Fahrer. Wann immer möglich, ließ ich mich auf längeren Strecken fahren. Es erstaunt mich, wie viel Zeit hochkarätige Führungskräfte und Freiberufler verplempern, indem sie selbst fahren. Es gibt keine einfachere und kostengünstigere Methode, Zeit zu sparen, als sich fahren zu lassen, statt dies selbst zu tun. Man kann die Fahrzeit zum Arbeiten nutzen oder sich abends auf dem Nachhauseweg entspannen. Beides sind sinnvollere Zeitnutzungen, als selbst zu fahren. Sollte sich das autonome Fahren durchsetzen, so wird diese Form der Zeitersparnis nicht nur Topmanager und wohlhabenden Leuten, sondern jedermann zur Verfügung stehen. Das wäre die eigentliche Revolution am autonomen Fahren: Zeitersparnis, quasi eine Verlängerung des Lebens. Allerdings habe ich in einem Artikel in der *FAZ* selbst hinterfragt, ob es für diese Innovation Akzeptanzbarrieren gibt, die nicht in der Technologie, sondern in der Ethik liegen.[10]

Studenten und Mitarbeiter, die ein längeres Gespräch mit mir führen wollten, habe ich häufig auf Zug- oder Autofahrten mitgenommen. Die Betroffenen waren sehr dankbar, denn im normalen Betrieb hätten sie sich nicht zwei Stunden lang in Ruhe mit mir unterhalten können. Manchmal habe ich mich selbst zu solchen Gesprächsfahrten eingeladen. Ein Beispiel: Ein Minister, mit dem ich unbedingt eine Angelegenheit besprechen wollte, trat bei derselben Konferenz wie ich auf. Ich rief sein Büro an und fragte, ob er anschließend zurückfahre. Dies war der Fall. Er nahm mich mit, und wir hatten zwei Stunden Zeit, die Angelegenheit zu besprechen.

Als CEO erlebte ich, dass die Nachfrage nach meiner Zeit durch unsere Partner größer war als das verfügbare Angebot. Eine Möglichkeit, den Nachfrageüberhang zu bewältigen, wäre die Kontingentierung gewesen. Wie sollte ich jedoch entscheiden, wie wichtig eine Angelegenheit war und welches Zeitbudget sie verdiente? In solchen Fällen ziehe ich immer Marktlösungen vor – bei einem Preisberater sollte das nicht überraschen. Ich führte einen Verrechnungspreis für meine Zeit ein. Dieser interne Verrechnungspreis kam nur zur Geltung, wenn die Nachfrage nach Zeit von dem Partner ausging. Wenn ich selbst den Partner sprechen wollte, so wurden ihm die Zeitkosten selbstverständlich nicht angelastet. Mit diesem einfachen Mechanismus gelang es, das verfügbare Zeitkontingent und die Zeitnachfrage einigermaßen in Einklang zu bringen.

Doch der Umgang mit der Zeit bleibt ein ständiger Kampf. Mit meinem Rückzug aus dem aktiven Management bin ich vermehrten Zeitnachfragen von außen ausgesetzt. Die Leute meinen, ich hätte jetzt genügend Zeit, und sie bitten um meine Zeit. Und ich erlebe das, was Seneca so treffend beschrieben hat:»Ich wundere mich oft, wenn ich sehe, dass man andere bittet, uns ihre Zeit zu widmen, und dass die darum Ersuchten sich so überaus gefällig erweisen. Beide lassen sich bestimmen durch die Rücksicht auf das, was die Bitte um Zeit veranlasste, keiner von beiden durch die Rücksicht auf die Zeit selbst: Man bittet um sie, als wäre sie nichts; man gewährt sie, als wäre sie nichts. Mit dem allerkostbarsten Besitz geht man um wie mit einem Spielzeug. Die Täuschung kommt daher, dass die Zeit etwas Unkörperliches ist und nicht mit den Augen wahrgenommen wird; daher die geringe Achtung, in der sie steht, ja ihre völlige Wertlosigkeit. Die Zeit wird von niemandem recht geschätzt; man vergeudet sie, als ob sie nichts wert wäre.«[11] Dem habe ich nichts hinzuzufügen. Besser als Seneca kann man das Dilemma nicht ausdrücken.

Und noch eins: Bei meinen Recherchen stieß ich auf Notizen aus dem Jahre 1990. Dort hatte ich auf sieben Seiten sehr detailliert und sehr konkret festgehalten, wie ich meine Zeit besser managen sollte. Habe ich diese Maximen umgesetzt? Nur partiell und teilweise erst Jahre später. Zwischen der Einsicht und dem Tun liegt das Meer. Und das ist einem italienischen Sprichwort zufolge sehr weit.

Juristen meiden

Eine alte Bauernweisheit aus meiner Eifelheimat sagt:»Mit Pferden fährt man, mit Leuten redet man.« Als meine Eltern einmal einen Brief vom Gericht erhielten, in dem eine Zwangsvollstreckung angedroht wurde, brach bei ihnen eine kleine Panik aus. Vom Gericht wollten sie keine Post bekommen. Es stellte sich dann heraus, dass bei einem Landmaschinenhändler, bei dem auch wir Kunde waren, eine Verwechslung vorgekommen war. Ein anderer, namensähnlicher Kunde aus dem gleichen Postbezirk hatte seine Rechnung nicht bezahlt. Die Wogen gingen in der Familie auch hoch, als ich mit 15 Jahren und noch nicht im Besitz eines Führerscheins vom Dorfpolizisten beim Fahren mit dem Moped erwischt wurde. Zudem hatte ich einen anderen Jungen auf dem Beifahrersitz. Ich beging dann eine zweite Dummheit. Als der Polizist fragte: »Wer hat dir erlaubt, mit dem Moped zu fahren?«, antwortete ich: »Mein Vater«. In der Folge erhielten sowohl mein Vater als auch ich eine Anzeige. Mein Vater wurde vor das Amtsgericht, bei dem er selbst mehrere Jahre als Schöffe fungierte, zitiert und mit einer Geldbuße von 42 D-Mark (circa 21 Euro) bestraft, die unschönerweise sogar in sein polizeiliches Führungszeugnis eingetragen wurde. Ich selbst kam, als Minderjähriger, mit einer Ermahnung davon.

Eine erstaunliche Erkenntnis gewann ich während meines Aufenthaltes in Japan durch einen Vergleich mit Amerika. In Nordamerika gibt es pro Kopf zehn Mal so viele Rechtsanwälte wie in Japan. Offensichtlich wird der Verkehr zwischen Menschen in diesen beiden Gesellschaften auf sehr unterschiedliche Weisen geregelt. Ich bevorzuge die japanische Version.

Die beschriebenen harmlosen Erfahrungen reichten aus, mir den Appetit an Gerichten und Juristen dauerhaft zu verderben. Sowohl im Privaten wie im Geschäftlichen habe ich es, wenn immer möglich, vermieden, Rechtsanwälte zu beschäftigen oder den Gerichtsweg zu beschreiten. Es gab allerdings einige wenige Fälle, in denen sich das nicht vermeiden ließ.

In China wurde Simon-Kucher & Partners plagiiert. Im Jahre 2007 erfuhren wir per Zufall in einem Projekt bei BMW in München, dass »unser chinesisches Büro auch für BMW in China arbeite«. Nur hatten wir zu diesem Zeitpunkt kein Büro in China. Dort trat ein Berater unter unserem Namen und mit unserem Logo auf. Der Imitator kopierte ohne Bedenken unsere Homepage und auch sonstige Dokumente. Wir versuchten zunächst auf politischem Wege, zum Teil über hochrangige Kanäle, die unzulässige Imitation zu unterbinden, was aber nicht fruchtete. Dann beauftragten wir einen Privatdetektiv, der Sache nachzugehen. Er lieferte uns Fotos vom Türschild. Auf diesem waren nicht nur unser Name und

Logo, sondern zusätzlich die Namen der Städte, in denen wir Büros unterhielten, aufgeführt. Im November 2010 brachten wir den Fall vor ein Gericht in Peking. Nach erheblichen Mühen gelang es, dem Kopierer das Handwerk zu legen. Erst ab da durften wir unseren Firmennamen Simon-Kucher & Partners in China verwenden. Selbst in Deutschland musste ich in einem Fall einen Patentanwalt einschalten. Es ging dabei um den in Kapitel 8 beschriebenen Fall eines Plagiats meines Buches *Preismanagement*.

Als CEO von Simon-Kucher beschränkte ich den Einsatz von Anwälten auf das absolute Mindestmaß. Etwa um das Jahr 2000 glaubten wir, unsere Verträge juristisch besser absichern zu müssen, und engagierten einen freien Rechtsanwalt, der für eine monatliche Pauschale von 5 000 D-Mark (2 553 Euro) alle unsere juristischen Angelegenheiten erledigen sollte. Ab diesem Zeitpunkt wurde das Leben kompliziert. Nach einem Jahr kündigte ich den Vertrag mit dem Anwalt und kehrte zur bewährten »handwerklichen« Art zurück. Heute hat Simon-Kucher allerdings eine Größe und Komplexität erreicht, bei der man ohne Anwälte nicht ganz auskommt. Trotz unserer 1 200 Mitarbeiterinnen und Mitarbeiter beschäftigen wir gleichwohl keinen Hausjuristen. Allerdings ist man bei Immobilientransaktionen, Beurkundungen von GmbH-Verträgen und ähnlichen Vorgängen auf Notare, Anwälte und Steuerberater angewiesen. Und der in Kapitel 10 geschilderte Verhandlungsfall mit dem Energieversorger zeigt, dass der Einsatz von Juristen manchmal notwendig und lohnend sein kann.

Um Rechtsstreitigkeiten zu vermeiden, empfiehlt sich eine gewisse Prophylaxe. Diese besteht darin, Geschäfte mit Leuten, denen man nicht traut oder die mit juristischen Finessen agieren, möglichst zu unterlassen. In einem Fall verzichteten wir auf den Kauf eines Hauses, das uns als Objekt sehr gefiel, weil der Nachbar ein als schwierig geltender Jurist war. Auch bei Mitarbeitern ist diesbezüglich Vorsicht angezeigt. Streithammeln, Prozesshanseln, Ausnutzern von Rechtsspielräumen sollte man möglichst aus dem Weg gehen. In der Bauernwelt meiner Kindheit und Jugend galten das Wort und der Handschlag. Schriftliche Verträge waren äußerst selten. Dennoch kannten wir keine Prozesse und hatten niemals Kontakt mit Anwälten. Ich gebe zu, dass die damalige Welt weniger komplex war als die heutige. Gleichwohl bin ich überzeugt, mit meiner Einstellung der Vermeidung von Rechtsstreitigkeiten selbst in einem schwerer überschaubaren Umfeld gut zu fahren. Es dürfte nicht viele Menschen mit einem vergleichbaren Aktivitätsspektrum geben, die weniger Zeit und Geld für juristische Zwecke aufgewandt haben als ich. Von dieser Maxime lasse ich mich auch in Zukunft leiten und empfehle sie gerne meinen Kindern und jungen Menschen weiter.

Kleine Weisheiten

Im Laufe des Lebens begegnen uns zahlreiche gute Ratschläge. Viele davon beachten wir nicht oder vergessen sie, aber manche werden zu Gewohnheiten. Einige Beispiele will ich hier festhalten.

Mit meinem Wechsel ans Gymnasium in die Kreisstadt legte meine Mutter stets Wert darauf, dass ich etwas Geld dabeihatte. Man wusste ja nie, was passieren konnte. Diese Angewohnheit habe ich bis heute beibehalten. Ich verlasse das Haus nie ohne Geld, und wenn es mir doch einmal durch ein Versehen passiert, werde ich sehr nervös. Und manchmal hat mir das Bargeld aus der Patsche geholfen. So war ein Flug aus Bangladesh sieben Stunden verspätet, sodass ich meinen Anschlussflieger in Katmandu nach Seoul, der nur alle drei Tage ging, verpasst hätte. Ich ergatterte einen Sitz auf einem Flug nach Hongkong und wollte das zugehörige Ticket kaufen. Doch die Bangladeshis nahmen keine Kreditkarte an. Meine eiserne Bargeldreserve war in dieser Situation sprichwörtlich Gold wert. Gerade auf Reisen in problematische Länder sollte man immer genügend Cash in der Tasche haben. Und einer der führenden Experten, Princeton-Professor Markus Brunnermeier, stellt fest: »Auf absehbare Zeit wird vorwiegend Bargeld den Schutz der Privatsphäre sicherstellen.«[12] Dem habe ich nichts hinzuzufügen.

Ein weiterer Ratschlag, den ich bis heute beherzige, kam von unserer Biologielehrerin, Frau Monkenbusch aus Beckum/Westfalen. Sie riet uns, die Zahnpastamarke regelmäßig zu wechseln. Sie begründete das damit, dass die einzelnen Marken unterschiedliche Wirkstoffe enthalten. Durch den Wechsel bekämpfe man demnach diverse Zahnprobleme. Auch das ist mir zur Gewohnheit geworden. Ich kaufe nie dieselbe Zahnpasta, sondern beim nächsten Mal immer eine andere Marke.

Unsere strenge Deutschlehrerin, Frau Ewald, gab uns häufig unerbetene Diagnosen. So sagte sie mir:»Simon, du bist kräftig im Austeilen, aber empfindlich im Einstecken.«[13] Vermutlich hatte sie Recht. Daraus entstand mein Vorsatz, mir aus Kritik wenig zu machen. Das gelingt nicht immer. Aber ich denke, dass ich aufgrund dieses frühen Ratschlages recht gut mit Kritik, die mir im Leben nicht selten begegnete, fertig geworden bin. Später formulierte ich für mich daraus als Motto:»Ich entscheide selbst, wer mich ärgert oder beleidigt.« Auch das klappte manchmal nicht, aber insgesamt erwies sich diese Methode als sehr nützlich. Sie hält die Steuerung durch äußere Einflüsse in Schach. Und ich kenne viele Menschen, die in ihren Stimmungen extrem stark von anderen abhängig sind. Eine Bemerkung kann genügen, sie für Stunden in schlechte Laune zu versetzen. Diese Abhängigkeit sollte man tunlichst vermeiden.

Sanitätsfeldwebel Müller erzählte uns in der Grundausbildung, dass er häufig Soldaten mit einer Kopfverletzung behandle. Er wüsste dann schon genau, was passiert sei: Sie hätten sich den Kopf beim Aufstehen an der offenstehenden Spindtür gestoßen. An diesen Ratschlag denke ich jedes Mal, wenn in der Küche eine höher gelegene Schranktür offensteht. Noch nie habe ich mir den Kopf beim Aufrichten gestoßen. Interessant ist allerdings die Frage, warum die Bundeswehr die Spindtür nicht anders anbringen ließ, denn Feldwebel Müller war sicher nicht der Einzige, der ständig mit diesem Problem zu tun hatte.

Von Professor Horst Albach, meinem akademischen Lehrer, habe ich neben vielen fachlich-wissenschaftlichen Inhalten gelernt, die hohe Effizienz des Diktiergerätes zu erkennen und zu nutzen.

Das Diktiergerät ist eines meiner wichtigsten Werkzeuge geworden. Allerdings bedarf es bei seiner Nutzung einer gewissen Disziplin und Konzentration. Am liebsten diktiere ich, wenn ich am Rhein spazieren gehe – so auch große Teile dieses Buches. Meine Fähigkeiten reichen gleichwohl nicht aus, wissenschaftliche Bücher oder anspruchsvolle Artikel zu diktieren. Hier bewältige ich den Transfer vom Kopf aufs Papier nach wie vor nur über die Finger auf schreibende Weise.

Mit zunehmendem Alter erkannte ich, dass in Sprichwörtern und volkstümlichen Ratschlägen viele wertvolle Weisheiten stecken. Über Jahrzehnte habe ich derartige Aussagen gesammelt, insbesondere zu Management- und Führungsthemen. Bei nur wenigen meiner Bücher hatte ich mehr Spaß als bei der Herausgabe der Sammlung *Geistreiches für Manager*, deren zweite Auflage 2009 erschienen ist.[14]

Leider klafft aber eine Lücke zwischen der theoretischen Kenntnis und der tatsächlichen Anwendung solcher Weisheiten. Oft erinnert man sich erst, wenn etwas schiefgegangen ist, dass man einen Ratschlag nicht beachtet hat. Oder, um es mit dem Philosophen George Santayana (1863–1952) zu sagen: Wer nicht aus der Geschichte lernt, muss sie wiederholen.

EPILOG

Kommen wir zum Schluss noch einmal zurück auf die zwei Welten meines Lebens, das Eifeldorf und Globalia, die globalisierte Welt. Der Mensch erfährt seine wesentliche Prägung in zwei Phasen, zum einen in den ersten sechs Lebensjahren und zum anderen während der Pubertät.[1] Die in diesen Phasen eingravierten Persönlichkeitsmerkmale bleiben unauslöschlich und bestimmen das weitere Leben. Das Eifelkind in mir entstand in der ersten Prägephase. Meine Kindheit ist mit positiven Erinnerungen gesegnet. Doch mit der Pubertät wurde die kleine Eifelwelt zu eng. Die frühen Reisen nach Italien und Marokko weckten in mir die Sehnsucht nach der zweiten, der weiten Welt. Über Jahrzehnte verstärkte sich dieses Streben, und so wurde ich zum Global Player. Zeitweise ging damit eine gewisse Entfremdung von der ersten Welt einher. So notierte ich 1996: »Zwischen ›Damals‹ und ›Heute‹ klafft eine merkwürdige Schlucht, deren Überbrückung zunehmend weniger gelingt. Die vorübergehende Rückkehr ins ›Damals‹ endet eher mit Frustration als mit Zufriedenheit.« Ich suchte meine Kindheit und fand sie nicht wieder. Mein Weg führte mich an den Ort, aber nicht in die Zeit der Kindheit zurück. Die Vergangenheit existiert eben nur in der Erinnerung. Mit meinem Eintritt ins achte Lebensjahrzehnt fängt mich die erste Welt wieder stärker ein, ohne dass ich die Verbindung zur zweiten kappe. So lange es geht, will ich in beiden Welten zu Hause sein. Denn beide gehören zum Leben – zu meinem Leben. Dafür bin ich dankbar.

ANMERKUNGEN

1. Wurzeln

1 Frankfurter Allgemeine Zeitung, 7. August 2017, S. 4.

2 Michael Wolffsohn, Deutschjüdische Glückskinder. Eine Weltgeschichte meiner Familie, München: dtv 2017.

3 Sebastian Kleinschmidt, Zeuge der Dunkelheit, Bote des Lichts, Frankfurter Allgemeine Zeitung, 11. Februar 2017, S. 18.

4 Im Jahre 2016 sind bei Badeunfällen in Deutschland 537 Menschen ertrunken. Diese Zahl erscheint hoch im Verhältnis zur Zahl der Menschen, die 2016 in Deutschland bei Verkehrsunfällen starben. Diese Zahl erreichte mit 3 214 Menschen ein historisches Tief. Vgl. Frankfurter Allgemeine Zeitung, 17. März 2017, S. 6.

5 Robert Thurman, The Tibetan Book of the Dead: The Great Book of Natural Liberation Through Understanding in the Between, New York: Bantam Books 1993.

6 Palle Yourgau, A World without Time: The Forgotten Legacy of Gödel and Einstein, New York: Basic Books 2005, S. 115.

7 Ralph Waldo Emerson, Vertraue dir selbst! Ein Aufruf zur Selbständigkeit des Menschen, Berlin: Contumax 2017 (Erstveröffentlichung 1841).

8 Vgl. Die 72. Infanterie-Division 1939–1945, Eggolsheim: Dörfler Verlag 2004.

9 Frankfurter Allgemeine Zeitung, 9. März 2017, S. 40.

10 Wall Street Journal, 17. Juni 2016.

11 Vgl. Wlodzimierz Borodzie, Der Warschauer Aufstand 1944, Frankfurt/M.: S. Fischer 2004.

12 Von 1920 bis 1935 war das Saargebiet dem Völkerbund (Genf) unterstellt und wurde von einer internationalen Kommission verwaltet.

13 Bessarabien liegt größtenteils im heutigen Staat Moldavien.

14 Bruno Latour, »Das grüne Leuchten«, Frankfurter Allgemeine Zeitung, 7. Oktober 2017, Frankreich Spezial, S. L7.

15 Vgl. Gregor Brand, »Die ›Eifelsachsen‹ – Zur Herkunft der Südwesteifler«, in: Kreisverwaltung (Hg.), Jahrbuch 1990 des Kreises Bernkastel-Wittlich, Wittlich 1990, S. 313–320, sowie Walter Schmalen, Untersuchungen über das Stockgüterrecht der Südwesteifel und des Luxemburger Raumes, Dissertation Universität Bonn 1991.

16 Frankfurter Allgemeine Zeitung, 22. April 2017, S. 12.

17 Hermann Simon, Kinder der Eifel – erfolgreich in der Welt, Daun: Verlag der Eifelzeitung 2008. Die Serie wird in der *Eifelzeitung* sporadisch fortgesetzt. Bis 2018 sind rund 140 Porträts erschienen. Eine zweite Serie »Kinder der Eifel – aus anderer Zeit« umfasst per 2018 rund 400 Porträts, die auch in Buchform veröffentlicht wurden. Gregor Brand (Autor), Hermann Simon (Herausgeber), Kinder der Eifel – aus anderer Zeit, Daun: Verlag der Eifelzeitung 2013 (Band 1), Books on Demand 2018 (Band 2).

2. Die Welt, in der ich aufwuchs

1 Johannes Nosbüsch, Als ich bei meinen Kühen wacht'… Geschichte einer Kindheit und Jugend in den dreißiger und vierziger Jahren, Landau/Pfalz: Pfälzische Verlagsanstalt 1993, S. 15.

2 Im Dialekt meines Heimatdorfes »dä Heer«.

3 Matthias Joseph Mehs, Tagebücher: November 1929 bis September 1946, hg. von Günter Wein und Franziska Wein, Trier: Kliomedia-Verlag 2011. Aus diesen umfangreichen Tagebüchern (1305 Seiten) erfährt man die konkrete Umsetzung der Nazi-Ideologie auf der lokalen Ebene.

4 Markus Fasse, Hart wie Krupp-Stahl, Handelsblatt, 11. Juli 2009, S. 9.

5 Ebd.

6 Die höhere Bildungsarbeit nicht lähmen, Oberstudiendirektor Quast sprach in Wittlich zu den Notständen an den Gymnasien, Trierische Landeszeitung, 29. Oktober 1966, S. 5.

3. Jahre des Donners

1 Vgl. Peter Ochs, Wir vom Jahrgang 1947, Gudensberg: Wartberg-Verlag 2016, S. 5.

2 Freie Übersetzung ins Deutsche: »Im Raum so weit / Kennt niemand ihre Grenzen / Unsere Riesenvögel werden Mücken / Mit wachsenden Distanzen. / Wir messen den Flug / In Meilen, Tempo, Menschen / Jedoch vor allem Menschen«.

3 Erhard Gödert und Andris Freutel aus Wittlich, Bruno Barzen aus Flussbach, Peter Bayer aus Greimerath, Mike Koske aus Ulmen, Frank Bischof aus Ker-

pen/Eifel, Kurt Leyendecker aus Deudesfeld, Reiner Heck aus Hillesheim, Guido Dedisch aus Bitburg, Alexander Matzner aus Kaisersesch, Axel Pütz aus Thür, Albert Weber aus Nachtsheim und Olli Kootz aus Kehrig wurden Kampfpiloten beziehungsweise fliegende Waffensystemoffiziere. Andris Freutel wurde Brigadegeneral. Peter Becker aus Binsfeld und Jürgen Bücker aus Großlittgen flogen Transportflugzeuge.

4 Vgl. Portrait »Erhard Gödert aus Wittlich – Starfighter-Pilot und Manager«, in: Hermann Simon (Hg.), Kinder der Eifel – erfolgreich in der Welt, Daun: Verlag der Eifelzeitung 2008, S. 67.

5 Vgl. Portrait »Jürgen Bücker aus Großlittgen – Globaler Milchmann«, Eifelzeitung, 9. KW, 2009, S. 7.

6 Eigentlich kann sie so nicht weiter führen. Ein Gespräch mit Generalmajor a. D. Christian Trull über die Bundeswehr und über das Wesen des Soldaten, Frankfurter Allgemeine Zeitung, 27. Juni 2017, S. 9.

7 Hermann Simon, Was ist Strategie, in: ders. (Hg.), Strategie im Wettbewerb, Frankfurt/M.: Frankfurter Allgemeine Buch 2003, S. 22–23.

8 Alfred Chandler, Strategy and Structure: Chapters in the History of the American Industrial Enterprise, Cambridge, MA: MIT Press 1969, S. 13, Originalzitat: »Strategy is the determination of the basic long-term goals and objectives of an enterprise, and the adoption of courses of action and the allocation of resources for carrying out those goals« (Übersetzung durch Verfasser).

9 Der Unfall ereignete sich am 6. März 1968, der Bericht im Stern »Giftgas vom Leutnant« erschien nach dem Tod Norbert Theisens am 17. März 1968, S. 240–241.

10 Das Jagdbombergeschwader 33 wurde am 1. Oktober 2013 in Taktisches Luftwaffengeschwader 33 umbenannt.

11 Vgl. Hannsdieter Loy, Jahre des Donners – Mein Leben mit dem Starfighter. Ein Zeitzeugenroman, Rosenheim: Rosenheimer Verlagshaus 2012: »Die dem Starfighter zugedachte Rolle war die eines Atombombers. Das klingt gewaltig, und das war es auch. Fünf Jagdbombergeschwader hatten diese ›Strike‹-Rolle. Zwei Staffeln mit jeweils 18 F-104G, deren Piloten darauf trainiert waren, bei jedem Wetter Nuklearwaffen auf feindliche Gebiete abzuwerfen, etwa Truppenansammlungen oder Flugplätze, Bahnhöfe, Staumauern, Raffinerien. Die Bomben befanden sich unter der Kontrolle der Amerikaner. Die Bundeswehr konnte also nicht frei darüber verfügen.

Jeder dieser niedlichen Sprengkörper wog 900 Kilogramm, eine knappe Tonne. Jede einzelne Bombe besaß das eineinhalbfache Zerstörungspotenzial der Hiroshima-Bombe. Jede entstammte einem am jeweiligen deutschen Fliegerhorst stationierten Arsenal der US Army. Bei allen fünf Jagdbombergeschwadern (Memmingen, Lechfeld, Büchel, Nörvenich, Hopsten) standen an 365 Tagen 24 Stunden lang je sechs Starfighter vollgetankt und vorgewärmt in den Shelters bereit, um innerhalb von 15 Minuten von der Piste abzuheben, die todbringende Last zum Feind zu tragen und ›mit dieser atomaren Ausrüstung die feindliche Luftwaffe am Boden zu zerstören‹, wie General Panitzki formulierte. Das übergeordnete NATO-Hauptquartier musste dazu den Einsatzbefehl erteilen. In diesem Fall würden vier speziell beauftragte US-Offiziere, jeder mit einem Spezialschlüssel, zu ihrem mit Stacheldraht gesicherten Gittertor nahe der Rollbahn eilen, dieses in einer bestimmten Reihenfolge aufschließen und die Atombombe unter dem deutschen Starfighter scharf machen. ›Quick Reaction Alert‹ (QRA) hieß das. Zwei Ziele für den Bombenabwurf musste jeder alarmbereite Starfighterpilot im Kopf haben. Im sogenannten Cosmic-Raum (›Cosmic Top Secret‹, die höchste Geheimhaltungsstufe der NATO) hatte er sie vorher in vielstündigen Sitzungen auswendig gelernt, auch den Weg, auf dem man ans Ziel kam: die Abflugroute vom Flugplatz, die Anflugroute zum Ziel mit allen Teilstrecken und Wendepunkten, das Abwurfmanöver und die Rückkehr zur Basis in diversen Etappen. Außerdem hatte er sich Flughöhen, Kurse, Kursänderungen, Zeiten für die einzelnen Flugstrecken, das Geländebild der gesamten Route, höchst geheime Luft- oder Satellitenbilder von markanten Punkten und, wenn möglich, auch vom Ziel eingeprägt. Verantwortlich für die Routenplanung und alle weiteren Details war der Flugzeugführer selbst. Das gesamte Material war in einer fünf Zentimeter dicken roten Geheimakte verpackt, die ausschließlich für einen Einzigen bestimmt war. Nur jeweils ein einzelner Pilot durfte den Cosmic-Raum betreten. Damit war ausgeschlossen, dass man in die Geheimunterlagen eines Kameraden Einsicht nahm. Erst unmittelbar vor dem Start sollte dem Kampfpiloten sein endgültiges Ziel mitgeteilt werden.« (S. 111 ff.)

12 Die Luftwaffensicherungsstaffel S Büchel ist die personell stärkste Staffel der Luftwaffe mit besonderem Aufgabenbereich. Sie hat den Auftrag, die Sicherheit der Sonderwaffen zu gewährleisten. Die ständige Präsenz einer hohen Zahl von Sicherungs- und Bereitschaftssoldaten rund um die Uhr – sowohl werktags als auch an Sonn- und Feiertagen – ist bestimmend für den Arbeitsablauf der Staffel. Die Soldaten absolvieren eine Vollausbildung zum Soldaten der Luftwaffensicherungstruppe sowie eine Spezialausbildung zur Bewachung der Sonderwaffen. Gemeinsam mit amerikanischen Soldaten einer Spezialwach- und Unterstützungseinheit, die die US-Interessen vertritt, versehen die Soldaten der Luftwaffensicherungsstaffel S Büchel ihren täglichen Dienst (Quelle: http://www.sondereinheiten.de/forum/viewtopic.php?t=4199).

13 Schreiben der Wehrbereichsverwaltung IV, Az 39–90 G 72/68 vom 4. Dezember 1968.

14 Vgl. Rainer Pommerin, Aus Kammhubers Wundertüte. Die Beschaffung der F-104 Starfighter für die Luftwaffe der Bundeswehr, Frankfurter Allgemeine Zeitung, 15. November 2016, S. 8. Der Autor spricht von den »während der Alarmbereitschaft im Cockpit ihres mit nuklearen Bomben beladenen Flugzeuges sitzenden deutschen Piloten.«

15 Vgl. https://www.welt.de/print-welt/article215588/Atomraketen-auf-Bremen-Die-A ngriffsplaene-gegen-Deutschland-waehrend-des-Kalten-Krieges.html (aufgerufen am 20. März 2017).

16 Am 11. November 2016 schrieb mir Professor Jörg Link, Universität Kassel: »Zu der von Ihnen beschriebenen ›Schnellalarmzone‹ im Kalten Krieg mit startklaren Starfightern: Genau die gleiche Szene beschreibe ich in meinem Buch für die Gegenseite. Am 8./9. November 1983 sitzen sowjetische Kampfpiloten startbereit mit laufenden Triebwerken in ihren Düsenflugzeugen, die soeben mit Atombomben beladen worden sind. Sie warten auf den Startbefehl in Richtung auf Ziele in Westdeutschland, die sie in wenigen Minuten erreichen können. Hintergrund waren sowjetische Fehlinterpretationen des NATO-Manövers ›Arble Archer‹.« Vgl. Jörg Link, Schreckmomente der Menschheit. Wie der Zufall Geschichte schreibt, Marburg: Tectum Verlag 2015, S. 32.

17 Die Starfighter wurden nach und nach durch Tornados ersetzt und am 22. Mai 1991 endgültig ausgemustert.

18 Vgl. http://www.spiegel.de/einestages/50-jahre-starfighter-kauf-a-948207.html (aufgerufen am 20. März 2017).

19 Ein weiterer Starfighter des JaboG 33 stürzte in Neuhütten im Hunsrück in der Nähe des Elternhauses meiner Frau Cäcilia Simon, geb. Sossong, ab.

20 Vgl. Hannsdieter Loy, Jahre des Donners. Mein Leben mit dem Starfighter, Rosenheim: Rosenheimer Verlagshaus 2014; sowie Claas Siano, Die Luftwaffe und der Starfighter. Rüstung im Spannungsfeld von Politik, Wirtschaft und Militär, Berlin: Carola Hartmann Miles Verlag 2016.

21 Wegen einer nicht ausgeheilten Sportverletzung blieb ich noch drei weitere Monate bis zu meinem Studienbeginn im April 1969 auf der Payroll der Bundeswehr. Am 11. November 1969 wurde ich in Bonn zum Leutnant der Reserve befördert.

4. Vom Ernst des Lebens

1 Krelle hat im Stab von Generalfeldmarschall Erwin Rommel gedient. Er saß auch im Aufsichtsrat von Krupp. Diese Umstände boten den Linken eine Angriffsfläche. Krelle hatte in Freiburg bei Walter Eucken promoviert. Von dort kannte er auch meinen Onkel Dr. Franz Nilles.

2 Achim Bachem, Hermann Simon, A Product Positioning Model with Costs and Prices, European Journal of Operational Research 7 (1981), 362–370.

3 Horst Albach, Hermann Simon (Hg.), Investitionstheorie und Investitionspolitik privater und öffentlicher Unternehmen, Wiesbaden: Gabler 1976.

4 Erich Gutenberg, Grundlagen der Betriebswirtschaftslehre, Band 1: Die Produktion, Berlin/Heidelberg: Springer-Verlag 1951, 1983 (24. Auflage).

5 Erich Gutenberg, Grundlagen der Betriebswirtschaftslehre, Band 2: Der Absatz, Berlin/Heidelberg: Springer-Verlag 1955, 1984 (17. Auflage).

6 Erich Gutenberg, Grundlagen der Betriebswirtschaftslehre, Band 3: Die Finanzen, Berlin/Heidelberg: Springer-Verlag 1969, 1980 (8. Auflage).

7 Hermann Simon, Preisstrategien für neue Produkte, Dissertation, Opladen: Westdeutscher Verlag 1976.

8 Hermann Simon, Goodwill und Marketingstrategie, Wiesbaden: Gabler 1985.

5. Zaungast der Politik

1 Schwäbische Donau-Zeitung, 17. November 1967, S. 9.

2 NPD Geblähte Segel, Der Spiegel, 27. November 1967, S. 69.

3 Ebd., S. 70.

4 Es handelt sich um das Schloss »Haus Bergfeld«, das später von dem IT-Unternehmer Thomas Simon (nicht verwandt) gekauft wurde. In dem Dorf Eisenschmitt spielt der sozialkritische Roman *Das Weiberdorf* von Clara Viebig.

5 Als Wehrmachtsausstellung werden zwei Wanderausstellungen des Hamburger Instituts für Sozialforschung bezeichnet, die von 1995 bis 1999 und von 2001 bis 2004 zu sehen waren. Die erste hatte den Titel »Vernichtungskrieg. Verbrechen der Wehrmacht 1941 bis 1944«, die zweite »Verbrechen der Wehrmacht. Dimensionen des Vernichtungskrieges 1941–1944«. Durch sie wurden Verbrechen der Wehrmacht in der Zeit des Nationalsozialismus, vor allem im Krieg gegen die Sowjetunion, einer breiten Öffentlichkeit bekannt gemacht und kontrovers diskutiert. Nach der Kritik an der ersten Ausstellung setzte die zweite andere Akzente, bekräftigte aber die Grundaussage von der Beteiligung der Wehrmacht am Vernichtungskrieg des NS-Regimes gegen die Sowjetunion, am Holocaust sowie am Völkermord an den Roma, dem sogenannten Porajmos. Quelle: https://de.wikipedia.org/wiki/Wehrmachtsausstellung.

6 WiWi, Mitteilungsblatt der Fachschaftsvertretung der Fakultät für Wirtschaftswissenschaften, Universität Bielefeld, Dezember 1981, S. 13.

7 Die Strategie des Fachschaftsvorstandes: Lüge und Privatabsprache, Flugblatt der Basisgruppe Volkswirtschaft, Universität Bonn, Juli 1971.

8 Neue Fachschaft! Neue Fachschaft!, Flugblatt einer Aktionsgruppe zur Ablösung der von Simon geleiteten Fachschaft, Universität Bonn, November 1971.

9 Deutsche Übersetzung: »Dieser jährliche Preis, der von der Baronin Zerilli-Marimo gestiftet wurde, wird verliehen für ein Werk, das den Nutzen einer liberalen Wirtschaft für den Fortschritt der Gesellschaft und die Zukunft des Menschen deutlich macht«, Paris, 18. November 2013.

10 Hermann Simon, Die Zukunft von Bonn, General-Anzeiger Bonn, 11. Mai 2015, S. 8–9.

6. Hinaus in die Welt

1 Julia Shaw, Das trügerische Gedächtnis. Wie unser Gehirn Erinnerungen fälscht, München: Hanser 2016, S. 69.

2 John D. C. Little, A Proof for the Queuing Formula: $L = \lambda W$, Operations Research. 9 (3)/1961, S. 383–387. Die langfristige Durchschnittszahl von Kunden in einem stabilen System L ist gleich der langfristigen durchschnittlichen effektiven Ankunftsrate, λ, multipliziert mit der durchschnittlichen Zeit, die ein Kunde in dem System verbringt, W, oder als algebraische Formel ausgedrückt: $L = \lambda W$.

3 John D. C. Little, Entscheidungsunterstützung für Marketingmanager, Zeitschrift für Betriebswirtschaft, 49. Jg., Heft 11/1979, S. 982–1007.

4 Hermann Simon, An Analytical Investigation of Kotler's Competitive Simulation Model, Management Science 24 (October 1978), 1462–1473.

5 Frank M. Bass, Comments on »A New Product Growth Model for Consumer Durables The Bass Model«, Management Science 50 (12_supplement)/2004, S. 1833–1840.

6 Hermann Simon, Karl-Heinz Sebastian, Diffusion und Advertising: The German Telephone Campaign, Management Science 33 (April 1987), S. 451–466.

7 Heute befindet sich die Deutsche Schule in Yokohama.

8 John Nilles, They went out to sow…, Bericht über die frühen Jahre der Steyler Mission im Hochland von Papua Neuguinea, Catholic Mission Mingende, 1984.

9 Verena Thomas, Papa der Chimbu (Papa Bilong Chimbu), Dokumentarfilm, 54 Minuten, 2008. Der Film wurde auch im deutschen Fernsehen gezeigt und erhielt zahlreiche internationale Preise.

10 Originalzitat:»I was privileged to observe the culture and the customs of the Chimbu people before any influence from outside. I have given the best part of my life to the Chimbu, and I'm still very attached to these people, who have given me the name ›Papa of the Chimbu‹. My life has been long, and I think fruitful. I am very grateful to God for my religious, priestly and missionary vocation, and to the people of Papua New Guinea.« Kate Rayner, Papa Bilong Chimbu – A Study Guide, Pädagogisches Begleitmaterial zu dem gleichnamigen Film von Verena Thomas, S. 2 (übersetzt vom Verfasser).

11 Originalzitat:»You took him to your home and we don't know whether you killed a pig. We are disappointed. We don't know if you gave him a proper burial and party. We don't know. We only cried.« Ebd., S. 7 (übersetzt vom Verfasser).

12 Der Super-Bowl ist das Finale der amerikanischen National Football League und erreicht in den USA regelmäßig die höchsten Einschaltquoten des Jahres.

13 Dirck Burckhardt, Das Genie der Masse, Frankfurter Allgemeine Zeitung, 12. Juni 2017, S. 13.

14 Shmuel S. Oren, Stephen A. Smith, Robert B. Wilson, Nonlinear Pricing in Markets with Interdependent Demand, Marketing Science 1(3)/1982, S. 287–313.

15 Georg Tacke, Nichtlineare Preisbildung. Theorie, Messung und Anwendung, Wiesbaden: Gabler 1989.

16 Duff McDonald, The Golden Passport: Harvard Business School, the Limits of Capitalism, and the Moral Failure of the MBA Elite, New York: Harper Business 2017: »It is the foundation of their pedagogical approach. It is the object of their financial devotion, having consumed more research funds than all the rest of the school's efforts combined. The ability to write and teach cases effectively is the primary measure of faculty performance. It is also the primary means by which the School has spread the gospel of its thinking about business. Harvard swears by the case method«, Position 1326 in Kindle-Version (übersetzt vom Verfasser).

17 Ebd., Position 5418 in Kindle-Version.

18 Originalzitat: »HBS had always been the dominant force in graduate business education at home. It dominated international business education as well.« Ebd., Position 4603 in Kindle-Version.

19 C. K. Prahalad, The Fortune at the Bottom of the Pyramid, Philadelphia: Wharton School Publishing, 2004.

20 Vijay Mahajan, Afrika kommt, Rosenheim: Börsenverlag 2009.

21 Robert Locke, »Postwar Management Education Reconsidered«, in: Lars Engwall and Vera Zamagni, Management Education in Historical Perspective, Manchester: Manchester University Press 1999, S. 149.

22 Vgl. Ben Wattenberg, Malthus, Watch Out, Wall Street Journal, 12. Februar 1998.

23 Michael Porter, Competitive Strategy, New York: Free Press 1980; dt. Wettbewerbsstrategie. Methoden zur Analyse von Branchen und Konkurrenten, Frankfurt/New York: Campus 1983, 2013 (12. Auflage).

24 Michael Porter, Competitive Advantage, New York: Free Press 1985; dt. Wettbewerbsvorteile. Spitzenleistungen erreichen und behaupten, Frankfurt/New York: Campus 1992, 2014 (8. Auflage).

25 Michael Porter, The Competitive Advantage of Nations, New York: Free Press 1990.

26 Die hier wiedergegebenen Werte für den h-Index wurden am 14. Mai 2018 aufgerufen, https://scholar.google.de/citations?user=XJOBBI4AAAAJ&hl=de.

27 Vgl. James P. Womack, Daniel T. Jones, Daniel Roos, The Machine That Changed the World: The Story of Lean Production, New York: Free Press 1990; dt. Die zweite Revolution in der Autoindustrie, Frankfurt/New York: Campus 1994.

28 Vgl. Alfred Chandler, Strategy and Structure: Chapters in the History of the American Industrial Enterprise, Cambridge, MA: MIT Press 1969.

29 Hermann Simon, Robert Dolan, Power Pricing: How Managing Price Transforms the Bottom Line, New York: Free Press 1997.

30 Hermann Simon, Preisheiten. Alles, was Sie über Preise wissen müssen, Frankfurt/New York: Campus 2013, 2015 (2. Auflage).

31 Hermann Simon, Confessions of the Pricing Man: How Price Affects Everything, New York: Springer 2015.

32 Bekannt wurde Buzzell als Hauptautor des Buches: Robert D. Buzzell, Bradley T. Gale, The PIMS Principles: Linking Strategy to Performance, New York: Free Press 1987.

33 Derek Bok war von 1971 bis 1991 Präsident der Harvard University. Er übernahm dieses Amt mit 41 Jahren, als jüngster Präsident in der Geschichte der Harvard University, die 1634 gegründet wurde.

34 Thomas J. Peters, Robert H. Waterman, Jr., In Search of Excellence: Lessons from America's Best-Run Companies, New York: Harper & Row 1982.

35 Ken-Ichi Ohmae, Macht der Triade: Die neue Form des weltweiten Wettbewerbs, Wiesbaden: Gabler 1985, dt. Übersetzung von Klaus Hilleke und Georg Tacke.

36 Frankfurter Allgemeine Magazin, 23. April 1993, S. 7.

7. Universität und Wasserschloss

1 Vgl. https://www.timeshighereducation.com/world-university-rankings 2018.

2 Weitere Mitglieder, die von der Universität Bonn in die Bielefelder Fakultätskommission entsandt wurden, waren die Professoren Horst Albach, Wilhelm Krelle und Carl-Christian von Weizsäcker. Neben mir gehörten der Kommission drei weitere Studenten verschiedener Universitäten an.

3 Brief von Professor Wilhelm Krelle, Universität Bonn, an Professor Carl-Christian von Weizsäcker, zu der Zeit Universität Heidelberg, vom 30. November 1970. Dieser und weitere Briefe wurden von der Basisgruppe Volkswirtschaft an der Universität Bonn unter dem Titel »Wilhelm jetzt langt's! Geheimer Briefwechsel deckt Machenschaften auf« am 5. Juli 1971 veröffentlicht.

4 Hermann Simon, Preismanagement, Wiesbaden: Gabler 1982.

5 Hermann Simon, Goodwill und Marketingstrategie, Wiesbaden: Gabler 1985.

6 Dieter Patzelt, Rückkehr gewünscht, Wirtschaftswoche, 11. November 1988, S. 104.

7 Vgl. Marianne Draeger, Otto Draeger, Die Carl Schurz Story. Vom deutschen Revolutionär zum amerikanischen Patrioten, Berlin: Verlag Berlin-Brandenburg 2006.

8 Der REFA-Verband wurde 1924 als »Reichsausschuss für Arbeitszeitermittlung« gegründet und ist Deutschlands älteste Organisation für Arbeitsgestaltung und Betriebsorganisation. REFA hat 16 000 Mitglieder.

9 Bruno Seifert, Böser Spuk im Schloss, Wirtschaftswoche, 28. Juli 1989, S. 72–74.

10 Der Schweizerische Bankverein ist eine der Vorgängerorganisationen der heutigen UBS. Die UBS kam durch eine Fusion des Schweizerischen Bankvereins und der Schweizer Bankgesellschaft im Jahre 1998 zustande.

11 Karlheinz Schwuchow, Joachim Gutmann (Hg.), HR-Trends 2018. Strategie, Kultur, Innovation, Konzepte, Freiburg: Haufe Lexware 2017.

12 Brigitta Lentz, Votum für die Praxis, Manager Magazin, 1/1988, S. 150–153. Vgl. auch weitere Berichte zu dieser Studie in Handelsblatt, 28. Januar 1988, Management Wissen 3/1988 und Personal – Mensch und Arbeit, 2/1988.

13 Liblar wurde auch dadurch bekannt, dass Hanns-Martin Schleyer nach seiner Entführung in Köln am 5. September 1977 in einem dortigen Hochhaus in Geiselhalft genommen wurde. Die Polizei war sehr nahe daran, ihn zu finden, und lokale Polizisten vermuteten sogar, dass er sich dort befand. Aber diese Information drang nicht zum Krisenstab der Bundespolizei durch. Schleyer wurde am 18. Oktober 1977, mehr als einen Monat nach seiner Entführung, in Mulhouse, Frankreich, tot aufgefunden.

14 Die Universität zu Köln wurde 1388, nur zwei Jahre nach der ältesten deutschen Universität, Heidelberg, gegründet. Die Universität Trier geht auf das Jahr 1473 zurück. Beide Hochschulen stellten während der französischen Revolution den Betrieb ein. Die Neugründung in Köln erfolgte 1919, diejenige in Trier 1970.

15 Kai Wiltinger, Preismanagement in der unternehmerischen Praxis. Probleme der organisatorischen Implementierung, Wiesbaden: Gabler 1998.

16 Martin Fassnacht, Preisdifferenzierung bei Dienstleistungen. Implementationsformen und Determinanten, Wiesbaden: Gabler 1996.

17 Christian Homburg, Kundennähe von Industriegüterunternehmen. Konzeption – Erfolgsauswirkungen – Determinanten, Wiesbaden: Gabler 1995, 1998, 2000 (3. Auflage).

18 Hermann Simon, Christian Homburg, Kundenzufriedenheit. Konzepte, Methoden, Erfahrungen, Wiesbaden: Gabler 1995, 1998 (2. Auflage).

19 Hermann Simon, Zur internationalen Positionierung der deutschen Marketingwissenschaft, Marketing-Zeitschrift für Forschung und Praxis 1 (2/1979), S. 140–142.

20 Hermann Simon, Die deutsche BWL im internationalen Wettbewerb – ein schwarzes Loch?, Zeitschrift für Betriebswirtschaft. Sonderheft: Die Zukunft der Betriebswirtschaftslehre in Deutschland, 03/1993, S. 73–84.

21 »Betriebswirtschaftslehre nur englisch?«, Schreiben von Professor Walter Endres, 1994, Kopie liegt dem Verfasser vor. Professor Endres (Jahrgang 1917) war von 1969 bis 1985 Ordinarius für Betriebswirtschaftslehre an der Freien Universität Berlin.

22 Alfred Kuß, Marketing-Theorie. Eine Einführung, Wiesbaden: Gabler 2009, 2011, 2013 (3. Auflage), S. 44.

23 Ebd., S. 44.

24 Nicolai de Cusa, De Docta Ignorantia/Die belehrte Unwissenheit, Hamburg: Felix Meiner 1994, S. 240.

25 Hermann Simon, Hasborn – kritisch betrachtet, in: Kirchbauverein Hasborn (Hg.), Hasborn 1968, Festschrift zur Einweihung der neuen Kirche, S. 32–37.

26 Hermann Simon, 33 Sofortmaßnahmen gegen die Krise, Frankfurt/New York: Campus 2009.

27 Vgl. Hermann Simon, Preismanagement, Wiesbaden: Gabler 1982, 1992 (2. Auflage).

28 W&V, 2. November 1990, S. 180.

29 Hermann Simon, Die Gärten der verlorenen Erinnerung, Daun: Verlag der Eifelzeitung 2016, 2018 (3. Auflage).

30 Die Dürr AG sitzt heute in Bietigheim-Bissingen. Die IhrPreis.de AG gibt es nicht mehr.

8. Der Preise Spiel

1 Vgl. »Brauereien beklagen Rabattschlachten im Handel«, Frankfurter Allgemeine Zeitung, 20. April 2013, S. 12.

2 Hier ist meine Seele vergraben, Interview mit Hermann Simon, Welt am Sonntag, 9. November 2008, S. 37.

3 Hermann Simon, Preisstrategien für neue Produkte, Opladen: Westdeutscher Verlag 1976.

4 Gerald E. Smith (Hg.), Visionary Pricing: Reflections and Advances in Honor of Dan Nimer, London: Emerald Publishing 2012; mein eigener Beitrag in dieser Festschrift trägt den Titel »How Price Consulting is Coming of Age«, S. 61–79.

5 Originalzitat: »The purpose of price is not to recover cost, but to capture the value of the ›product‹ in the mind of the customer«, Gerald Smith, Remembering Dan Nimer – A Tribute to a Pricing Pioneer, The Pricing Advisor, January 2015, S. 9 (übersetzt vom Verfasser).

6 Originalzitat: »I am impressed by your emphasis on pricing. It is the most neglected area. Pricing policy today is basically guess. What you are doing is pioneering work. And I think that it will be quite some time before any of the competitors catches on.« Persönlicher Brief von Peter Drucker vom 7. Juni 2003 (übersetzt vom Verfasser).

7 Originalzitat: »Market share and profitability have to be balanced and profitability has often been neglected. This book is therefore a greatly needed correction« (übersetzt vom Verfasser). Persönliche Mail von Doris Drucker, der Ehefrau von Peter Drucker, vom 2. November 2005. Sie schreibt: »I am sorry to tell you that Peter is very ill. Before his collapse he dictated a letter to you. The secretary just brought it here for his signature«. Dann folgt das Zitat. Der Brief erreichte mich erst nach seinem Tod am 11. November. Für den 12. November 2005 hatten wir ein Treffen in seinem Haus in Claremont, einem Stadtteil von Los Angeles vereinbart.

8 Hermann Simon, Preismanagement, Wiesbaden: Gabler 1982.

9 Hermann Simon, Price Management, New York: Elsevier 1989.

10 Vgl. Robert J. Dolan, Hermann Simon, Power Pricing. How Managing Price Transforms the Bottom Line, New York: Free Press 1996.

11 Der Ausdruck »Zitrone« beziehungsweise »Lemon« für ein schlechtes Produkt stammt aus einem viel beachteten Artikel des amerikanischen Ökonomen George A. Akerlof, in dem er den Markt für Gebrauchtwagen behandelt und erklärt, welche Signale von Preisen ausgehen. George A. Akerlof, »The Market for ›Lemons‹: Quality Uncertainty and the Market Mechanism«, The Quarterly Journal of Economics, August 1970, S. 488–500. Akerlof erhielt 2001 den Nobelpreis.

12 Vgl. www.iposs.de/1/gesetz-der-wirtschaft (aufgerufen am 6. Juni 2017).

13 Madhavan Ramanujam, Georg Tacke, Monetizing Innovation, How Smart Companies Design the Product around the Price, Hoboken, N.J.: Wiley 2016.

14 Originalzitat ebd. S. 4: »Long before the first concept car rolled out in Weissach, the product team conducted an extensive set of surveys with potential customers, gauging the appetite for a Porsche SUV and evaluating prices to find an acceptable range. Analysis showed that customers were willing to pay more for a Porsche SUV than they would for comparable vehicles from other manufacturers. The potential for a hit was there« (übersetzt vom Verfasser).

15 Originalzitat: »The single most important business decision in evaluating a business is pricing power. And if you need a prayer session before raising price, then you've got a terrible business.« Aus der Mitschrift eines Interviews mit Warren Buffett vor der Financial Crisis Inquiry Commission (FCIC) am 26. Mai 2010 (übersetzt vom Verfasser).

16 Vgl. Gabriel Tarde, Psychologie économique, 2 Bände, Paris: Alcan 1902.

17 Vgl. Michael J. Sandel, Was man für Geld nicht kaufen kann. Die moralischen Grenzen des Marktes, Berlin: Ullstein 2012.

18 Vgl. Peter Cramton, R. Richard Geddes, and Axel Ockenfels, Markets for Road Use – Eliminating Congestion through Scheduling, Routing, and Real-Time Road Pricing, Working Paper, Universität zu Köln 2018.

19 Vgl. T. Christian Miller, Contractors Outnumber Troops in Iraq, Los Angeles Times, 4. Juli 2007; und James Glanz, Contractors Outnumber U.S. Troops in Afghanistan, New York Times, 2. September 2009.

20 Michael J. Sandel, Was man für Geld nicht kaufen kann, ebd. S. 16–17. Vgl. auch John Kay, Low-Cost Flights and the Limits of what Money Can Buy, Financial Times, 23. Januar 2013, S. 9.

9. Hidden Champion

1 Theodore Levitt, The Globalization of Markets, Harvard Business Review, May/June 1983, S. 92–102.

2 Peter Hanser, asw-Fachgespräch mit Theodore Levitt und Hermann Simon, Absatzwirtschaft 8/1987, S. 20–21.

3 Hermann Simon, Hidden Champions – Speerspitze der deutschen Wirtschaft, Zeitschrift für Betriebswirtschaft 60 (9/1990), S. 875–890.

4 Vgl. Eckart Schmitt, Strategien mittelständischer Welt- und Europamarktführer, Wiesbaden: Gabler 1996.

5 Hermann Simon, Hidden Champions – Lessons from 500 of the World's Best Unknown Companies, Cambridge: Harvard Business School Press 1996.

6 Hermann Simon, Die heimlichen Gewinner. Die Erfolgsstrategien unbekannter Weltmarktführer, Frankfurt/New York: Campus 1997.

7 Hermann Simon, Hidden Champions des 21. Jahrhunderts. Die Erfolgsstrategien unbekannter Weltmarkführer, Frankfurt/New York: Campus 2007.

8 Hermann Simon, Hidden Champions. Aufbruch nach Globalia, Frankfurt/New York: Campus 2012.

9 Doris Wallace, Howard Gruber (Hg.), Creative People at Work, Twelve Cognitive Case Studies, Oxford: Oxford University Press 1989, S. 35.

10 Originalzitat:»They exemplify to me the importance of being single-minded. The single-minded ones, the monomaniacs, are the only true achievers. The rest, the ones like me, may have more fun, but they fritter themselves away. The Fullers and the McLuhans carry out a ›mission‹; the rest of us have interests. Whenever anything is being accomplished, it is being done by a monomaniac with a mission.« In: Peter F. Drucker, Adventures of a Bystander, New York: Harper & Row 1978, S. 255 (übersetzt vom Verfasser).

11 Originalzitat »Nothing energizes an individual or a company more than clear goals and a grand purpose«. In: Lee Smith, Stamina, Who has it. Why you need it. How to get it, Fortune, 28. November 1994, S. 71 (übersetzt vom Verfasser).

12 Nach der Übernahme durch Tesla schied Klaus Grohmann aus dem Unternehmen aus.

13 Businessweek, 26. Januar 2004.

14 Der französische Senat (Sénat) ist das Oberhaus (frz. chambre haute) des französischen Parlaments neben dem Unterhaus (frz. chambre basse), der Nationalversammlung.

15 Stephan Guinchard schreibt:»Regarding the topic of Mittelstand in France, there is a lot of buzz being made around it, but actions are slow to follow«, Mail vom 5. September 2017,

16 Aufgerufen am 20. Mai 2017.

10. Auf Adlers Flügeln

1 Brief von Eckhard Kucher und Karl-Heinz Sebastian an Hermann Simon in Tokio, 21. November 1983.

2 Vgl. Lester G. Telser, The Demand for Branded Goods as Estimated from Consumer Panel Data, The Review of Economic Statistics, 1962, No. 3, S. 300–324.

3 Das jüngere Foto wurde 1988 in Schloss Gracht für einen Bericht im *Manager Magazin* über Professoren als Berater aufgenommen, vgl. Manager Magazin 6/1988, S 188. Die zweite Aufnahme wurde in Bonn im Jahre 2015 aus Anlass des 30-jährigen Jubiläums von Simon-Kucher & Partners nachgestellt.

4 Georg Tacke, Core Values – Key Ingredients to Our Long-Term Success, Simon-Kucher & Partners: Our Voice, December 2017.

5 Für weitere Informationen zur Entwicklung von Simon-Kucher & Partners siehe Hermann Simon, Jörg Krütten, »Globalisierung und Führung – Kulturelle Integration und Personalmanagement in global agierenden Beratungsunternehmen«. In: Ingolf Bamberger (Hg.), Strategische Unternehmensberatung, 5. Auflage, Gabler Verlag 2008, S. 175–195.

6 Hongkong zählen wir als eigenes Land.

7 Bei Simon-Kucher werden der/die CEOs in der ersten Amtszeit für fünf Jahre, danach für drei Jahre gewählt. Eine zweimalige Wiederwahl ist möglich, sodass eine maximale Amtszeit von elf Jahren zustande kommt.

8 Vgl. Anja Müller, Übernehmer statt Unternehmer, Handelsblatt, 16. Januar 2017, S. 22.

9 Vgl. http://thinkers50.com/t50-ranking/.

10 Vgl. http://managementdenker.de.www258.your-server.de/wp/

11 Hermann Simon, Martin Fassnacht, Preismanagement, Wiesbaden: Springer-Gabler 2016; Hermann Simon, Martin Fassnacht, Price Management, New York: Springer Nature 2018.

12 Hermann Simon, Preisheiten. Alles, was Sie über Preise wissen müssen, Frankfurt/New York: Campus 2013/2015; Hermann Simon, Confessions of the Pricing Man, Springer: New York 2015.

11. Begegnungen

1 Peter F. Drucker, Adventures of a Bystander, New York: Harper & Row 1978.

2 Stefan Zweig, Die Welt von gestern. Erinnerungen eines Europäers, Stockholm: Bermann-Fischer 1944.

3 Persönlicher Brief von Peter F. Drucker vom 26. Juli 1999.

4 »Ein bärtiger Revolutionär und erfolgreicher Bankier«, Frankfurter Allgemeine Zeitung, 15. Februar 1999; vgl. auch Benedikt Koehler, Ludwig Bamberger, Revolutionär und Bankier, Stuttgart: DVA 1999.

5 Persönlicher Brief von Peter F. Drucker vom 4. März 1999.

6 Persönlicher Brief von Peter F. Drucker vom 28. November 2001.

7 Arthur Koestler, Der göttliche Funke, München: Scherz 1968.

8 Chennault ist in Amerika eine berühmte Figur. Es erschien eine Briefmarke von ihm, und nach ihm ist auch der Chennault International Airport in Louisiana benannt.

9 Gerhard Neumann, Herman the German: Enemy Alien U.S. Army Master Sergeant #10500000, New York: William Morrow 1984. Deutsche Übersetzung: China, Jeep und Jetmotoren. Vom Autolehrling zum Topmanager. Die Abenteuer-Story von »Herman the German«, eines ungewöhnlichen Deutschen, der in den USA Karriere machte, Planegg: Aviatic 1989.

10 Originalzitat: »The first time I met Gerhard Neumann was in Kunming, China, during World War II. Ever since, I have been fascinated by the caleidoscopic adventures crowding his life. An astonishing career as a maverick-type manager added more adventure to his amazing life«, ebd. S. 5.

11 Theodore Levitt, Marketing Myopia, Harvard Business Review, July/August 1960, S. 45–56.

12 Theodore Levitt, The Globalization of Markets, Harvard Business Review, May/June 1983, S. 92–102.

13 w&v, 2. November 1990, S. 180.

14 Im deutschsprachigen Raum gab es allerdings ein früheres Marketing-Institut. 1966 gründete Professor Ernest Kulhavy das Institut für Internationales Marketing an der Hochschule in Linz, Österreich, womit Linz das erste Marketing-Institut im deutschsprachigen Raum erhielt.

15 Philip Kotler, Competitive Strategies for New Product Marketing over the Life Cycle, Management Science 12 (1965), S. B-104.

16 Hermann Simon, An Analytical Investigation of Kotler's Competitive Simulation Model, Management Science 24 (October 1978), 1462–1473.

17 Der Hirsch-Index ist die Zahl n der Publikationen, die mindestens n-mal zitiert worden sind. Der i10-Index entspricht der Zahl der Publikationen, die mindestens zehnmal zitiert worden sind. Die Werte wurden am 14. Mai 2018 aufgerufen.

18 Philip Kotler, Confronting Capitalism: Real Solutions for a Troubled Economic System, New York: AMACOM 2015.

19 Vgl. Philip Kotler, Milton Kotler, Winning Global Markets: How Businesses Invest and Prosper in the World's High-Growth Cities, N.J.: Wiley 2014.

20 Marvin Bower, The Will to Lead: Running a Business with a Network of Leaders, Cambridge: Harvard Business School Press, 1997.

21 Marvin Bower, The Will to Manage: Corporate Success Through Programmed Management, New York: McGraw-Hill, 1966.

22 Der »Wille zur Macht« ist kein eigenständiges Werk von Friedrich Nietzsche, sondern ein Gedanke, der von ihm in *Die fröhliche Wissenschaft* und dem Folge-

werk *Also sprach Zarathustra* vorgestellt und in allen nachfolgenden Büchern zumindest am Rande erwähnt wird.

23 Mail von Deng Di vom 20. November 2017.

24 In Incheon, etwa 60 Kilometer von Seoul entfernt, liegt der internationale Flughafen der Hauptstadt.

25 Yoolim Lee, Selling Korean Cool, Bloomberg Markets, March 2014, S. 57.

26 Yoolim Lee, Selling Korean Cool, Bloomberg Markets, March 2014, S. 54.

27 Originalzitat:»I hold her in extraordinarily high esteem as a businesswoman, a manager and a leader«, in: Yoolim Lee, Selling Korean Cool, Bloomberg Markets, March 2014, S. 57 (übersetzt vom Verfasser).

28 Es handelt sich um das sogenannte Charcot-Marie-Tooth-Hoffmann-Syndrom, auch heriditäre motorisch-sensible Neuropathie oder neurale Muskelatrophie genannt. Die Krankheit ist erblich und geht mit einer progressiven Muskelschwäche, insbesondere in Armen und Beinen, einher.

12. Sternstunden

1 Stefan Zweig, Sternstunden der Menschheit, Frankfurt/M.: S. Fischer 1964, S. 7.

2 Price Waterhouse fusionierte 1998 mit Coopers & Lybrand zu Pricewaterhouse-Coopers oder kurz PwC. PwC ist heute die zweitgrößte Wirtschaftsprüfungsgesellschaft der Welt.

3 Maria Wein-Mehs, Juden in Wittlich 1908–1942. Beiträge zur Geschichte und Kultur in der Stadt Wittlich, Wittlich: Kreisstadt Wittlich 1996.

4 Zvi Harry Likwornik, Als Siebenjähriger im Holocaust, Konstanz: Hartung Gorre Verlag, 2012/2014.

5 ANA (All Nippon Airways) ist die zweitgrößte japanische Fluggesellschaft. Ich nutzte damals das ANA-Hotel, da es direkt neben unserem seinerzeitigen Tokyoter Büro lag.

6 »Dies ist ein Erdbeben. Verlassen Sie Ihr Zimmer nicht. Dieses Gebäude ist erdbebensicher. Warten Sie auf weitere Anweisungen.«

7 Die Richter-Skala ist nicht linear, sondern logarithmisch. Die Stärke steigt demnach exponentiell an.

8 Vgl. Hermann Simon, Fit für die Zukunft – Hermann Simon kürt den Unternehmer des Jahrhunderts, Die Zeit, 30. Dezember 1998.

9 Celia Green, Charles McCreery, Träume bewusst steuern. Über das Paradox vom Wachsein im Schlaf. Frankfurt/M.: Krüger 1996,

10 Es handelt sich um die dritte Strophe des Gedichtes »Mondnacht«, das Joseph von Eichendorff (1788–1857) im Jahre 1835 schrieb und das 1837 erstmals veröffentlicht wurde.

13. Schule des Lebens

1 Vgl. Portrait von Friedel Drautzburg in Hermann Simon, Kinder der Eifel – Erfolgreich in der Welt, Daun: Südwest und Eifel-Zeitungsverlag 2008, S. 53–54.

2 Vgl. http://www.russiantearoomnyc.com/

3 Jim Collins, Jerry Porras, Built to Last: Successful Habits of Visionary Companies, New York: Harper Business 1994; Jim Collins, Good to Great: Why Some Companies Make the Leap ... And Others Don't, New York: Random House 2001; dt. Der Weg zu den Besten. Die sieben Management-Prinzipien für dauerhaften Unternehmenserfolg, Frankfurt/New York: Campus 2011.

4 Richard P. Feynman, Surely You're Joking, Mr. Feynman, New York: Basic Books 1983, S. 213.

5 Vgl. Daniel T. Jones, Daniel Roos and James P. Womack, The Machine That Changed the World: The Story of Lean Production, New York: Free Press 1990; dt. Die zweite Revolution in der Autoindustrie, Frankfurt/New York: Campus 1992.

6 Vgl. Michael Hammer, James Champy, Reengineering the Corporation: A Manifesto for Business Revolution, New York: Collins Business Essentials 2006.

7 Vgl. Martin van Creveld, Militärische Organisation und Leistung der deutschen und der amerikanischen Armee 1939–1945, Graz: Ares-Verlag 2011.

8 Originalzitat:»A leader should be neither too remote nor too familiar. They don't need to like you – much less love you – but they need to respect you«, in: George Washington's Leadership Secrets, The Wall Street Journal, 13. Februar 2012, S. 15 (übersetzt vom Verfasser).

9 Seneca, Von der Kürze des Lebens, Kindle-Version 2017, Position 4238.

10 Vgl. Hermann Simon, Zur Ethik des autonomen Fahrens, Frankfurter Allgemeine Zeitung, 27. März 2017, S. 23.

11 Seneca, Von der Kürze des Lebens, ebd. Position 4401.

12 Markus Brunnermeier, Kryptowährungen und der Schutz der Privatsphäre, Frankfurter Allgemeine Zeitung, 23. März 2018, S. 22.

13 In der Schule und bei der Bundeswehr wurden wir mit Familiennamen angeredet.

14 Hermann Simon, Geistreiches für Manager, Frankfurt/New York: Campus 2000, 2009 (2. Auflage).

Epilog

1 Vgl. Johannes Huber, Der holistische Mensch. Wir sind mehr als die Summe unserer Organe, Wien: edition a 2017; sowie Irvin D. Yalom, Wie man wird, was man ist, München: btb 2017.

REGISTER

Simon, Johann 21, 30
Simon, Julian 143
Simon, Margarete 21
Simon, Patrick 7, 119, 126 f., 291, 305
Simon, Therese (geb. Nilles) 16, 193
Skiera, Bernd 178
Sloane, Carl 254
Solow, Robert 113
Spielberg, Steven 287
Sridharan, Ashok Alexander 104 f.
Srinivasan, Seenu 136
Stanford junior, Leland 135
Stasiuk, Andrzej 15
Steffgen, Paul-Heinz 296
Stein, Robert 39 f.
Steinbeck, John 137
Stein-Gehring, Dorothee 169
Sterling Drug 186
Stoffmehl, Thomas 186
Stoiber, Edmund 304
Strahammer, Peter 169
Strategic Pricing Group 111, 151
Straub, Fritz 246
Strauß, Franz-Josef 271
Struebi, Silvio 248
Stüber, Alfred 275

Tacke, Georg 24, 136, 157, 199, 207, 232, 234 f., 256
Takeuchi, Hirotaka 120, 142, 144 f.
Tarde, Gabriel 209
Teamviewer 316
Technogym 225
Tedlow, Richard 156
Telser, Lester G. 233
Temple, Barker & Sloane (TBS) 254
Termassen, Henk 127
Tesla 224
Tesla Grohmann Engineering 224
Teufel, Fritz 88
Thadden, Adolf von 89–91
Thanheiser, Heinz 115
Theisen, Norbert 62 f., 194
Thiel, Jakob 27, 40 f., 44
Thiel, Michael 27, 44
Thomas, Heinz 40–42, 48, 300
Thomas, Verena 130, 133
Thurman, Robert 11 f.
Thurman, Uma 12
Thyssen 167
Tito, Josip Broz 152
Trull, Christian 60
Truman, Harry S. 55
Trumpf 167, 215 f., 223
TUI 187, 236
Tukey, John 77

Ueberholz, Franzkarl 300
Ueda, Takaho 120, 198, 281
UNIC GmbH 231 f.
Union Knopf 215
United Research 254
Urban, Glen 108 f.
Usui, Mikao 308

Valentin, Karl 13
Verdi, Guiseppe 116
Voestalpine 169
Vogel, Bernhard 98 f.
Volkert, Heinz, Peter 99

Wagner, Carl-Ludwig 98
Wagner, Günther 166
Waigel, Theo 9, 261
Warth & Klein 78
Waterman, Robert 151
Wawrzyniak, Wolfgang 68
Weber, André 248
Weber, Torsten 186
Weidmüller 215
Wein-Mehs, Maria 293
Weiser, Jan 248
Weizsäcker, Carl Christian von 155
Welch, Jack 147, 272
Wellcome (heute Teil von GlaxoSmithKline) 81
Wellershoff, Dieter 168, 174
Welteke, Ernst 296
Wendel 258
Wheelwright, Steven 145
Wiedeking, Wendelin 235
Wilhelm II. 304
Wilhelm, Hans Otto 98 f.
Wilson, Robert 136
Wiltinger, Kai 173
Wolff von Amerongen, Otto 165
Wolff, Karl Dietrich 92
Wolff-Metternich zur Gracht, Franz Arnold von 159
Wolffson, Michael 10
Woytila, Karol 266
Wübker, Georg 173
Würth 70, 223
Würth, Reinhold 174, 220, 223

Yang Shuren 224, 227, 284 f., 198
Yoo, Pil Hwa 11, 285 f.

Zinkann, Reinhard 174, 310
Zügel, Walther 184
Zumpfort, Wolf-Dieter 96
Zweig, Stefan 266, 289